"十三五"职业教育国家规划教材

食品安全与控制
（第四版）
慕课版　微课版

新世纪高职高专教材编审委员会　组编
主　编　张　嫚　蒋　宝
副主编　刘　杰　施　帅　唐丽新
　　　　杨玉红　张　涛

● 互联网+：
纸质图书+在线课程+微课视频，三位一体
● 资源丰富：
微课视频+动画演示+教学课件+课程标准

大连理工大学出版社

图书在版编目(CIP)数据

食品安全与控制 / 张嫚，蒋宝主编． -- 4版． -- 大连：大连理工大学出版社，2021.1（2022.8重印）
新世纪高职高专食品类课程规划教材
ISBN 978-7-5685-2670-8

Ⅰ．①食… Ⅱ．①张… ②蒋… Ⅲ．①食品安全—高等职业教育—教材②食品—质量控制—高等职业教育—教材 Ⅳ．① TS201.6 ② TS207.7

中国版本图书馆 CIP 数据核字 (2020) 第 164797 号

大连理工大学出版社出版
地址：大连市软件园路 80 号　邮政编码：116023
发行：0411-84708842　邮购：0411-84708943　传真：0411-84701466
E-mail:dutp@dutp.cn　URL:http://dutp.dlut.edu.cn
大连雪莲彩印有限公司印刷　　大连理工大学出版社发行

幅面尺寸：185mm×260mm　　印张：19.25　　字数：493千字
2011 年 10 月第 1 版　　　　　　　　　　　2021 年 1 月第 4 版
2022 年 8 月第 5 次印刷

责任编辑：李　红　　　　　　　　　　　责任校对：马　双
　　　　　　　　　　封面设计：张　莹

ISBN 978-7-5685-2670-8　　　　　　　　　定　价：50.80 元

本书如有印装质量问题，请与我社发行部联系更换。

前言

《食品安全与控制》（第四版）是"十三五"职业教育国家规划教材、"十二五"职业教育国家规划教材，也是新世纪高职高专教材编审委员会组编的食品类课程规划教材之一。

《食品安全与控制》教材自2011年第一次出版以来，至2021年已更新至第四版。本次修改根据国发〔2019〕4号文件《国家职业教育改革实施方案》，促进产教融合校企"双元"育人、工学结合的要求，由富于创新的校企"双元"合作团队精心设计并编写教材内容；依据教育部发布的《高等职业学校专业教学标准》的要求，在编写体例上适用于项目导向、任务驱动教学模式，构建基于"互联网+"立体化教学资源，适应"互联网+课程"的广泛学习的新需求。

食品安全与质量控制贯穿于"从农田到餐桌"的整个食物链，是一门融合多个学科、涉及多种利益和各类社会群体的应用型、管理型课程。上述特点决定了本课程依社会食品安全状况和管理重点不同而具有较强的时效性。本教材中的相关法规、标准、行业规定以及质量管理体系等均为目前最新版本。

本次修订对全书结构进行了调整，使其更加符合学生的认知规律和更贴近实践应用，增加了食品安全追溯体系和食品召回的内容，对时效性内容进行了全面的更新，在内容安排上，为增加教材容量，将拓展内容以资源包形式提供给读者。同时提供了职教云和中国大学MOOC两个课程资源平台，并保持电子资源时时优化更新。

本教材除食品质量安全概论外，共分为两篇，十三个项目。由江苏食品药品职业技术学院张嫚、渭南职业技术学院蒋宝任主编，江苏食品药品职业技术学院刘杰、江苏农牧科技职业学院施帅、黑龙江职业学院唐丽新、河南鹤壁职业技术学院杨玉红、湖南生物机电职业技术学院张

涛任副主编。编写人员分工如下：张嫚编写概论、项目二、项目四、项目六、项目八；蒋宝编写项目十一；刘杰编写项目一的任务二；施帅编写项目七、项目十；唐丽新编写项目九、项目十二和项目十三；杨玉红编写项目一的任务三、项目三；张涛编写项目一的任务一、项目五。

在编写本教材的过程中，扬州完美日用品有限公司品控部黄宏霞部长、益海（连云港）有限公司品控部乔茂经理、江苏冬泽特医食品有限公司鲁航经理、山东名邦食品有限公司张辛伟经理提供了宝贵的实践经验、最新行企动态和专业建议，在此深表谢意。

在编写本教材的过程中，编者参考、引用和改编了国内外出版物中的相关资料以及网络资源，在此表示深深的谢意。相关著作权人看到本教材后，请与出版社联系，出版社将按照相关法律的规定支付稿酬。

由于本书涉及的领域较广，加之学科内容发展迅速，书中疏漏和不妥之处恳请广大师生和读者批评指正。

编者联系方式：50628636@qq.com。

编 者

2021 年 1 月

所有意见和建议请发往：dutpgz@163.com
欢迎访问职教数字化服务平台：http://sve.dutpbook.com
联系电话：0411-84706104　0411-84707492

目 录

食品质量安全概论（*微课） ·· 001

第一篇 食品安全基础 ·· 011

项目一 食品安全危害来源分析与控制 ·· 013

任务一 食品安全的物理性危害分析与控制（*微课） ································· 013

任务二 食品安全的化学性危害分析及控制（*微课） ································· 019

任务三 食品安全的生物性危害分析及控制（*微课） ································· 047

项目二 膳食结构中的不安全因素 ·· 064

项目三 食品高新技术的安全性 ·· 079

任务一 超高压食品的安全性 ·· 079

任务二 辐照食品的安全性（*微课） ·· 083

任务三 转基因食品的安全性（*微课） ·· 088

项目四 食品安全性评价（*微课） ·· 095

项目五 食品安全风险分析的应用（*微课） ·· 113

第二篇 食品质量安全控制 ·· 129

项目六 食品安全法规与标准的解读与应用（*微课） ···························· 131

项目七 食品安全的源头控制——GAP 体系的构建（*微课） ··················· 150

项目八　食品安全控制 ··· 167

　任务一　典型产品良好操作规范（GMP）的建立与验证（*微课） ············ 167

　任务二　典型产品卫生标准操作程序（SSOP）的编写（*微课） ·············· 182

　任务三　典型产品危害分析及关键控制点（HACCP）的建立 ················· 191

项目九　市场准入制度SC体系的建立和内审 ······································ 211

　任务一　典型产品SC体系的建立（*微课） ·· 211

　任务二　典型产品SC体系的内审（*微课） ·· 218

项目十　食品流通和服务环节的质量安全控制（*微课） ·························· 225

项目十一　食品安全追溯与食品召回 ·· 238

　任务一　食品安全追溯体系建立和实施（*微课） ································ 238

　任务二　不安全食品的召回（*微课） ·· 248

项目十二　ISO 9000质量管理体系在食品企业的建立和内审 ················· 258

　任务一　典型产品ISO 9000质量管理体系的建立 ······························· 258

　任务二　典型产品ISO 9000质量管理体系的内审 ······························· 274

项目十三　ISO 22000食品安全管理体系的建立和内审 ·························· 281

　任务一　典型产品ISO 22000食品安全管理体系的建立（*微课） ·········· 281

　任务二　典型产品ISO 22000食品安全管理体系的内审 ······················· 292

本书使用说明及评分标准 ·· 301

参考文献 ··· 302

食品质量安全概论

【知识目标】
- 理解食品安全问题是一个不断发展变化的问题,是存在于任何时代、任何国家,既有共性又有个性的问题;
- 阐述人类食物链各个环节的逻辑关系,能够清楚分析各个环节可能引入的危害;
- 深刻理解我国食品安全问题的复杂性、系统性、利益冲突性。

【能力目标】
- 能够较透彻地分析自己所在区域及生活中潜在的食品安全问题,并提供较为科学、合理的解决之道;
- 能够对热点食品安全问题进行系统分析,独立思考,指出该问题产生的社会根源、技术问题及监管机制的内在缺陷,并提出建设性建议。

一、食品安全性的历史

(一)人类食品安全的历史

孔子曾对他的学生讲授过著名的"五不食"原则:"食饐而餲,鱼馁而肉败,不食。色恶,不食。臭恶,不食。失饪,不食。不时,不食。"(《论语·乡党第十》)这是文献中有关饮食安全的最早记述与警语。

随着社会的产业分工、商品交换、阶级分化以及利益与道德的对立,食品的安全保障问题出现了新的因素和变化。在古罗马帝国时代,食品交易中的制伪、掺假、掺毒、欺诈现象已蔓延为社会公害。中世纪的英国为解决将石膏掺入面粉、出售变质肉类等事件,1266年颁布了《面包法》。但制伪掺假食品屡禁不止,直到1860年,英国国会通过了新的食品法,再次对食品安全加强控制。1906年美国国会通过了第一部对食品安全、诚实经营和食品标签进行管理的国家立法——《食品与药物法》。同年,还通过了《肉类检验法》。这些法律加强了对美国州与州之间的食品贸易的安全性管理。

进入20世纪以后,农药、兽药在农牧业生产中的重要性日益上升,工业"三废"对环境及食品的污染不断加重,农产品和加工食品中含有害有毒化学物质问题越来越突出。另一方面,化学检测手段及其精度不断提高,农产品及其加工产品在地区之间流通的规模日增,国际食品贸易数量越来越大,这一切都对食品安全性问题提出了新的要求。问题的焦点与热点,逐渐从食品不卫生、传播流行病、掺杂制伪等,转向某些化学品对食品的污染及对消费者健康的潜在威胁。

20世纪末,特别是进入世纪之交的90年代以后,新的致病微生物引起食物中毒,畜牧业中滥用兽药、抗生素、激素类物质的副作用,引起社会广泛的关注。另外,近年来世界范围的核试验、核事故已构成对食品安全性的新威胁,核污染地区食品中辐射物质严重超标。

历史表明,食品安全性问题发展到今天,已远远超出传统的食品卫生或食品污染的范围,成为人类赖以生存和健康发展的整个食物链的管理与保护问题。如何遵循自然界和人类社会发展的客观规律，把种植，养殖，食品的生产、经营、消费建立在可持续的科学技术基础上，组织和管理好一个安全、健康的人类食物链，这不仅需要有远见的科学研究、政策支持、法律法规建设，而且必须有消费者的主动参与和顺应市场规律的经营策略。

（二）我国食品安全的历史

在全球食品安全不断发展的大背景下，自中华人民共和国成立以来，特别是改革开放以来，我国的食品安全也取得了较快的发展。但由于我国特殊的历史背景及社会经济发展水平等因素的影响，我国食品安全的历史变迁与发达国家并不完全一致，我国食品安全的孕育期滞后于发达国家。发达国家的食品安全在20世纪初就已经萌芽，到1945年开始进入有机食品开发的研究与试验阶段。而我国在1949年后的30多年中都处在为解决温饱问题而实施的"粮食安全"战略阶段。直到1984年基本解决温饱问题后，才开始严格意义上的食品安全控制。因此，自1949年以来，我国食品安全的历史变迁可以划分为：

1. 食品安全孕育期（1949－1984）

食品安全孕育期又可细分为粮食安全期（1949-1978）和食品安全萌芽期（1979-1984）。在粮食安全期，食品安全问题集中表现在保障食品供给数量。因此，二十世纪七八十年代以来，我国致力于培育高产水稻、小麦、玉米、豆类等农作物。《中华人民共和国食品卫生管理条例》的出台，则标志着中国食品安全开始萌芽。此后，中国的食品安全控制开始转向主要解决食品质量安全问题的阶段。

2. 食品安全起步期（1984－2001）

自1984年基本解决温饱问题以后，我国食品安全进入起步期，以1990年兴起的绿色食品模式和HACCP（Hazard Analysis Critical Control Point，危害分析与关键控制点）模式为主要标志。2001年4月，原农业部正式启动了"无公害食品行动计划"，在"十五"期间力争基本解决我国蔬菜、水果和茶叶的污染物超标问题。此后，又引入了国际上通用的、食品等级高、安全性好的有机食品。我国食品按成长发展历程主要是以绿色食品的发展为主线进行。绿色食品的全面兴起标志着我国食品安全开始步入新的阶段。

3. 食品安全发展期（2001年至今）

食品安全发展重要的标志性事件：食品监管部门改组，食品安全成为全国人民代表大会第一提案；食品安全科技投入大大增加，食品安全学科建设迅猛发展；绿色食品产业进程明显加快；食品安全市场准入制度、食品安全综合示范控制项目实施成效明显；国家农产品质量安全风险评估专家委员会成立；国家食品安全风险评估专家委员会成立；2006年11月《农产品质量安全法》生效，2009年6月《食品安全法》颁布，取代了1995年颁布的《食品卫生法》；2011年11月国家食品安全风险评估中心正式挂牌成立。

2013年3月全国两会公布国务院大部制改革，撤销药监局、食品安全委员会办公室，将质监总局（原负责生产环节食品安全监督管理职能）和工商总局（原负责流通环节食品安全监督管理职能）合并为国家食品药品监督管理总局，下属国家食品安全委员会，负责食品安全风险评估和食品安全标准制定。原主管餐饮服务的卫生部撤销，与原计生委计划生育管理和服务职责合并组建国家卫生和计划生育委员会。

习近平主席在 2013 年 12 月中央农村工作会议上首次提出："用最严谨的标准、最严格的监管、最严厉的处罚、最严肃的问责，确保广大人民群众'舌尖上的安全'。"此后一系列重要讲话和批示中，习近平主席又多次反复强调要求把"四个最严"落到实处。

随着大部制改革的进行，《食品安全法》的修订工作也于 2013 年 5 月启动，并于 2015 年 4 月 24 日，新修订的《中华人民共和国食品安全法》经第十二届全国人大常委会第十四次会议审定通过，于 2015 年 10 月 1 日起正式实施。

为配合 2018 年 3 月国务院机构改革，第十三届全国人民代表大会常务委员会第七次会议于 2018 年 12 月 29 日对监督部门进行了相应的调整。

2016 年 10 月 25 日发布《"健康中国 2030"规划纲要》，指出未来 15 年推进健康中国建设的行动纲领。倡导坚持预防为主，推行健康文明的生活方式，营造绿色安全的健康环境，减少疾病发生。2017 年实施国家食品安全战略，坚持"四个最严"。

2018 年 3 月，国务院进行了自改革开放以来，第八次国务院政府机构改革，除国务院办公厅外，国务院设置组成 26 个部门。改革后，由新组建的农业农村部主管种植、养殖、渔业，农产品安全；由新组建的国家市场监督管理总局，负责食品安全监管工作，保留国务院食品安全委员会，国家认证认可管理，国家标准化管理，下设国家药品监督管理局。改革前的国家工商行政管理总局、质检总局、食药监总局不再保留。由新组建的国家卫生健康委员会负责食品安全风险评估，食品安全标准制定与风险监测评估；必要时由公安部联合执法，涉及食品安全犯罪的直接移送公安部门。至此，真正构建了以监管食品链为核心的，全方位、全过程、多领域、立体化的监管体系。

由上述发展历程可见，在中国食品科技界的共同参与下，国家风险评估、风险交流体系形成有效的科学积累，舆情环境逐渐向好。经过近二十年的磨砺，中国食品安全由被动危机应对走向现在的风险预防和消费者教育，从而更加主动、从容。

2018 年之后的新趋势是食品安全与营养健康并行，开启了食品安全控制的新征程。

二、食品安全性内涵

（一）食品安全的定义

食品安全的概念于 1974 年 11 月在世界粮食大会上正式提出。食品安全的内涵经过 40 多年的演变，形成了较为丰富的内容。食品安全是指地区或家庭在任何时候都能够生产和获得数量足够、卫生安全和富有营养的食物，以满足人的正常生理需要的能力。

食品安全从范畴上来看包括食品数量安全、食品质量安全和食品可持续安全。

1. 食品数量安全

食品数量安全是指一个单位范畴（国家、地区或家庭）能够生产或提供维持其基本生存所需的膳食，从数量上反映居民食品消费需求的能力，它通过这一单位范畴的食物获取能力来反映。以发展生存、保障供给为特征，强调食品安全是人类的基本生存权利。食品安全问题在任何时候都是各国、特别是发展中国家所需要解决的首要问题。

2. 食品质量安全

食品质量安全是包括植物类、动物类和微生物类的所有食物，能够在食用性、营养性、安全卫生性、感官性和经济性等方面有益于人类生存、健康和发展，最低要求是不给人类带来任何损害和不利隐患。主要包括营养安全和卫生安全。

3. 食品可持续安全

食品可持续安全是指一个国家或地区,在充分合理利用和保护自然资源的基础上,确定技术和管理方式以确保在任何时候都能持续、稳定地获得食物,使食物供给既能满足现代人类的需要,又能满足人类后代的需要。即旨在不损害自然的生产能力、生物系统的完整性或环境质量的情况下,达到所有人随时能获得保持健康生命所需的食物。

(二)食品安全组成间的关系

1. 食品数量安全是实现食品安全的必要条件

食品数量安全是实现食品安全的必要条件,是食品安全的基础,一个国家或地区只有实现了食品数量安全,才能保证食物的质量安全和可持续安全。

2. 食品质量安全是实现食品安全的充分条件

没有质量的安全,其数量供给也是无效的,持续性安全也谈不上。食品质量安全的实现意味着食品数量安全能够实现。但反过来,食品数量安全的实现并不代表食品质量安全的实现。因此,食品质量安全是食品安全的充分条件,只有食物质量安全实现了,才有可能从整体上实现食品安全。

3. 食品可持续安全是食品数量安全在时间维度上的延伸

食品可持续安全也可概括为食物稳定供给与有效需求在时间维度上保持平衡,即在时间维度上,随着人口数量的增长、人们消费需求的变化,食物生产与供给在总量、结构、品质等方面能够得到保障,综合反映一个国家或地区保障食品安全的持久能力。

4. 不同时期与阶段食品安全表现不同的层次

从发展的概念来说,食品安全的发展与一个国家或地区的经济发展水平是相适应的。当该地区的经济发展水平由低水平向高水平方向发展时,其食品安全的内涵与目标也由低层次向高层次迈进。当一个国家的食物短缺和营养不良到了一定的水平,食品数量安全就成为该国的首要问题;当一个国家的食品污染或营养失衡到了一定的程度,食品质量安全和食品可持续安全就成了突出问题。

(三)食品质量安全发展的一般规律

1. 食品质量安全水平与社会经济水平相适应

随着社会经济的发展、工业化程度的提高,提高农产品经济效益以促使食品加工业迅速发展越来越重要,食品在食物消费中的比重越来越大。国际经验表明,随着人均GDP从1 000美元向3 000美元跨越,人们消费的食物逐渐从初级农产品向加工食品过渡。

2. 食品质量安全水平与食品加工业的科技发展水平相适应

随着科技水平的提高,加工工艺的不断改良,加工设备和包装材料也更加符合健康要求,检测技术迅速发展,食品加工业更加规模化、标准化,食品质量安全水平将不断提高。

3. 食品质量安全水平与居民收入水平相适应

由于食品的价格相对较高,其消费量随着居民收入水平的提高而不断增加。随着收入水平的提高,居民对食品消费的要求从"追求温饱"转向"追求卫生、营养、健康",对食品质量安全提出了更高的要求。

（四）安全食品的概念

安全食品是指生产者所生产的产品符合消费者对食品安全的需要，并经权威部门认定，在合理食用方式和正常食用量的情况下不会导致对健康损害的食品。

目前，中国生产的安全食品在广义上包含四个层次，即常规食品、无公害食品、绿色食品和有机食品。其中，后三者为政府、消费者和生产者共同倡导的安全食品，属于狭义范畴的安全食品。

1. 常规食品

常规食品是指一般生态环境和生产条件下生产和加工的产品，经县级以上卫生防疫或质检部门检验，达到国家食品安全标准的食品，这是目前最基本的安全食品。常规食品的管理和认证由国家食品安全监督管理部门负责。

2. 无公害食品

无公害食品是指在良好的生态环境条件下生产，生产过程符合一定的生产技术操作规程，生产的产品不受农药、重金属等有毒有害物质污染，或将有毒有害物质控制在安全允许范围内所加工的产品。

3. 绿色食品

绿色食品是在生态环境符合国家规定标准的产地生产，生产过程中不使用任何有害化学合成物质，或在生产过程中限定使用允许的化学合成物质，按特定的生产操作规程生产、加工，产品质量及包装经检测符合特定标准的产品。绿色食品必须经专门机构认定，并许可使用绿色食品标志。它是一类无污染、优质的安全食品。

绿色食品分为A级和AA级两类。A级为初级绿色食品，生产A级绿色食品所用的农产品，在生产过程中允许限时、限量、限品种使用安全性较高的化肥、农药。AA级是高级绿色食品，生产AA级绿色食品的原料应是利用传统农业技术和现代生物技术相结合而生产出来的农产品，生产中以及之后的加工过程中不使用农药、化肥、生长激素等。

4. 有机食品

有机食品是指来自有机农业生产体系，根据国际有机农业生产要求和相应的标准生产加工的产品，即在原料生产和产品加工过程中不使用化肥、农药、生长激素、化学添加剂、化学色素和防腐剂等化学物质，不使用基因工程技术，并通过独立的有机食品认证机构认证的一切农副产品，包括粮食、蔬菜、水果、奶制品、畜禽产品、蜂蜜、水产品、调料等。

三、食品安全的监控

（一）食品安全控制与人类食物链

通常情况下，食物链包括农业，食品制造业，食品及饮料批发和零售，食品相关产品、饮食及其他服务行业。现代人类食物链通常可分为自然链和加工链两部分，如图0-1所示。

从自然链部分来看，种植业生产中有机肥的收集、堆制、施用如忽视严格的卫生管理，可能将多种侵害人类的病原菌、寄生虫引入农田、养殖场和养殖水体，进而进入人类食物链。滥用化学合成农药或将其他有害物质通过施肥、灌溉或随意倾倒等途径带入农田，可使许多合成的、难以生物代谢的有毒化学成分在食物链中富集起来，构成人类食物中重要的危害因子。由于忽视动物保健及对有害成分混入饲料的控制，可能导致真菌毒素、人畜共患病病原菌、有害化学杂质等大量进入动物性产品，为消费者带来致病风险。而滥用兽药、抗生素、生长刺激素等化学制剂或生物制品，可因畜产品中微量残留并在人体内长期超量积累，产生不良副作用，尤其对儿童可能造成严重后果。

从人类食物链的加工链部分来看，现代市场经济条件下，蔬菜、水果、肉、蛋、奶、鱼等应时鲜活产品及其他易腐坏食品，在其加工、储藏、运输、销售的多个环节中如何确保不受危害因子侵袭，保障其安全性，这是经营者和管理者始终要认真对待的问题，不能有丝毫疏忽。食品加工、包装中滥用人工添加剂、防腐剂、包装材料等，也是现代食品生产中新的不安全因素。在食品送达消费者餐桌的最后加工制作完成之前，清洗不充分、病原菌污染、过量使用调味品、高温煎炸烧烤等，仍会使一些新老危害因子一再出现，形成新的饮食风险。

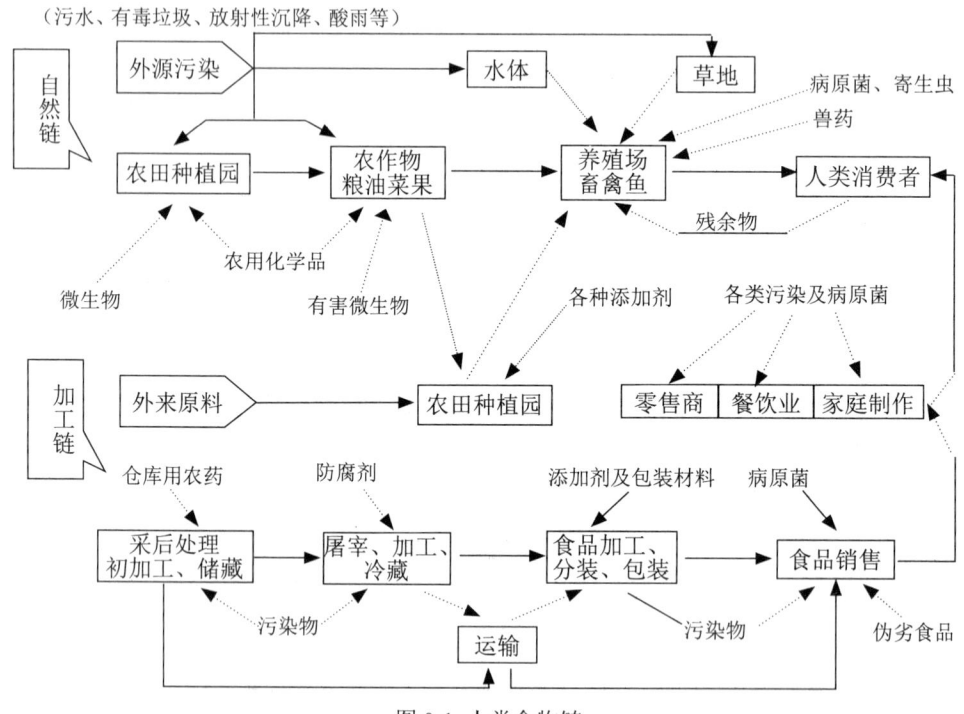

图 0-1 人类食物链

由此可见，食品的危害因子，可能在人类食物链的不同环节上产生，其中某些有害物质或成分，特别是人工合成的化学品，可因生物富集作用而使处在食物链顶端的人类受到高浓度毒物之害。认识处在人类食物链不同环节的可能危害因子及其可能引发的饮食风险，掌握其发生发展的规律，是有效控制食品安全性问题的基础。

（二）建立和完善确保食品安全性的社会管理体系

食品安全已成为当今影响广泛而深远的社会性问题。加强对食品安全的管理控制，既是社会进步的需要，也是民族健康的保证。历史经验和国内外的发展形势都说明，确保食品安全必须建立起完善的社会管理体系，应包括以下几个主要方面：

1. 针对食品安全进行完整的立法

目前，根据我国食品安全立法存在的问题以及与国际的差距，应该以现有国际食品安全法典为依据，建立中国的食品安全法规体系的基本框架；完善已有法律、法规体系；赋予执法部门更充分的权力;加强立法和执法监督等。

2. 建立科学、严格的食品供应链控制机制

各种食品安全事件及其影响因素无不产生于食品供应链的某些环节,这些环节包括:生产环节,加工环节,分级包装环节,收购、调集、储藏与运输环节,销售环节,消费环节。

农户生产过程中应尽可能实施良好农业操作规范(GAP)和良好兽医操作规范(GVP),并做好详细的记录,以保证实现食品的可追溯性。

我国食品企业生产水平参差不齐,生产传统食品满足当地需求的小型手工作坊和配备精密先进设备的现代化企业同时并存,并以十人以下的小作坊为主。食品技术的快速发展、原料采购以及国际食品贸易的扩展都蕴含着新的挑战和风险,生产安全食品是企业的首要责任。保证食品生产的各个环节都落实监控体系,才能将食品安全风险降低到可接受的程度或根除。

借助食品追溯体系,消费者应该能够得到食品从生产基地、加工企业、配送企业至销售企业每一个环节的食品安全检测信息,科学透明的食品安全追溯系统逐步聚集将是企业重要的战略资源,是一个由消费者支撑的核心竞争力。

食品零售是指向消费者销售食品,进行食品零售的企业包括食品杂货业和餐饮业。发展中国家普遍存在"街头食品",使得街头食品商贩也成为食品供应链的重要环节。食品零售者也应遵守卫生管理规范,并采用HACCP体系对食品安全危害进行积极主动的识别和控制。

消费者有责任保护自身及家庭免受与食品制备和消费有关的风险危害,接受食品卫生和安全教育,杜绝食源性疾病。

3. 建立完善的食品安全管理体制

在有效的食品安全管理体制下,食品安全管理链应开展如下几方面的工作:制定和完善相关的法规、政策与标准;加强农业生态环境保护,改善和建立食品安全生产环境;加强食品市场监管和执法,努力营造公平竞争的市场环境;加强食品安全技术的科研和开发,为食品安全提供技术支撑。

此外,政府在监管的同时,还应重视市场调节的作用,通过竞争机制和价格机制达到优质优价,使不安全食品退出市场,以引导安全食品的生产和消费。如在农业生产环节,对滥用农药、兽药、化肥等行为进行严格控制,可考虑通过产业化方式有效组织与监督农户生产,也可考虑对农户进行直接收入补贴或税费减免,激励农户进行安全生产。在食品生产加工环节,建立食品质量安全市场准入制度。采取准入标签、信息追踪、定量与定期抽检等措施规范食品流通环节的食品安全。通过加强宣传,提高消费者对食品安全的认知,发挥市场经济调节作用。

4. 建立与国际接轨的食品安全科技体系

根据食品安全科技发展的需要,结合我国具体国情,应重点开展以下工作:

(1)食品安全风险评估研究。重点开展食品毒理学安全性评价技术、食品污染物和有害残留物暴露评估技术研究,建立食品安全风险评估模型。完善我国食品病原微生物风险评估、农药残留和兽药残留评估、化学污染物评估平台。

(2)食品安全标准研究。建立和完善我国重要食品安全标准数据库,并制定相关的标准,采取相应的技术措施,特别是与我国食品贸易密切相关的标准与技术措施。

(3)食品安全检测技术研究。重点开发食品危害物残留的前处理及代谢表征技术、食品安全突发事件溯源、细菌耐药性监测技术和相关监测试剂及重要标准物质。

(4)食品溯源与预警技术研究。重点开展食物中毒诊断与处理技术、食品溯源与原产地保护技术、食品安全突发事件的预警技术研究,建立国家食品安全溯源及预警监控网络体系。

(5)食品安全综合示范。针对大宗食品选择典型地区,将关键共性技术集成组装后进行综合示范,建立"从农田到餐桌"的全程食品安全控制体系,最终形成一套符合我国国情的食品安全保障运行模式并推广应用。

5. 建立食品安全信息网络系统

食品安全信息网络系统建立的必要性体现在如下几个方面:

(1)随着食品安全日益受到人们的关注,农民、食品生产者、加工者、销售商、消费者、政府管理者、科研机构等各种群体和个人都非常重视食品安全相关信息的收集。

(2)需建立统一协调的食品安全管理机构和服务机构。《中华人民共和国食品安全法》第八十二条规定,国家建立食品安全信息统一公布制度,由国务院卫生行政部门统一公布如下信息:①国家食品安全总体情况;②食品安全风险评估信息和食品安全风险警示信息;③重大食品安全事故及其处理信息;④其他重要的食品安全信息和国务院确定的需要统一公布的信息。

(3)需要持续开展食品安全教育和培训。自2011年起,每年的6月第三周为全国"食品安全宣传周",以促进公众树立健康饮食理念,提升消费信心,提高食品安全意识和科学应对风险的能力;增强食品生产经营者守法经营责任意识;提高监管人员监管责任意识和业务素质。2019年12月1日实施的《中华人民共和国食品安全法实施条例》第五条规定:国家将食品安全知识纳入国民素质教育内容,普及食品安全科学常识和法律知识,提高全社会的食品安全意识。这是一项重大制度创新,也是防范食品安全风险的根本举措。

(4)缺乏基于大数据的风险评估和预警应急机制。截至目前我国尚未形成涵盖"从农田到餐桌"全链条、全国一盘棋的大数据战略格局。各部门之间和部门内部依然存在信息孤岛、自成体系、数据资源分散等问题,数据缺乏一致性与匹配性,质量参差不齐,可利用性差,难以实现数据的科学采集、及时共享和真正融合。2019年12月1日实施的《中华人民共和国食品安全法实施条例》第六条和第七条对食品安全风险监测制度做了进一步细化,将使风险监测的结果得到充分利用,风险监测工作更富实效。

(5)应对全球范围建立的"国际食品安全权威网"的需要。

因此,要以风险评估和预警应急机制为基础,"从农田到餐桌"全链条的角度,系统分析识别食品安全风险发生发展的关键影响因素,建立统一、协调和权威的信息收集、分析和共享平台,形成类似"天气预报系统"的风险识别预警模型的技术,同时加强与食品安全相关的各方面人员的培训。

(三)消费者的自我保护

消费者的食品安全意识行为将对整个供应链的管理控制起到有效的监督作用。消费者的食品安全意识又受到社会经济发展水平、居民受教育程度和公众对食品安全信息的知晓程度等因素的影响。目前,我国城镇居民恩格尔系数为36.3%,按照FAO(Food and Agriculture Organization,联合国粮食及农业组织)的标准,已处于"对食品营养、安全卫生要求更高"的阶段。

1. 充分认识和把握食品风险的各种来源

据不完全统计，我国每年实际发生的食物中毒例数至少200万例。食品中最常见的危害因子包括物理性、化学性和生物性三大类。其中，以生物性危害发生最为普遍、历史最长。化学性危害是风险日益增大的一类，某些现代技术条件下生产的农畜产品及加工食品，其有害化学品残留引起饮食风险最为常见，是需要消费者充分重视的。

2. 膳食结构和饮食方式要讲科学

约三分之一的癌症是吃出来的，大部分的心脑血管疾病是饮食结构失衡造成的。因此，食物多样化和荤素搭配，酸碱平衡是基本的饮食要求。

3. 购物的安全性意识

从一般意义上讲，加工过的食品安全性有所提高。但在购买过程中仍应查看生产日期、保质期、生产厂商、配料表、市场准入标志及其他体系认证标志，进行必要的感官评定。

4. 家庭制作中的食品安全性

现代家庭厨房设施条件在制作和储存美味安全食品方面很方便，但并不是绝对的。煎炸烧烤的便利可能增加多环芳烃类物质（PAH）的产生和进入饮食的概率。冰箱污染和长期存放可能为低温致病微生物危害食品安全创造机会。食品储藏条件的改善可能增加吃残剩和过期食物的比重而有害健康。滥用调味品、化学清洁剂等可能引起新的化学危害因子进入食品。重视厨房、餐厅卫生，重视购入食品的清洗、消毒，及时食用，重视家庭不同成员对食品中危害因子敏感性及抵抗力的差异，对于保障家庭饮食安全至关重要。

【信息追踪】

1. 世界卫生组织（WHO）提出的饮食安全十大黄金定律

定律一：煮好的食物应立即吃掉，食物在常温下存放四五个小时是最危险的。

定律二：食物特别是动物性食物应熟食，因一般带有病原体。

定律三：最大可能选择加工处理过的食物。

定律四：无法一次性吃完的食物，应在低温环境下保存。

定律五：存放过的熟食应加热后再食。

定律六：生食与熟食应严格分开，包括分割工具以及存放。

定律七：保持厨房厨具、餐具的清洁卫生。

定律八：处理食物之前需洗手。

定律九：避免让小动物接触食物。

定律十：饮用水要保持清洁，必要的话不要饮用生水。

2. 推荐网站

国际食品安全网，该网站为国家食品安全协会官方网站。为应对全球范围重大食品安全紧急事件，FDA、WHO等国际组织在全球建立该网，旨在能够使国际上主要的食源性疾病暴发和食品污染事件在国际水平上相互呼应，为成员国提供信息支持，加强食品安全机构间的合作，进一步明确食品安全的战略方向。

3. 食品安全认知误区

误区一：食品安全即食品零风险。

误区二：过分强调食物中的化学性污染，忽视食源性疾病。

误区三：认为被致癌物污染的食品就是致癌食品。

误区四："有毒"概念被炒作得扩大化。

误区五：将假冒伪劣食品和有毒有害食品画上等号。

【课业】

1. 论述我国食品安全存在的主要问题，并提出解决对策。
2. 对比我国食品安全现状与发达国家的差距。

第一篇

食品安全基础

项目一　食品安全危害来源分析与控制

【知识目标】
- 阐述食品安全中物理性危害、化学性危害、生物性危害的种类及来源；
- 掌握物理性危害、化学性危害、生物性危害对食品安全性的影响及控制措施；
- 理解并掌握动植物天然毒素的定义、种类和中毒条件；
- 熟悉环境污染物的种类、危害特征以及对人体健康的影响；
- 了解食品包装的概念及作用，理解并掌握常见食品包装材料的性能特点及安全问题。

【能力目标】
- 能够对某食品加工环节指出其潜在的物理性危害的种类和引入途径，并制定风险控制措施；
- 能够对食品中存在的有毒物质、农药残留、兽药残留、重金属、食品添加剂及食品包装材料等化学性危害物质的来源进行合理分析，并制定控制措施；
- 能够查阅并了解有关食品生物性危害的相关文献资料，指出在食品原料、加工、销售、消费等环节中潜在的生物性危害；
- 能够判断食品生物性危害的种类和污染途径，针对食品生物性危害制定危害控制措施。

任务一　食品安全的物理性危害分析与控制

任务描述

选择某实体研究对象，例如对典型产品进行物理性危害分析，指出其在加工制作过程中可能存在的物理性危害的种类和引入途径，并根据实际情况提出控制这些物理性危害的对策。

知识准备

食品安全的物理性危害主要是指非食源性物质和放射性物质对食品的安全造成不利影响。

非食源性物质通常是指从外部来的物质，包括任何在食品中发现的不正常的有潜在危害的外来物，如碎骨头、碎石头、铁屑、木屑、毛发、昆虫的残体、碎玻璃、螺丝、塑料等所有可以想象到的东西都有可能混入食品中，导致对人体的伤害和对身体健康的影响。

放射性物质以射线和离子为主，以高能粒子的形式持续地向外放射粒子和能量，环境中的放射性物质主要通过水、大气和土壤进入食物，再通过食物链对人体构成一定的危害。

物理性危害与化学性危害和生物性危害相比，其特点是造成伤害出现快，而且消费者容易确认伤害的来源。物理性危害不仅造成食品的二次污染，而且时常危害到消费者的健康，例如割破嘴巴、硌坏牙齿、堵住气管引起窒息、引起人体内辐射等。

近年来，非食源性物质危害是消费者投诉较多的安全事件之一，同时放射性物质对食品的危害也是容易让消费者忽视或者引起恐慌的因素，所以食品物理性危害对食品安全的影响同样不可轻视。下面介绍主要的物理性危害及预防措施。

一、非食源性物质的危害

非食源性物质是食物中能引起疾病和伤害的外来物质，包括玻璃破碎产生的碎玻璃，钝的开罐器产生的金属屑，可能混入三明治中的粗糙牙签，毛发、指甲、绷带等可能意外地掉落并进入食品中的物品。非食源性物质危害常常来自偶然的污染和不规范的食品加工处理过程。它们能发生在从收获到消费整个食物链的各个环节。

（一）金属物危害和污染途径

金属物造成食品的危害是物理性安全危害中比较常见的一种，食品中含有的金属碎片等物质被消费者食入，可能会对人体造成不同程度的损伤，如割伤口腔、划伤咽部等，一些进入体内的金属物如不能及时排出，只能通过外科手术取出，这些都将给消费者造成巨大的身心痛苦和折磨，严重的还会危及消费者的生命。

食品中的金属污染物一般来源于机器设备零件、订书钉、电线、金属发夹、鱼钩等。它的产生有多种原因，可能是在食品加工制造过程中与金属的直接接触而误入的，包括生产中机器在切割和搅拌操作时部件破裂或脱落；可能是在食品包装、储藏及运输过程中无意或疏忽造成的；也可能是人为故意的破坏而引起的等。这些途径都可使金属污染物质进入食品中造成食品安全危害问题。

（二）玻璃物危害和污染途径

玻璃物造成的危害也是非食源性物质危害中比较常见的、被投诉最多的一种。它对消费者造成的危害不仅是割伤、流血等身体健康上的创伤，如果误食还需要手术查找并除去危害物，因此危害是比较大的，尤其是对婴幼儿和老年人。

食品中玻璃污染物的来源主要有原料，瓶、罐等玻璃器皿，玻璃类包装物，灯具，仪表盘等物质。这些玻璃类物质可能是在食品加工制造过程中直接接触而误入的，包括生产中机器的切割或搅拌操作时；可能是食品包装、储藏及运输过程中无意或疏忽造成的；也可能是人为故意的破坏而引起的等。

（三）其他异物危害

除上述两种常见的非食源性物质危害外，食品中其他非食源性物质引起的危害还有许多，如食品中塑料污染物给消费者造成的窒息、割伤等；某些食品中掺杂的异物（骨头、毛发、牙齿、蚊蝇等）让人产生恶心、呕吐等症状，造成身体的不适。

这些异物有可能来源于加工过程中的各个环节。如骨头可能来源于原料、配料或是不规范的操作；毛发有可能来源于原料或雇员本身；沙粒可能来源于原料或辅料等。

总之，食品中各种非食源性物质危害不管是通过哪条途径，或来自哪个操作环节，如果不加以控制，都会对人体造成一定程度的伤害。只有加强质量管理措施，提高食品安全意识才能对食品中非食源性物质危害起到预防、杜绝的作用。

二、食品中非食源性物质危害的预防措施

食品中非食源性物质危害在一定程度上是容易预防和控制的，这种危害可以通过在食品生产过程中采取相应的措施杜绝。几种非食源性物质危害的来源及主要的防治措施见表1-1。

表1-1　　　　　　　　几种非食源性物质危害的来源及防治

非食源性物质危害种类	来源	主要防治措施
玻璃	原料，容器，照明设施，实验室设备，加工设备	供应商的审核，进货的验收，员工培训，用塑料外罩覆盖灯，禁止玻璃进入加工区域，异物检测系统，内部监控和现场管理等
金属	原料，办公用品（图钉、曲别针），电线，削后金属屑，清洁用具（如钢丝绒）	供应商的审核，进货的验收，员工培训，外包商的审核，器具设备预防性维修，异物检测系统，内部监控和现场管理等
石粒，嫩枝，树叶	原料（通常来自植物），食品加工设施周围环境	供应商的审核，进货的验收，保持建筑设施周围的卫生，员工培训，异物检测系统，制定建筑物保安措施和规定等
木制品	原料（通常来自植物），包装（如箱柜，篓，垫板）	供应商的审核，进货的验收，异物检测系统，加强对箱柜和垫板的管理，员工培训等
虫	原料，食品加工设施周围环境，肮脏的建筑设施	供应商的审核，进货的验收，保持食品建筑设施周围的卫生，窗户加纱网，保持门关闭，定时清除垃圾，保持食品容器关闭，溢出的食品要及时清理，定时清洁建筑物，员工培训，异物检测系统等
首饰	人员	员工培训，限制佩戴饰物，内部监控和现场管理等
塑料	原料，包装（柔性塑料、硬性塑料）	进货的验收，员工培训，正确的清洁程序，包装设计，异物检测系统

食品中非食源性物质危害大多不是客观原因造成的，是可以通过努力改正的。如提高员工的意识，加强现场管理，全面执行先进的质量管理等方法来达到预防和杜绝的。一般情况下可采取以下措施进行预防：

首先，要加强员工的职业素质培训和安全教育，包括有关非食源性物质危害的知识和预防措施两方面，以提高员工的食品安全卫生意识。提高员工的职业素质，养成良好的工作习惯和职业道德，爱岗敬业，不携带不必要的东西（如零食、首饰等）入操作间，避免因员工的不慎而造成危害。要求员工严格执行规章制度，严格按照良好操作规范（Good Manufacturing Practice，GMP）的要求进行操作。

其次，要控制原辅材料及包装材料中非食源性物质危害。

建立并完善食品安全计划，从原料采购、验收、储存、加工的每个环节制定完善的、可操作的制度，并且培训员工以熟知这些制度，从而杜绝非食源性物质的源头引入。同时，可利用

X光机检测、金属检测、强磁力棒、工业滤网、自动剔除装置等设备在生产前后对原辅材料进行筛选。

最后，要加强生产过程的监控管理、设备的维护和生产工艺的改进。

全面执行良好操作规范（GMP）和危害分析与关键控制点（HACCP）的质量管理体系；建立完善的设施设备定检、巡检制度，确保设备正常运转，避免非食源性物质的出现；定期维护硬件设备，创造良好的生产加工环境；优化生产工艺，改进加工条件，从细节入手，尽量减少加工产品暴露在空气中的机会。另外，对可能成为危害来源的因素也要进行有效控制，如生产用具，以保证其安全和完整性，对生产场所的周边环境进行控制，清除可能带来危害的物质。

"民以食为天"，食品是人类生存必不可少的物质，同时食品中的危害也会给人类造成伤害。如何确保食品的卫生质量和安全，一直是生产加工企业和主管部门重点关注的问题。要真正达到食品的低风险，必须从源头抓起。

三、放射性物质的危害

（一）放射性物质危害和污染途径

食品中放射性物质按来源可分为天然放射性物质和人为放射性物质两种。

天然放射性物质是指广泛分布于空气、土壤和水等自然界中的物质，是自然界的放射源，其中以含铀、钍、镭等元素的矿床地区较多。

天然放射性物质主要来自两个方面：一是宇宙射线的粒子与大气物质相互作用而产生的，如 ^{14}C、^{3}H 等；二是地球在形成过程中产生的核素及其衰变产物，如 ^{238}U、^{235}U、^{232}Th、^{40}K 和 ^{87}Rb 等。这些自然界的天然放射性物质不断地和外界环境与生物体间进行物质能量的交换，所以在动植物组织内均有放射性物质存在，也称之为动植物性食品的自然放射性本底。由于环境中放射性物质分布不同，不同地区食品中的天然放射性物质数量不相同，同一地区不同食品天然放射性物质浓度亦有较大差异。

人为放射性核素是指通过人工核反应、电子加速器和放射性核素发生器等生成的放射性核素，如 ^{137}Cs、^{90}Sr、^{60}Co 等。

人为放射性物质来自三个方面：空中核爆炸试验、核废物的排放和意外事故造成的放射性物质。环境中这些放射性物质的存在，均可通过食物链各环节污染食物。

一般来说，放射性物质主要经消化道进入人体（其中食物占94%～95%，饮用水占4%～5%），通过呼吸道和皮肤进入的较少。而在核试验和核工业泄漏事故中，放射性物质经消化道、呼吸道和皮肤这三条途径均可进入人体而对人体造成危害。

（二）放射性物质对食品安全性的影响

放射性物质在发挥其重要作用的同时，也产生了各种负面的影响。主要表现在一些放射性物质进入环境，对大气、水、土壤、农作物、畜禽类、鱼虾类等物质的污染，再经过食物链进入食物，最终由人摄入体内，对健康产生危害。

各种放射性物质经食物链进入人体的转移过程会受到放射性物质的性质，环境条件，动植物的代谢情况和人的膳食习惯等因素的影响。

天然放射性物质在自然界中的分布很广，存在于矿石，土壤，天然水，大气和动植物的组织中。由于其可参与环境与生物体间的转移和吸收过程，所以可通过水、土壤、农作物、水产品、饲料等进入生物圈，成为动植物组织的成分之一。一般认为，食品中的天然放射性物质含量很低，基本上不会影响食品的安全。但是有一些水生生物，特别是鱼类、贝类等水产品对某些放射性物质有很强的富集作用，食品中放射性物质的含量可能显著地超过周围环境中存在的该放射性物质。

一般在动植物食品中会不同程度地含有天然放射性物质，大部分情况下不会构成对人体的危害。食品的放射性污染主要来源于使用放射性物质的科研、医疗及生产单位排放到环境中的放射性废物和核爆炸以及意外事故造成的核泄漏。如切尔诺贝利核电站的意外事故使周边地区牧草污染，导致奶牛所产牛奶的放射性物质水平明显增高。食品被半衰期长的放射性物质污染后很难清除，对人体的健康危害较大。

另外，放射性物质在植物中的分布取决于植物的种类、器官，也和植物的生长期有关。以 ^{90}Sr 为例，叶部含量最多，而果实和种子部分含量较少；^{137}Cs 分布要比 ^{90}Sr 均匀，在谷类中，外壳的含量要比可食部分的含量高。植物在不同生长期放射性物质的含量也有一定的差异。

放射性物质对食品安全影响的另一个问题便是对水体的污染。全球水域面积占地球表面积的三分之二以上，可以说是核试验放射性物质的主要受纳体，也是核动力工业放射性物质的受纳体。水体中的水生生物对放射性物质有明显的富集作用，浓集系数可达 10^3。如海洋生物体内 ^{210}Po 的含量要比海水中高几百倍甚至上千倍。海洋生物和陆生的动植物一样都是人类主要的食物来源，海洋生物对不同的放射性物质进行吸收、富集和转移，最终经食物链进入人体。进入人体的放射性物质，大部分不被人体吸收而排出体外，被吸收部分参与人体代谢。

放射性物质对人体的危害来自两个方面：一是外照射，即体外辐射源对人体的照射；另一个是内照射，即进入人体的放射性物质，在人体内继续发射多种射线引起内照射，当放射性物质达到一定浓度时，便能对人体产生损害，其危害性因放射性物质的种类、人体差异、浓集量等因素而有所不同，它们会损坏其他器官，引起恶性肿瘤、白血病等疾病，对人体健康造成严重危害，应加以注意。

四、食品中放射性物质危害的预防措施

预防食品中放射性物质污染，以减少其对人体危害的主要措施有：

首先，加强对放射性物质污染源的卫生防护和经常性监督。

其次，规范放射源的管理和放射性废弃物的处理与净化，严格遵守操作规程，这是预防环境和食品放射性物质危害的根本措施。

最后，定期进行食品安全监测，严格执行食品安全国家标准，使食品中放射性物质的含量控制在允许浓度范围以内。

任务实施

第一阶段

[教师]

1. 确定任务。由教师提出设想，然后与学生一起讨论，最终确定项目目标和任务。

选择某实体研究对象，例如典型产品、本市某大型超市中的生鲜加工柜台的加工产品，对该加工产品的具体加工过程中可能存在的各种非食源性物质危害的途径进行分析，引导学生对该产品不同的加工操作环节制定相应的可控制危害的措施。

2. 对班级学生进行分组,每个小组控制在 6 人以内,各小组按照自己的兴趣确定研究对象。

[学生]

1. 根据各自的分组情况,查找相应的资料,学习讨论,分别制订任务工作计划。
2. 学生依据各自制订的工作计划竞聘负责人职位(1~2 人)。在竞聘过程中需考察:计划的可行性、前瞻性、系统性与完整性及报告人的领导能力、沟通能力和团队协作能力。
3. 确定负责人,实施小组内分工,明确每个人的职责、未来工作细节、团队协作的机制。小组组成与分工可参考表 1-2。

表 1-2　　　　　　　　　　小组组成与分工

参与人员	人员	主要工作内容
负责人	A	计划,主持、协助、协调小组行动
小组成员	B	现制焙烤类食品: 对在操作过程中对可能存在的各种非食源性物质危害的途径进行分析,并针对各不同的操作单元制定相应的控制危害的措施
小组成员	C	各种半成品加工类食品: 对在操作过程中可能存在的各种非食源性物质危害的途径进行分析,并针对各不同的操作单元制定相应的控制危害的措施
小组成员	D	现制切片水果类食品: 对在操作过程中可能存在的各种非食源性物质危害的途径进行分析,并针对各不同的操作单元制定相应的控制危害的措施
小组成员	E	凉菜、熟食类食品: 对在操作过程中可能存在的各种非食源性物质危害的途径进行分析,并针对各不同的操作单元制定相应的控制危害的措施

第二阶段

[学生]

学生针对自己承担的任务内容,查找相关资料,进行现场调查,拟订具体工作方案,组织备用资源,最后完善体系细节,并进行现场验证。

[任务完成步骤]

1. 针对自己承担的任务内容,查找相关资料。
2. 现场调查,详细了解自己承担相应任务的加工操作过程中的每一个加工环节。
3. 根据调查结果,写出调查报告。
4. 根据调查结果和查阅的资料,一起讨论解决问题的方案并达成共识。
5. 制定相应的控制各种非食源性物质危害的措施。

第三阶段

[教师和学生]

1. 学生课堂汇报，教师点评任务完成质量，提出存在的问题，然后学生进一步讨论、整改。
2. 由实践到理论的总结、提升，到再次认知，学生应能陈述关键知识点。
3. 各成员汇总、整理分工成果，进行系统协调，形成最后成熟可行的整体方案，并且能够展示出来。

[成果展示]

书面材料展示：

1. 某超市生鲜加工柜台各加工环节可能存在的各种非食源性物质危害种类和途径的调查报告。
2. 针对该超市生鲜加工柜台各种产品加工环节制定能有效控制并减少其非食源性物质危害发生的具体措施文件。

第四阶段

1. 针对项目完成过程中存在的问题，提出解决方案。
2. 总结个人在执行过程中能力的强项与弱项，提出提高自身能力的应对措施。
3. 个人评价、学生互评、教师评价打分，计算最后得分。
4. 对学生个人形成的书面材料进行汇总，最后形成系统材料归档。

任务二 食品安全的化学性危害分析及控制

任务描述

选择某实体研究对象，例如对低温中式火腿等典型产品进行化学性危害分析，指出在生产、储藏和销售过程中可能存在的化学性危害的种类和污染途径，并提出预防控制措施。

知识准备

知识点一 环境中的化学污染物

一、环境中化学污染物的种类

随着工业化的发展，环境化学污染物质的种类和数量日益增多，对人类生态环境造成日益严重的污染。环境污染物是干扰人体内分泌机制，影响人体正常调节作用的外源化学物。从总体上看，环境污染物可分为无机污染物和有机污染物，其中无机污染物又分为非金属无机污染物和重金属污染物，其中，重金属污染物和有机污染物对人体健康产生的危害尤其突出。具体如下：

1. 无机污染物

（1）非金属无机污染物

非金属无机污染物主要指无机氨、氮和硝酸盐。除作为食品添加剂直接添加的硝酸盐和亚硝酸盐外，从自然环境中摄取和生物机体氮的利用、含氮肥料（包括无机肥和有机肥）和农药的使用、工业废水和生活污水是食品中硝酸盐的主要来源。

硝酸盐通过食物和饮水摄入，经过人的口腔，可通过唾液微生物活动将硝酸盐还原为亚硝酸盐进入人体。另外，通过研究人体对硝酸盐摄入及排出的平衡，发现人体内具有合成硝酸盐的能力，同时，通过食物摄入的硝酸盐、亚硝酸盐和人体内自身合成的硝酸盐，人体可形成一定量的内源性亚硝基化合物，积累到一定的剂量会导致癌症。

（2）重金属污染物

重金属污染物主要是指汞、镉、铅、铬、铜、镍、锰、锌以及类金属砷、硒等生物毒性显著的元素。重金属原义是指密度大于 $4.5\ g/cm^3$ 的金属，如金、银、铜和铁等，而环境污染方面的重金属主要指不能被生物降解，却能在食物链的放大作用下不断富集，特别是具备较大生物毒性的镉、汞、铅、砷和铬等。

2. 有机污染物

多氯联苯和二噁英是环境中研究最多的有机污染物。多氯联苯曾经在工业中广泛应用，如变压器中的绝缘体。通过追踪人体脂肪、乳汁和鱼中多氯联苯的历史残留数据可以描绘出其时间变化趋势。环境、食品和人体组织中的多氯联苯在以非常慢的速度下降。理论上，多氯联苯进入食品的途径包括：通过动物源性食品将其从环境带入人体，尤其是具有高脂肪成分的食品；由于工业事故造成对食品和饲料的直接污染。

二噁英家族共 210 种化合物，其中 2,3,7,8- 四氯二苯二噁英毒性最强。二噁英为极毒、强致癌物，有"世纪之毒""毒中之王"之称。其主要污染源为含氯有机化学物、垃圾焚烧和纸浆的氯漂白，此外，其源头还包括汽车尾气、家庭燃煤、生产使用有机化学物质和冶金加工业等。食品中的污染形式包括空气沉积和淤泥传播，两种污染形式都会在种植和养殖环节发生。

最易受二噁英污染的食品为动物性食品（亲脂性），可以通过呼吸和食物链富集（90%）进入人体。二噁英对人体的危害极大：可蓄积 7 年以上，极难排出体外；微量的污染可造成人体许多复杂的疾病，如前列腺癌、乳腺癌、睾丸癌、免疫力低下、先天缺损、生育力下降等。

二、环境中化学污染物对人体健康的影响

环境中化学污染物普遍存在，人们不知不觉就暴露在其中，如家庭用的煤油、木材和煤炭，室内污浊的空气，不洁食品，药产品等。

环境中化学污染物会对男性生殖系统造成严重影响，导致男性精子数量减少，甚至不育。铅、汞、镉等重金属和苯类有机污染物质对妊娠期妇女可造成不同程度的损害，主要为妊娠中毒症、早产、流产，引起胎儿宫内中毒，造成严重的中枢神经系统损害，所生婴儿会出现精神迟钝、吞咽困难、肌肉萎缩等症状，甚至降低胎儿出生存活率。镉的少量吸入将导致人体出现全身神经病痛和骨痛，被称为痛痛病。苯及其同系物还会引起胎盘位置不正和胎盘分离胎儿窒息，致使胎儿或母亲死亡。环境中化学污染物也影响乳儿健康。母乳中化学物对乳儿产生危害主要有

两种方式：一是直接作用，即化学物本身及其代谢产物的危害，这种危害的机制与对成年人的影响基本相同，差别仅在于乳儿的代谢功能尚未完全成熟，可能对化学物更敏感或更不敏感；二是间接作用，即通过改变乳汁的质和量来影响乳儿的正常发育。

三、环境中化学污染物的防治措施

1. 促进资源节约循环高效使用

节约资源是破解资源瓶颈约束、保护生态环境的首要之策。我国从"十一五"开始深入推进全社会节能减排，在生产、流通、消费各环节大力发展循环经济，实现各类资源节约高效利用。

2. 利用微生物降解及植物修复

利用微生物降解已有的环境中化学污染物以及用植物修复已被污染的土壤，是生态环境保护的一项重要措施。目前这方面的技术研究带动了许多环保产业技术的发展。同时，这种方法可以实现在治理污染的同时，最大限度地降低修复时对环境的扰动。

3. 开展流行病学研究

流行病学的研究显示，环境中化学污染物在食物中广泛存在，并通过直接作用和食物链在人体内蓄积，对人体的健康产生了巨大的潜在威胁。政府通过制定食品法律、法规和标准，开展流行病学调查、食品卫生学调查和实验室检验工作，调查事故有关的食品及致病因子、污染原因，对化学性污染提出预防和控制事故的建议，为判定事故性质和事故发生原因提供科学依据。

4. 加强食品生产过程中工具、器具管理

生产加工、储藏、包装食品的容器、工具、器械、导管、材料等应严格控制其卫生质量。对镀锡、焊锡中的铅含量应当严加控制。限制使用含砷、铅等有毒有害物质的材料。一些有毒化学元素（如镉、铬、铅等）含量不得超过国家卫生标准。

知识点二　农药残留与兽药残留

一、农药与农药残留

农药是指用于预防、消灭或者控制危害农业与林业的病、虫、草和其他有害生物，以及有目的地调节植物、昆虫生长的化学合成物质，或者来自生物、其他天然物质的一种物质或者几种物质的混合物及其制剂。农药是防治病虫害最为快速、有效、经济的手段，但是过多、过滥地使用农药，对生态环境和身体健康都会产生较大危害。

农药残留是指在农业生产中施用农药后一定时期内残留在生物体、农副产品及环境中微量的农药原体、衍生物、有毒代谢物、降解物和杂质的总称，残留的数量叫作农药残留量。

农药喷洒在农作物上经过一段时间后，由于日晒、雨淋、风吹、高温挥发和植物代谢等作用，农药有效成分逐渐分解、减少，但不能全部消失，其中一部分附着在农作物上，一部分散落在土壤、大气和水等环境中，环境残存的农药中一部分又会被植物吸收，残存农药直接通过植物果实或水、大气到达人体内，或通过环境、食物链最终传递给人畜。长期食用或接触这些带有残留农药的农产品，对人畜会产生毒害作用。

二、农药的分类

目前世界上使用的农药原药多达 1 500 种，我国目前使用的农药也有近 200 种原药和近

1 000种制剂。以2018年数据为例,全国化学农药原药产量为208.28万吨(来源:国家统计局)。为使用和研究方便,从不同角度对农药进行分类。

(一)按来源分类

1. 有机合成农药

有机合成农药是指由人工研制合成,并由有机化学工业生产的一类农药。按其化学结构可分为有机氯、有机磷、氨基甲酸酯、拟除虫菊酯等。有机合成农药应用最广,但毒性最强。

2. 生物源农药

生物源农药指直接用生物活体或生物代谢过程中产生的具有生物活性的物质或从生物体提取的物质作为防治病虫草害的农药,包括微生物农药、动物源农药和植物源农药三类。

3. 矿物源农药

矿物源农药有效成分起源于矿物的无机化合物和石油类农药,包括硫制剂、铜制剂和矿物油乳剂等。

(二)按作用对象分类

根据作用对象不同,可将农药分为杀虫剂、杀菌剂、除草剂、杀鼠剂、杀螨剂、植物生长调节剂等。使用较多的是杀虫剂、杀菌剂、除草剂和植物生长调节剂。

为了减少农药对食品的污染,保护人体健康,必须对农药污染食品的途径和预防措施有所了解。

三、食品中农药残留的来源

农药对食品的污染途径包括:

(一)施用农药后对农作物的直接污染

在农作物接近收获时施用过量的农药,更易于造成过量的农药残留,其影响污染程度的因素应考虑以下几个方面:

1. 农药性质

内吸性农药(如内吸磷、对硫磷)残留多,而渗透性农药(如杀螟松)和触杀性农药(如拟除虫菊酯类)残留较少,且主要残留在农作物外表(表面黏附污染)。稳定的品种(如有机氯、重金属制剂等)比易降解的品种(如有机磷)的残留时间更长。

2. 剂型及施用方法

油剂比粉剂更易残留,喷洒比拌土施洒残留高。在灌溉水中施用农药则对植物根茎部污染较大。

3. 施药浓度、时间和次数

施药浓度高、次数频、距收获间隔期短则残留高。

4. 气象条件

气温、降雨、风速、日照等均可影响农药的清除和降解。

5. 农作物的品种、生长发育阶段及食用部分

在农业生产中,农药直接喷洒于农作物的茎、叶、花和果实等表面,造成农产品污染。部分农药被农作物吸收进入植株内部,经过生理作用运转到根、茎、叶和果实中,代谢后残留于农作物中,尤其在皮、壳和根茎部的农药残留量最高。

（二）农作物对污染环境中农药的吸收

在农田、草场和森林施药后，有40%～60%农药降落至土壤，5%～30%的药剂扩散于大气中，逐渐积累，通过多种途径进入生物体内，致使农产品、畜产品和水产品出现农药残留问题。

1. 从土壤中吸收

当农药落入土壤后，逐渐被土壤粒子吸附，植物通过根茎部从土壤中吸收农药，引起植物性食品中农药残留。

2. 从水体中吸收

水体被污染后，鱼、虾、贝和藻类等水生生物从水体中吸收农药，引起组织内农药残留。用含农药的工业废水灌溉农田或水田，也可导致农产品中农药残留。甚至地下水也可能受到污染，畜禽可以从饮用水中吸收农药，引起畜产品中农药残留。

3. 从大气中吸收

虽然大气中农药含量甚微，但农药的微粒可以随风、大气漂浮、降雨等自然现象造成很远距离的土壤和水源的污染，进而影响栖息在陆地和水体中的生物。

（三）农药通过生物富集与食物链污染

生物富集与食物链是造成某些食品中有较多农药残留的重要原因。农药等化学物质沿着食物链在生物间转移，而在转移过程中，则发生不同程度的生物富集，因此造成农药在食品中富集。某些比较稳定的农药、与特殊组织器官有高度亲和力或可长期储存于脂肪组织的农药（如有机氯、有机汞、有机锡等）可通过食物链的作用逐级浓缩，称之为生物富集作用。

（四）其他污染途径

由于盛装农药的容器和包装材料不够严密，运输的车、船等交通工具不清洁或者由于某种事故而造成食品污染。

农药也可经呼吸道及皮肤侵入机体，但主要是通过对食品的污染而进入人体。据估计，通过污染食品进入人体的农药占进入人体农药总量的80%～90%。不论农药通过哪种途径对食品进行污染，最终都进入人体。进入途径如图1-1所示。

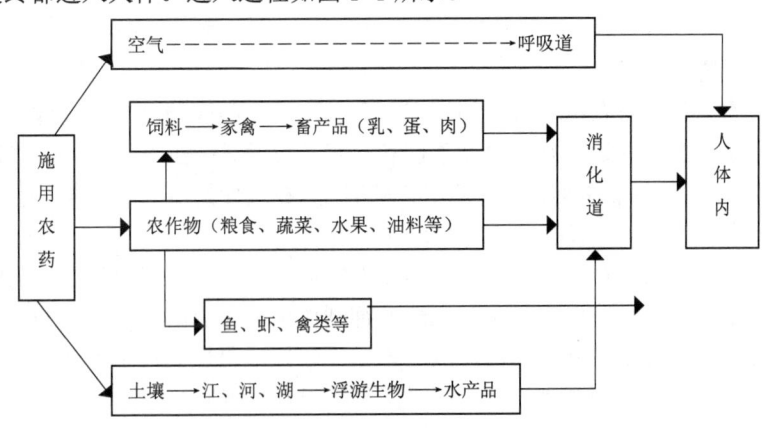

图1-1 农药进入人体的途径

四、影响食品安全的主要农药

由于农药的性质、使用方法及使用时间的影响，在各种农作物上农药的残留和分布也将会有差别。下面以几种常用的化学农药进行讨论。

（一）有机氯农药

有机氯农药是一类应用最早的高效广谱杀虫剂，易溶于脂肪和多种有机溶剂（如乙醇、汽油等），挥发性小、不易分解，在高温及酸性环境中都较稳定。这些特点决定了它的残留期长，容易在农作物、土壤及生物体内蓄积，尤其在含脂肪的组织和含脂质的谷物外壳蓄积最多。有机氯农药可影响机体酶的活性，引起代谢紊乱，干扰内分泌功能，降低白细胞的吞噬功能与抗体的形成，损害生殖系统，使胚胎发育受阻，导致孕妇流产、早产和死产。人中毒后出现四肢无力、头痛、头晕、食欲不振、抽搐、麻痹等症状。因此，许多国家停止使用有机氯农药，我国于1983年停止生产，1984年停止使用。

（二）有机磷农药

有机磷农药在我国农业上用量大、品种多，广泛用于农作物的杀虫、除菌、除草，为我国使用量最大的一类农药。有机磷农药的毒性根据品种不同，差别很大。有机磷农药在食品中残留，与有机氯相比数量甚微、残留时间也短。对农作物各部位的残留情况进行比较发现，根类或块根类农作物比叶菜类或豆类部分残留时间长。触杀性有机磷在植物性食品中经数天至2~3周即可分解，而内吸磷在植物性食品中需经3~4个月才被分解。谷类食品中的残留消失与温度、含水量有关，含水量高的有机磷残留消失快，蔬菜、水果一般7~10天大致可消失一半；低温时则分解较慢。有机磷农药与有机氯农药一样，其残留主要在外皮及外壳部分，故经洗涤和去皮都能减少其残留量，如马铃薯削皮可去掉90%的马拉硫磷；菠菜单纯水洗几乎没有减少，而煮沸后能消除61%的对硫磷。内吸磷的残留则较难除去。

有机磷农药有神经毒性，对血液和组织中胆碱酯酶的抑制较为明显。有机磷农药中毒有出汗、肌肉颤动、嗜睡、瞳孔缩小、精神错乱、抑郁等一系列症状。近年来认为，有些有机磷农药在急性中毒后8~14天可出现迟发性神经中毒症状，主要表现为下肢共济失调、肌无力和食欲减退，严重的可出现下肢麻痹。有些有机磷农药具有胚胎毒性、致畸性、致突变性和致癌性。目前对此类问题尚需进一步做动物试验和人群调查，以阐明长时间、低剂量的有机磷随食物进入人体后的有关反应。为保障农产品质量安全，2008年1月，经国务院批准，决定停止甲胺磷、对硫磷、甲基对硫磷、久效磷、磷铵等五种高毒有机磷农药的生产、流通、使用。

（三）氨基甲酸酯农药

氨基甲酸酯农药是针对有机磷农药的缺点而研制出的一类农药，具有高效、低毒、低残留的特点，广泛用于杀虫、杀螨、杀线虫、杀菌和除草等方面。杀虫剂主要有西维因、涕灭威、速灭威、灭草蜢等。氨基甲酸酯类农药易溶于有机溶剂，在酸性条件下较稳定，遇碱易分解失效。在环境和生物体内易分解，土壤中半衰期为8~14天。

大多数氨基甲酸酯农药对温血动物、鱼类和人的毒性较低。氨基甲酸酯农药的中毒机理和症状基本与有机磷农药类似，但它对胆碱酯酶的抑制作用是可逆的，水解后的酶其活性可得到不同程度的恢复，且无迟发性神经毒性，故中毒恢复较快。急性中毒时患者出现流泪、肌肉无力、震颤、痉挛、低血压、瞳孔缩小，甚至呼吸困难等胆碱酯酶抑制症状，重者出现心功能障碍，甚至死亡。

（四）拟除虫菊酯农药

拟除虫菊酯农药是一类模拟天然除虫菊酯的化学结构而合成的杀虫剂和杀螨剂，具有高效、广谱、低毒、低残留的特点，广泛用于蔬菜、水果、粮食、棉花和烟草等农作物。目前常用 20 多个品种，主要有氯氰菊酯、溴氰菊酯、氰戊菊酯、甲氰菊酯、二氯苯醚菊酯等。拟除虫菊酯农药不溶或微溶于水，易溶于有机溶剂，在酸性条件下稳定，遇碱易分解。在自然环境中降解快，不易在生物体内残留，在农作物中的残留期通常为 7～30 天。农产品中的拟除虫菊酯农药主要来自喷施时直接污染，常残留于果皮。这类杀虫剂对水生生物毒性大，生产 A 级绿色食品时，禁止用于水稻和其他水生作物。其缺点是高抗性，即昆虫在短时间内可对其产生抗药性而使杀虫活性降低甚至完全失效。多种农药复配使用可以延缓其抗性的发生。

拟除虫菊酯属中等或低毒类农药，在生物体内不产生蓄积效应，因其用量低，一般对人的毒性不强。这类农药主要作用于神经系统，使神经系统传导受阻，出现痉挛等症状，但对胆碱酯酶无抑制作用。严重时抽搐、昏迷、大小便失禁，甚至死亡。

（五）熏蒸剂类

熏蒸剂类用于防治粮食与蔬菜、水果的仓库虫害。目前我国使用较多的熏蒸剂有磷化氢（磷化铝制剂）、溴甲烷、二氯乙烷、二硫化碳、环氧乙烷等。

对熏蒸剂的要求应该是药效高与挥发性强。一般熏蒸剂易从食品中散失，残留量较低，但对人一般均有较大毒性。因此今后要寻求高效、低毒和挥发性强的熏蒸剂或粮仓防虫剂来提高粮食、蔬菜、水果的卫生质量，现已发现效果较好的熏蒸剂有含氟化合物类、含氮化合物类、有机磷类、烃类和氯溴化合物类等。

五、兽药残留及其危害

兽药是指用于预防、治疗、诊断畜禽等动物疾病，有目的地调节其生理机能，并规定作用、用途、用法、用量的物质（含饲料药物添加剂）（《兽药管理条例》）。兽药主要包括血清制品、疫苗、诊断制品、微生态制品、中药材、中成药、化学药品、抗生素、生化药品、放射性药品及外用杀虫剂、消毒剂等，在我国包括用于家畜、家禽、宠物、野生动物、水产动物和蚕、蜂等的各种药物。

兽药残留是指动物在应用兽药（包括药物添加剂）后，蓄积或储存在细胞、组织或器官内，或进入泌乳动物的乳或产蛋家禽的蛋中的药物原型以及有毒理学意义的代谢物和药物杂质。动物在食用药物以后，药物以原型或代谢产物的方式通过粪便、尿液等排泄物进入生态环境，造成环境土壤、表层水体、植物和动物等的兽药蓄积或残留即兽药在生态环境中的残留，也属于兽药残留的范畴。

兽药残留不仅对人体健康造成直接危害，而且对畜牧业和生态环境也造成很大威胁，最终将影响人类的生存安全。同时也影响经济的可持续发展和对外贸易。

（一）兽药残留对人体健康的危害

1. 毒性作用

一般情况下，动物性食品中残留的兽药浓度较低，加上人们食用数量有限，并不引起急性毒性。但是，食用残留严重超标的动物性食品可引发急性食物中毒。我国广东、浙江、上海等地和世界其他地区就发生过多起由于摄入饲喂过盐酸克伦特罗（瘦肉精）并在组织中有较高残留的猪产品发生人体急性中毒的事件，主要表现为人体肌肉震颤、头疼、心动过速和肌肉疼痛等。人长期摄入含兽药残留的动物性食品后，药物不断在体内蓄积，当浓度达到一定量后，也会对人体产生毒性作用。

2. 过敏反应和变态反应

经常食用一些含低剂量抗菌药物残留的食品能使易感的个体出现过敏反应，这些药物包括青霉素、四环素、磺胺类药物以及某些氨基糖苷类抗生素等。

3. 细菌耐药性

动物经常反复接触某一种抗菌药物后，其体内敏感菌株将受到选择性地抑制，从而使耐药菌株大量繁殖。抗生素饲料添加剂长期、低浓度的使用是耐药菌株增加的主要原因。这些抗菌药物残留于动物性食品中，使人长期与药物接触，一方面可使病原菌具有耐药性并能引起人兽共患病的病原菌大量增加，另一方面，动物病原菌的耐药性可传递给人类病原菌，当人体发生疾病时，会给临床治疗带来很大的困难，乃至对病人造成生命危险。

4. 菌群失调

在正常条件下，人体肠道内的菌群由于在多年共同进化过程中与人体能相互适应，对人体健康产生有益的作用。但是，过多应用药物会使这种平衡发生紊乱，造成一些非致病菌的死亡，使菌群的平衡失调，从而导致长期的腹泻或引起维生素的缺乏等反应，对人体造成危害。

5. "三致"作用

"三致"是指致畸、致癌、致突变。苯并咪唑类药物是兽医临床上常用的广谱抗蠕虫病的药物，可持久地残留于肝内并对动物具有潜在的致畸性和致突变性。另外，残留于食品中的丁苯咪唑、苯咪唑、阿苯达唑具有致畸作用，克球酚、雌激素则具有致癌作用。

6. 激素的副作用

激素类物质虽有很强的作用效果，但也会带来很大的副作用。人们长期食用含低剂量激素的动物性食品，由于蓄积效应，有可能干扰人体的激素分泌体系和身体正常机能，特别是类固醇类和β-兴奋剂类在体内不易代谢破坏，其残留对食品安全威胁很大。

（二）兽药残留对畜牧业生产和环境的影响

滥用药物对畜牧业本身也有很多负面影响，并最终影响食品安全。如长期使用抗生素会造成畜禽机体免疫力下降，影响疫苗的接种效果。长期使用抗生素还容易引起畜禽内源性感染和二重感染。耐药菌株的日益增加，使有效控制细菌疫病的流行变得越来越困难，不得不用更大剂量、更强副作用的药物，反过来对食品安全造成了新的威胁。

兽药及其代谢产物通过动物粪便、尿液等进入环境，对周围环境有潜在的毒性，会对土壤微生物、水生生物及昆虫等造成影响。甲硝唑、喹乙醇、土霉素、泰妙菌素、泰乐菌素等抗菌药物对水环境有潜在的不良作用。阿维菌素类药物对低等水生动物、土壤中的线虫和环境中的昆虫均有较高的毒性作用。有机砷制剂作为添加剂大量使用后，对土壤固氮细菌、解磷细菌、纤维素分解等均产生抑制作用。另外，进入环境中的兽药被动植物富集，然后进入食物链，还可危害人类健康。

（三）兽药残留超标对经济发展的影响

兽药残留超标是制约畜禽产品走向国际与国际接轨的主要因素，部分发达国家充分利用技术监控措施和手段对食品出口国家进行控制。蜂产品、水产品等兽药残留事件表明，出口食品一旦被检查出兽药残留含量超标，会对畜禽产品出口形成短期损失和长期损失，使得相关企业面临着退出国际市场的境地，间接影响该国相关产业的发展，对国家声誉和形象造成不利影响。

六、影响食品安全的主要兽药

目前对人畜危害较大的兽药及药物污染主要包括抗生素类、磺胺类药物、激素类药物和其他兽药。

（一）抗生素类

按照在畜牧业上应用的目标和方法，可将它们分为两类：治疗动物临床疾病的抗生素；用于预防和治疗亚临床疾病的抗生素，即作为饲料添加剂低水平连续饲喂的抗生素。尽管使用抗生素作为饲料添加剂有许多副作用，但是由于抗生素饲料添加剂除防病、治病外，还具有促进动物生长、提高饲料转化率、提高动物产品的品质、减轻动物的粪臭、改善饲养环境等功效。因而，事实上抗生素作为饲料添加剂已很普遍。

治疗用抗生素主要品种有青霉素类、四环素类、杆菌肽、庆大霉素、链霉素、红霉素、新霉素和林可霉素等。常用饲料药物添加剂有盐霉素、马杜霉素、黄霉素、土霉素、金霉素、潮霉素、伊维菌素、庆大霉素和泰乐菌素等。

为控制动物食品药物残留，必须严格遵守休药期，控制用药剂量，选用残留低毒性小的药物，并注意用药方法与用药目的一致。为保障动物产品质量安全，维护公众健康，2017年修订的《饲料和饲料添加剂管理条例》规定，加入药物饲料添加剂的，应当标明"加入药物饲料添加剂"字样，并标明其通用名称、含量和休药期。对有不良行为的饲料、饲料添加剂生产企业，根据情节严重程度给予没收违法所得、罚款处理，情节严重的，由发证机关吊销、撤销相关许可证明文件，构成犯罪的，依法追究刑事责任。

（二）磺胺类药物

磺胺类（Sulfanilamide）药物是一类具有广谱抗菌活性的化学药物，广泛应用于兽医临床。磺胺类药物于20世纪30年代后期开始用于治疗人的细菌性疾病，并于1940年开始用于家畜，1950年起广泛应用于畜牧业生产，用以控制某些动物疾病的发生和促进动物生长。

磺胺类药物根据其应用情况可分为三类：用于全身感染的磺胺药（如磺胺嘧啶、磺胺甲基嘧啶、磺胺二甲嘧啶），用于肠道感染、内服难吸收的磺胺药物和用于局部的磺胺药（如磺胺醋酰）。

磺胺类兽药主要通过输液、口服、创伤外用等用药方式或作为饲料添加剂而残留在动物性食品中。在1995－2000年，动物性食品中磺胺类药物残留量超标现象十分严重，多在猪、鸡、鸭、牛等动物性食品中发生。

（三）激素类药物

激素是由机体某一部分分泌的特种有机物，可影响其机能活动并协调机体各个部分的作用，促进畜禽生长。20世纪人们发现激素后，激素类生长促进剂在畜牧业得到广泛应用。但由于激素残留不利于人体健康，产生了许多负面影响，许多种类现已禁用。国家农业部门规定，禁止所有激素类及有激素类作用的物质作为动物促进生长剂使用，但在实际生产中违禁使用者还是很多，给动物性食品安全带来很大威胁。

激素的种类很多，按化学结构可分为固醇和类固醇（主要有肾上腺皮质激素、雄性激素、雌性激素等）、多肽或多肽衍生物（主要有垂体激素、甲状腺素、甲状旁腺素、胰岛素、肾上激素等）两类。按来源可分为天然激素和人工激素，天然激素指动物体自身分泌的激素；人工激素是用化学方法或其他生物学方法人工合成的一类激素。

在畜禽饲养上应用激素制剂有许多显著的生理效应，如加速催肥，还可提高胴体的瘦肉与脂肪的比例。

（四）其他兽药

除抗生素外，许多人工合成的药物有类似抗生素的作用。化学合成药物的抗菌驱虫作用强，而促生长效果差，且毒性较强，长期使用不但有不良作用，而且有些还存在残留与耐药性问题，甚至有致癌、致畸、致突变的作用。化学合成药物添加在饲料中主要用于防治疾病和驱虫等方面，也有少数毒性低、副作用小，促生长效果较好的抗菌剂作为动物生长促进剂在饲料中加以应用。

七、兽药残留的原因

产生兽药残留的主要原因大致有以下几个。

（一）兽药质量问题

随着我国畜牧业的快速发展，兽药行业的提质升级持续进行。截止到2020年7月，全国在册有效的兽用中化药生产企业共计1 578家，全国兽用生物制品生产企业共计141家，其中疫苗、抗体类生产企业111家，诊断制品类的生产企业30家。兽药抽检合格率持续向好。农业农村部抽检报告显示，2018年和2019年生产环节不合格率分别仅为1.9%和3.9%；2020年第一、第二期生产环节抽检不合格率为0.2%和0%。

兽药产品不合格项目主要集中在以下四方面：一是含量不合格。化学药品类和抗生素类产品不合格的主要问题在于含量不符合要求。二是非法添加现象依然存在，如化学药品样品检出添加其他兽药成分。三是中药有效成分无法检出。中药类产品不合格的主要问题为生产企业偷工减料，减少药材投料品种或以次充好，导致一种或几种药材无法检出。四是其他项目不合格情况。如检测发现兽药性状、干燥失重、pH、有关物质等存在不合格现象。

根据《兽药管理条例（2018年修订）》和《兽药生产质量管理规范（2020年修订）》规定（简称"兽药GMP"），所有兽药生产企业均应在2022年6月1日前达到新版兽药GMP要求。未达到新版兽药GMP要求的兽药生产企业（生产车间），其兽药生产许可证和兽药GMP证书有效期最长不超过2022年5月31日。自2020年6月1日起，新建兽药生产企业以及兽药生产企业改、扩建或迁址重建生产车间，均应符合新版兽药GMP要求。兽药行业要求不断提高，兽药质量将得到持续改进。

（二）非法使用违禁或淘汰药物

原农业部在2003年265号公告中明确规定，不得使用不符合《兽药标签和说明书管理办法》规定的兽药产品，不得使用《食品动物禁用的兽药及其他化合物清单》所列产品及未经农业部门批准的兽药，不得使用进口国明令禁用的兽药，肉禽产品中不得检出禁用药物。而在畜牧业生产中，使用违规兽药现象仍然存在。最受关注的违禁药物是β-兴奋剂（盐酸克伦特罗），近几年来其中毒事件时有发生。此外，在饲料中少量添加性激素和氯丙嗪等镇静药的现象也屡禁不止。

（三）不遵守休药期规定

休药期是指食品动物从停止给药到活动物或其产品（奶、蛋）许可屠宰（上市）的间隔时期。休药期的长短不仅与药物在动物体内的清除率和残留量有关，而且与动物种类、用药剂量和给药途径有关。我国农业部门第278号公告对临床常用的202种兽药和药物饲料添加剂规定了休药期，但养殖户使用这些药物时并未做明显标记或隔离处理，不遵守休药期规定就将动物性食品出售，这是兽药残留最主要的原因。如抗菌促生长的喹乙醇预混剂，休药期是35天，而在生产中不少蛋鸡场不遵守休药期规定，致使鸡蛋中药物残留超标。

（四）乱用和滥用药物

农业农村部兽药质量监督数据表明，兽药使用环节不合格率一般明显高于生产环节。2019年四次抽检，使用环节不合格率分别为2.5%、0.6%、2.8%和2.3%，2020年第一、第二期使用环节不合格率为0.9%和2.1%。在预防和治疗动物疫病时，加大用药剂量和增加用药次数，尤其是在饲料中添加药物时超量添加或超长时间添加。此外，还存在不符合用药剂量、给药途径、用药部位和用药动物种类等用药规定，以及重复使用几种商品名不同但成分相同药物的现象。这些因素势必造成药物残留超标，甚至引起动物中毒死亡。

（五）屠宰前用药

一些非法商户在生猪等活体动物收购、贩卖、运输、屠宰前，使用兽药来掩饰有病畜禽临床症状，以逃避宰前检验，这也能造成肉畜产品中的兽药残留。此外，在休药期结束前屠宰动物同样能造成兽药残留量超标。

八、控制食品中农药残留和兽药残留的措施

（一）加强对农药和兽药生产和经营的管理

我国持续加强农药兽药生产经营管理，严禁在农药兽药中添加剧毒高毒成分，严厉打击制售假劣农药兽药行为。国务院2017年修订发布《农药管理条例》，对农药登记、生产管理、经营、使用和法律责任等部分进行了修改完善，《农药登记管理办法》《农药生产许可管理办法》《农药经营许可管理办法》《农药登记试验管理办法》《农药标签和说明书管理办法》五个配套规章于2017年8月1日起正式施行。2018年修订发布《兽药管理条例》，对兽药的研制、生产、经营、进出口、使用和监督管理做出明确规定。相关办法的出台对保障农产品质量安全和人畜安全，保护农业、林业生产和生态环境等具有重要意义。

（二）安全合理使用农药和兽药

我国不断加强农药兽药使用管理和指导，严格落实农药兽药使用管理相关制度。修订完善《农药合理使用准则》（最新标准为GB/T 8321.10—2018），对主要农作物和常用农药规定了制剂施用量或稀释倍数、施药方法、使用次数、安全间隔和最大残留限量；

颁布实施《农药贮运、销售和使用的防毒规程》（GB 12475—2006），明确了农药的装卸、运输、储存、销售、使用等各个环节中的防毒要求。

《国务院办公厅关于进一步加强农药兽药管理保障食品安全的通知》（国办发明电〔2017〕10号）明确要求，严格按照相关法律、法规建立农产品生产过程农药兽药使用记录，制定实施农药兽药使用培训计划，普及法律、法规和种养技术，指导农产品生产经营者对症选药、科学用药，规范农药兽药使用行为。

（三）制定和严格执行食品中农药和兽药残留限量标准

为加强农药、兽药管理，逐步解决农副产品农药、兽药残留含量过高等问题，国家不断修订农药和兽药残留限量标准，保护人民身体健康，稳定和发展我国农副产品出口贸易。2019年8月，中国农业农村部与国家卫生健康委员会、国家市场监督管理总局联合发布《食品安全国

家标准 食品中农药最大残留限量》(GB 2763—2019),规定了483种农药在356种(类)食品中7 107项残留限量,涵盖的农药品种和限量数量均首次超过国际食品法典委员会数量。2019年10月,中国农业农村部、国家卫生健康委员会、国家市场监督管理总局三部门联合发布了《食品安全国家标准 食品中兽药最大残留限量》(GB 31650—2019),规定了267种(类)兽药在畜禽产品、水产品、蜂产品中2 191项残留限量及使用要求。

(四)制定适合我国国情的农药和兽药政策

2019年,为推动种植养殖生产者落实质量安全主体责任,牢固树立质量安全意识,中国农业农村部决定在全国试行食用农产品合格证制度。食用农产品合格证(图1-2)是指食用农产品生产者根据国家法律、法规、农产品质量安全国家强制性标准,在严格执行现有的农产品质量安全控制要求的基础上,对所销售的食用农产品自行开具并出具的质量安全合格承诺证。国家还通过加强农药兽药残留抽检监测,实施食用农产品产地准出和市场准入管理,加强食品安全风险源头治理,进一步保障食用农产品质量安全和食品安全。

```
食用农产品合格证
食用农产品名称:
数量(质量):
生产者盖章或签名:
联系方式:
产地:
开具日期:
我承诺对产品质量安全及合格证真实性负责:
□ 不使用禁限用农药兽药
□ 不使用非法添加物
□ 遵守农药安全间隔期、兽药休药期规定
□ 销售的食用农产品符合农药兽药残留食品安全国家标准
```

图1-2 食用农产品合格证

知识点三 食品添加剂

食品添加剂可以改善风味、调节营养成分、防止食品变质,从而提高质量,使加工食品丰富多彩,满足消费者的各种需求,是食品工业不可缺少的辅料,对食品产业的发展起着重要的作用,可以说,没有食品添加剂就没有现代食品工业。

但若不能科学地使用食品添加剂,也会带来很大的负面影响,近几年来食品添加剂使用的安全性引起了人们的关注。由于食品添加剂是一种经加工的化学产物,其产品组成比较复杂,其中一些种类即使少量长期摄入,也有可能对机体带来潜在的危害。随着食品毒理学方法的发展及临床应用的实践,原来认为无害的食品添加剂近年来发现可能存在慢性毒性、致畸、致突变或致癌的危害,故各国对此给予充分的重视,不断研究监测食品添加剂的安全使用。目前食品添加剂使用的安全问题主要是超范围和超量使用,以及已经禁止使用的品种仍然在使用的问题。因此,国内外对待食品添加剂的应用均严格管理、加强评价和限制使用。

一、食品添加剂的定义

国际上对食品添加剂的定义目前尚无统一规范的表述,广义的食品添加剂是指食品本来成分以外的物质。

食品法典委员会(CAC)规定:"食品添加剂是指本身通常不作为食品消费,不用作食品中常见的配料物质,无论其是否具有营养价值。在食品中添加该物质的原因是出于生产、加工、制备、处理、包装、装箱或储藏等食品的工艺需求(包括感官),或者期望其或其副产品(直接或间接地)成为食品的一个成分,或影响食品的特性。不包括污染物,或为了保持或提高营养质量而添加的物质。"

《中华人民共和国食品安全法》规定:"食品添加剂是指为改善食品品质和色、香、味以及防腐和加工工艺的需要加入食品中的化学合成物质或天然物质。食品用香料、胶基糖果中基础剂物质、食品工业用加工助剂也包括在内。"

二、食品添加剂的分类

(一)根据用途分类

食品添加剂按照其用途的不同,可以分成很多种类。我国《食品安全国家标准 食品添加剂使用标准》(GB 2760—2014)按功能将食品添加剂分为22大类,其中比较重要的有防腐剂、护色剂、着色剂、甜味剂、酸度调节剂、漂白剂、乳化剂、稳定剂和凝固剂、膨松剂、增稠剂、品质改良剂、水分保持剂、抗氧化剂和食品用香料等。如与消费者嗜好相关的酸度调节剂、甜味剂、食品用香料,防止食品变质的防腐剂、抗氧化剂,改善食品质量的增稠剂、品质改良剂、水分保持剂。

(二)根据制造方法分类

1. 化学合成的添加剂

化学合成的添加剂是利用各种有机物、无机物化学合成的方法而得到的添加剂。目前,使用的添加剂大部分属于这一类添加剂。如防腐剂中的苯甲酸钠,漂白剂中的焦硫酸钠,着色剂中的胭脂红、日落黄等。

2. 生物合成的添加剂

一般以粮食等为原料,利用发酵的方法,通过微生物代谢生产的添加剂称为生物合成添加剂,若在生物合成后还需要化学合成的添加剂,则称之为半合成法生产的添加剂。如调味用的味精,色素中的红曲红,酸度调节剂中的柠檬酸、乳酸等。

3. 天然提取的添加剂

天然提取的添加剂是利用分离提取的方法,从天然的动植物体等原料中分离纯化后得到的食品添加剂。如色素中的辣椒红等,香料中天然香精油、薄荷等。此类添加剂由于比较安全,并且其中一部分又具有一定的功能及营养,因此符合食品产业发展的趋势。目前在日本,天然添加剂的使用是发展的主流,虽然它的价格比合成添加剂要高出很多,但是出于对安全的考虑,从天然产物中得到的添加剂产品却十分畅销。

三、食品添加剂的使用要求

根据《食品安全法》《食品安全国家标准 食品添加剂使用标准》等法规和标准的要求,使用食品添加剂应当遵循以下原则:

经过食品毒理学安全性评价，证明在使用限量内长期使用对人体安全无害；应有中华人民共和国卫生部门颁布并批准执行的使用卫生标准和质量标准；对营养成分不应有破坏作用；食品添加剂摄入人体后，最好能参与人体正常的物质代谢或能被正常解毒过程解毒后全部排出体外；在达到一定使用目的后，能够经过加工、烹调或储存被破坏或排除；禁止以掩盖食品腐败变质或以掺杂、掺假、伪造为目的而使用食品添加剂；不得经营和使用无卫生许可证、无产品检验合格证及污染变质的食品添加剂；未经卫生部门允许，婴儿及儿童食品不得加入食品添加剂。

四、我国食品添加剂存在的主要问题

我国食品添加剂目前在使用和管理上也存在一定的问题。如①超范围使用；②超限量使用；③滥用非食品加工化学添加剂；④使用质量不合标准的食品添加剂等。食品中可能滥用的食品添加剂品种部分名单见表 1-3。为进一步打击在食品生产、流通、餐饮服务中违法添加非食用物质和滥用食品添加剂的行为，保障消费者健康，国家卫生和计划生育委员会（原卫生部）公告陆续发布了六批《食品中可能违法添加的非食用物质和易滥用的食品添加剂名单》。国家始终保持对违法使用非食用物质加工食品行为的打击力度，切实维护广大人民群众的健康权益。

表 1-3 食品中可能滥用的食品添加剂品种部分名单

品　种	易滥用添加剂
渍菜（泡菜等）、葡萄酒	着色剂
水果冻、蛋白冻类	着色剂、防腐剂、酸度调节剂
面点、月饼	乳化剂、防腐剂、着色剂、甜味剂
馒头	漂白剂（硫黄）
油条	膨松剂（硫酸铝钾、硫酸铝铵）
小麦粉	滑石粉
酒类（配制酒除外）	甜蜜素
鲜瘦肉	胭脂红
乳制品（干酪除外）	纳他霉素
大黄鱼、小黄鱼	柠檬黄
臭豆腐	硫酸亚铁
蔬菜干制品	硫酸铜

知识点四　食品包装材料

一、食品包装概述

（一）食品包装与包装材料

包装是指为了在流通中保护产品、方便储运、促进销售，按一定技术方法而采用的容器、材料和辅助材料的总称，也指为了达到上述目的而采用的容器、材料和辅助物的过程中施加一定技术方法等的操作活动。

食品包装从古至今都是包装的主体部分之一。随着消费水平和科学技术水平的日益提高，消费者对食品包装的要求也越来越高。

食品包装是指用合适的材料、容器、工艺、装潢、结构设计等手段将食品包裹和装饰，以便在食品的加工、运输、储存、销售过程中保持食品品质或增加其商品价值。我国《食品安全法》中明确规定："用于食品的包装材料和容器，指包裹、盛放食品或者食品添加剂用的纸、竹、木、金属、搪瓷、塑料、橡胶、天然纤维、化学纤维、玻璃等制品和直接接触食品或者食品添加剂的涂料。用于食品生产经营的工具、设备，指在食品或者食品添加剂生产、销售、使用过程中直接接触食品或者食品添加剂的机械、管道、传送带、容器、用具、餐具等。用于食品的洗涤剂、消毒剂，指直接用于洗涤或者消毒食品、餐具、饮具以及直接接触食品的工具、设备或者食品包装材料和容器的物质。"

（二）食品包装的性质与目的

食品易腐败变质而丧失营养和商品价值，因此必须适当包装才有利于产品储存，提高商品价值。因此，食品包装及包装材料应具有以下性质：

1. 对包装食品的保护性

有适当的阻隔性，如防湿性、防水性、隔气性、保香性、遮光性（紫外线隔绝性）、保温性、防虫性、防鼠咬等；使用稳定性，如耐水性、耐油性、耐有机溶剂性、耐腐蚀性、耐光照、耐热性、耐寒性等；有足够的机械强度，如拉伸强度、撕裂强度、破裂强度、抗折强度、抗冲击强度、抗穿刺强度、摩擦强度和延伸率等，以保护食品免受外界环境条件对其造成的危害。

2. 合适的加工特性

便于加工成所需形状的容器，便于密封，便于机械化操作，便于印刷，适于规模生产的机械化、自动化操作。

3. 卫生和安全性

食品包装材料本身无毒，与食品成分不起反应，不因老化而产生有害因子，不含对人体有毒害的添加物。

4. 方便性

不仅要求质量轻，便于携带运输，还要方便开启食用，有利于废包装的回收，减少环境污染。

5. 经济性

如价格低，便于生产、运输和储藏等。

食品包装的主要目的是保证食品质量和卫生，不损失原始成分和营养，方便运输，促进销售，提高货架期和商品价值。现代包装技术可大大延长食品的保存期，保持食品的新鲜度，提高食品的美观和商品价值。在食品工业高度发展的今天，食品包装已形成完整的工业体系，在食品加工、运输、销售及家庭使用中都占有重要的位置。

下面就几种主要的食品包装材料及其可能存在的安全性问题加以介绍。

二、纸制品包装材料的安全与卫生

纸类包装材料包括纸和纸基材料，具有一系列独特的优点：加工性能良好，印刷性能优良，具有一定的机械性能，便于复合加工，卫生安全性好，且原料来源广泛，容易大批量生产，品种多样，成本低廉，质量较轻，便于运输，废弃物可回收利用，无白色污染，等等。它在现代化的工业体系中占有重要的地位。

包装材料品种多样，纸类产品分为纸与纸板两大类。常用的食品包装用纸有牛皮纸、羊皮纸和防潮纸等。牛皮纸主要用于外包装；羊皮纸可用于奶油、糖果、茶叶等食品的包装；防潮纸又称涂蜡纸，有良好的抗油脂性和热封性，主要用于新鲜蔬菜等食品的包装。纸板常按纸的来源及构造特点进行分类，常用的纸板有黄纸板、箱纸板、瓦楞纸板、白纸板等。

纸容器是指用纸或纸复合材料加工而成的纸袋、纸盒、纸杯、纸箱、纸桶等容器，按用途可分为两大类：一类用于销售包装，另一类用于运输包装。

（一）纸中有害物质的来源

造纸的原料包括纸浆和助剂。纯净的纸浆是无毒的，但由于原料受到污染，或经过加工处理，纸和纸板中通常会有一些杂质、细菌和化学残留物，从而影响包装食品的安全性。纸中有害物质的来源主要有以下几个方面：纸浆中的农药残留，回收纸中和油墨颜料中的铅、镉、多氯联苯等有害物质，劣质纸浆漂白剂的毒性，造纸加工助剂的毒性，以及成品纸表面的微生物和微尘杂质污染，等等。

（二）纸类包装材料对食品安全的影响

1. 纸浆

造纸用纸浆有木浆、草浆（稻草、麦秆、甘蔗渣等）和棉浆等，其中以木浆最佳。由于农作物在种植过程中使用农药、化肥等物质，所以在稻草、麦秆、甘蔗渣等制纸原料中往往含有残留农药及重金属等有毒化学物质。但从经济和目前实际情况出发，用木浆制作食品包装纸的极少，多数采用草浆和棉浆，有的还掺入了一定比例的回收纸。回收纸经脱色可将油墨颜料脱去，但铅、镉、多氯联苯等仍留在纸浆中，因此制作食品包装用纸时，不应采用废旧回收原料。

2. 助剂

造纸过程中添加的助剂有硫酸铝、氢氧化钠、亚硫酸钠、次氯酸钠等。一些造纸厂为了防止循环水中微生物作用而添加杀菌剂和防霉剂，但应防止其在包装纸中残留。对废旧再生纸，为增加其洁白度，往往添加荧光增白剂。这种增白剂是一种致癌物，应禁止在食品包装纸中添加。

3. 油墨

《包装材料用油墨限制使用物质》（GB/T 36421—2018）中明确规定：严重危害人体安全、健康和环境的限制物质，不应作为包装材料用油墨原材料；为避免油墨印刷层与内容物可能的接触，二者之间应具有相应的阻隔功能，应不会对包装内容物产生任何影响。

（三）纸质包装材料的卫生

纸浆生产过程需加入施胶剂（防渗剂）、填料（使纸不透明）、漂白剂（使纸变白）、染色剂（为纸加颜色）等添加剂，这些添加剂应该无毒或低毒，添加量应符合卫生标准。与食品接触的包装纸不得采用回收废纸做原料，食品包装纸用蜡应采用食品级石蜡，不得使用工业级石蜡。印刷油墨、颜料应符合食品卫生要求，印刷层不得与食品直接接触。《食品安全国家标准 食品接触用纸和纸板材料及制品》（GB 4806.8—2016）中规定：铅≤3.0 mg/kg，砷≤1.0 mg/dm^2，甲醛≤1.0 mg/dm^2，荧光性物质（波长254 nm和365 nm）阴性，迁移物总迁移量≤10 mg/kg，高锰酸钾消耗量≤40 mg/kg，重金属（以铅计）≤1.0 mg/kg，大肠菌群和沙门氏菌均不得检出，霉菌≤50 CFU/g。

三、塑料制品包装材料的安全与卫生

塑料是以由大量小分子的单体通过共价键聚合成的高分子树脂为基本成分，添加适量的增塑剂、稳定剂、填充剂、抗氧化剂等助剂，在一定条件下塑化而成的高分子材料。根据塑料在加热及冷却时呈现的性质不同,把塑料分为热塑性和热固性两类。热塑性塑料主要具有链状的线形结构,在特定温度范围内能反复受热软化和冷却硬化成型。这类塑料包装性能良好,可反复成型,但刚硬性低,耐热性不高。食品包装上常用的热塑性塑料有聚乙烯、聚丙烯、聚氯乙烯、聚碳酸酯、聚乙烯醇、聚酰胺和聚偏二氯乙烯等。热固性塑料受热不能软化,只能分解,因此不能反复塑制。这类塑料耐热性好、刚硬、不熔,但较脆。食品包装上常用的热固性塑料有氨基塑料、酚醛塑料等。

塑料由于具有原料来源丰富,成本低廉,质量轻,运输方便,化学稳定性好,易于加工,装饰效果好,以及良好的保护作用等特点而受到食品包装业的青睐,成为最主要的食品包装材料。

随着环保理念的深入人心,减轻塑料制品对环境的污染势在必行。2020年1月,国家发展改革委、生态环境部印发《关于进一步加强塑料污染治理的意见》。该意见和食品相关的限塑令包括:自2021年1月1日起,全国禁止生产和销售一次性发泡塑料餐具;全国餐饮业禁止使用不可降解一次性塑料吸管,暂不禁止牛奶、饮料等食品外包装自带的吸管;在直辖市、省会城市和计划单列城市的商场、超市、药店、书店等场所,餐饮打包外卖服务,各类展会活动中禁止使用不可降解塑料购物袋,暂不禁止连卷袋、保鲜袋和垃圾袋;在地级以上城市建成区、景区景点的餐饮堂食服务中禁止使用不可降解的一次性刀、叉、勺。

(一)塑料中有害物质的来源

塑料包装材料种类繁多,性质各异。塑料中有害物质的来源主要有以下几个方面:树脂本身有一定的毒性;树脂中残留的有毒单体、裂解物及老化产生的有毒物质;塑料包装容器表面的微尘杂质及微生物污染;塑料制品在制作过程中添加的稳定剂、增塑剂、着色剂等带来的危害;塑料回收再利用时附着的一些污染物和添加的色素;等等。

(二)塑料制品对食品安全的影响

1. 聚乙烯

聚乙烯(PE)为半透明和不透明的固体物质,是乙烯的聚合物。采用不同工艺方法聚合而成的聚乙烯因其相对分子质量大小及分布不同,分子结构和聚集状态不同,形成不同的聚乙烯品种,一般分为低密度聚乙烯和高密度聚乙烯两种。低密度聚乙烯主要用于制造食品塑料袋、保鲜膜等;高密度聚乙烯主要用于制造食品塑料容器、管等。

聚乙烯材料本身是一种无毒材料,它属于聚烯烃类长直烷烃树脂。聚乙烯塑料的污染物主要包括聚乙烯中的单体乙烯、添加剂残留以及回收制品污染物。其中乙烯有低毒,但由于沸点低,极易挥发,在塑料包装材料中残留量很低,加入的添加剂剂量又非常少,基本上不存在残留问题,因此,一般认为聚乙烯塑料是安全的包装材料。但低分子量聚乙烯易溶于油脂,若使用聚乙烯制品长期盛装油脂含量高的食品,可将低密度聚乙烯溶出,使油脂或含油脂多的食品带有"哈喇味",从而影响产品质量。聚乙烯塑料回收再生制品存在较大的不安全性,由于回收渠道复杂,回收容器上常残留有害物质,难以保证清洗处理完全,从而造成对食品的污染。有时为了掩盖回收品质量缺陷而添加大量涂料,导致涂料色素残留污染食品。

2. 聚丙烯

聚丙烯(PP)是由丙烯聚合而成的一类高分子化合物。它主要用于制作食品塑料袋、薄膜、保鲜盒等。聚丙烯加工中使用的添加剂与聚乙烯相似,一般认为聚丙烯是安全的,其安全性高于聚乙烯材料。聚丙烯的安全性问题主要是回收再利用品，与聚乙烯类似。

3. 聚氯乙烯

聚氯乙烯（PVC）是由氯乙烯聚合而成的。聚氯乙烯塑料以聚氯乙烯树脂为主要原料，再加以增塑剂、稳定剂等加工制成。聚氯乙烯树脂本身是一种无毒聚合物，但其原料单体氯乙烯具有麻醉作用，可引起人体四肢血管的收缩而产生痛感，同时还具有致癌和致畸作用，它在肝脏中可形成氧化氯乙烯，具有强烈的烷化作用，可与DNA结合产生肿瘤。因此，聚氯乙烯塑料的安全性问题主要是残留的氯乙烯单体、降解产物以及添加剂的溶出造成的食品污染。

4. 聚苯乙烯

聚苯乙烯（PS）由苯乙烯单体加聚合成。聚苯乙烯本身无毒、无味、无臭，不易生长霉菌，可制成收缩膜、食品盒等。其安全性问题是苯乙烯单体及甲苯、乙苯和异丙苯等的残留。残留于食品中的苯乙烯单体对人体最大无作用剂量为133 mg/kg，塑料包装制品中的单体残留量应限制在1%以下。用聚苯乙烯容器储存牛奶、肉汁、糖液及酱油等可产生异味，存放发酵奶饮料后，可有少量苯乙烯移入饮料。

5. 聚偏二氯乙烯

聚偏二氯乙烯（PVDC）是由偏二氯乙烯（VDC）和氯乙烯（VC）等共聚而成的。聚偏二氯乙烯最大的特点是对气体、水蒸气有很强的阻隔性，具有较好的黏接性、透明性、保香性和耐化学性，并有热收缩性等特点。聚偏二氯乙烯薄膜主要适用于制造火腿肠、鱼肠、香肠等灌肠类食品的肠衣。聚偏二氯乙烯中可能有氯乙烯和偏二氯乙烯残留，属于中等毒性物质。

6. 复合薄膜

复合薄膜是塑料包装发展的方向，它具有以下特点：可以高温杀菌，食品保存期长；密封性能良好，适用于各类食品的包装；防氧气、水、光线的透过，能保持食品的色、香、味；如采用铝箔层，则改善印刷效果。复合薄膜所采用的塑料等材料应符合卫生要求，并根据食品的性质及加工工艺选择合适的材料。复合薄膜的突出问题是黏合剂，黏合剂可直接采用改性聚丙烯，它不存在食品安全问题；多数厂家采用聚氨酯型黏合剂，它常含有甲苯、二异氰酸酯（TDI），用这种复合薄膜袋盛装食品经蒸煮后，就会使二异氰酸酯移入食品，二异氰酸酯水解可产生具有致癌作用的2，4-二氨基甲苯（TDA）。所以应控制二异氰酸酯在黏合剂中的含量。

（三）塑料包装材料的卫生

塑料是多组分体系，塑料构成成分除树脂外，尚有多种添加剂。塑料品种多，卫生问题较复杂，而且各种复合塑料的构成及生产方法也不同，其卫生问题也不同。合成树脂及加工塑料制品应符合各自的卫生标准，并经检验合格后方可出厂，凡不符合卫生标准的，不得经营和使用。生产塑料食具、容器、包装材料不得使用回收塑料，所使用的助剂应符合食品容器、包装材料用助剂使用卫生要求，酚醛树脂不得用于制作食具、容器、生产管道、输送带等直接接触食品的材料。

四、金属制品包装材料的安全与卫生

金属包装容器主要有用铁、铝等金属板、片加工成型的桶、罐、管等，以及用金属箔（主要为铝箔）制作的复合材料容器。金属制品作为食品容器，阻隔性能和机械性能好，方便性和装饰性强，废弃物容易处理，在食品包装材料中占有重要地位。

（一）金属包装材料中有害物质的来源

由于金属包装材料及制品的化学稳定性能较差，不耐酸、碱，特别是包装高酸性内容物时容易腐蚀,金属离子易析出而影响食品风味。另外,为弥补金属材料化学稳定性差的缺点,保护金属不受食品介质腐蚀,在金属容器内壁常用树脂和油类作为涂层,可能具有一定的危害性。

(二) 金属包装材料对食品安全的影响

铁质容器在食品上的应用较广,如烘盘及食品机械中的部件,白铁皮镀有锌层,接触食品后锌会迁移至食品,国内曾有报道用镀锌铁皮容器盛装饮料而发生食品中毒的事件。

铝制容器作为食具已经很普遍,日常生活中用的铝制品分为熟铝制品、生铝制品、合金铝制品三类,它们含有铅、锌等元素,同时,铝的抗腐蚀性很差,酸、碱、盐均能与铝起化学反应,析出或生成有害物质。过量摄入铝元素也将对人体的神经细胞带来危害。铝的毒性表现为对脑、肝、骨、造血和细胞的毒性。

随着科技的发展,不锈钢材料以其精美、耐热、耐用等优点,日益受到人们的青睐。由于在不锈钢中加入了大量的镍元素,能使之在大气和其他介质中不易被腐蚀,但在高温作用下,镍会使容器表面呈现黑色,同时由于不锈钢传热快,温度在短时间内升到很高,因而容易使食物中不稳定物质如色素、氨基酸、挥发物质、淀粉等发生糊化、变性等现象,还会影响食物成型后的感官性质。

(三) 金属包装材料的卫生

食品与金属制品直接接触会造成金属溶出,因此对某些金属溶出物都有控制指标。相关的限值在《食品安全国家标准 食品接触用金属材料及制品》(GB 4806.9—2016)中有详细规定。例如,与食品直接接触的不锈钢的迁移物指标包括:砷≤0.04 mg/kg,镉≤0.02 mg/kg,铅≤0.05 mg/kg,铬≤2.0 mg/kg,镍≤0.5 mg/kg。其他金属材料及制品的迁移物指标包括:砷≤0.04 mg/kg,镉≤0.02 mg/kg,铅≤0.2 mg/kg。

五、玻璃制品包装材料的安全与卫生

玻璃是一种历史悠久的包装材料,玻璃容器常用于各种饮料、罐头、酒、果酱、调味料、粉体等食品的包装。玻璃包装材料具有以下特点:无毒无味,化学稳定性能高(热碱除外),良好的阻隔性,不透气,价格便宜,成型性好,加工方便,可重复使用,等等。主要缺点为质量大,不耐机械冲击和突发性的冷热冲击,容易破碎。

玻璃是一种惰性材料,与大多数内容物不发生化学反应,是一种比较安全的包装材料。玻璃的安全性问题主要由玻璃中溶出的迁移物引起。玻璃容器的常规溶出物主要为硅和钠的氧化物,对食品的感观性质不会有明显的影响。但有色玻璃生产需用金属盐作为着色剂,如蓝色玻璃需添加氧化钴,茶色玻璃需添加石墨,淡白色和深褐色玻璃需用氧化铜和重铬酸钾,无色玻璃需用硒,等等。因此,要严格控制金属盐的添加量及杂质含量。另外,玻璃包装材料一般都可循环使用,在使用过程中容器内可能存在异物和清洗消毒剂的残留物。

六、陶瓷与搪瓷包装材料的安全与卫生

陶瓷是将瓷釉覆在用黏土、长石和石英等混合物烧结成的坯胎材料上,再经焙烧制成的产品,烧结温度为1 000~1 500 ℃。搪瓷是将瓷釉涂覆在金属坯胎上,经过焙烧制成的产品,烧结温度为800~900 ℃。

陶瓷和搪瓷容器的主要危害来源于制作过程中在坯体上涂的彩釉、瓷釉、陶釉等,釉料主要由铅、锌、镉、钡、钛、铜、铬、钴等多种金属氧化物及其盐类组成,它们多为有害物

质。当使用陶瓷容器或搪瓷容器盛装酸性食品（如醋、果汁）和酒时，这些物质（如铅和镉）容易溶出而迁入食品，甚至引起中毒，带来安全问题。《食品安全国家标准 陶瓷制品》（GB 4806.4—2016）规定了各类陶瓷制品中铅和镉的限量，如贮存罐中铅≤0.5 mg/L，镉≤0.25 mg/L。《食品安全国家标准 搪瓷制品》（GB 4806.3—2016）规定了各类搪瓷制品中铅和镉的限量，如贮存罐中铅≤0.1 mg/dm^2，镉≤0.05 mg/dm^2。

七、食品包装容器、包装材料的卫生管理

为了加强食品包装容器、包装材料的卫生管理，我国制定了有关的法律、法规、卫生标准和管理办法，涉及原材料、配方、生产工艺、新品种审批、抽样及检验、运输、储存、销售以及卫生监督等环节，主要内容包括：

生产食品包装容器、包装材料所用的原材料和助剂必须是卫生标准中规定的品种，产品应当便于清洗和消毒。生产的食品包装容器、包装材料必须符合相应的国家标准和其他有关的卫生标准，并按照卫生标准和卫生管理办法检验，合格后方可出厂和销售，在生产、运输、储存的过程中应防止受到污染。利用新原材料生产食品包装容器、包装材料和食品用工具、设备及用卫生标准规定的原材料生产新的品种，在投产前必须提供产品卫生评价所需的资料和样品，按照规定的审批程序报请审批，经审查同意后方可投产。在生产过程中应严格执行质量标准，按规定的配方和工艺生产，如需更改配方中原料的品种，应经批准方可生产。建立健全产品卫生质量检验制度，产品必须有清晰、完整的生产厂名、厂址、批号、生产日期和产品卫生质量合格证。不得用酚醛树脂生产直接接触食品的容器、包装材料、管道、运送带；油墨、颜料不得印刷在食品包装材料的接触食品面，复合食品包装袋应在两层薄膜之间印刷，待油墨和黏合剂中的溶剂干燥后再黏合，防止向食品迁移；不得用工业级石蜡。销售单位在采购时要索取检验合格证或检验证书，凡不符合卫生标准的产品不得销售。食品生产经营者不得使用不符合标准的产品。应对生产、经营和使用单位加强经常性卫生监督，并根据需要采取样品进行检验。对违反管理办法者，应根据有关的法律、法规追究法律责任。进出口食品包装容器、包装材料应按照国家质量监督检验检疫总局发布的自2006年8月1日起实施的《进出口食品包装容器、包装材料实施检验监管工作管理规定》管理。

知识点五　天然毒素

一、天然毒素的定义

人类的生存离不开动植物，在众多的动植物中，有些含有天然毒素。动植物天然毒素是指一些动植物中存在的某种对人体健康有害的非营养性天然物质成分，或因储存方法不当在一定条件下产生的某种有毒成分。由于含天然毒素的动植物外形、色泽与无毒的品种相似，因此，在食品加工和日常生活中应引起人们的足够重视。

二、天然毒素的种类

动植物中含有的天然毒素，结构复杂，种类繁多。其中与人类关系密切的主要有以下几种：

（一）苷类

在植物中，糖分子中的半缩醛羟基和非糖化合物中的羟基缩合而成具有环状缩醛结构的化

合物称为苷，又叫配糖体或糖苷。苷类一般味苦，可溶于水和醇中，易被酸或酶水解，水解的最终产物为糖及苷元。苷元是苷中的非糖部分。由于苷元的化学结构不同，苷的种类也有多种，主要有氰苷、皂苷等。

（二）生物碱

生物碱是一类具有复杂环状结构的含氮有机化合物，主要存在于植物中，少数存在于动物中，有类似碱的性质，可与酸反应生成盐，在植物体内多以有机酸盐的形式存在。其分子中具有含氮的杂环，如吡啶、吲哚、嘌呤等。

生物碱的种类很多，已发现的就有2 000种以上，分布于100多科的植物中，其生理作用差异很大，引起的中毒症状各不相同，有毒生物碱主要有烟碱、茄碱、颠茄碱等。生物碱多数为无色味苦的固体，游离的生物碱一般不溶或难溶于水，易溶于醚、醇、氯仿等有机溶剂，但其无机酸盐或小分子有机酸易溶于水。

（三）酚类及其衍生物

酚类主要包括简单酚类、黄酮、异黄酮、香豆素、鞣酸等多种类型化合物，是植物中最常见的成分。

（四）毒蛋白和肽

蛋白质是生物体中最复杂的物质之一。当异体蛋白质注入人体组织时可引起过敏反应，内服某些蛋白质也可产生各种毒性。植物中的胰蛋白质抑制剂、红细胞凝集素、蓖麻毒素等均属于有毒蛋白质，动物中鲇鱼、鳝鱼等鱼类的卵中含有的鱼卵毒素也属于有毒蛋白质。此外，毒蘑菇中的毒伞菌、白毒伞菌等含有毒肽和毒伞肽。

（五）酶类

某些植物中含有对人体健康有害的酶类。它们可以分解维生素等人体必需成分或释放出有毒化合物。如蕨类中的硫胺素酶可破坏动植物体内的硫胺素，引起硫胺素缺乏症；豆类中的脂肪氧化酶可氧化降解豆类中的亚油酸、亚麻酸，产生众多的降解产物。

（六）非蛋白类神经毒素

这类毒素主要指河豚毒素、肉毒鱼毒素、螺类毒素、海兔毒素等，多数分布于河豚、蛤类、螺类、海兔等水生动物中，它们本身没有毒，却因摄取了海洋浮游生物中的有毒藻类（如甲藻、蓝藻等），或通过食物链间接将毒素浓缩和积累于体内。

（七）动物中的其他毒素

畜禽是人类动物性食品的主要来源，但如摄食过量或误食某些种类或部位等，其体内的腺体、脏器和分泌物可干扰人体正常代谢，引起食物中毒。

1. 肾上腺皮质激素

在家畜中由肾上腺皮质激素分泌的激素为脂溶性类固醇（类甾醇）激素。如果人误食了家畜的肾上腺，就会因该类激素浓度增高而干扰人体正常的肾上腺皮质激素的分泌活动，从而引起系列中毒症状。

预防措施：加强兽医监督，屠宰家畜时将肾上腺除净，以防误食。

2. 甲状腺激素

甲状腺激素是由甲状腺分泌的一种含碘酪氨酸衍生物。若人误食了甲状腺，则体内的甲状腺素量突然增高，扰乱了人体正常的内分泌活动，从而表现一系列的中毒症状。甲状腺毒素的理化性质非常稳定，600 ℃以上的高温才可以将它破坏，一般烹调方法难以去毒。

预防措施：屠宰家畜时将甲状腺除净，且不得与"碎肉"混在一起出售，以防误食。一旦发生甲状腺中毒，可用抗甲状腺素药及促肾上腺皮质激素急救，并对症治疗。

3. 动物肝脏中的毒素

在狗、羊、鲨鱼等动物的肝脏中含有大量的维生素 A，若大量食用动物肝脏，则可能因维生素 A 过多而发生急性中毒。

肝脏是动物最大的解毒器官，动物体内各种毒素大都经过肝脏处理、转化、排泄或结合，所以，肝脏中暗藏许多毒素。此外，进入动物体内的细菌、寄生虫往往在肝脏中生长、繁殖，其中肝吸虫病较为常见，而且动物也可能患肝炎、肝硬化、肝癌等疾病，因而动物肝脏存在许多潜在不安全因素。

预防措施：首先，要选择健康肝脏。肝脏瘀血、异常肿大，流出污染的胆汁或见有虫体等，均视为病态肝脏，不可食用。其次，对可食肝脏，食用前必须彻底清除肝内毒物。

（八）植物中的其他毒素

1. 硝酸盐和亚硝酸盐

叶菜类蔬菜中含有较多的硝酸盐和极少量的亚硝酸盐。一般来说，蔬菜能主动从土壤中富集硝酸盐，其硝酸盐的含量高于粮谷类，尤其叶菜类的蔬菜含量更高。人体摄入的亚硝酸根中80%以上来自所吃的蔬菜，蔬菜中的硝酸盐在一定条件可还原成亚硝酸盐，当其蓄积到较高浓度时，食用后就能引起中毒。

2. 草酸和草酸盐

草酸在人体内可与钙结合形成不溶性的草酸钙，不溶性的草酸钙可在不同的组织中沉积，尤其在肾脏。人食用过多的草酸也有一定的毒性。常见的含草酸多的植物主要有菠菜等。

三、天然毒素的中毒原因

动植物中的天然毒素引起的食物中毒有以下几种原因：

（一）食物过敏

食物过敏是食物引起机体对免疫系统的异常反应。如果一个人喝了一杯牛奶或吃了鱼、虾出现呕吐、呼吸急促、接触性荨麻疹等症状，即发生食物过敏。中国目前缺乏食物过敏的系统资料。在北美洲，整个人群中食物过敏的发生率为10%（儿童占3%，成人占7%）；在欧洲，儿童时期食物过敏的发病率为0.3%～7.5%，成人为2.0%。某些食物可引起过敏反应，严重者甚至死亡。如菠萝是许多人喜欢吃的水果，但有人对菠萝中含有的一种蛋白酶过敏，食用菠萝后出现腹痛、恶心、呕吐、腹泻等症状，严重者可引起呼吸困难、休克、昏迷等。

在日常生活中，并不是每个人都对致敏性食物过敏；相反的，大多数人并不过敏。即使是食物过敏的人，也是有时过敏，有时不过敏。

（二）食品成分不正常

食品成分不正常，食用后会引起相应的症状。有很多含天然毒素的动物和植物，如河豚、发芽的马铃薯等，少量食用也可引起食物中毒。

（三）遗传因素

食品成分和食用量都正常，却由于个别人体遗传因素的特殊性而引起症状。如牛奶，对大多数人来说是营养丰富的食品，但有些人由于先天缺乏乳糖酶，因而不能吸收利用，而且饮用牛奶后还会发生腹胀、腹泻等症状。

（四）食用量过大

食品成分正常，但因食用量过大引起各种症状。如荔枝含维生素C较多，如果连日大量食用，可引起"荔枝病"，出现头昏、心悸等症状，严重者甚至导致死亡。

四、含天然毒素的动物

动物是人类膳食的重要来源之一，由于其味道鲜美、营养丰富，深受消费者的喜爱。但是某些动物体内含有天然毒素，可引起食物中毒。下面介绍一些常见的含天然毒素的动物。

（一）有毒鱼类

1. 河豚

河豚是无鳞鱼的一种，全球有200多种，中国有70多种。它主要生活在海水中，但在每年清明节前后多由海中逆游至入海口的河口产卵。河豚鱼肉鲜美诱人，但含有剧毒物质，可引起世界上最严重的动物性食物中毒。

河豚的内脏含毒素，毒量的多少因部位和季节而异。卵巢、肝脏有剧毒，其次为肾脏、血液、眼睛、鳃和皮肤。一般精巢和肉无毒，但个别种类河豚的肠、精巢和肌肉也有毒性。每年2～5月是河豚的卵巢发育期，毒性较强，6～7月产卵后，卵巢退化，毒性减弱。引起人们中毒的河豚毒素有河豚素、河豚酸、河豚卵巢毒素及河豚肝毒等。

河豚素为无色针状结晶体，是一种毒性强烈的非蛋白类神经毒素。河豚毒素的理化性质比较稳定，加热和用盐腌制均不能破坏其毒性。河豚毒素的毒理作用现已证明主要是阻碍神经和肌肉的传导，使骨骼肌、横膈肌及呼吸神经中枢麻痹，引起呼吸停止。其毒性比氰化钠高1 000倍，0.5 mg即可使人中毒死亡。

河豚中毒的临床表现分为四个阶段。第一阶段（初期阶段），首先感到发热，接着便是嘴唇和舌间发麻，头痛、腹痛、步态不稳，同时出现呕吐。第二阶段，出现不完全运动麻痹，运动麻痹是河豚中毒的一个重要特征之一。呕吐后病情的严重程度和发展速度加快，不能运动，知觉麻痹，语言障碍，出现呼吸困难和血压下降。第三阶段，运动中枢完全受到抑制，运动完全麻痹，生理反射降低。由于缺氧，出现发绀，呼吸困难加剧，各项反应逐渐消失。第四阶段，意识消失。河豚中毒的另一个特征是患者死亡前意识清楚，当意识消失后，呼吸停止，心脏也很快停止跳动。

防止河豚毒素中毒的措施：掌握河豚鱼的特征，学会识别河豚的方法，不食用河豚；发现中毒者，以催吐、洗胃和导泻为主，尽快使食入的有毒食物及时排出体外。

2. 肉毒鱼类

肉毒鱼类的主要有毒成分是一种被称作"雪卡"的毒素，它常存在于鱼体肌肉、内脏和生殖腺等组织或器官中，它是不溶于水的脂溶性物质，对热十分稳定，是一种外因性和累积性的神经毒素，它具有胆碱酯酶阻碍作用，类同于有机磷农药中毒的性质。

主要中毒症状：初期感觉口渴，唇舌和手指发麻，并伴有恶心、呕吐、头痛、腹痛、肌肉无力等症状，几周后可恢复。很少出现死亡，其死亡原因较复杂，病人大多死于心脏衰竭。

由于这种毒素不能在日常烹调、蒸煮或日晒干燥中去除，所以确认无毒后才可以食用。

（二）有毒贝类

贝类是动物性蛋白质食品的来源之一，其种类很多，至今记载的有十几万种。世界沿海国家常有贝类中毒的报告。世界上可作为食品的贝类有几十种，已知的大多数贝类都含有一定数量的毒素，通常认为贝类食物中毒与贝类吸食浮游藻类有关。毒物在贝类体内蓄积和代谢，人们食用这些贝类后可造成食物中毒。常见的食品有蛤类、鲍类、海兔类等。

1. 蛤类

蛤的种类很多，全世界约有 15 000 种，多为无毒，有少数种类有毒。食量过多或吃法不当会引起中毒。中国蛤类资源丰富，常见的毒蛤有文蛤、四角蛤蜊等。在蛤的肝脏和消化腺内有一种麻痹性贝类毒素，这种毒素来源于某些海藻。海水中有毒甲藻的浓度和贝类的毒化有直接联系，海洋春夏季节出现的赤潮可以造成贝类的毒化。当人摄食了被毒化的贝类后可以引起麻痹性贝类中毒。麻痹性贝类毒素也称麻痹性海藻毒素。这类毒素中有一种毒素叫 3,4,6- 三烷基四氢嘌呤，易溶于水，热处理不被破坏，它对蛤本身无毒，但对人体有害。毒素具有河豚毒素的作用，可造成中枢神经组织麻痹，骨骼肌无力、瘫软，但降压作用较弱。

由于蛤类中毒一般在特定的地区和季节出现，所以，有效的防治方法是加强卫生防疫部门的监督。许多国家规定，每年从 5 月到 10 月进行定期检查，如有毒藻类大量存在，说明有发生中毒的危险，此时应对蛤类做毒素含量测定。若超过规定标准，则应做出禁止食用的决定和措施。

2. 鲍类

鲍鱼的肝、内脏中含有一种有毒化合物，叫鲍鱼毒素。鲍鱼毒素是一种有感光力的有毒色素，这种毒素来源于鲍鱼食饵海藻所含的外源性毒物。皱纹盘鲍毒素很耐热，煮沸 30 min 不被破坏。冰冻（ $-20 \sim -15$ ℃）保存 10 个月不失去活性。这个毒素的提取物呈暗褐色，在紫外线和阳光下呈很强的荧光红色。人和动物食用鲍的肝等内脏后不在阳光下暴露是不会致病的，如在阳光下暴露，就会得一种特殊的光过敏症。

3. 海兔类

海兔又名海珠，是生活在浅海中的贝类。它的种类很多，其卵含有丰富的营养，是中国东南沿海地区人们喜爱的食品，并可入药。

海兔类主要生活在浅海潮流较流畅、海水清澈的海湾，以各种海藻为食，其体色和花纹与栖息环境中的海藻相似。当它们食用某些海藻之后，身体就能很快地变为这种海藻的颜色，并以此来保护自己。

海兔体内的毒腺又叫蛋白腺，能分泌一种酸性乳状液体，气味难闻。海兔的皮肤组织中含一种有毒性的挥发油，对神经系统有麻痹作用，大量食用会引起头痛，误食或接触海兔将发生中毒。

防止贝类毒素中毒的措施：食用贝类食品时，要反复清洗、浸泡，并采取适当的烹饪方法，以清除或减少食品中的毒素；制定该类毒素在食品中的限量标准；发现中毒者，以催吐、洗胃和导泻为主，尽快使食入的有毒食物排出体外。

（三）有毒昆虫

1. 毒蜂

蜂蜜浓甜可口，营养丰富，除含有葡萄糖、果糖之外，还含有人体必需氨基酸、维生素、酶类、有机酸、微量元素等营养物质，具有润肺、止咳、通便等作用。然而，有些毒蜂如大黄蜂所酿的蜜中含有乙酰胆碱、组胺、磷脂酶 A 等，可使平滑肌收缩，运动麻痹，血压下降，呼吸困难，局部疼痛、瘀血及水肿等。

2. 蝎

蝎毒由蛋白质和一些非蛋白质小分子物质及水分组成。其中主要成分是多种碱性蛋白质，非蛋白质小分子物质主要是一些脂类、有机酸、游离氨基酸等，有的还含有一些生物碱以及一些多糖类。蝎毒中的蛋白质以水溶性蛋白质含量最高，种类也最多。通常一种蝎毒中含有3~5种蛋白质。蝎毒中的这些蛋白质都具有不同程度的毒性和生理功能。这些含碳、氧、氢、氮及硫等的有毒蛋白质构成了蝎毒的主要成分，是引起死亡和麻痹效应的活性物质，因而称蝎毒为蝎神经毒素或蝎毒蛋白。

（四）其他动物

1. 海参

海参属于棘皮动物门的海参纲，生活在海水中的岩礁底、沙泥底、珊瑚礁底。它们活动缓慢，在饵料丰富的地方，活动范围很小，主要食物是混在泥沙或珊瑚泥里的有机质和微小的动植物。

海参是珍贵的滋补食品，有的还具有药用价值。但少数海参含有毒物质，食用后可引起中毒。全世界的海参有1 100种，分布在各个海洋，其中有30多个品种有毒。在中国沿海有60多种海参，可供食用的有20余种。

多数有毒海参的内脏中都有海参毒素。当海参受到刺激或侵犯时，从肛门射出毒液或从表皮腺分泌大量黏液状毒液抵抗、侵犯或捕获小动物。海参毒素是一类皂苷化合物，具有类似苷变态的羊毛甾醇。海参毒素还具有细胞毒性和神经肌肉毒性。人除了误食海参发生中毒外，还可因接触由海参排出的毒黏液引起中毒。

在一般的海参体内，海参毒素很少，即使食用少量的海参毒素，也能被胃酸水解为无毒物质，所以，常吃的食用海参是安全的。

2. 螺类

螺类已知有8万多种，其中少数种类含有毒物质。其有毒部位分别在螺的肝脏或鳃下腺、唾液腺内，误食或过食可引起中毒。螺类毒素属于非蛋白质麻痹型神经毒素，易溶于水，耐热耐酸，且不被消化酶分解破坏。

五、含天然毒素的植物

植物是许多动物赖以生存的饲料来源，也是人类粮食、蔬菜、水果的来源，世界上有30多万种植物，可是用作人类主要食品的不过数百种，这是由于植物体内的毒素限制了其应用。植物的毒性主要取决于其所含的有害化学成分，如毒素或致癌的化学物质，它们虽然含量少，却严重影响了食品的安全性。因此，研究含天然毒素的植物，防止植物性食物中毒，具有重要的现实意义。下面介绍一些比较常见的有毒植物。

（一）含苷类物质

1. 苦杏仁

苦杏仁中苦杏仁苷是有毒的化学成分。口服苦杏仁苷后易在胃肠道中分解出氰氢酸，毒性要比静脉注射大40倍左右。苦杏仁中的苦杏仁苷在人咀嚼时和在胃肠道中经酶水解后可产生有毒的化学成分——氰氢酸，该物可抑制细胞内氧化酶活性，使人的细胞发生内室息，同时氰氢酸可反射性刺激呼吸中枢，使之麻痹，造成人的死亡。

苦杏仁中毒多发生于杏子成熟收获季节，常见于儿童因不了解苦杏仁毒性，生吃苦杏仁，或不经医生处方自用苦杏仁煎汤治疗咳嗽而引发中毒。

苦杏仁中毒潜伏期一般为 1～2 h。先有口中苦涩、头晕、恶心、呕吐、脉搏加快以及四肢无力等症状，继而出现不同程度的呼吸困难、胸闷，严重者昏迷甚至死亡。

预防措施：宣传苦杏仁中毒的知识，不食用苦杏仁。当用苦杏仁做咸菜时，应反复用水浸泡，充分加热，使氰氢酸挥发掉后再食用。

2. 木薯

木薯中含有一种亚麻苷，遇水时，经过其所含的亚麻苷酶作用，可以析出游离的氰氢酸，食用后使人中毒。氰氢酸被吸入或内服达 1 mg/kg（以体重计时），即可导致迅速死亡。但木薯内的苷不能在酸性的胃液中水解，其水解过程多在小肠中进行，或因亚麻糖体在烹煮过程中受到破坏而影响水解速度，故其中毒的潜伏期比无机氰化物长。

亚麻苷水解以后产生糖和氰氢酸等物质，氰离子进入人体后迅速与细胞色素氧化酶的三价铁结合，并阻碍其细胞色素的氧化作用，抑制细胞呼吸，导致细胞内窒息、组织缺氧。中枢神经系统对缺氧最为敏感，故脑神经首先受到损害。氰氢酸本身还可损害延脑的呼吸中枢及血管运动中枢，由于中枢神经系统的损害，中毒时，延脑的呕吐中枢和呼吸中枢、迷走神经、扩瞳肌及血管运动神经等均见兴奋，其后转为抑制、麻痹。如有极微量的氰氢酸在胃内放出，则会产生腐蚀作用，引起胃炎症状。

预防措施：加强宣传，不生吃木薯；木薯加工首先必须去皮，然后洗涤薯肉，用水煮熟，煮木薯时一定要敞开锅盖，再将熟木薯用水浸泡 16 h，煮薯的汤及浸泡木薯的水应弃去；不能空腹吃木薯，一次也不能吃得太多，儿童、老人、孕妇及体弱的人均不宜吃。

3. 芦荟

芦荟的全汁或叶汁及其干燥品均有毒。研究表明，芦荟全汁中芦荟素含量约为 25%，树脂含量约为 12.6%，还含少量芦荟大黄素。主要有毒成分是芦荟素及芦荟大黄素。芦荟素中主要含芦荟苷（羟基蒽醌衍生物）及少量的异芦荟苷、β-芦荟苷（可能芦荟中原本没有，而是在提取过程中由芦荟苷转变而成的）。其主要的毒作用是对肠黏膜有较强的刺激作用，可引起明显的腹痛及盆腔充血，严重时造成肾脏损害。芦荟的泻下作用很强，其液汁的干燥品服用 0.1～0.2 g 即可引起轻泻，0.25～0.50 g 可引起剧烈腹泻。在所有含蒽苷类的泻药中，芦荟对肠的刺激作用最强。

（二）含生物碱类植物

1. 烟草

烟草的茎、叶中含有多种生物碱，已分离出的生物碱就有 14 种之多，生物碱的含量占 1%～9%，其中主要有毒成分为烟碱，烟碱占生物碱总量的 93%，尤以叶中含量最高。一支烟含烟碱 20～30 mg。烟碱为脂溶性物质，可经口腔、胃肠道、呼吸道黏膜及皮肤吸收。进入人体后，一部分暂时蓄积在肝脏内，另一部分则可氧化为无毒的 β-吡啶甲酸（烟酸），而未被破坏的部分则可经肾脏排出体外；同时也可由肺、唾液腺和汗腺排出一小部分；还有少量可由乳汁排出，但会减弱乳腺的分泌功能。

烟碱的毒性与氰氢酸相当，急性中毒时的死亡速度也几乎与之相同（5～30 min 即可死亡）。在吸烟时，虽然大部分烟因燃烧破坏，但可产生一些致癌物。研究证明，吸烟会降低脑力及体力劳动者的精确反应能力。吸烟过多可产生各种毒性反应，由于刺激作用，可致慢性咽炎以及其他呼吸道症状，肺癌与吸烟有一定的相关性。此外，吸烟还可引起头痛、失眠等神经症状。

2. 颠茄

颠茄用作药物，因毒性较大，一般只做外用，不可内服，如果不慎误服将导致中毒。颠茄中含有生物碱——茄碱是有毒成分，以未成熟的果实中含量最多。

（三）含毒蛋白类植物

蓖麻中毒的原因是蓖麻籽中含有蓖麻毒素和蓖麻碱。蓖麻毒素是一种很强的毒性蛋白质，可使肾、肝等实质性细胞发生损害，并对红细胞具有凝集和溶解作用，可麻痹呼吸中枢、血管运动中枢。这种毒素比砒霜的毒性还要大，能使胃肠血管中瘀血、红细胞变性等。

（四）其他植物

1. 柿子

柿子是柿科植物柿的果实，不仅含有丰富的维生素C，还有润肺、清肠、止咳等作用。但是，一次食用量不能过大，尤其是未成熟的柿子，否则，容易形成"胃柿石症"，中毒患者恶心、呕吐、心口疼等。如果小块柿石不能排出，会随着胃蠕动而积聚成大的团块，把胃的出口堵住，升高胃内压，引起胃癌、腹痛，如原来有胃溃疡病可引起出血，甚至穿孔。

"胃柿石症"形成有多种原因：一是柿子中的柿胶酚遇到胃液内的酸液后，产生凝固而沉淀；二是柿子中含有一种可溶性收敛剂红鞣质，红鞣质与胃酸结合也可凝聚成小块，并逐渐凝聚成大块；三是柿子中含有14%的胶质和7%的果胶，这些物质在胃酸的作用下也可以发生凝固，最终形成胃柿石。因此，为避免胃柿石的形成，不要空腹或多量食用，或与酸性食物同时食用柿子，还要注意不要吃生柿子和柿子皮。

2. 蚕豆

对大多数人来说，蚕豆是一种营养丰富的豆类食品，但对某些具有红细胞 6-磷酸葡萄糖脱氢酶（G-6-PD）遗传性缺乏的人而言，它是有害物质，食用后会引起一种变态反应性疾病，即红细胞凝集及急性溶血性贫血症，称为"蚕豆病"，俗称胡豆黄。红细胞 G-6-PD 遗传性缺陷者在中国并不少见，南方各省如广东、广西、四川、江西、安徽、福建等地屡见不鲜。一般多发生在春、夏蚕豆成熟季节，吃蚕豆或吸入蚕豆花粉，甚至接触其嫩枝、嫩叶也可发病。

3. 菠萝

菠萝中含有一种致敏性物质——蛋白酶，有过敏体质的人吃后会引发过敏症，俗称"菠萝病"。此外，菠萝中含糖量较高，糖尿病人不宜食用，否则会加重糖尿病症状。

任务实施

第一阶段

[教师]

1. 确定任务。由教师提出设想，然后与学生一起讨论，最终确定项目目标和任务。

选取某种典型食品，以塑料包装的低温中式火腿为研究对象，对其可能存在的化学性危害进行分析。

2. 针对各自研究对象，对可能存在的化学性危害物质进行梳理，对其产生的原因、发病症状以及可能造成的后果进行总结，并制定防治措施。

3. 对班级学生进行分组，每个小组控制在6人以内，各小组按照自己的兴趣选定研究对象。

[学生]

1. 根据各自分组情况，查找与该食品中化学性危害物质相关的法律、法规及标准，学习讨论，分别制订各小组任务工作计划。
2. 实施小组内分工，明确每个人的职责，对任务进行分解，可参考表1-4。
3. 注重团队协作。

表1-4　　　　　　　　　　　小组组成与分工

角色	人员	主要工作内容
负责人	A	计划、主持、协助、协调小组行动
小组成员	B	确定典型产品的所有原辅料，原辅料的采购途径，原辅料的特性。查找已发表的相关论文等资料，对"从农田到餐桌"的整个食物链中可能存在的化学性危害进行分析
	C	根据分析结果，制定预防控制措施

第二阶段

[学生]

针对自己的研究任务，利用各种可以利用的资源查找资料，并进行食品生产现场调查，严格执行工作方案，最后对研究内容进行归纳总结，形成文档。

第三阶段

[教师和学生]

1. 学生课堂汇报，教师点评任务完成质量，提出存在的问题，然后学生进一步讨论、整改。
2. 由实践到理论的总结、提升，到再次认知，学生应能陈述关键知识点。
3. 各成员汇总、整理分工成果，进行系统协调，形成最后成熟可行的整体方案，并且能够展示出来。

[成果展示]

书面材料展示：

1. 塑料包装的低温中式火腿的化学性危害物质调查报告。
2. 塑料包装的低温中式火腿的化学性危害物质性质及作用调查报告。
3. 该食品所含化学性危害物质的引入途径或使用目的分析报告
4. 与该类食品化学性危害物质相关的法规、标准。
5. 控制典型食品中化学性危害物质的措施与方法。

第四阶段

1. 针对项目完成过程中存在的问题，提出解决方案。
2. 总结个人在执行过程中能力的强项与弱项，提出提高自身能力的应对措施。
3. 经个人评价、学生互评、教师评价，计算最后得分。
4. 对学生个人形成的书面材料进行汇总，将最后形成的系统材料归档。

任务三 食品安全的生物性危害分析及控制

任务描述

选择某实体研究对象，如调查本市餐饮饭店、学校食堂、各大超市生鲜加工柜台的生物性污染，或研究乳制品企业、肉制品企业、焙烤企业、饮料生产企业中的典型产品。调查该研究对象"从农田到餐桌"的整个食物链中可能存在的生物性危害物质的情况，列出危害物质的种类及风险等级，并提出预防控制措施。

知识准备

食品的生物性污染包括微生物、寄生虫和昆虫的污染，主要以微生物污染为主，危害较大。微生物污染主要为细菌和细菌毒素污染、霉菌和霉菌毒素污染。

一、食源性细菌危害分析及控制

食品的细菌性污染及其所引起的食品腐败变质，是食品卫生中影响食品卫生质量最主要的因素。近年统计资料表明，我国发生的细菌性食物中毒以沙门氏菌、变形杆菌和葡萄球菌食物中毒较为常见，其次为副溶血性弧菌、蜡样芽孢杆菌食物中毒等。随着微生物的突变和其他生态系统的改变，一些新的细菌性中毒被发现，如美国和日本大肠杆菌 O157:H7 食物中毒暴发受到了全球的关注。下面介绍常见食源性细菌疾病的危害及其控制。

（一）沙门氏菌属

1. 生物性特征

沙门氏菌属是一大群与血清学相关的革兰氏阴性杆菌，其特征为无芽孢，无荚膜，周身鞭毛，能运动，需氧或兼性厌氧。沙门氏菌最适生长温度为 35～37 ℃，最适 pH 为 7.2～7.4，对较高的盐浓度不耐受。据报道，盐质量分数在 9% 以上会杀死沙门氏菌。沙门氏菌在外界的生活力较强。在水中可活 2～3 周，在冰里或人的粪便中可活 12 个月，在土壤中可过冬，在咸肉、鸡蛋和鸭蛋及蛋粉中也可存活很久。水经氯处理可将其杀灭。沙门氏菌在 100 ℃ 水中立即死亡，在 80 ℃ 水中 2 min 死亡，在 60 ℃ 水中 5 min 死亡。5% 苯酚或 0.2% 升汞在 6 min 内可将其杀灭。乳及乳制品中的沙门氏菌经巴氏消毒或煮沸后迅速死亡。水煮或油炸大块食物时，在食物内温度达不到足以使细菌死亡和毒素破坏的情况下，就会有细菌残留，或有毒素存在。

沙门氏菌有菌毛，对肠黏膜细胞有侵袭力，被人体内吞噬细胞吞噬并杀灭的沙门氏菌可释放内毒素，有些沙门氏菌尚能产生肠毒素。如肠炎沙门氏菌在适合的条件下可在牛奶或肉类中产生达到危险水平的肠毒素。此肠毒素为蛋白质，在 50～70 ℃ 时可耐受 8 h，不被胰蛋白酶和其他水解酶破坏，并对酸、碱有抵抗力。

2. 食物中毒症状和机制

沙门氏菌食物中毒有多种表现，一般可分为五种类型：胃肠炎型、类伤寒型、类霍乱型、类感冒型、败血症型。其中以胃肠炎型最为多见，其潜伏期一般为 12～36 h，短者 6 h，长者 48～72 h，潜伏期短者，病情较重。中毒初期表现为寒战、头晕、头痛、恶心、食欲不振，之后出现呕吐、腹泻、腹痛。腹泻一日数次至十余次，主要为水样便，少数带有黏液或血；体温升高，为 38～40 ℃或更高，一般在发病 2～4 d 体温开始下降。多数病人在 2～3 d 后胃肠炎症状消失。较重者可出现烦躁不安、昏迷、谵语、抽搐等中枢神经系统症状，有的出现尿少、尿闭、呼吸困难等症状。同时还出现面色苍白、口唇青紫、四肢发凉、血压下降等周围循环衰竭症状，甚至休克，如不及时救治，最后可因循环衰竭而死亡。

大多数沙门氏菌食物中毒是由活的沙门氏菌对肠黏膜的侵袭导致感染型中毒；某些如鼠伤寒沙门氏菌、肠炎沙门氏菌食物中毒可能具有细菌侵入和肠毒素两者混合型中毒特性。引起食物中毒的必要条件是食物中含有大量的活菌，摄入活菌数量越多，发生中毒的概率越大。由于各种血清型沙门氏菌致病性强弱不同，因此随同食物摄入沙门氏菌导致食物中毒的菌量亦不相同。一般来说，摄入致病性强的血清型沙门氏菌 2×10^5 CFU/g 即可发病，摄入致病力弱的血清型沙门氏菌 10^8 CFU/g 才能发生食物中毒。致病力越强的菌型越易致病，通常认为猪霍乱沙门氏菌致病力最强，鼠伤寒沙门氏菌次之，鸭沙门氏菌致病力较弱。中毒的发生不仅与带菌量、菌型、毒力的强弱有关，而且与个体的抵抗力有关。幼儿、体弱老人及其他疾病患者是易感性较高的人群。

3. 污染的食品

沙门氏菌食物中毒多由动物性食品引起，特别是肉类（如病死牲畜肉、酱肉或卤肉、熟肉脏等），也可由鱼类、禽肉、乳类、蛋及其制品引起，豆制品和糕点有时也会引起沙门氏菌食物中毒，但引起者较少。

肉类感染沙门氏菌，可分为生前感染和宰后污染两个方面。生前感染指家畜、家禽在宰杀前已感染沙门氏菌。沙门氏菌可在很多动物肠道中繁殖，健康家畜沙门氏菌带菌率为 2%～15%，患病家畜的带菌率较高，乳病猪沙门氏菌检出率约为 70%。宰后污染是家畜、家禽在屠宰过程中或屠宰后被含沙门氏菌的粪便、容器、污水等污染。

蛋类及其制品感染沙门氏菌的机会较多，尤其是鸭、鹅等水禽及其蛋类带菌率比较高，一般为 30%～40%。家禽及蛋类沙门氏菌除原发和继发感染使卵巢、卵黄、全身带菌外，禽蛋在经泄殖腔排出时，蛋壳表面可在肛门腔里被沙门氏菌污染，沙门氏菌可通过蛋壳气孔侵入蛋内；蛋制品，如冻全蛋、冻蛋白等亦可在加工过程的各个环节受到污染。

带菌牛产的奶中有时带菌，健康奶牛的奶在挤出后亦可受到带菌奶牛粪便或其他污物的污染，所以，鲜奶和鲜奶制品如未经彻底消毒，也可引起沙门氏菌食物中毒。

水产品感染沙门氏菌主要是由于水源被污染，淡水鱼虾有时带菌；海产鱼虾一般带菌较少。

上述被沙门氏菌污染的食品在适宜的条件下，放置较久，沙门氏菌在被污染的食品中大量繁殖。如果最后加热处理不彻底，未能杀死沙门氏菌，或者已制成熟食品，虽然加热彻底，但又被沙门氏菌重复污染，就极易引起食物中毒。

4. 预防措施

沙门氏菌食物中毒的预防措施主要抓住以下三个环节。

（1）防止食品被沙门氏菌污染

加强对食品生产企业的卫生监督及家畜、家禽宰前和宰后兽医卫生检验，并按有关规定进行处理。屠宰时，要特别注意防止肉尸受到胃肠内容物、皮毛、容器等污染。食品加工、销售、集体食堂和饮食行业的从业人员，应严格遵守有关卫生制度，特别是注重防止交叉污染如熟肉类制品被生肉或盛装的容器污染，切生肉和熟食品的刀、案板要分开。应对上述从业人员定期进行健康和带菌检查，如有肠道传染病患者及带菌者应及时调换工作。

（2）控制食品中沙门氏菌的繁殖

沙门氏菌繁殖的最适温度是 35～37 ℃，但在 20 ℃ 以上就能大量繁殖。因此，低温储存食品是预防食物中毒的一项重要措施。在食品工业、食品销售网店、集体食堂均应有冷藏设备，并按照食品低温保藏的卫生要求储藏食品。适当浓度的食盐也可控制沙门氏菌的繁殖。

（3）彻底杀死沙门氏菌

对被沙门氏菌污染的食品进行加热彻底灭菌，是预防沙门氏菌食物中毒的关键措施。加热灭菌的效果取决于许多因素，如加热方法、食品被污染的程度、食品体积。为彻底杀灭肉类中可能存在的各种沙门氏菌并灭活毒素，应使肉块深部的温度达到 80 ℃，为此要求肉块质量应在 1 kg 以下。在敞开的锅中煮时，应自水沸起煮 2.5～3.0 h；否则肉块中心部分不能充分加热，尚有残存的活菌，在适宜的条件下繁殖，仍可引起食物中毒。

（二）大肠杆菌

1. 生物性特征

大肠埃希氏菌属，也叫大肠杆菌属。大肠杆菌是人和动物肠道的正常寄生菌，一般不致病。但有些菌株可以引起人的食物中毒，是一类条件性致病菌。如肠道致病性大肠埃希氏菌（EPEC）、肠道毒素性大肠埃希氏菌（ETEC）、肠道侵袭性大肠埃希氏菌（EIEC）和肠道出血性大肠埃希氏菌（EHEC）等。

大肠杆菌均为革兰氏阴性菌，两端钝圆，短杆，大多数菌株有周生鞭毛，能运动，有菌毛，无芽孢。某些菌株有荚膜，大多为需氧或兼性厌氧。生长温度范围为 10～50 ℃，最适生长温度为 40 ℃，最适 pH 为 6.0～8.0。在普通琼脂平板培养基培养 24 h 后呈圆形、光滑、湿润、半透明、近无色的中等大菌落，其菌落与沙门氏菌的菌落很相似。但大肠杆菌菌落对光观察可见荧光，部分菌落可溶血（β 型）。

大肠杆菌有中等强度的抵抗力，且各菌型之间有差异。巴氏消毒法可杀死大多数的菌，但耐热菌株可存活，煮沸数分钟即被杀灭，对一般消毒药水较敏感。

2. 食物中毒症状和机制

大肠杆菌食物中毒症状表现为腹痛、腹泻、呕吐、发热、大便呈水样或呈米泔水样，有的伴有脓血样或黏液等。一般轻者可在短时间内治愈，不会危及生命。严重的是肠道出血性大肠埃希氏菌引起的食物中毒，其症状不仅表现为腹痛、腹泻、呕吐、发热、大便呈水样、严重脱水，而且大便大量出血，还极易引发出血性尿毒症、肾衰竭等并发症，患者死亡率达 3%～5%。致病性大肠埃希氏菌的食物中毒与人体摄入的菌量有关。当一定量的肠道致病性大肠埃希氏菌进入人体消化道后，可在小肠内继续繁殖并产生肠毒素。肠毒素吸附在小肠上皮细胞膜上，激活上皮细胞内腺分泌，导致肠液分泌增加，超过小肠管的再吸收能力，出现腹泻。

3. 污染的食品

引起中毒的食品基本与沙门氏菌相同，但不同的大肠埃希氏菌涉及的食品有所差别：EPEC，水、猪肉、肉馅饼；ETEC，水、奶酪、水产品；EIEC，水、奶酪、土豆色拉、罐装鲑鱼；

EHEC，牛肉糜、生牛奶、发酵香肠、苹果酒、未经巴氏杀菌的苹果汁、色拉油拌凉菜、水、生蔬菜、三明治。

4. 预防措施

预防措施和沙门氏菌食物中毒基本相同。

（1）预防第二次污染

防止动植物性食品被带菌人、带菌动物以及污染的水、用具等第二次污染。

（2）预防交叉污染

熟食品低温保藏，防止生、熟食品交叉感染。

（3）控制食源性感染

在屠宰和加工动物时，避免粪便污染，动物性食品必须充分加热以杀死致病性大肠埃希氏菌。避免吃生或半生的肉、禽类，不喝未经巴氏消毒的牛奶或果汁等。

（三）金黄色葡萄球菌

1. 生物性特征

金黄色葡萄球菌为革兰氏阳性球菌。无芽孢，无鞭毛，不能运动，呈葡萄状排列，兼性厌氧菌，对营养要求不高，在普通琼脂培养基上培养 24 h，菌落圆形、边缘整齐、光滑、湿润、不透明，呈金黄色。最适生长温度为 35～37 ℃，最适 pH 为 7.4。80 ℃加热 30 min 至 1 h 才能将其杀死。

金黄色葡萄球菌能产生多种毒素和酶，故致病性极强。致病菌株产生的毒素和酶主要有溶血毒素、杀白细胞毒素、肠毒素、凝固酶、溶纤维蛋白酶、透明质酸酶、DNA 酶等。与食物中毒关系密切的主要是肠毒素。近年报告表明，50% 以上的金黄色葡萄球菌，在实验室条件下能够产生肠毒素，并且一种菌株能产生两种或两种以上的肠毒素。

2. 食物中毒症状和机制

金黄色葡萄球菌食物中毒症状有恶心、反复呕吐，并伴有腹痛、头晕、腹泻、发冷等。儿童对肠毒素比成人敏感。因此儿童发病率较高，病情也比成人重。但金黄色葡萄球菌肠毒素中毒病程较短，1～2 d 内即可恢复，愈后良好，一般不导致死亡。中毒的原因是产生肠毒素的金黄色葡萄球菌污染了食品，在较高的温度下大量繁殖，在适宜的 pH 和合适的食品条件下产生了肠毒素。当金黄色葡萄球菌肠毒素进入人体消化系统后被吸收进入血液。毒素刺激中枢神经系统而引起中毒反应。潜伏期一般为 1～5 h，最短为 15 min 左右，最长不超过 8 h。

3. 污染的食品

肠毒素的形成与食品污染程度、食品储存温度、食品种类和性质密切相关。一般来说，食品污染越严重，细菌繁殖就越快，越易形成肠毒素，且温度越高，产生肠毒素时间越短；含蛋白质丰富、含水分较多，同时含一定淀粉的食品受金黄色葡萄球菌污染后，易产生肠毒素。所以引起金黄色葡萄球菌食物中毒的食品以乳、鱼、肉及其制品，淀粉类食品，剩米饭等最为常见。近年来由熟鸡、鸭制品引起的食物中毒增多。主要污染来源包括原料和生产操作人员，如原料被患有乳腺炎的奶牛污染过，生产操作人员患病等。

4. 预防措施

预防金黄色葡萄球菌食物中毒的措施包括防止葡萄球菌污染和防止其肠毒素形成两个方面。应从以下几方面采取措施：

（1）防止带菌人群对食品的污染

定期对食品生产人员、饮食从业人员及保育员等有关人员进行健康检查，患有化脓性感染的人不适于任何与食品有关的工作。

(2) 防止金黄色葡萄球菌对食品原料的污染

定期对健康奶牛的乳房进行检查，患有乳腺炎的奶牛不能使用。同时，为了防止金黄色葡萄球菌污染，健康奶牛的奶被挤出后，应立即冷却至10 ℃以下，防止该菌的繁殖和肠毒素的形成。

(3) 防止肠毒素的形成

在低温、通风良好的条件下储藏食物，在气温较高季节，食品放置时间不得超过6 h，食用前必须彻底加热。

二、食源性真菌危害分析及控制

真菌被广泛用于酿酒、制酱等食品工业，但有些真菌却能通过食物而引起食物中毒。真菌主要是通过产生毒素而引起食物中毒，其中最常见的真菌性食物中毒是毒蘑菇和霉菌毒素引起的食物中毒。

霉菌在自然界分布很广，种类繁多。由于霉菌能形成极小的孢子，因而很容易通过空气及其他途径污染食品，不仅造成食品腐败，而且有些霉菌能产生毒素，造成人、畜误食引起霉菌毒素性食物中毒。霉菌引起的食物中毒是真菌性食物中毒的典型代表，霉菌毒素是霉菌产生的有毒次级代谢产物。

(一) 食品中常见真菌污染

发霉的花生、玉米、大米、小麦、大豆、小米、植物秧秸和黑斑白薯是引起真菌性食物中毒的常见食品。

常见的真菌：曲霉菌，如黄曲霉菌、棒曲霉菌、米曲霉菌、赭曲霉菌；青霉菌，如毒青霉菌、桔青霉菌、岛青霉菌、纯绿青霉菌；镰刀霉菌，如半裸镰刀霉菌、赤霉菌；黑斑病菌，如黑色葡萄穗状霉菌等。

(二) 真菌产毒菌株及产毒条件

很多霉菌可以产生毒素，但以曲霉菌、青霉菌、镰刀霉菌等较多，且并非所有霉菌的菌株都能产生毒素。因此，产毒霉菌是指已经发现具有产毒能力的霉菌菌株，主要包括以下几个属：曲霉属、青霉属、镰刀霉菌属等。

霉菌产毒需要一定的条件，影响霉菌产毒的条件主要是食品基质中的水分、环境中的温度和湿度及空气的流通情况。

(三) 真菌毒素中毒特点

真菌毒素中毒具有以下特点：中毒主要由被霉菌污染的食物引起；被霉菌毒素污染的食品，用一般烹调方法加热处理不能将毒素破坏去除；没有污染性免疫，霉菌毒素一般都是小分子化合物，机体对霉菌毒素不产生抗体；霉菌生长繁殖和产生毒素需要一定的温度和湿度，因此中毒往往有明显的季节性和地区性。

(四) 常见真菌毒素

1. 黄曲霉毒素

黄曲霉毒素是一类结构类似的化合物，是由黄曲霉和寄生曲霉产生的。寄生曲霉的菌株几乎都能产生黄曲霉毒素，而并不是所有黄曲霉的菌株都能产生黄曲霉毒素。黄曲霉产毒的必要条件：湿度为80%～90%，温度为24～28 ℃。此外，天然基质培养基（玉米、大米和花生粉培养基）比人工合成培养基产毒量高。

一般来说，国内长江以南地区黄曲霉毒素污染要比北方地区严重，主要污染的粮食作物为花生和玉米；大米、小麦污染较轻，豆类很少受到污染。而在世界范围内，一般高温、高湿地区（热带和亚热带地区）食品污染较重，而且也是花生和玉米污染较严重。

黄曲霉毒素有很强的急性毒性，也有明显的慢性毒性和致癌性。

预防的主要措施首先是加强对食品的防霉；其次是去毒，可采用挑选霉粒法、碾压加工法、植物油加碱去毒法、物理去除法、加水搓洗法、微生物去毒法；最后应严格执行最高允许量标准。

2. 黄变米毒素

黄变米是20世纪40年代在日本的大米中发现的。这种米由于被真菌污染而呈黄色，故称黄变米。导致大米黄变的真菌主要是青霉属中的一些种，这些菌株侵染大米后产生毒性代谢产物，统称黄变米毒素。黄变米毒素可分为三大类：

大米水分含量为14.6%且感染黄绿青霉，在12～13 ℃便可形成黄变米，米粒上有淡黄色病斑，同时产生黄绿青霉毒素。该毒素不溶于水，加热至270 ℃失去毒性；为神经中毒，毒性强，中毒特征为中枢神经麻痹，进而麻痹心脏及全身，最后因呼吸停止而死亡。

桔青霉污染大米后形成桔青霉黄变米，米粒呈黄绿色。精白米易污染桔青霉形成该种黄变米。桔青霉可产生桔青霉毒素，暗蓝青霉、黄绿青霉、扩展青霉、点青霉、变灰青霉、土曲霉等霉菌也能产生这种毒素。该毒素难溶于水，是一种肾脏毒，可导致实验动物肾脏肿大，肾小管扩张和上皮细胞变性坏死。

岛青霉污染大米后形成岛青霉黄变米，米粒呈黄褐色溃疡性病斑，同时含有岛青霉产生的毒素，包括黄天精、环氯肽、岛青霉素、红天精。前两种毒素都是肝脏毒，急性中毒可造成动物发生肝萎缩；慢性中毒发生肝纤维化、肝硬化或肝癌，可导致大白鼠肝癌。

3. 杂色曲霉毒素

杂色曲霉毒素是由杂色曲霉和构巢曲霉等产生的，基本结构为一个双呋喃环和一个氧杂蒽酮。其中的杂色曲霉毒素IVa是毒性最强的一种，不溶于水，可以引起动物的肝癌、肾癌、皮肤癌和肺癌，其致癌性仅次于黄曲霉毒素。由于杂色曲霉和构巢曲霉经常污染粮食和其他食品，而且有80%以上的菌株产毒，所以杂色曲霉毒素在肝癌病因学研究上很重要。糙米易污染杂色曲霉毒素，糙米经加工成标二米后，毒素含量可以减少90%。

4. 棕曲霉毒素

棕曲霉毒素是由棕曲霉、纯绿青霉、圆弧青霉和产黄青霉等产生的。现已确认的有棕曲霉毒素A和棕曲霉毒素B两类。它们易溶于碱性溶液，可导致多种动物的肝、肾等内脏器官病变，故称为肝毒素或肾毒素，此外还可导致肺部病变。

棕曲霉产毒的适宜基质是玉米、大米和小麦。产毒适宜温度为20～30 ℃，A_w值为0.997～0.953。在粮食和饲料中有时可检出棕曲霉毒素A。

5. 展青霉毒素

展青霉毒素主要是由扩展青霉产生的，可溶于水、乙醇，在碱性溶液中不稳定，易被破坏。污染扩展青霉的饲料可造成牛中毒，展青霉毒素对小白鼠的毒性表现为严重水肿。扩展青霉在麦秆上产毒量很大。

扩展青霉是苹果储藏期的重要霉腐菌，可使苹果腐烂。以这种腐烂苹果为原料生产出的苹果汁含有展青霉毒素。

三、病毒对食品的危害及控制

存在于食品中的病毒称为食品病毒。人类的传染病中约 80% 是由病毒引起的，相当一部分是通过食物传播的。有研究表明，无论哪种食品上残存的病毒，一旦遇到相应的寄生宿主，病毒到达寄主体内即可呈暴发性地繁殖，引起相应的病毒病。

（一）食源性病毒感染的特点

病毒通过食品传播的主要途径是粪-口传播模式。尽管食品中可能存在任何病毒，但由于病毒对组织具有亲和性，所以真正能起到传播载体功能的食品也只能是针对人类肠道的病毒。能引起腹泻或胃肠炎的病毒包括轮状病毒、诺瓦克病毒、肠道腺病毒、嵌杯病毒、冠状病毒等。引起消化道以外器官损伤的病毒有脊髓灰质炎病毒、柯萨奇病毒、埃可病毒、甲型肝炎病毒、呼肠孤病毒和肠道病毒 71 型等。

在食品环境中，胃肠炎病原病毒常见于海产食品和水源中。其主要原因是水生贝壳类动物对病毒有过滤、浓缩作用，病毒可存活较长时间。通过水传播的病毒性疾病还有结膜炎等。在污水和饮用水中均发现有病毒存在。饮用水即使经过灭菌处理，有些肠道病毒仍能存活，如脊髓灰质炎病毒、柯萨奇病毒、轮状病毒。海产品带毒率相对较高，在礁石、岛屿少的海洋中，水生贝壳类动物带毒率为 9%～40%；而在有较多礁石的海洋中的水生贝壳类动物带毒率为 13%～40%。但病毒进入水生贝壳类动物体内只能延长生活周期，不能繁殖。

存在于食品中的病毒经口进入肠道后，聚集于有亲和性的组织中，并在黏膜上皮细胞和固有层淋巴样组织中复制增殖。病毒在黏膜下淋巴组织中增殖后，进入颈部和肠系膜淋巴结。少量病毒由此处再进入血流并扩散至网状内皮组织，如肝、脾、骨髓等。在此阶段一般并不表现临床症状，大多数情况下，因机体防御机制的抑制而不能继续发展，仅在极少数被病毒感染者中，病毒能在网状内皮组织内复制，并持续地向血流中排入大量病毒。由于持续性病毒血症，可能使病毒扩散至靶器官。病毒在神经系统中的传播虽可通过神经通道，但进入中枢神经系统的主要途径仍是通过血流直接进入毛细血管壁。

（二）常见食源性病毒

1. 肝炎病毒

病毒性肝炎又称为传染性肝炎，以甲型和乙型肝炎最为常见。

肝炎病毒主要污染水生贝壳类，如牡蛎、贻贝、蛤贝等。甲型肝炎病毒可在牡蛎中存活 2 个月以上。甲型肝炎病毒污染食品包括凉拌菜、水果及水果汁、乳及乳制品、冰激凌饮料、水生贝壳类食品等。生的或未煮透的，来源于污染水域的水生贝壳类食品是最常见的载毒食品。

病毒性肝炎的预防主要是加强传染源的管理，对食品生产、加工人员要进行定期健康体检，做到早发现、早隔离。要加强饮用水的管理，防止污染，加强餐饮行业卫生管理，切断传播途径。同时要通过注射疫苗提高人群的免疫力。

2. 轮状病毒

轮状病毒属于呼肠病毒科，进入体内后通过两个途径引起腹泻：一是轮状病毒直接损害小肠绒毛上皮细胞，引发病理改变；二是轮状病毒在复制过程中的代谢产物作用于小肠内皮细胞，破坏了肠内细胞的正常生理功能，引起腹泻。

轮状病毒主要感染猪、牛、羊、鸡等动物性食品。

预防轮状病毒感染应从以下几方面入手：养成良好的卫生习惯，注意乳品的保存和奶具、食具、便器、玩具等的定期消毒。气候变化时，要避免过热或受凉，居室要通风。轮状病毒肠炎的传染性强，集体、机构如有流行，应积极治疗患者，做好消毒隔离工作，防止交叉感染。接种轮状病毒疫苗可有效预防感染。

3. 诺瓦克病毒

诺瓦克病毒是一组能够引起人和儿童传染性、非细菌性、急性胃肠炎的杯状病毒属病毒的统称，1972年美国诺瓦克地区一所学校暴发胃肠炎疫情，美国科学家从病人的粪便中首次发现该病毒，并命名为诺瓦克病毒。

诺瓦克病毒感染部位主要是小肠近端黏膜。由于病毒的感染侵袭，使上皮细胞酶活性发生改变，引起糖类及脂类吸收障碍，导致肠腔内渗透压增高，体液进入肠道，从而出现腹泻和呕吐症状。

诺瓦克病毒的感染主要涉及食品为水生贝壳类、凉拌菜、莴苣和水果等。

养成良好的个人卫生习惯，是预防诺瓦克病毒感染的主要措施。

4. 口蹄疫病毒

口蹄疫病毒（FMDV）是口蹄疫的病原。患口蹄疫的动物会出现发热、跛行和在皮肤与皮肤黏膜上出现泡状斑疹等症状。恶性口蹄疫还会导致病畜心脏停搏并迅速死亡。排病毒量以在病畜的内唇、舌面水泡或糜烂处、蹄趾间、蹄上皮部水泡或烂斑处以及乳房处水泡最多；其次流涎、乳汁、粪、尿及呼出的气体中也会有病毒排出。

人一旦受到口蹄疫病毒感染，经过2～18天的潜伏期后突然发病，表现为发烧、口腔干热、唇、齿龈、舌边、颊部、咽部潮红，出现水泡（手指尖、手掌、脚趾），同时伴有头痛、恶心、呕吐或腹泻。患者在数天后痊愈，但有时可并发心肌炎。患者对人基本无传染性，但可把病毒传染给牲畜动物，再度引起牲畜间口蹄疫流行。

病畜和带毒的畜产品及被其分泌物、排泄物污染的空气、饲料等都可传给易感动物。

口蹄疫的主要传播途径是消化道和呼吸道、损伤的皮肤、皮肤黏膜以及完整皮肤（如乳房皮肤）、黏膜（眼结膜）。另外还可通过空气、尿、奶、精液和唾液等途径传播。我国对口蹄疫的防治主要通过疫苗注射接种，发生口蹄疫的牲畜则捕杀。

5. 疯牛病病毒

疯牛病，是一种侵犯牛中枢神经系统的、慢性的致命性疾病，由朊病毒引起的一种亚急性海绵状脑病。

病原体通过血液进入人的大脑，将人的脑组织变成海绵状，如同糨糊，完全失去功能。临床表现为脑组织的海绵体化、空泡化，星形胶质细胞和微小胶质细胞的形成以及致病型蛋白积累，无免疫反应。受感染的人会出现睡眠紊乱、失语症、肌肉萎缩和进行性痴呆等症状，并且会在发病的一年内死亡。

牛的感染过程通常是，被疯牛病病原体感染的肉和骨髓制成的饲料被牛食用后，经胃肠消化吸收，经过血液到大脑，破坏大脑并使大脑失去功能，大脑呈海绵状，导致疯牛病。

人类感染通常有以下几个原因：食用患疯牛病的牛肉及其制品会导致感染，特别是从脊椎剔下的肉；某些化妆品除了使用植物原料之外，也有使用动物原料的成分，所以化妆品也有可能含有疯牛病病毒（如化妆品所使用的牛、羊器官或组织成分有胎盘素、羊水、胶原蛋白、脑糖）。

目前，对于这种病毒究竟通过何种方式在牲畜中传播，又是通过何种途径传染给人类，研究的还不清楚，对于疯牛病的处理，还没有有效的治疗办法，只能通过预防来控制这类病毒在牲畜中的传播。一旦发现有牛感染了疯牛病，只能坚决予以宰杀并进行焚化，深埋处理。

6. 禽流感病毒

禽流感病毒一般为球形，直径为80～120 nm，但也常有同样直径的丝状形态，长短不一。病毒表面有10～12 nm的密集钉状物或纤突覆盖，病毒囊膜内有螺旋形核衣壳。两种不同形状的表面钉状物是HA（棒状三聚体）和NA（蘑菇形四聚体）。禽流感病毒粒子由0.8%～1.1%的RNA、70%～75%的蛋白质、20%～24%的脂质和5%～8%的碳水化合物组成。脂质位于病毒的膜内，大部分为磷脂，还有少量的胆固醇和糖脂。几种碳水化合物包括核糖（在RNA中）、半乳糖、甘露糖、墨角藻糖和氨基葡糖，在病毒粒子中主要以糖蛋白或糖脂的形式存在。禽流感病毒在一定条件下可以存活较长时间。有研究提示，它在粪便中能够存活105天，在羽毛中能存活18天。

禽流感的症状依受感染禽类的品种、年龄、性别、并发感染程度、病毒毒力和环境因素等不同而有所不同，主要表现为呼吸道、消化道、生殖系统或神经系统的异常。

当人感染了禽流感后一般发病急，早期表现类似普通型流感。主要症状为发热，体温大多持续在39 ℃以上，热程1～7天，一般为3～4天，伴有流涕、鼻塞、咳嗽、眼结膜炎、咽痛、头痛、肌肉酸痛和全身不适，部分患者会有恶心、腹痛、腹泻、稀水样便等消化道症状。重症患者的病情发展迅速，可出现肺炎、急性呼吸窘迫综合征、肺出血、肾功能衰竭、败血症等多种并发症。眼结膜炎与持续高热是比较常见的两个症状。

高致病性禽流感病毒不仅存在于受感染禽鸟的呼吸道和胃肠道中，也可存在于禽肉和禽蛋内，冷藏或冷冻不能杀死高致病性禽流感病毒，传统烹调方法可将病毒灭活。

防治禽流感的措施：（1）加强禽类疾病的监测，一旦发现禽流感疫情，动物防疫部门立即按有关规定进行处理，养殖和处理的所有相关人员做好防护工作；（2）加强对密切接触禽类人员的监测；（3）接触人禽流感患者应戴口罩、戴手套、穿隔离衣，接触后应洗手；（4）要加强检测标本和实验室禽流感病毒毒株的管理，严格执行操作规范，防止医院感染和实验室的感染及传播；（5）注意饮食卫生，不喝生水，不吃未熟的肉类及蛋类等食品，勤洗手，养成良好的个人卫生习惯；（6）养成早晚洗鼻的良好卫生习惯，保持呼吸道健康，增强呼吸道抵抗力；（7）药物预防，对密切接触者必要时可试用抗流感病毒药物或按中医药辨证施防；（8）重视高温杀毒。

四、寄生虫对食品的危害及控制

寄生于其他生物，并给对方造成损害的低等生物，称为寄生虫。被寄生虫寄生的生物称为宿主。寄生虫在有性繁殖期或成虫期所寄生的宿主称为终宿主；寄生虫在无性繁殖期或幼虫期所寄生的宿主称为中间宿主。有的寄生虫在幼虫阶段需要两个以上的中间宿主，分别称为第一、第二中间宿主。寄生虫完成一代生长、发育和繁殖的全部过程为寄生虫的生活史；在生活史阶段中可感染人的特定阶段称为感染阶段。

（一）畜肉中常见的寄生虫病

1. 猪囊尾蚴病

猪囊尾蚴病是由人的有钩绦虫的幼虫寄生于猪体横纹肌而引起的一种绦虫幼虫病。幼虫主要感染猪，此外，野猪、犬、猫以及人也可感染。成虫寄生在人的小肠内。人是猪肉绦虫唯一的终宿主，同时也可作为其中间宿主；猪和野猪是主要的中间宿主。人体寄生的猪囊尾蚴通常只寄生1条，偶有寄生2～4条；寄生部位很广，好发部位主要是皮下组织、肌肉、脑和眼，其次为心、舌、口腔以及肝、肺、腹膜、上唇、乳房、子宫、神经鞘、骨等。

有钩绦虫寄生在人的小肠内，以头节上的吸盘和顶突上的小钩吸附在肠壁黏膜上，体节游离在小肠腔内，孕卵节片从虫体脱落，随人的粪便排出，节片破裂后散布虫卵，虫卵被猪或人吃了而感染。六钩蚴从卵内出来，钻入肠壁血管，随血液到猪体各部，在咬肌、心肌、舌肌及肋间肌等全身肌肉内形成囊状虫体。严重感染时，各部肌肉甚至脑部、眼内都有寄生，经2~4个月发育成囊尾蚴。人吃了未煮熟的带有囊尾蚴的猪肉而感染，经5~12周发育为成熟的绦虫。

猪体感染虫体较少时无明显症状，只有在猪体抵抗力较弱、感染大量虫体的情况下，才出现消瘦、贫血甚至衰竭、前肢僵硬、声音嘶哑、咳嗽、呼吸困难及发育不良等症状。

预防猪囊尾蚴病的主要措施：加强屠宰检疫工作，凡检出的病尸，按《动物防疫法》和有关规定进行无害化处理。加强卫生工作，做到"人有厕所，猪有圈"，防止猪吃人粪。人不要吃生的或未煮熟的猪肉，发现病人，及时进行药物驱虫，清除感染来源。

2. 旋毛虫病

旋毛虫，成虫和幼虫均寄生于同一宿主，如人、猪、狗、猫、鼠等几十种哺乳动物。成虫主要寄生在宿主的十二指肠和空肠上段，幼虫则寄生在同一宿主的横纹肌细胞内，在肌肉内形成具有感染性的幼虫囊包。无外界自生生活阶段，但完成其生活史必须更换宿主。宿主主要是由于食入含有活幼虫囊包的肉类及其制品而被感染。

旋毛虫的主要致病虫期是幼虫。其致病程度与食入幼虫囊包的数量、活力和侵入部位以及人体对旋毛虫的免疫力等诸多因素有关。轻度感染者无明显症状，重度感染者，其临床表现则复杂多样，若不及时治疗，可在发病后数周内死亡。该病死亡率较高，国外为6%~30%，国内约为3%。

人感染旋毛虫主要是因为生食或半生食含幼虫囊包的肉类。幼虫囊包的抵抗力较强，耐低温，在−15℃下可存活20天，腐肉中可存活2~3个月，一般熏、烤、腌制和暴晒等方式不能杀死幼虫。预防该病的关键在于大力进行卫生宣教，改变饮食习惯，不生食或半生食猪肉或其他动物肉类，以杜绝感染；认真贯彻肉类食品卫生检查制度，禁止未经宰后检查的肉类上市；提倡肉猪圈养；加强卫生和饲料管理，以防猪的感染。

3. 肝片吸虫病

肝片吸虫成虫寄生在终宿主的肝胆管内，中间宿主为椎实螺类。

肝片吸虫引起的损害主要表现在两个方面：（1）幼虫移行期对各脏器特别是肝组织的破坏，引起肝的炎症反应及肝脓肿，出现急性症状如高热、腹痛、荨麻疹、肝大及血中嗜酸性粒细胞增多等；（2）成虫对胆管的机械性刺激和代谢物的化学性刺激而引起胆管炎症、胆管上皮增生及胆管周围的纤维化。胆管上皮增生与虫体产生大量脯氨酸有关。胆管纤维化可引起阻塞性黄疸，肝损伤可引起血浆蛋白的改变（低蛋白血症及高球蛋白血症），胆管增生扩大可压迫肝实质组织引起萎缩、坏死以至肝硬化，还可累及胆囊引起相应的病变。

肝片吸虫寄生的宿主甚为广泛，除牛、羊外，还可寄生于猪、马、犬、猫、驴、兔、猴、骆驼、象、熊、鹿等动物。人体感染多因生食水生植物，如水田芹等茎叶。在低洼潮湿的沼泽地，牛、羊的粪便污染环境，又有椎实螺类的存在，牛、羊吃草时便较易造成感染。预防人体感染主要是注意饮食卫生，勿生食水生植物。

4. 弓形体病

弓形体病又称弓浆虫病或弓形虫病，其病原是原生动物门、孢子虫纲的刚第弓形虫，简称弓形虫。弓形虫的生活史分为五个阶段，即滋养体、包囊、裂殖体、配子体和卵囊，其中滋养体和包囊是在中间宿主体内形成的，裂殖体、配子体和卵囊是在终宿主体内形成的。猫属动物是弓形虫的终宿主。弓形虫对中间宿主的选择不严，许多动物可以作为中间宿主，已知动物就有200多种，包括鱼类、爬行类、鸟类、哺乳类（包括人）。

弓形虫在猫的肠上皮细胞内进行裂殖生殖，重复几次裂殖生殖后，形成大量的裂殖子，末代裂殖子重新进入上皮细胞，经过配子生殖，最后形成卵囊。卵囊随粪便排出体外，在外界适宜的温度、湿度和氧气条件下，经过孢子化发育为感染性卵囊。动物吃了猫粪中的感染性卵囊或吞食了含有弓形虫速殖子或包囊的中间宿主的肉、内脏、渗出物和乳汁而被感染。速殖子还可通过皮肤和鼻、眼、呼吸道黏膜感染，也可通过胎盘感染胎儿，各种昆虫也可传播此病。

本病以高热、呼吸及神经系统症状、动物死亡和怀孕动物流产、死胎、胎儿畸形为主要特征。弓形体病是一种世界性分布的人畜共患的寄生性原虫病，在家畜和野生动物中广泛存在。

预防措施：控制传染源，控制病猫。切断传染途径，勿与猫、狗等密切接触，防止猫粪污染食物、饮用水和饲料。不吃生的或不熟的肉类和生乳、生蛋等。加强卫生宣教，搞好环境卫生和个人卫生。家庭养猫要定期进行检查、驱虫，给猫食添加肉时，应预先煮熟，严禁喂生肉、生鱼、生虾。防止猪捕食啮齿类动物，防止猫粪污染猪食和饮水。加强饲养管理，保持猪舍卫生。消灭鼠类，控制猪、猫同养，防止猪与野生动物接触。

（二）水产品中常见的寄生虫病

1. 华支睾吸虫病

华支睾吸虫，又称肝吸虫。华支睾吸虫生活史为典型的复殖吸虫生活史，包括成虫、虫卵、毛蚴、胞蚴、雷蚴、尾蚴、囊蚴及后尾蚴等阶段。终宿主为人及肉食哺乳动物（狗、猫等），第一中间宿主为淡水螺类，如豆螺、沼螺、涵螺等，第二中间宿主为淡水鱼、虾。成虫寄生于人和肉食类哺乳动物的肝胆管内，虫多时移居至大的胆管、胆总管或胆囊内，也偶见于胰腺管内。

华支睾吸虫病的传播依赖于粪便中有机会下水的虫卵，且水中存在第一、第二中间宿主以及当地人群有生吃或半生吃淡水鱼虾的习惯。

华支睾吸虫，人群普遍易感，流行的关键因素是当地人群是否有生吃或半生吃鱼肉的习惯。实验证明，在厚度约1 mm的鱼肉片内的囊蚴，在90 ℃的热水中，1 s即能死亡，75 ℃时3 s内死亡，70 ℃及60 ℃时分别在6 s及15 s内全部死亡。囊蚴在醋（含醋酸浓度3.36%）中可存活2 h，在酱油中（含Nacl 19.3%）可存活5 h。在烧、烤、烫或蒸全鱼时，可因温度不够、时间不足或鱼肉过厚等原因，不能杀死全部囊蚴。成人感染方式以食生鱼为多见，如在广东珠江三角洲、香港、台湾等地人群主要通过吃"生鱼""生鱼粥"或"烫鱼片"而感染；东北朝鲜族居民主要是用生鱼佐酒吃而感染；儿童感染则与他们在野外进食未烧烤熟透的鱼虾有关。此外，抓鱼后不洗手或用口叼鱼、使用切过生鱼的刀及砧板切熟食、用盛过生鱼的器皿盛熟食等也有使人感染的可能。

轻度感染时不出现临床症状或无明显临床症状，重度感染时，在急性期主要表现为过敏反应和消化道不适，包括发热、胃痛、腹胀、食欲不振、四肢无力、肝区痛、血液检查嗜酸性粒细胞明显增多等，但大部分患者急性期症状不很明显。临床上见到的病例多为慢性期，患者的症状往往经过几年才逐渐出现，一般以消化系统的症状为主，疲乏、上腹不适、食欲不振、厌油腻、消化不良、腹痛、腹泻、肝区隐痛、头晕等较为常见。常见的体征有肝大，多在左叶，质软，有轻度压痛，脾肿大较少见。严重感染者伴有头晕、消瘦、浮肿和贫血等，在晚期可造成肝硬化、腹水，甚至死亡。儿童和青少年感染华支睾吸虫后，临床表现往往较重，死亡率较高。除消化道症状外，常有营养不良、贫血、低蛋白血症、浮肿、肝肿大和发育障碍，以至肝硬化，极少数患者甚至可致侏儒症。

华支睾吸虫病是由于生食或半生食含有囊蚴的淡水鱼、虾所致，预防华支睾吸虫病应抓住经口传染这一环节，防止食入活囊蚴是防治本病的关键。做好宣传教育，使群众了解本病的危害性及其传播途径，自觉不吃生鱼及未煮熟的鱼肉或虾，改进烹调方法和饮食习惯，注意生、熟吃的厨具要分开使用。家养的猫、狗如粪便检查阳性者应给予治疗，不要用未经煮熟的鱼、虾喂猫、狗等动物，以免引起感染。加强粪便管理，不让未经无害化处理的粪便下鱼塘。结合农业生产清理塘泥或用药杀灭螺蛳，对控制本病也有一定的作用。

2. 卫氏并殖吸虫病

卫氏并殖吸虫是人体并殖吸虫病的主要病原，也是最早被发现的并殖吸虫，以在肺部形成囊肿为主要病变，主要症状有烂桃样血痰和咯血。

卫氏并殖吸虫终宿主包括人和多种肉食类哺乳动物。第一中间宿主为与活于淡水中的川卷螺类，第二中间宿主为甲壳纲的淡水蟹或蝲蛄。生活史过程包括卵、毛蚴、胞蚴、母雷蚴、子雷蚴、尾蚴、囊蚴、后尾蚴、童虫和成虫阶段。

能排出虫卵的人和肉食类哺乳动物是本病传染源。其宿主种类多，如虎、豹、狼、狐、豹猫、大灵猫、果子狸等多种野生动物以及猫、犬等家养动物均可感染。在某些地区，如辽宁宽甸县，犬是主要传染源。感染的野生动物则是自然疫源地的主要传染源。

流行区居民常有生吃或半生吃溪蟹、蝲蛄的习惯。溪蟹或蝲蛄中的囊蚴未被杀死，是招致感染的主要原因。中间宿主死后，囊蚴脱落水中，若生饮含囊蚴的水，也可导致感染。

卫氏并殖吸虫病主要由童虫在组织器官中移行、窜扰和成虫定居引起。本病潜伏期长短不一，短者2～15天，长者1～3个月。病变过程一般可分为急性期和慢性期。急性期表现轻重不一，轻者仅表现为食欲不振、乏力、腹痛、腹泻、低烧等一般症状。重者可有全身过敏反应、高热、腹痛、胸痛、咳嗽、气促、肝大并伴有荨麻疹。白细胞数增多，嗜酸性粒细胞升高明显，一般为20%～40%，高者超过80%。慢性期由于多个器官受损，且受损程度又轻重不一，故临床表现较复杂，临床上按器官损害主要可分为胸肺型、囊肿期、纤维疤痕期。最常见的症状有咳嗽、胸痛、咳出果酱样或铁锈色血痰等。血痰中可查见虫卵。当虫体在胸腔窜扰时，可侵犯胸膜导致渗出性胸膜炎、胸腔积液、胸膜粘连、心包炎、心包积液等。

预防本病最有效的方法是不生食或半生食溪蟹、蝲蛄及其制品，不饮生水。健康教育是控制本病流行的重要措施。

3. 曼氏裂头蚴病

曼氏迭宫绦虫的生活史中需要3～4个宿主。终宿主主要是猫和犬，此外还有虎、豹、狐和豹猫等食肉动物；第一中间宿主是剑水蚤，第二中间宿主主要是蛙。蛇、鸟类和猪等多种脊椎动物可作为其转续宿主。人可成为它的第二中间宿主、转续宿主甚至终宿主。

人体感染裂头蚴的途径有二，即裂头蚴或原尾蚴经皮肤或黏膜侵入，或误食裂头蚴或原尾蚴。具体方式可归纳为以下三种：（1）局部敷贴生蛙肉为主要感染方式，若蛙肉中有裂头蚴即可经伤口或正常皮肤、黏膜侵入人体；（2）吞食生的或未煮熟的蛙、蛇、鸡或猪肉；（3）误食感染的剑水蚤。

裂头蚴寄生人体引起曼氏裂头蚴病，危害远较成虫大，其严重程度因裂头蚴移行和寄居部位不同而异。常见寄生于人体的部位依次是眼部、四肢躯体皮下、口腔颌面部和内脏。在这些部位可形成嗜酸性肉芽肿囊包，使局部肿胀，甚至发生脓肿。

预防应加强宣传教育，改变不良习惯，不用蛙肉、蛇肉、蛇皮敷贴皮肤、伤口，不生食或半生食蛙、蛇、禽、猪等动物的肉类，不生吞蛇胆，不饮用生水。

（三）农产品中常见的寄生虫病

1. 姜片吸虫病

布氏姜片吸虫是寄生于人体小肠中的大型吸虫，可致姜片吸虫病。

姜片吸虫病是人、猪共患的寄生虫病，生食菱角、茭白等水生植物，尤其在收摘菱角时，边采边食易感染。猪感染姜片吸虫较普遍，是最重要的保虫宿主，用含有活囊蚴的青饲料（如水浮莲、水萍莲、蕹菜、菱叶、浮萍等）喂猪是使其感染的原因。将猪舍或厕所建在种植水生植物的塘边、河旁，或用粪便施肥，都可造成粪内虫卵入水的机会；另一方面，这种水体含有机物多，有利于扁卷螺类的滋生繁殖。这样就构成了姜片吸虫完成生活史所需的全部条件。人、猪感染姜片吸虫有季节性，因虫卵在水中的发育及幼虫期在扁卷螺体内的发育繁殖均与温度有密切关系，一般夏、秋季是感染的主要季节。

预防措施：（1）加强粪便管理，防止人、猪粪便通过各种途径污染水体；（2）勿生食未经刷洗及沸水烫过的菱角等水生果品，不喝池塘的生水，勿用被囊蚴污染的青饲料喂猪；（3）在流行区开展人和猪的姜片虫病普查、普治工作。

2. 钩虫病

感染性钩虫的幼虫生活在泥土中，通过皮肤接触感染；成虫寄生于小肠上段，以吸血为生，可致贫血等症状，甚至危及生命。

钩虫病的传染源是钩虫病患者和感染者，在我国分布极广。虫卵随粪便排出体外，在适当温、湿度的土壤中孵化。约1周经杆状蚴发育成具有感染力的丝状蚴，丝状蚴接触人体即钻入皮肤，随血液流经右心至肺，穿透肺泡毛细血管后循支气管、气管而达咽喉部，然后被吞入胃，构成钩蚴移行症。钩蚴主要在空肠，少数在十二指肠及回肠中上段内发育为成虫。自丝状蚴侵入皮肤至成虫在肠内产卵约需50天，成虫的寿命可达5～7年，但大部分于1～2年被排出体外。

本病主要是经皮肤接触感染。钩虫幼虫和成虫分别引起不同的病变。幼虫可致钩蚴性皮炎与过敏性肺炎；成虫可致贫血。感染性幼虫侵入皮肤后1 h左右，足趾或手指间皮肤较薄处可出现红色小丘疹，奇痒，俗称"着土痒""粪毒"，若抓破感染，可形成脓疱，这就是钩虫性皮炎。大量幼虫通过肺时，穿破微血管，引起出血及炎症细胞浸润，表现出全身不适、发热、咳嗽等症状，有的痰中带血，但无明显体征。钩虫病还可有上腹部不适或隐痛、恶心、呕吐等消化道症状。有的患者还可出现"异嗜癖"，如爱吃炕土、碎布等，尤其是泥土（食土癖），这可能与铁质缺乏有关。患儿生长发育受阻。

预防措施：加强粪便管理，提倡高温堆肥（粪尿混合储存），建立沼气池，以杀死钩虫卵；治疗病人和无症状带虫者，以消灭传染源；加强个体防护，提倡穿鞋下地，在劳动前涂擦防护药物。

3. 蛔虫病

蛔虫属土源性线虫，完成生活史不需要中间宿主。成虫寄生于人体空肠中，以宿主半消化食物为营养。

人因误食被感染期蛔虫卵污染的食物或水而感染，感染期虫卵在人小肠内孵出幼虫，然后侵入肠黏膜和黏膜下层，钻入静脉或淋巴管，经肝、右心，到达肺，穿破肺泡毛细血管，进入肺泡，经第二和第三次蜕皮后，沿支气管、气管逆行至咽部，随人的吞咽动作而入消化道，在小肠内经第四次蜕皮后，经数周发育为成虫。自人体感染到雌虫开始产卵需用时60～75天。蛔虫在人体内的寿命一般为1年左右。

幼虫和成虫均可对宿主造成损害，表现为机械性损伤、超敏反应、营养不良以及导致宿主肠道功能障碍。

防治蛔虫感染应采取综合措施，包括查治病人及带虫者、管理粪便和通过健康教育来预防感染。管理粪便的有效方法是建立无害化粪池，通过厌氧发酵和粪水中游离氨的作用，可杀灭虫卵；开展健康教育的重点在儿童，讲究饮食卫生和个人卫生，做到饭前洗手，不生食未洗净的红薯、萝卜、甘蔗和生菜，不饮生水。消灭苍蝇和蟑螂也是防止蛔虫卵污染食物和水源的重要措施。

任务实施

第一阶段

[教师]

1.确定任务。由教师提出设想，然后与学生一起讨论，最终确定项目目标和任务。

调查本市餐饮饭店、学校食堂、各大超市生鲜加工柜台、农产品市场、乳制品生产企业、肉制品生产企业、焙烤食品生产企业、饮料生产企业等。要求重点调查食品中生物性污染状况，并进行常见生物性食源性疾病危害分析，制定预防措施。

2.对班级学生进行分组，每个小组控制在6人以内，各小组按照自己的兴趣确定研究对象。

[学生]

1.根据各自的分组情况，查找相应的生物性危害导致的食物中毒资料，学习讨论，分别制订工作任务计划。

2.学生依据各自制订的工作任务计划竞聘负责人职位（1～2人）。在竞聘过程中需考察：计划的可行性、前瞻性、系统性与完整性及报告人的领导能力、沟通能力和团队协作能力。

3.确定负责人后，实施小组内分工，明确每个人的职责、未来工作细节、团队协作的机制。小组工作内容等可参考表1-5。

表1-5　小组组成与分工

参与人员	主要工作内容
负责人	计划，主持、协助、协调小组行动
小组成员	调查粮油食品、肉与肉制品、果蔬类食品、乳及乳制品、水产食品、蛋及蛋制品等转食品在原料、加工、销售、消费等环节中可能存在的生物污染情况、污染种类、主要危害，为制定相应的控制措施提出建议

备注：小组成员既要独立分工，又要不断讨论、协调、开发解决方案，提出建议，形成可执行的行动细则，并提交详细的书面报告。

第二阶段

[学生]

学生针对自己承担的任务内容，查找相关资料，进行现场调查，拟订具体工作方案，组织备用资源，最后完善体系细节，并进行现场验证。

[任务完成步骤]

1. 学生针对自己承担的任务内容，查找相关资料。
2. 现场调查，了解自己承担相应任务的每一个环节。
3. 根据调查结果，写出调查报告。
4. 根据调查结果和查阅的资料，一起讨论解决问题的方案并达成共识。
5. 制定相应的控制危害的措施。

第三阶段

[教师和学生]

1. 学生课堂汇报，教师点评任务完成质量，提出存在的问题，然后学生进一步讨论、整改。
2. 由实践到理论的总结、提升，到再次认知，学生应能陈述关键知识点。
3. 各成员汇总、整理分工成果，进行系统协调，形成最后成熟可行的整体方案，并且能够展示出来。

[成果展示]

书面材料展示：

1. 某餐饮饭店、学校食堂、农产品市场、乳制品生产企业、肉制品生产企业、焙烤食品生产企业、饮料生产企业在食品原料采购、生产加工、销售、消费等环节可能存在的生物性危害种类和传染途径的调查报告。
2. 针对该餐饮饭店、学校食堂、农产品市场、乳制品生产企业、肉制品生产企业、焙烤食品生产企业、饮料生产企业在食品原料采集、生产加工、销售、消费等环节控制并减少生物性危害发生的具体措施文件。

第四阶段

1. 针对项目完成过程中存在的问题，提出解决方案。
2. 总结个人在执行过程中能力的强项与弱项，提出提高自身能力的应对措施。
3. 经个人评价、学生互评、教师评价，计算最后得分。
4. 对学生个人形成的书面材料进行汇总，将最后形成的系统材料归档。

【关键知识点】

1. 非食源性物质通常是指从外部引入的物质或异物，如碎骨头、碎石头、铁屑、木屑、毛发、昆虫的残体、碎玻璃、螺丝、塑料等几乎所有能想象到的东西都有可能混入食品中，导致对人体的伤害和对身体健康的影响。
2. 放射性物质以射线和离子为主，以高能粒子的形式持续地向外放射粒子和能量。环境中的放射性物质主要通过水、大气和土壤进入食物，再通过食物链对人体构成一定的危害。
3. 食品中非食源性物质危害大多不是客观原因造成的，所以是可以通过提高员工的意识，加强现场管理，全面执行先进的质量管理等方法来预防和杜绝的。

4. 食品中农药残留的原因有对农作物施用农药、环境污染、食物链传递和生物富集作用以及储运过程中食品原料与农药混放等。

5. 通过直接用药或在饲料中添加大量药物，来预防和治疗动物疾病或促进动物的生长发育导致药物残留于动物组织中，造成对人体与环境的危害。

6. 环境污染物是干扰人体内分泌机制，影响人体正常调节作用的外源化学物。可分为无机污染物和有机污染物，其中无机污染物又分为非金属环境污染物和金属污染物。金属污染物和有机污染物对人体健康产生的危害尤其突出。

7. 食品添加剂是指为改善食品的品质、色、香、味、储藏功能以及为了加工工艺的需要，加入食品中的化学合成或天然物质。在标准规定下使用食品生产中允许使用的添加剂，其安全性是有保证的。但在实际生产中却存在着滥用食品添加剂的现象。食品添加剂的长期、过量使用会对人体产生慢性毒害，包括致畸、致突变、致癌等危害。

8. 细菌性食物中毒是指因摄入被致病菌或其毒素污染的食物后所发生的急性或亚急性中毒，是食物中毒中最常见的一类。我国发生的细菌性食物中毒以沙门菌、变形杆菌和葡萄球菌食物中毒较为常见，其次为副溶血性弧菌、蜡样芽孢杆菌等。

9. 病毒通过食品传播的主要途径是粪－口传播模式。尽管食品中可能存在任何病毒，但由于病毒对组织具有亲和性，所以真正能起到传播载体功能的食品也只能是针对人类肠道的病毒。

【信息追踪】

1. 推荐网址

中国食品监督网、中国辐射防护研究院、中华人民共和国农业农村部、中华人民共和国生态环境部、国家食品安全风险评估中心、国家微生物资源平台、中国食品安全检测网。

2. 推荐相关标准

GB 2763—2019《食品安全国家标准 食品中农药最大残留限量》

GB 31650—2019《食品安全国家标准 食品中兽药最大残留限量》

GB 4806.3—2016《食品安全国家标准 搪瓷制品》

GB 4806.4—2016《食品安全国家标准 陶瓷制品》

GB 4806.7—2016《食品安全国家标准 食品接触用塑料材料及制品》

GB 4806.8—2016《食品安全国家标准 食品接触用纸和纸板材料及制品》

GB 4806.9—2016《食品安全国家标准 食品接触用金属材料及制品》

【课业】

1. 简述食品中非食源性物质危害、来源和控制措施。
2. 天然毒素的中毒原因有哪些？试述含天然毒素的动物和植物。
3. 简述食品中农药残留、兽药残留的来源、危害及控制措施。
4. 什么是食品添加剂？如何分类？食品添加剂的毒副作用如何？
5. 常见食源性致病菌中毒有什么特点？如何预防？
6. 论述黄曲霉毒素对食品的污染、毒性及通常采取的预防措施。
7. 常见食源性病毒疾病有哪些类型？如何预防？

8. 你对我国目前食品生物性污染现状有何看法？有何建议？

【学习过程考核】

学习过程考核见表1-6。

表1-6　　　　　　　　　学习过程考核

项目	任务一			任务二			任务三		
评分方式	学生自评	同组互评	教师评分	学生自评	同组互评	教师评分	学生自评	同组互评	教师评分
得分									
任务总分									

项目二 膳食结构中的不安全因素

【学习目标】
- 掌握七大营养素的生理功能；
- 掌握人体合理膳食的基本原则；
- 理解营养与疾病的相互作用；
- 理解食物之间相宜、相克的含义及形成原因。

【能力目标】
- 能够依据七大营养素的生理功能及需求量制定一般人群膳食食谱；
- 能够依据中国居民膳食指南制定特殊病患者膳食食谱；
- 能够指出膳食风险种类；
- 能够针对饮食风险制定风险控制措施。

任务描述

收集特定人群的食物消费数据，记录特定时期（通常几天）内消费的所有食物，归纳营养素的消费种类、数量和比例，对膳食结构中的饮食风险进行评估，并提出抵制风险的对策。

知识准备

一、膳食结构的定义

膳食结构是指居民消费的食物种类及其数量的相对结构。

一个国家的膳食结构受社会经济发展状况、人口和农业资源、人们消费能力、人体营养需要和民族传统饮食习惯等多种因素制约。由于国情不同，膳食结构也不尽相同。

二、影响食物选择和摄入的因素

消费者对食物的选择直接关系到膳食结构对健康的影响，因此，考察消费者食物选择模式和影响因素是研究膳食结构中不安全因素的重要前提。

政治、经济、社会和技术因素明显地影响着消费者的决策，比如财富的增减、家庭规模的变化等对购买食物类型都有影响。

文化影响包括一般风俗、宗教禁忌、礼节，这些通常预先决定了哪些食物被认为是合理的，以及从文化上是可以接受的。如印度教徒不吃牛肉、穆斯林拒吃猪肉、英国人不吃马肉或他们的宠物。因此，每种文化都规定了食物的类型，把部分食物归入其认可的范围。

从个人特点、环境特点和食品生产之间的关系可把食物选择中所涉及的因素分为三个主要部分：个人特点和生活经验、经济和社会影响、食品特性，如图 2-1 所示。

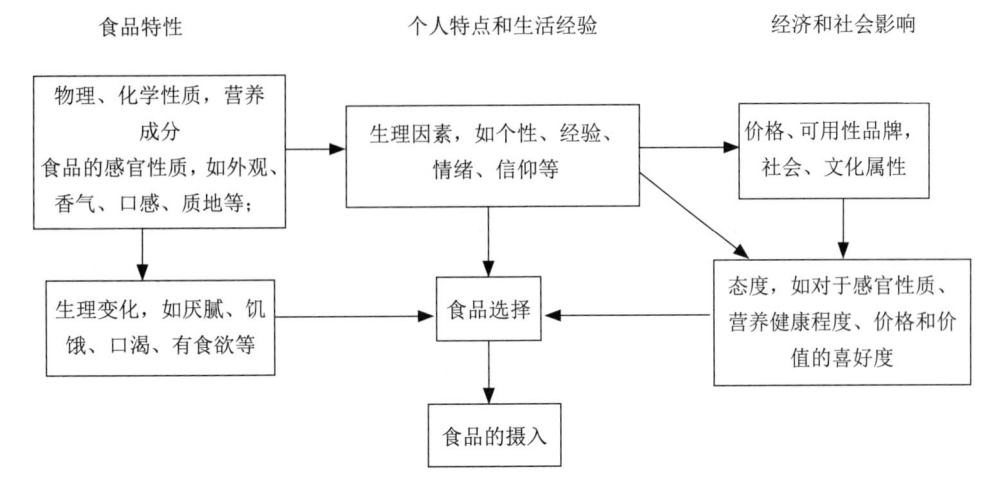

图 2-1 食物选择和摄入的影响因素

三、人体必需的营养素及功能

现代营养学认为，碳水化合物、脂质、蛋白质、维生素、无机盐、水、纤维素和氧气是人体必需的营养物质。除氧气以外，其他几种均为膳食中的营养素。

（一）碳水化合物

人体能量的 60%～70% 来自碳水化合物。有 2/3 的碳水化合物是在大脑中消耗的，碳水化合物对心脏能量也有影响，因为心脏能量的 30% 来自碳水化合物。另外，碳水化合物也是红细胞及肝碳水化合物原的来源。虽然脂肪、蛋白质也作为能量来源，但有报道表明：三种能源中碳水化合物最持久、最有效，对于强体力劳动者，劳动强度越高，碳水化合物消耗的比例越大。

碳水化合物除供给能量、保护肝脏以外，还具有预防酮病（脂肪代谢不完全，形成丙酮、ß- 羟丁酸和乙酰乙酸，即所谓"酮体"，它们在血液内达到一定浓度即发生酮病）和节省蛋白质的功能。此外，碳水化合物还可和其他物质形成黏多糖、糖蛋白、糖苷脂等生理上极为重要的生物活性物质，参与生命的新陈代谢。

（二）脂质

脂质种类繁多，与营养关系密切的是脂肪、磷脂、胆固醇。主要的食物来源是食用油脂、核果类等。

脂质是生物机体能量的主要储存形式，当摄取的营养物质超过了正常需要量，营养物质就以脂肪的形式积累起来。当营养不足时，脂质又可进行分解供给机体所需。脂质也是机体组成成分，如磷脂和胆固醇是构成细胞膜的成分，脑髓及神经组织含有磷脂，一些固醇则是制造体内固醇类激素的必需物质（如肾上腺皮质激素、性激素和维生素 D_3 等）。此外，皮下脂肪还具有防止热量散失的作用，各器官间隙中的脂肪具有缓冲震动和机械损伤的作用。脂肪也是脂溶性维生素的良好溶剂，能促进脂溶性维生素的吸收和利用。

(三)蛋白质

蛋白质是生命存在的形式，是生命的物质基础。蛋白质是所有营养素中最受重视的成分，是我们身体的关键成分之一。蛋白质的种类成千上万，它们包括酶、荷尔蒙、组织结构分子、转运分子，蛋白质的主要食物来源有肉、鱼、豆、蛋、奶等。

蛋白质具有复杂的生理功能：

1. 供给生长、更新和修补组织的材料

成年人体内约含有16.3%的蛋白质。若蛋白质供应不足，会直接影响儿童的生长发育，导致成年人体质下降，并且因细胞生长、更新和修补的材料缺乏而影响机体正常新陈代谢。

2. 供给必需氨基酸

人体可以合成大部分氨基酸，但必需氨基酸（异亮氨酸、亮氨酸、赖氨酸、蛋氨酸、苯丙氨酸、色氨酸、苏氨酸、缬氨酸，对于婴幼儿，还包括组氨酸），人体不能合成或合成速度远不能适应人体的需要，蛋白质可补充必需氨基酸的供给。

3. 在酶、激素、部分维生素的合成中起重要作用

绝大部分酶的化学本质是蛋白质，含氮激素的成分是蛋白质或其衍生物，部分维生素也由氨基酸转变或与蛋白质结合而成，而酶、激素、维生素在调节生理机能、催化代谢过程中起着十分重要的作用。

4. 供给热能

当机体碳水化合物和脂肪供能不足时，蛋白质也是能量的来源。人体每日所需能量的10%～15%来自蛋白质。

5. 增强免疫力

机体的体液免疫主要是由抗体与补体完成，构成白细胞和抗体、补体需要有充足的蛋白质。

6. 维持神经系统的正常功能

蛋白质占人脑干重的一半，神经系统的功能与摄入蛋白质的质与量密切相关。蛋白质对婴幼儿的生长发育，尤其是智力发育更为重要，当蛋白质缺乏时，脑细胞就会减少，智力发育将受到抑制和损害。

7. 控制遗传信息

遗传物质主要是含有脱氧核糖核酸的核蛋白。遗传信息的表达受蛋白质和其他因素的制约。

8. 维持毛细血管的正常渗透压

人体血浆与组织液间，水分不停交流而保持平衡状态。血浆胶体渗透压是由其所含蛋白质（特别是白蛋白）的浓度决定的。缺乏蛋白质，血浆中蛋白质含量减少，血浆胶体渗透压就会降低，组织间隙水分滞留过多，出现水肿。

9. 运输功能

蛋白质具有运输功能，在血液中起着载体作用，如甲状腺素结合蛋白可运输甲状腺素，运铁蛋白可运输铁，血红蛋白可携带氧气等。

10. 维持血液的酸碱平衡

血液中有非常完善的缓冲体系。蛋白质是两性物质，它与其他缓冲质（碳酸盐、磷酸盐等）同为维持血液酸碱平衡的有效物质。

11. 参与凝血过程

凝血过程是在维生素K和钙离子的参与下，由血浆中多种蛋白质协同完成的。

（四）维生素

维生素为机体必需、自身不能合成的少量（每日以毫克或微克计）有机化合物。维生素在生物体内不是作为碳源、氮源或能源物质，也不是机体的组成部分，但大多数维生素以酶的辅酶或辅基组成成分参与体内物质代谢过程。维生素按其溶解性分为脂溶性维生素和水溶性维生素两大类。维生素必须由食物供给，供给不足会缺乏，供给过量也会造成中毒。各种维生素的生理功能、缺乏症、食物来源等见表2-1。

表2-1　　　　　维生素的生理功能、缺乏症及食物来源

类型	名称	活性形式/存在形式	生理功能	缺乏症	主要食物来源
脂溶性维生素	VA	VA_1、VA_2	维持正常的骨骼发育，维持正常的视觉反应，维持上皮组织的正常形态与功能，有抗癌作用	骨骼钙化不良，甲状腺过度增生，夜盲症，生长发育障碍	鱼肝油、肝脏、胡萝卜
	VD	VD_2、VD_3	对钙、磷代谢产生影响，维持肌肉、神经、骨骼的正常功能	骨质疏松，佝偻病	鱼肝油、肝脏、蛋黄、乳制品
	VE	α、β、γ生育酚	维持生殖功能，高效抗氧化，维持骨骼肌、心肌、平滑肌和心血管功能，提高免疫力和预防衰老	不育，贫血，动脉粥样硬化	麦胚油等食用油脂、蛋、肝脏、肉类
	VK	VK_1、VK_2、VK_3、VK_4	促进血液凝固，参与体内氧化还原过程，增强胃肠道蠕动和分泌机能	出血或凝血时间延长	绿色蔬菜、动物肝脏、鱼类及肠道微生物合成
水溶性维生素	VB_1	焦磷酸硫胺素（TPP）	参与碳水化合物氧化，维护神经、消化和循环系统的正常功能	碳水化合物代谢障碍，神经系统能源不足，脚气病	粗粮、豆类、花生、瘦肉、肝脏、肾脏、心以及干酵母
	VB_2	FMN、FAD	作为递氢体参与多种氧化还原反应，能促进糖、脂肪和蛋白质代谢，维持皮肤、黏膜和视觉的正常机能	细胞氧化作用障碍，物质代谢发生障碍，唇炎、舌炎、口角炎	肝脏、肾脏、乳制品、蛋黄、河蟹、鳝鱼、口蘑、紫菜、豆类
	VB_5	NAD、NADP	参与三羧酸过程的脱氢作用，维护神经系统、消化系统和皮肤的正常功能，扩张末梢血管和降低血清胆固醇水平	癞皮病，神经营养障碍，如皮炎、肠炎和神经炎	肝脏、瘦肉、花生、豆类、粗粮及酵母
	VB_6	吡哆醇、吡哆醛、吡哆胺	多种重要酶系统的辅酶，参与转氨与脱羧作用，抗脂肪肝，降低血清胆固醇	影响蛋白质、脂肪代谢	葵花籽、黄豆、核桃、胡萝卜，肠道细菌可合成一部分
	泛酸	辅酶A	以辅酶A的形式，参与物质和能量代谢	一般不缺乏	食物中广泛存在
	生物素	—	羧化酶的组成部分，直接参与一些氨基酸和长链脂肪酸的生物合成，参与丙酮酸羧化后变成草酰乙酸和合成葡萄糖过程	毛发脱落，皮肤发炎	肝脏、肾脏、蛋黄、酵母、蔬菜、谷类，肠道细菌也能合成一部分，一般不缺乏

(续表)

类型	名称	活性形式/存在形式	生理功能	缺乏症	主要食物来源
水溶性维生素	叶酸	四氢叶酸	有造血功能，参与核酸、血红蛋白的生物合成	巨红细胞贫血症，育龄妇女体内缺乏叶酸导致新生婴儿"神经管畸形"	肝脏、肾脏及水果、蔬菜，肠道细菌也可合成一部分
	VB_{12}	5′-脱氧腺苷钴胺素	提高叶酸利用率，增加核酸和蛋白质的合成，促进红细胞的发育和成熟，参与甲基化过程，维护神经髓鞘的代谢与功能	神经障碍、脊髓变性、脱髓鞘，并可引起严重的精神症状、恶性贫血	主要靠肠道细菌合成，动物性食品、发芽豆类含量丰富
	VC	还原型VC、氧化型VC	参与机体重要的生理氧化还原过程，维护血管的正常生理功能，抗感染，抗癌，参与体内解毒，促进生血机能，促进胆固醇代谢	易疲劳，坏血病，抵抗力低下	柿椒、苦瓜、菜花、芥蓝、酸枣、红果、沙田柚、豆芽

（五）无机盐

无机盐亦称矿物质。人体对矿物质需求较多的有钙、磷、镁、钠、钾、氯、硫等，这些也称为常量元素；人体对矿物质需求较少的有铁、碘、铜、锌、硒、锰、钴、铬、钼、氟、镍、硅、钒、锡等，这些称为微量元素。

1. 常量元素的生理功能

（1）参与机体组织的构成，如参与骨、牙、神经、肌肉、血液等的构成。

（2）调节生理机能，维持人体正常代谢，表现在维持渗透压、保持水平衡、保持血液酸碱平衡、维持神经和肌肉的应激性、维护心脏的正常功能及参与消化和生物氧化等过程。

2. 微量元素的生理功能

（1）是酶与维生素必需的因子，如呼吸酶含铁、谷胱甘肽氧化酶含硒、维生素B_{12}含钴等。

（2）参与激素作用，如甲状腺素含碘、胰岛素含锌。如果微量元素不足，会对内分泌产生影响。锌不足可影响胰岛素功能；铬是葡萄糖耐量因子的重要组成成分，缺乏时可影响碳水化合物正常代谢，成为老年性糖尿病的诱因。

（3）影响核酸代谢，与细胞癌变相关。

（4）协同常量元素发挥作用。

（六）水

水是人类赖以生存的重要营养物质。成人体重有50%～70%是水分。人体失去体内全部脂肪和半数蛋白质，还能勉强维持生命，但若失水达20%，很快就会死亡。水对人体的重要生理意义：水是构成身体不可缺少的物质；水是许多水溶性营养物质的溶剂；直接参与水解、水合反应；调节体温；水是体内排出废物的媒介；水是体内自备的润滑剂；与蛋白质、脂肪和碳水化合物的代谢密切相关。

（七）纤维素

纤维素，即膳食纤维作为人体营养素之一已经被大多数人所接受。膳食纤维的生理功能包括：

(1)促进肠道蠕动,在结肠内起渗透作用,从而增加粪便的体积和质量;稀释肠内致癌物质浓度。

(2)降低结肠内压力,减少肠内致癌物质与肠壁的接触时间。

(3)影响肠道内细菌代谢。

(4)调节脂质代谢。

(5)延缓碳水化合物吸收,降低餐后血糖水平。

(6)减少摄入热量。

(7)木质素可与金属相结合,抵抗化学药物及食品添加剂的有害作用。

总之,膳食纤维对人体是必不可少的,若长期缺乏,肠癌、胆石症、高脂血症、糖尿病、肥胖等发生的概率就会大大提高。一般粗杂粮、蔬菜水果的膳食纤维的供给量相对较多。

四、人体合理膳食结构

目前,随着我国国民生产总值的提高,人民生活不断得到改善。2019年10月发布的《中国的粮食安全》白皮书显示,中国的膳食结构发生了明显变化,居民健康营养状况明显改善。

第一个显著变化是膳食品种丰富多样。2018年,油料、猪牛羊肉、水产品、牛奶、蔬菜和水果的人均占有量分别为24.7公斤、46.8公斤、46.4公斤、22.1公斤、505.1公斤和184.4公斤,比1996年分别增加6.5公斤、16.6公斤、19.5公斤、17公斤、257.7公斤和117.7公斤,分别增长35.7%、55%、72.5%、333.3%、104.2%和176.5%。居民人均直接消费口粮减少,动物性食品、木本食物及蔬菜、瓜果等非粮食食物消费增加,食物更加多样,饮食更加健康。

第二个显著变化是营养水平不断改善。据国家卫生健康委监测数据显示,中国居民平均每标准人日能量摄入量2 172千卡,蛋白质65克,脂肪80克,碳水化合物301克。城乡居民膳食能量得到充足供给,蛋白质、脂肪、碳水化合物三大营养素供能充足,碳水化合物供能比下降,脂肪供能比上升,优质蛋白质摄入增加。

第三个显著变化是中国农村贫困人口基本解决了"不愁吃"问题。中国高度重视消除饥饿和贫困问题,特别是党的十八大以来,精准扶贫、精准脱贫成效卓著。按现行农村贫困标准计算,2018年末,中国农村贫困数量人口1 660万人,较2012年末的9 899万人减少了8 239万人,贫困发生率由10.2%降至1.7%。贫困人口"不愁吃"的问题已基本解决。

第四个显著变化是重点贫困群体健康营养状况明显改善。2018年,贫困地区农村居民人均可支配收入达10 371元人民币,实际增速高于全国农村1.7个百分点。收入水平的提高,增强了贫困地区的粮食获取能力,贫困人口粮谷类食物摄入量稳定增加。贫困地区青少年学生营养改善计划广泛实施,婴幼儿营养改善及老年营养健康试点项目效果显著,儿童、孕妇和老年人等重点人群营养水平明显提高,健康状况显著改善。

但高糖、高盐、高脂、高蛋白饮食导致的癌症、心脑血管疾病和糖尿病等"富贵病"也明显增加,合理膳食是助力实现健康中国梦的重要因素。

(一)人体合理膳食的原则

各类食物的营养价值组成合理的膳食,是达到良好营养的关键。合理的营养,要求营养素之间保持合适的比例,人体的营养需要与膳食的供给之间建立平衡的关系。合理的膳食应达到以下要求:

1. 满足身体的各种营养需要

（1）有足够的热能维持体内外的活动。

（2）有适量的蛋白质供生长发育、机体组织的修补更新，维持正常的生理功能。蛋白质的供给量如按热能计算，儿童、青少年的蛋白质供给量占总热能的12%～14%，成年人的蛋白质供给量占总热能的10%～12%。

（3）有充足的无机盐参与身体组织构成和调节生理机能，如正常的渗透压和酸碱平衡。

（4）有丰富的维生素以保证身体健康、维持身体的正常生长发育，增强身体的抵抗力。

（5）适量的膳食纤维以维持肠道蠕动和正常排泄，减少有害物质在肠内积留，从而预防癌症及某些肠道疾病。膳食纤维也利于防治其他疾病，如糖尿病、冠心病等。

（6）充足的水分以维持各种生理程序的正常进行。

2. 对人体无毒无害

合理的膳食结构应以食物的"无毒无害"为基础，避免一切可能存在的毒害。如化学性污染、农药残留、生物性污染等潜在的不安全因素。目前有人主张"进补不如去毒"，说的就是在日常饮食中有诸多不利于人体健康的有毒或有害的因素存在。

3. 易于消化吸收

食物种类及搭配，就餐习惯、就餐环境、烹饪方法均会对各营养素的吸收产生一定的影响。

4. 科学的膳食制度

我国人民一般习惯一日三餐，两餐的时间间隔4～6 h。从数量的分配上看，一般主张早餐占总热能的30%，午餐占45%～50%，晚餐占20%～25%。有人从科学的角度论证了一日三餐的科学性，符合人体生理需求，同时认为"早吃好，午吃饱，晚吃少"也是很科学的用餐习惯。

（二）我国居民膳食指南

1. 中国居民膳食指南基本概况

《中国居民膳食指南（2016）》（以下简称《指南》）是2016年5月13日由国家原卫生计生委疾控局发布，为了提出符合我国居民营养健康状况和基本需求的膳食指导建议而制定。

《新指南》由一般人群膳食指南、特定人群膳食指南和中国居民平衡膳食实践三个部分组成。同时推出了中国居民平衡膳食宝塔（2016）、中国居民平衡膳食餐盘（2016）和儿童平衡膳食算盘等三个可视化图形，指导大众在日常生活中进行具体实践。

下面就针对一般人群膳食指南进行介绍。

2. 指南推荐

《指南》针对2岁以上的所有健康人群提出6条核心推荐，分别为：食物多样，谷类为主；吃动平衡，健康体重；多吃蔬果、奶类、大豆；适量吃鱼、禽、蛋、瘦肉；少盐少油，控糖限酒；杜绝浪费，兴新食尚。

3. 指南建议

（1）食物多样，谷类为主

食物多样是平衡膳食模式的基本原则。谷物为主是平衡膳食的基础，谷类食物含有丰富的碳水化合物，它是提供人体所需能量的最经济、最重要的食物来源。

指南建议：每天的膳食应包括谷薯类、蔬菜水果类、畜禽鱼蛋奶类、大豆坚果类等食物。平均每天摄入12种以上食物，每周25种以上。每天摄入谷薯类食物250～400 g，其中全谷物和杂豆类50～150 g，薯类50～100 g。食物多样、谷类为主是平衡膳食模式的重要特征。

这个模式所推荐的食物种类和比例，能最大程度地满足人体正常生长发育及各种生理活动的需要，并且可降低包括心血管疾病、高血压等多种疾病的发病风险，是保障人体营养和健康的基础。

（2）吃动平衡，健康体重

吃和动是影响体重的两个主要因素。吃得过少或/和运动过量，能量摄入不足或/和能量消耗过多，导致营养不良，体重过低（低体重，消瘦），体虚乏力，增加感染性疾病风险；吃得过多或/和运动不足，能量摄入过量或/和消耗过少，会导致体重超重、肥胖，增加慢性病风险。因此吃动应平衡，保持健康体重。

指南建议：各年龄段人群都应天天运动、保持健康体重。食不过量，控制总能量摄入，保持能量平衡。坚持日常身体活动，每周至少进行5天中等强度身体活动，累计150分钟以上；主动身体活动最好每天6 000步。减少久坐时间，每小时起来动一动。

通过合理的"吃"和科学的"动"，不仅可以保持健康体重，打造美好体型，还可以增进心肺功能，改善糖、脂代谢和骨健康，调节心理平衡，增强机体免疫力，降低肥胖、心血管疾病、Ⅱ型糖尿病、癌症等威胁人类健康的慢性病的风险，提高生活质量，减少过早死亡，延年益寿。

（3）多吃蔬果、奶类、大豆

指南建议：蔬菜水果是平衡膳食的重要组成部分，奶类富含钙，大豆富含优质蛋白质。餐餐有蔬菜，保证每天摄入300～500 g蔬菜，深色蔬菜应占1/2。天天吃水果，保证每天摄入200～350 g新鲜水果，果汁不能代替鲜果。吃各种各样的奶制品，相当于每天液态奶300 g。经常吃豆制品，适量吃坚果。

蔬菜和水果富含维生素、矿物质、膳食纤维，且能量低，对于满足人体微量营养素的需要，保持人体肠道正常功能以及降低慢性病的发生风险等具有重要作用。奶类富含钙，是优质蛋白质和B族维生素的良好来源；大豆富含优质蛋白质、必需脂肪酸、维生素E，并含有大豆异黄酮、植物固醇等多种植物化合物。另外坚果富含脂类和多不饱和脂肪酸、蛋白质等营养素，是膳食的有益补充。

（4）适量吃鱼、禽、蛋、瘦肉

指南建议：鱼、禽、蛋和瘦肉摄入要适量。每周吃鱼280～525 g，畜禽肉280～525 g，蛋类280～350 g，平均每天摄入总量120～200 g。优先选择鱼和禽。吃鸡蛋不弃蛋黄。少吃肥肉、烟熏和腌制肉制品。

鱼、禽、蛋和瘦肉含有丰富的蛋白质、脂类、维生素A、B族维生素、铁、锌等营养素，是平衡膳食的重要组成部分，是人体营养需要的重要来源。但是此类食物的脂肪含量普遍较高，有些含有较多的饱和脂肪酸和胆固醇，摄入过多可增加肥胖、心血管疾病的发生风险，因此其摄入量不宜过多，应当适量摄入。

（5）少盐少油，控糖限酒

指南建议：培养清淡饮食习惯，少吃高盐和油炸食品。成人每天食盐不超过6 g，每天烹调油25～30 g。控制添加糖的摄入量，每天摄入不超过50 g，最好控制在25 g以下。每日反式脂肪酸摄入量不超过2 g。足量饮水，成年人每天7～8杯（1 500～1 700 mL），提倡饮用白开水和茶水；不喝或少喝含糖饮料。儿童少年、孕妇、乳母不应饮酒。成人如饮酒，男性一天饮用酒的酒精量不超过25 g，女性不超过15 g。

食盐让我们享受到了美味佳肴。但高血压流行病学调查证实，人群的血压水平和高血压的患病率均与食盐的摄入量密切相关。烹调油除了可以增加食物的风味,还是人体必需脂肪酸和维生素 E 的重要来源,并且有助于食物中脂溶性维生素的吸收利用。但是过多摄入脂肪会增加慢性疾病发生的风险。糖是纯能量食物,不含其他营养成分,过多摄入会增加龋齿及超重肥胖的发生。从营养学的角度看,酒中没有任何营养元素。有许多科学证据证明酒精是造成肝损伤、胎儿酒精综合征、痛风、结直肠癌、乳腺癌、心血管疾病的危险因素。

水是人体含量最多的组成成分,是维持人体正常生理功能的重要营养素。

(6) 杜绝浪费,兴新食尚

指南建议:珍惜食物,按需备餐,提倡分餐不浪费。选择新鲜卫生的食物和适宜的烹调方式。食物制备生熟分开、熟食二次加热要热透。学会阅读食品标签,合理选择食品。多回家吃饭,享受食物和亲情。传承优良文化,兴饮食文明新风。

我国食物从生产到消费环节,存在着巨大的浪费。而餐饮业、食堂和家庭更是食物浪费的重灾区。2013 年调查资料显示,我国消费者仅在中等规模以上餐馆的餐饮消费中,每年最少倒掉约 2 亿人一年的食物或口粮;全国各类学校、单位规模以上集体食堂每年至少倒掉了可养活 3 000 万人一年的食物;我国个人和家庭每年可能浪费约 5 500 万吨粮食,相当于 1 500 万人一年的口粮。我国学者的测算数据表明,如果没有浪费,国内每年将减少化肥使用量 459 万吨,节约农业用水量 316 亿吨。

我国饮食文化源远流长,新食尚包含勤俭节约、平衡膳食、饮食卫生、在家吃饭等我国优良饮食文化的内容。在家就餐,不但可以熟悉食物和烹饪技巧,更重要的是可以加强家庭成员的沟通、传承尊老爱幼风气、培养儿童和青少年良好饮食习惯、促进家庭成员的相互理解和情感交流。同时,在家就餐也是保持饮食卫生、平衡膳食、避免食物浪费的简单有效措施。

4. 我国居民平衡膳食宝塔

2016 版中国居民平衡膳食宝塔如图 2-2 所示。

盐	<6 g
油	25~30 g
奶及奶制品	300 g
大豆及坚果类	25~30 g
畜禽肉	40~75 g
水产品	40~75 g
蛋类	40~50 g
蔬菜类	300~500 g
水果类	200~350 g
谷薯类	250~400 g
全谷物和杂豆	50~150 g
薯类	50~100 g
水	1 500~1 700 mL

每天活动 6 000 步

图 2-2 中国居民平衡膳食宝塔(2016)

膳食宝塔中建议的每人每日各类食物适宜摄入量范围是针对 2 岁以上的所有健康人群。膳食指南共分五层,结合运动要求,生动体现了《指南》中提出的 6 条核心推荐的内容。在实际应用时要根据个人年龄、性别、身高、体重、劳动强度、季节等情况适当调整。在应用时应注意如下几个原则：确定适合自己的能量水平、根据自己的能量水平确定食物需要、食物同类互换，调配丰富多彩的膳食，要因地制宜充分利用当地资源，要养成习惯，长期坚持。

五、与膳食不平衡有关的疾病

（一）营养缺乏疾病

营养缺乏疾病有很多种，主要有蛋白质热能营养不良症、碘缺乏症、铁缺乏症、维生素A缺乏症，这是世界范围内的四大营养缺乏病，还有较常见的矿物质缺乏症。

1. 蛋白质热能营养不良症

按 WHO/FAO 专家委员会的定义，蛋白质热能营养不良是由于蛋白质热能缺乏所造成的不同综合征的总称。对于儿童，每一种综合征都包括生长发育的障碍。表现为血浆蛋白下降、皮炎、水肿、溃疡、脱发、精神异常、消瘦和营养型侏儒症等。发病儿童一般在5岁以下。对于成人，表现为肌肉萎缩、皮下脂肪消失，体重下降，头发稀、黄、易脱落，指甲粗糙变形，严重者肌肉松软无力，耐力下降，工作效率下降。

2. 碘缺乏症

全世界有8亿人碘缺乏，1.9亿人患甲状腺肿，300万人患克汀病，400万人智能低下。我国有3亿人受碘缺乏威胁，1 200万人患有甲状腺肿（其中15%有亚克汀病及甲状腺机能低下）。

碘缺乏导致的病症主要有以下几个：

（1）克汀病：智力下降，身材矮小。神经型克汀病会发生智力低下、聋哑、痴呆及运动障碍；黏肿型克汀病会有黏液性甲状腺水肿、甲状腺机能下降；混合型克汀病表现为身体发育不正常，上身长，下身短。

（2）亚克汀病：智力下降，甲状腺功能低下，体格发育障碍。

（3）新生儿甲状腺机能低下。

（4）甲状腺肿。

（5）甲状腺癌。

长期食用大量含抗甲状腺素的食物，如洋白菜、菜花、萝卜、木薯等，在缺碘地区可加速甲状腺肿的发生，碘缺乏高发区要尽量减少食入抗甲状腺素的食物。

3. 铁缺乏症

铁缺乏在世界范围内普遍存在。人体对食物中铁的吸收率很低，为10%～20%，人乳中铁的吸收率最高，可达49%。膳食中铁的吸收受许多因素的影响，如胃酸、食物中的有机酸、蛋白质、维生素C、果糖、山梨醇都能促进铁的吸收。食物中缺乏维生素A和维生素C都可妨碍铁的吸收和利用。

铁缺乏有以下表现：

（1）肌肉做功能力下降。

（2）脑功能下降，注意力、记忆力、动作反应、眼手协调等均有异常，甚至有异食癖。

（3）免疫功能下降，易疲劳。

缺铁是造成缺铁性贫血的重要原因。婴幼儿、学龄前儿童、育龄妇女及孕妇较为多见。缺铁性贫血表现为乏力、面色苍白、头晕、心悸、指甲脆薄、食欲不振等，儿童易烦躁、智能发育差。

4. 维生素A缺乏症

维生素A缺乏症详见表2-1。

5. 矿物质缺乏症

（1）钙缺乏

钙是人体矿物质元素中含量最多的一种，占人体体重的1.5%，其中95%与磷形成骨盐存在于骨骼和牙齿中。当人体缺钙时，骨骼与牙齿首先受到影响，长期缺钙，儿童可导致佝偻病，成人可发生骨质软化症。缺钙的人常发生腿部肌肉痉挛现象，这是缺钙的显著表现。含钙量高而易于吸收的食品主要有鸡蛋、谷类、牛奶、扁豆、坚果等。

（2）其他矿物质缺乏

其他常见的有钾、锌、钴的矿物质缺乏症。

（二）营养素摄入不平衡引发的疾病

1. 肿瘤

据统计，肿瘤发病因素中环境因素占80%～90%，其他是由病毒和遗传引起。而膳食营养因素占环境因素的35%，甚至可接近半数，居于引发肿瘤的环境因素之首。因此，研究参与肿瘤发生的膳食因素具有很重要的意义。

（1）促进肿瘤发生的营养因素

①一般认为，膳食中动物性脂肪进食太多对人体有害，而植物性油脂无妨。其实也并不准确。植物性油脂内主要含不饱和脂肪酸，不饱和脂肪酸可以引起人体免疫功能的下降。不饱和脂肪酸极易氧化，可以在体内形成过氧化物，具有一定的致癌性。

医学研究证实：多不饱和脂肪酸可促进肿瘤的发生。但确切原因尚不清楚。有人认为多不饱和脂肪酸在自由基作用下进行过氧化反应，形成脂质过氧化物，这种物质对细胞膜、细胞核作用，使DNA断裂和畸形而导致细胞突变，形成肿瘤。为防止这种情况的发生，主张每增加1 g多不饱和脂肪酸就补充抗氧化剂维生素E 0.5 mg，以降低多不饱和脂肪酸被氧化。

据报道，脂肪进食过多与乳腺癌、大肠癌、胰腺癌、卵巢癌、前列腺癌等癌症的发病有关。但脂肪是人体必需的营养物质之一，而且脂肪进食过少，意味着脂溶性维生素缺乏，对健康不利。

②医学研究表明，如果膳食中维生素A水平下降，肺癌、食道癌、膀胱癌呈上升趋势。另外，肺癌病人的血液中维生素A水平明显低于健康人，动物实验也证实了维生素A与癌症之间的相关性。

一般认为，维生素A对化学致癌物引起肿瘤有抑制作用，防止致癌物与DNA的结合；缺乏维生素A，上皮组织的细胞处于低分化、不分化或不成熟状态，同时降低了机体的免疫功能，细胞免疫功能和体液免疫功能均下降，从而为癌症的发生创造了机会。

与维生素A有关的肿瘤部位是肺、支气管、喉、膀胱、食道、胃、结肠、直肠和前列腺；由于肺癌患者血液中维生素A明显下降，血液中的胡萝卜素也明显下降，因此，在饮食中假如有充足的维生素A和胡萝卜素，将有助于防止肺癌发生。

③由于缺乏维生素C使机体免疫功能下降，同时维生素C有利于细胞的正常分裂，阻止由于缺乏而引起的细胞分裂障碍。另外，维生素C还有利于分解某些致癌物。

④热量过高有促进肿瘤发生的作用。有实验表明，在诱癌的过程中，饲养的小鼠如果饲食量过多，诱癌过程加快，容易出现癌肿；如果饲食量减少，诱发癌肿的机会就明显减少。

医学流行病调查表明：体重大大超标的人，患子宫癌、胆囊癌、乳腺癌的机会要比正常的人高得多。

⑤维生素 B_2 缺乏有利于癌肿的发生已在动物实验中得到证实。但对人体的影响报道较少。

⑥膳食中缺乏碘，与甲状腺肥大和地方性甲状腺肿有关；与此同时，甲状腺肿瘤的发生率和死亡率也相应增高。低碘饮食还会促进与激素有关的乳腺癌、子宫内膜癌和卵巢癌的发生。

⑦其他促进肿瘤发生因素的研究很多。一些已有定论，一些还不确定。如铁的缺乏，与食道和胃部肿瘤的发生有关，由于缺铁导致的恶性贫血病人，其胃癌发病率的可能性明显增加。锌、铜的不足，也会使人体免疫力下降。当然，微量元素的摄入过多，有时也与某些癌症发病有关。另外，已证实膳食纤维的缺乏是结肠癌的促进因素。

（2）抑制肿瘤发生的营养因素

①硒可以抑制肿瘤，特别是胃肠道和泌尿生殖系统肿瘤。硒摄入量与肿瘤发生相关性研究表明，膳食中硒含量多，肿瘤发生概率低，呈明显的负相关。癌症患者血液中硒水平明显低于健康人。

②视黄醇类物质具有防止上皮细胞癌变的功能。人工合成的全反式维生素 A 在临床上用于治疗癌症，维生素 A 的异构体-13 顺式维生素 A，其毒性更低，是一种可能抑制致癌物质的药物。据一些调查研究报告，在经常食用富含胡萝卜蔬菜的人群中，肿瘤的发病率明显降低，如肺癌的发病会明显下降，有的调查还发现，胃癌、结肠癌的发病率也下降。胡萝卜素也是抗氧化剂，具有抗细胞畸变的作用。

③维生素 C 可增强人体的免疫系统和结缔组织的功能。临床上用高剂量维生素 C 供给晚期癌症患者，延长了存活期，且存活期是对照患者的 4 倍。高剂量维生素 C，实际发生中毒的可能性极小，肿瘤病人可以接受。

④维生素 E 具有较强的抗氧化性，可与体内过氧化物反应，从而达到抑制肿瘤的目的。

⑤丰富的蛋白质可以提高机体免疫功能，使机体处于良好的状态。

综上所述，我们不难发现，有助于预防肿瘤发生的膳食应含有低脂肪，适宜的膳食纤维，丰富的蛋白质，较大量的维生素 A、C 和 E。

2. 动脉粥样硬化

与营养有关的心血管疾病有冠心病、高血压、心力衰竭，这些病的发生与动脉粥样硬化有关。导致发病的因素很多，但膳食因素最为重要。尤其是膳食中胆固醇、甘油三酯过高和由膳食不合理引起的高脂蛋白血症是动脉粥样硬化的直接原因。动脉粥样硬化的后果是心绞痛、心肌梗死、脑栓塞、脑出血等。动脉粥样硬化严重威胁着人类的健康与生活质量。在与之斗争的过程中，人类积累了丰富的经验。

（1）与高脂血症发生有关的营养因素

①体内胆固醇来源有外源性胆固醇和内源性胆固醇。外源性胆固醇主要来源于膳食，内源性胆固醇主要由肝脏合成。研究表明，膳食中胆固醇增加，血液胆固醇水平随之增加。而对动脉内壁的斑块分析表明，胆固醇为其重要成分。

②脂肪摄入量较高地区的人群，高脂血症、动脉粥样硬化发病率和死亡率都较高。研究表明，脂肪的"质"比"量"对高脂血症发病率的影响更为重要。吃鱼较多的日本人与吃橄榄油较多的地中海沿岸居民，冠心病发病率均不高。丹麦居民每日摄入脂肪量为 140 g，与英美居民每日摄入脂肪量 120 g 相比较，丹麦人冠心病发病率与死亡率都较低。主要原因是丹麦人膳食中的动物脂肪较少。很多材料都证实，膳食中饱和脂肪酸提高或脂肪总量增加，血脂均会上升。

③膳食中糖类物质增加，血液中的甘油三酯就会增加，这种作用的规律是单糖的作用大于双糖，双糖的作用大于多糖。因此，糖类物质的摄入量与甘油三酯的形成有密切的关系。

④因维生素 E 有防止血栓形成的功能，维生素 B_6 能促进胆固醇转变为胆酸，维生素 C 能促进血液胆固醇排泄，因此，缺乏这些维生素均可引起高脂血症。另外，烟酸缺乏也能促进高脂血症的发生，因此，临床上用烟酸治疗高血脂。

（2）防治高脂血症的膳食因素与食物

①以大豆蛋白质代替动物蛋白质，对降低甘油三酯、胆固醇均有一定的作用。有研究表明，以大豆蛋白质代替动物蛋白质，连续 2～3 个月，甘油三酯可下降 11%，胆固醇可下降 29%。含高不饱和脂肪酸的膳食也具有预防高脂血症的作用。另外，含高膳食纤维的膳食对降低胆固醇不是很理想，但对降低甘油三酯效果明显。

②富含多不饱和脂肪酸的食物，如海鱼中的沙丁鱼、鲭鱼、大马哈鱼等，含有特殊降脂成分的食物，如燕麦、荞麦、大蒜、洋葱、姜、蘑菇、山楂等均具有较好的降脂作用。

3. 肥胖症

有人认为肥胖症主要是热能转变为脂肪，是体内内分泌与代谢的问题；也有人认为食用过少的脂肪反而会发胖。糖类物质能变成脂肪，而脂肪却不能转变为糖，当人体脂肪酸不足时，人体将迅速地把糖转变成为脂肪，这种快速的转变，使血糖大大地下降，使人感到非常饥饿，于是食量又大起来，体重也就跟着增加。近来日本学者研究发现，肥胖并不是由于人们所想象的单一营养过剩，而是由于膳食结构不合理，饮食中缺乏使体内脂肪变成能量的营养素，包括维生素 B_2、维生素 B_6 及烟酸。减肥要控制进食量，增加劳动量和运动量。

4. 糖尿病

几乎所有的糖尿病都可归纳为Ⅰ型和Ⅱ型糖尿病，两者都是葡萄糖代谢的缺陷引起的。Ⅰ型糖尿病是由于机体对自身进行免疫攻击，胰腺中产生胰岛素的细胞受到损坏，使其不能产生足够的胰岛素；而Ⅱ型糖尿病的病人可以产生胰岛素，但当胰岛素对血糖进行分派时，身体拒绝对胰岛素的"指令"做出反应，导致胰岛素不能发挥正常的生理功能。在多数情况下都是有肥胖症状以后才出现糖尿病。当今膳食和糖尿病关系研究的知名专家之一詹姆斯·安德森博士研究指出，降低动物性来源蛋白质、动物脂肪，增加运动与减肥都可以显著控制糖尿病患者的血糖水平。此外，糖尿病患者的体内缺锌及锌的代谢异常，因为锌对胰岛素的生物合成有重要作用，可能也是糖尿病的形成因素之一。

任务实施

第一阶段

[教师]

对班级学生进行分组，每个小组控制在 3 人以内，各小组按照自己的兴趣确定研究对象。

研究对象可以选择特定人群，如肥胖者、高血压人群、骨质疏松人群等，也可以某一特定家庭或个人的饮食习惯为研究对象。

膳食调查应包括一般人群膳食调查和特殊人群膳食调查，在调查过程中关注的对象为营养成分的摄入与疾病的关系、危害的风险等级。

第二阶段

[学生]

任务完成步骤：

1. 根据各小组选择的研究对象，小组成员共同设计饮食习惯调查问卷。

内容应包括：年龄、性别、体重和工作性质；消费食物的种类，数量，每天、每周、每月或每年消费的次数；对食物的感觉和喜好、对食物的喜好、影响食物购买选择的因素、制备食物的方法、膳食补充品的使用、进餐时周围的社会环境等能够全面记录和反映个人饮食习惯和饮食结构的详尽信息。

2. 学生对收集到的信息进行膳食结构分析。

内容应包括七大营养素的摄入量分析，与标准的摄入量进行比较，以柱形图或折线图等形式反映其变化特点；分析其饮食特点与健康或疾病之间是否存在显著的相关性；当对某一特定人群进行分析时，应明确调查过程中可能存在的缺陷和不确定性，数据代表是典型消费者还是高端消费者；数据代表每日消费量，每个进食场合或每顿正餐的消费量，还是多日调查的情况下所得到的平均值；最后对研究对象膳食结构中可能存在的风险提出建设性的解决方案。

第三阶段

[教师和学生]

1. 学生课堂汇报，教师点评任务完成质量，提出存在的问题，然后学生进一步讨论、整改。
2. 由实践到理论的总结、提升，到再次认知，学生应能陈述关键知识点。
3. 各成员汇总、整理分工成果，进行系统协调，形成最后成熟可行的整体方案，并且能够展示出来。

[成果展示]

书面材料展示：

1. 饮食习惯调查问卷。
2. 目标人群膳食结构分析报告。
3. 针对目标人群的推荐食谱。

第四阶段

1. 针对项目完成过程中存在的问题，提出解决方案。
2. 总结个人在执行过程中能力的强项与弱项，提出提高自身能力的应对措施。
3. 经个人评价、学生互评、教师评价，计算最后得分。
4. 对学生个人形成的书面材料进行汇总，将最后形成的系统材料归档。

【关键知识点】

一条膳食主线

一个贯彻始终和十分明确的观点就是：以动物性食物为主的膳食会导致慢性疾病的发生（如肥胖、冠心病、肿瘤、骨质疏松、癌症和自身免疫病等）；以植物性食物为主的膳食最有利于健康，也最能有效地预防和控制慢性疾病。用通俗的话讲就是：多吃粮食、蔬菜和水果，少吃鸡、鸭、肉、蛋等。

【信息追踪】

食物、健康与疾病的方法观、饮食观与健康观——[美] T. 柯林·坎贝尔

原则一：营养是无数食物成分共同作用维持生命活动的整个过程。整体效用要远远超过单个成分的作用之和。

原则二：维生素补充剂并不是给人带来真正健康的灵丹妙药。

原则三：动物性食物的营养素并不比植物性食物的营养素更好。

原则四：基因自身并不能注定你会患上某种疾病。基因必须被激活或是显性之后才能发挥它的作用。营养在其中扮演了关键的角色，它能决定基因（无论是好基因还是坏基因）是否能够表达。

原则五：营养可以有效地控制有毒化学物质的不良影响。

原则六：营养能够预防早期阶段疾病（疾病确诊之前），也能阻遏或者逆转晚期阶段疾病（疾病确诊之后）。

原则七：对某种慢性疾病有益的营养，对全身健康同样有益。

原则八：良好的营养造就全方位的健康。生活的各个方面是密不可分的，互相关联的。

【课业】

1. 与膳食结构不合理有关的疾病有哪些？如何调节膳食避免此类疾病的发生？
2. 列出常见食物中有效成分之间的相克，并阐述食物间拮抗的原理。
3. 阐述人体合理膳食的原则。
4. 对比我国膳食结构与美国膳食结构的异同，并做出评价。

【学习过程考核】

学习过程考核见表 2-2。

表 2-2　　学习过程考核

项目	任务		
评分方式	学生自评	同组互评	教师评分
得分			
任务总分			

项目三　食品高新技术的安全性

【知识目标】
- 了解超高压食品的作用机理及特点；
- 了解辐照对食品营养成分的影响；
- 熟悉转基因食品的安全性评价方法。

【能力目标】
- 能够对超高压食品、辐照食品、转基因食品进行安全性管理。

任务一　超高压食品的安全性

任务描述

选择实体研究对象，如农产品市场、乳制品生产企业、肉制品生产企业、焙烤食品生产企业、饮料生产企业。要求调查食品超高压技术应用与安全情况，并制定安全管理措施。

知识准备

食品超高压技术（UHP）是当前备受各国重视、广泛研究的一项食品高新技术，它可简称为高压技术（High Pressure Processing，HPP）或高静水压技术（High Hydrostatic Processing，HHP）。

所谓"超高压食品"，是指将食品密封于弹性容器或无菌泵系统中，以水或其他流体作为传递压力的媒介物，在高压（100 MPa 以上，常用 400～600 MPa）和常温或较低温度（一般指在 100 ℃以下）下作用一段时间，以达到加工保藏的目的，而食品味道、风味和营养价值不受或受影响很小的一种加工方法。

一、超高压处理的原理

超高压处理过程中，物料在液体介质中体积被压缩，超高压产生的极高的静压不仅会影响细胞的形态，还能使形成的生物高分子立体结构的氢键、离子键和疏水键等非共价键发生变化，使蛋白质凝固，淀粉等变性，酶失活或激活，细菌等微生物被杀死，也可用来改善食品的组织结构或生成新型食品。

超高压处理基本是一个物理过程，对维生素、色素和风味物质等低分子化合物的共价键无明显影响，从而使食品较好地保持了原有的营养价值、色泽和天然风味。超高压技术在目前各种食品杀菌、加工技术领域得到了广泛应用，其具有如下特点：（1）瞬间压缩，作用均匀，时间短，操作安全和耗能低；（2）污染少；（3）更好地保持食品的原风味（色、香、味）和天然营养（如维生素C等）；（4）通过组织变性，得到新物性食品；（5）压力不同，作用和影响性质不同。

二、超高压对食品的影响

（一）超高压对各种营养素的影响

1. 超高压对蛋白质和酶的影响

Bridgman在1914年观察了高压（700 MPa，30 min）下鸡蛋蛋白的凝结现象。1989年Hayashi分析了压力对鸡蛋蛋黄的影响。蛋白质的一级结构是由多肽链中的氨基酸顺序决定的，迄今为止还没有关于高压对蛋白质一级结构影响的报道。二级结构是由肽链内和肽链间的氢键等维持的，高压有利于这一结构的稳定。维持蛋白质三级结构的作用力主要有范德华力、氢键、静电作用和疏水作用，在200 MPa以上的压力下，可以观察到三级结构的显著变化。1987年Weber等人指出主要由疏水作用维持的四级结构对压力非常敏感。

超高压对蛋白质和酶的影响可以是可逆的或不可逆的。一般在100～200 MPa压力下，蛋白质和酶的变化是可逆的，这包括酶的活性、对水分子的结合力等，以及构象变化和蛋白质单元间的相互作用的变化等。当压力超过300 MPa时，蛋白质和酶的变化可能是不可逆的，即酶会永久变性。Masson和他的同事们于1990年利用电泳技术，研究高压下蛋白质单元间的相互作用时发现，解离伴随着亚基的聚合或沉淀作用。

2. 超高压对维生素C的影响

维生素C是容易在加工中受破坏的维生素。励建荣等人研究了草莓等果蔬的还原性维生素C在高压下的变化，结果显示，橙子、黄瓜的还原性维生素C在高压下含量上升，而草莓和西瓜则下降。草莓中铁离子含量很高，会催化维生素C的降解，而西瓜中铜离子含量较高，有激活维生素C酶的可能，这两种水果中维生素C的降解量超过了转化量，因而维生素C含量下降。超高压处理对维生素C的总体影响很小。

3. 超高压对淀粉的影响

在常温下把淀粉加压到400～600 MPa，并保持一定的作用时间后，淀粉颗粒将会溶胀分裂，内部有序态分子间的氢键断裂，分散成无序的状态，即淀粉糊化为α-淀粉，并呈不透明的黏稠糊状物，同时吸水量也发生变化。淀粉的糊化与压力、水分含量等密切相关，一般高压能降低淀粉的糊化温度，而糊化温度随着水分含量的增加而降低。

4. 超高压对脂类的影响

脂肪氧化会破坏制品的风味和营养价值。另外，食品中脂肪过氧化物的增加对健康有害，脂肪过氧化物含量过高会导致冠心病和癌症等现代疾病。高压对脂肪的影响是可逆的，对脂肪的形态而言，在常温下加压到100～200 MPa，液体的油基本上变成了固体，发生相变结晶，但在压力解除以后固体脂肪仍能恢复到原状。

5. 超高压对食品感官特性和营养特性的影响

Shimada等人报道，在常温或低温下对多种食品如鱼类、肉类、水果及果汁、调味品类高压加工的研究显示，高压对食品的原有风味没有影响。但食品的颜色在高压下有可能改变，类胡萝卜素、叶绿素、花青素对高压具有抵抗力，而肌红蛋白对压力则较为敏感，新鲜肉在 300 MPa 以上压力下便失去原有的光泽。美拉德反应在高压下的反应速率降低，但多酚褐变反而加快。

（二）超高压对食品微生物的影响

通常革兰氏阳性菌对于压力的抗性要强于革兰氏阴性菌，而多数酵母及霉菌的孢子可以很容易地被 400 MPa 左右的压力杀死。病毒种类多种多样，抗压能力亦是极为不同的。蛋白质 DNA 类病毒（如噬菌体）在 300～400 MPa 压力处理下数量会大大减少，而有磷脂包覆的病毒在温度 -20 ℃，压力为 300～700 MPa 下仍可保留完整的侵染性。

1. 超高压对微生物细胞形态的作用

在压力作用下，细胞的形态会发生改变，球菌在压力作用下会发生形变，变成杆状。这主要是由于压力的挤压作用导致细胞形态结构发生变化。在压力不够高时，这种形态结构的变化不会导致细胞死亡，而在压力升高到能破坏细胞膜时，细胞质会泄漏，从而造成细胞死亡。

2. 超高压对微生物遗传机制的作用

有研究认为，30～50 MPa 的静压能影响基因的表达和蛋白质的合成。高压能导致啤酒酵母产生四倍体，证明高压能影响 DNA 的复制。在 100 MPa 压力下，酵母的核膜会受到影响，在 400～600 MPa 压力下，线粒体和细胞质会发生改变，尤其在大于 300 MPa 压力下有金属离子流出。甲烷嗜热球菌属、紫串状酵母属和埃希氏大肠杆菌代表了三个生命领域，它们在经过压力处理后都发现了诱导蛋白质。DNA 和 RNA 对压力非常有抗性，但有研究表明单核李斯特氏菌和伤寒沙门氏菌菌体经压力处理后有核物质大量凝结。分析认为在高压条件下，DNA 与核酸内切酶得以充分接触，核酸内切酶打开了 DNA 双螺旋结构，但这一过程可回复，推测这一过程与一种负责回复活性的酶有关。如果这种酶被超高压灭活，则细胞就不能再继续增殖，这对我们杀灭细菌是非常有利的，可以大大延长食品的保藏期，这方面的工作还有待于进一步研究。

3. 超高压对微生物细胞膜的作用

据报道，压力主要是通过破坏微生物的细胞膜起作用。处于稳定期的细胞对压力具有较强的抗性。处于对数生长期的细胞对压力要比处于稳定期的细胞更敏感。这可能是由于处于对数生长期的细胞分裂速度快、细胞膜薄，而处于稳定期的细胞分裂速度明显减慢、细胞膜厚。耐压微生物细胞膜中，脂肪酸随着压力的增加而不饱和性增加。当原核生物细胞膜中含有胆固醇时，细胞对压力变得更加敏感。有研究表明，经压力处理后，菌体细胞胞外的 ATP 浓度增大，这证明了压力对细胞膜的破坏而导致了膜渗漏。

4. 超高压对微生物芽孢壳的作用

杀灭芽孢是食品保藏中最关键的一环，它是食品彻底灭菌的标志，而如何杀死芽孢也是食品加工和保藏中最难解决的问题之一。细菌芽孢可被高于 1 000 MPa 的压力直接杀死，但如此高的压力不适于直接应用在实际生产中，这是因为超高压设备的承压能力越大，对设备的要求就越高。

任务实施

第一阶段

[教师]

1. 确定任务。由教师提出设想,然后与学生一起讨论,最终确定项目目标和任务。

调查本市农产品市场、乳制品生产企业、肉制品生产企业、焙烤食品生产企业、饮料生产企业,要求重点调查食品生产中超高压技术应用情况,并制定食品超高压技术安全管理措施。

2. 对班级学生进行分组,每个小组控制在6人以内,各小组按照自己的兴趣确定研究对象。

[学生]

1. 根据各自的分组情况,查找相应的食品超高压技术加工与安全资料,学习讨论,分别制订任务工作计划。

2. 学生依据各自制订的任务工作计划竞聘负责人职位(1~2人)。在竞聘过程中需考察:计划的可行性、前瞻性、系统性与完整性及报告人的领导能力、沟通能力和团队协作能力。

3. 确定负责人后,实施小组内分工,明确每个人的职责、未来工作细节、团队协作的机制。小组工作内容等可参考表3-1。

表3-1　　　　　　　　　　小组组成与分工

角色	主要工作内容
负责人	计划、主持、协助、协调小组行动
小组成员	调查粮油食品、肉与肉制品、果蔬类食品、乳及乳制品、水产食品、蛋及蛋制品的超高压技术应用与安全状况,并制定相应的控制措施食品超高压技术加工与安全情况,制定相应的控制措施

备注:小组成员既要独立分工,又要不断讨论、协调、开发解决方案,提出建议,形成可执行的行动细则,并提交详细的书面报告。

第二阶段

[学生]

学生针对自己承担的任务内容,查找相关资料,进行现场调查,拟订具体工作方案,组织备用资源,最后完善体系细节,并进行现场验证。

[任务完成步骤]

1. 学生针对自己承担的任务内容,查找相关资料。
2. 现场调查,了解自己承担相应任务的每一个环节。
3. 根据调查结果,写出调查报告。
4. 根据调查结果和查阅的资料,一起讨论解决问题的方案并达成共识。
5. 制定相应的控制危害的措施。

第三阶段

[教师和学生]

1. 学生课堂汇报，教师点评任务完成质量，提出存在的问题，然后学生进一步讨论、整改。
2. 由实践到理论的总结、提升，到再次认知，学生应能陈述关键知识点。
3. 各成员汇总、整理分工成果，进行系统协调，形成最后成熟可行的整体方案，并且能够展示出来。

[成果展示]

书面材料展示：

1. 某农产品市场、乳制品生产企业、肉制品生产企业、焙烤食品生产企业、饮料生产企业食品超高压技术加工与安全情况调查报告。
2. 针对该农产品市场、乳制品生产企业、肉制品生产企业、焙烤食品生产企业、饮料生产企业食品超高压技术加工与安全的具体措施文件。

第四阶段

1. 针对项目完成过程中存在的问题，提出解决方案。
2. 总结个人在执行过程中能力的强项与弱项，提出提高自身能力的应对措施。
3. 经个人评价、学生互评、教师评价，计算最后得分。
4. 对学生个人形成的书面材料进行汇总，将最后形成的系统材料归档。

任务二 辐照食品的安全性

任务描述

选择实体研究对象，如饭店、学校食堂、农产品市场、乳制品生产企业、肉制品生产企业、焙烤食品生产企业、饮料生产企业。要求调查食品辐照安全情况，制定预防措施。

知识准备

辐照食品即通过电离辐射的方法，杀灭虫害，消除病原微生物及其他腐败细菌，或抑制某些生物的活性和生理过程，或改变某些化学成分，从而达到保存、保鲜和检疫处理标准的一类食品。

辐照保藏食品具有很多优点：食品辐照可以杀菌、消毒，降低食品的病原体污染，降低食物引起的发病率；食品辐照通常又叫"冷巴氏杀菌"，辐照处理的食品几乎不会升高温度

（<2 ℃），特别适用于用传统方法处理而失去风味、芳香性和商品价值的食品；辐照食品不会留下任何残留物，也无污染；γ射线穿透力强，杀虫、灭菌彻底，对不适用于加热、熏蒸、湿煮的食品（谷物、果实、冻肉等）中深藏的害虫、寄生虫和微生物，能起到化学药品和其他处理方式所不能及的作用；辐照食品应用类型广泛；辐照还可以对一些食品包装材料和医用器械进行灭菌处理；辐照食品节约能源。

一、辐照食品的安全性评价

（一）辐照食品的生物学分析

辐照通过直接或间接的作用引起生物体DNA、RNA、蛋白质、脂类等有机分子中化学键的断裂、蛋白质与DNA分子交联、DNA序列中的碱基的改变，可以抑制或杀灭细菌、病毒、真菌、寄生虫，从而使食品免受或少受导致腐败和变质的各种因素的影响，延长食品储藏时间。在辐照的具体实施过程中，可以选择不同的剂量达到不同的目的。在不严重影响食品营养元素损失的前提下，选择合适的辐射剂量可有效控制生物性因素对食品安全造成的危害。

但是，微生物长期接受辐照存在安全隐患，主要是辐照可能诱发微生物遗传变化，导致突变的概率变大。微生物的遗传发生变化，可能出现耐辐射性高的菌株，使辐照的效果大大降低。此外，可能加速致病性微生物的变异，使原有的致病力增强或产生新的毒素，从而威胁人类的身体健康。虽然这些可能出现的生物学安全性问题还没有得到证实，也没有相关的文献报道，仅仅是担心可能出现的安全隐患，但是也应引起高度的重视。

（二）辐照食品的毒理学分析

食品接受辐照后，可以产生辐解产物，其中包括一些有毒物质，如醛类。为了更好地评价辐照食品的安全性，应做毒理学评价。从研究辐照食品开始，许多国家都开展了辐照食品的毒理学试验。到1980年，FAO/WHO/LAEA联合专家委员会根据长期的毒理学结果宣布："总平均剂量不超过10 kGy辐照的任何食品是安全的，不存在毒理学上的危害，不需要对经过该剂量辐照处理的食品再做毒理试验。同时，在营养学和微生物学上也是安全的，食品辐照不等于食品辐射。"因此，有关辐照食品的毒理学试验大都集中在20世纪70～80年代，近些年的报道很少。

（三）辐照食品的放射性问题

人们对辐照食品的恐惧很大程度上是担心辐照食品具有放射性，特别关注辐照食品是否被放射性元素污染和是否诱发了感生放射性。在食品辐照处理过程中，作为辐照源的放射性物质被密封在双层的钢管内，射线只能透过钢管壁照射到食品上，放射源不可能泄漏污染食品，也绝对不允许放射源泄漏的事件发生。物质在经过射线照射后，可能诱发放射性，称为感生放射性。射线必须达到一定的阈值，才可能诱发感生放射性。美国军方研究表明：16 MeV的能量所诱发的感生放射性可以忽略。而现在辐照食品常用的辐射源能量都在10 MeV以下，辐照食品不可能诱发感生放射性或者诱发的感生放射性可以忽略不计。

综上所述，在商业允许的剂量下处理的辐照食品对食品安全性的影响甚微，对人类健康无任何实际危害，相反，辐照可以更好地保障食品安全。

二、国内外辐照食品相关的法律、法规

自开展辐照食品研究以来，许多国家和国际组织都进行了耗资巨大的动物毒理试验，结果表明，在通常照射剂量下，食物未出现致畸、致突变与致癌效应。

（一）国际食品法典委员会（CAC）

1. 标准

现行有效的标准是修订后的《国际辐照食品通用标准》和 2003 年修订的《食品辐照加工工艺国际推荐准则》。主要要求是辐照食品的最大吸收剂量不应超过 10 kGy，确有必要增大辐照量的食品除外。

2. 标识要求

2010 年 CAC 批准的《预包装食品标识法典通用标准》中规定了对辐照食品标识的要求。

（二）中国

1. 内地

原国家食品药品监督管理总局和原国家卫生和计划生育委员会 2016 年 12 月 23 日发布了 GB 18524—2016《食品安全国家标准 食品辐照加工卫生规范》，该标准适用于食品的辐照加工，规定了食品辐照加工的辐照装置、辐照加工过程、人员和记录等基本卫生要求和管理准则。

关于辐照食品的鉴定，GB 23748—2016《食品安全国家标准 辐照食品鉴定 筛选法》规定了三种快速筛选食品是否接受过辐照的鉴定方法：光释光法、DNA 彗星试验法和微生物学筛选法。该标准中的光释光法适用于甲壳类、香辛料和调味品类产品的辐照鉴定；DNA 彗星试验法适用于动物产品、谷物、坚果、果蔬的辐照鉴定；微生物学筛选法适用于冷冻畜禽肉和水产品等各类生鲜食品的辐照鉴定。GB 31642—2016《食品安全国家标准 辐照食品鉴定 电子自旋共振波谱法》规定了含骨食品和含纤维素食品是否接受过辐照的检测鉴定方法，适用于辐照含纤维素食品和含骨食品的鉴定，涉及产品包括干果、香辛料、新鲜水果蔬菜、谷物和含骨动物产品等。GB 21926—2016《食品安全国家标准 含脂类辐照食品鉴定 2-十二烷基环丁酮的气相色谱-质谱分析法》规定了利用 2-十二烷基环丁酮鉴定含脂辐照食品的气相色谱-质谱分析法，适用于脂肪含量大于 1% 的辐照食品的鉴定。GB 31643—2016《食品安全国家标准 含硅酸盐辐照食品的鉴定 热释光法》规定了一种检测食品是否接受过辐照的鉴定方法，适用于可分离硅酸盐的香辛料、脱水蔬菜、新鲜水果和蔬菜等食品。

2. 香港

根据香港法例第 132 章《公众卫生及市政条例》内的《食物及药物（成分组合及标签）规例》，所有储存辐照食物的容器均须清晰用英文大楷列明 "IRRADIATED" 或 "TREATED WITH IONIZING RADIATION" 及用中文列明 "辐照食品"。任何人士如果违反上述法例，一经定罪，最高罚款 50 000 美元及监禁 6 个月。具体的监控项目和标准参照国际食品法典委员会（CAC）。

（三）美国

美国作为最先对食品辐照进行研究和开发利用的国家之一，已制定了一系列法规和标准。在美国，许多联邦机构负有与食品辐照相关的法律责任，这些部门包括食品药品监督管理局（FDA）、美国农业部、核法规理事会、职业安全健康管理局及交通部。其中，食品药品管理局对保证辐照食品的安全负有基本的法律责任。这些机构发布的一系列规定，涵盖了可进行的

食品种类、可进行食品辐照的处理过程、辐照的安全应用、辐照设施中工作人员的安全、放射性物质的安全运输等方面的要求。

食品药品管理局对于食品辐照的职责包括：（1）鉴定用于食品加工的放射源的安全性；（2）发布法规规定食品可被辐照的条件、最大允许辐照剂量；（3）检查辐照食品的设施。

1986年，美国食品药品管理局制定了法规21 CFR/PART 179《食品生产、加工和处理中的辐照》，后又几次增补修订，对不同用途的辐照源、食品种类、目的、辐照剂量、标志、包装等均做出了相应的规定。在美国，辐照食品比较普遍。食品辐照被批准用于去除或杀灭昆虫，延长货架期，控制病原菌或寄生虫，抑制蔬菜发芽。用于辐照的包括猪肉、家禽、水果和蔬菜、调味品、种子、调料、鸡蛋、谷物等。越来越多的消费者购买标明安全无毒的辐照食品。辐照不仅用于食品安全，而且用作加工技术，如改善肉制品的颜色。

（四）欧盟

欧盟于2000年9月20日开始实施两部辐照指令（The food irradiation directives 1999/2/EC、The food irradiation directives 1999/3/EC）。第一个指令允许使用食品辐照的成员国建立主要的辐照规则，但不强制德国等国家放弃其对食品辐照的禁令。该指令涵盖辐照食品和食品配料的制造、营销和进口，对于食品辐照的条件、设施、放射源、辐照剂量、标志、包装材料等都做出了相关规定。第二个指令是"执行"指令，规定了可以在欧洲辐照及销售的产品清单。

在欧盟成员国中，对食品辐照的意见各有不同。各成员国均立法对食品辐照管理措施做出规定。欧盟曾多次尝试统一和协调各成员国不同的食品辐照管理法规，使法规为多数国家接受。英国在1990年许可进行食品辐照。原则上，根据辐照目的的不同，许可对许多食品进行辐照。但是，由于消费者对辐照食品的恐慌，食品辐照实际上并未得以广泛应用。

任务实施

第一阶段

[教师]

1. 确定任务。由教师提出设想，然后与学生一起讨论，最终确定项目目标和任务。

调查本市饭店、学校食堂、农产品市场、乳制品生产企业、肉制品生产企业、焙烤食品生产企业、饮料生产企业。要求重点调查食品生产中辐照技术应用情况，并制定食品辐照技术安全管理措施。

2. 对班级学生进行分组，每个小组控制在6人以内，各小组按照自己的兴趣确定研究对象。

[学生]

1. 根据各自的分组情况，查找相应的食品辐照技术加工与安全资料，学习讨论，分别制订任务工作计划。

2. 学生依据各自制订的任务工作计划竞聘负责人职位（1～2人）。在竞聘过程中需考察：计划的可行性、前瞻性、系统性与完整性及报告人的领导能力、沟通能力和团队协作能力。

3. 确定负责人后，实施小组内分工，明确每个人的职责、未来工作细节、团队协作的机制。小组工作内容等可参考表3-2。

表 3-2　　　　　　　　　　　　小组组成与分工

角　色	主要工作内容
负责人	计划，主持、协助、协调小组行动
小组成员	调查粮油食品、肉与肉制品、果蔬类食品、乳及乳制品、水产食品、蛋及蛋制品的辐照技术加工与安全情况，并制定相应的控制措施

备注：小组成员既要独立分工，又要不断讨论、协调、开发解决方案，提出建议，形成可执行的行动细则，并提交详细的书面报告。

第二阶段

[学生]

　　学生针对自己承担的任务内容，查找相关资料，进行现场调查，拟订具体工作方案，组织备用资源，最后完善体系细节，并进行现场验证。

[任务完成步骤]

　　1. 学生针对自己承担的任务内容，查找相关资料。
　　2. 现场调查，了解自己承担相应任务的每一个环节。
　　3. 根据调查结果，写出调查报告。
　　4. 根据调查结果和查阅的资料，一起讨论解决问题的方案并达成共识。
　　5. 制定相应的控制危害的措施。

第三阶段

[教师和学生]

　　1. 学生课堂汇报，教师点评任务完成质量，提出存在的问题，然后学生进一步讨论、整改。
　　2. 由实践到理论的总结、提升，到再次认知，学生应能陈述关键知识点。
　　3. 各成员汇总、整理分工成果，进行系统协调，形成最后成熟可行的整体方案，并且能够展示出来。

[成果展示]

　　书面材料展示：

　　1. 某饭店、学生食堂、农产品市场、乳制品生产企业、肉制品生产企业、焙烤食品生产企业、饮料生产企业食品辐照技术加工与安全情况调查报告。

　　2. 针对该饭店、学生食堂、农产品市场、乳制品生产企业、肉制品生产企业、焙烤食品生产企业、饮料生产企业食品辐照技术加工与安全的具体措施文件。

第四阶段

　　1. 针对项目完成过程中存在的问题，提出解决方案。
　　2. 总结个人在执行过程中能力的强项与弱项，提出提高自身能力的应对措施。
　　3. 经个人评价、学生互评、教师评价，计算最后得分。
　　4. 对学生个人形成的书面材料进行汇总，将最后形成的系统材料归档。

任务三 转基因食品的安全性

任务描述

选择实体研究对象，如转基因大豆、转基因水稻、转基因果蔬等。要求调查转基因食品卫生管理状况，为制定安全管理措施提出合理化建议。

知识准备

一、转基因食品安全性评价的目的

在生物技术迅速发展的同时，相应地加强对转基因生物或转基因食品的安全性评价，保证转基因食品的研究、生产和消费的安全，对于学科和产业的健康发展既十分必要，又非常迫切，同时也是转基因生物技术领域科学家要勇于面对的课题。

二、转基因食品安全性评价的原则

OECD（经济合作与发展组织）于1993年发表了《现代生物技术生产的食品安全性评价：概念与原则》的报告，提出了"实质等同性"是评价食品安全性最有效的途径。FAO/WHO在2000年的专家联合咨询会议上，讨论了转基因食品安全与营养评价的科学基础和法则，认为实质等同性是转基因食品安全性评价框架的核心内容。

实质等同性是指"对单一的，生化上明确的食品或原料，它的生化属性在相似的传统食品的自然变动范围之内；对复合的食品或原料，在成分、营养价值、代谢、用途以及不良物质等，在相似的传统食品或原料的已知和可测的自然变动范围之内"。如果某种新食品或食品成分与现有的食品或食品成分是实质等同的，那么它们是同等安全的。评价转基因食品安全性的目的不是要了解食品的绝对安全性，而是要评价它与非转基因的同类食品比较的相对安全性。除此之外，由于对新的转基因植物缺乏了解和经验，也由于转基因植物种类及其生长环境的多样性，对其安全性评估应采取以下原则：

（1）个案分析的原则。
（2）逐步完善的原则。
（3）在积累数据和经验的基础上，使监控管理趋向宽松化和简单化的原则。

三、转基因食品的评价方法

转基因食品不同于食品添加剂、农药残留、兽药残留或化学污染物等外来化学物，故传统的食品安全评价标准和方法不适于评价转基因食品。转基因植物或源于它的食品可能发生了非预期效应，这些效应有可能是对健康不利的、中性的或有益的。根据"实质等同性"原则，转基因食品的评价方法具体可分为以下几类：

1. 实质等同性比较法

遵循"实质等同性"原则，将转基因植物与传统植物进行形态学和生理学的比较，实质等同性概念是安全性评价过程中的关键步骤。但实质等同本身并不是安全性评价，而是构建新食品相对于其传统对应物的安全性评价这一框架的起点。通过这种方式进行安全性评价并不意味着新产品绝对安全，它更注重针对任何确定的差异方面的安全性进行评价，因此新食品相对于传统对应物的安全性就可得到保障。

2. 等同性与相似性结合法

欧洲国际生命科学学会于1996年提出"等同性"与"相似性"相结合比较法，将转基因食品分为3个等级：①实质等同或极为相似。②十分等同或非常相似。③既不等同也不相似。

3. Fagan 改良法

Fangan 1996年提出 Fangan 改良法，比"实质等同性"原则下的动态比较法更为严谨科学。其核心内容包括：①对已知毒素、过敏原、营养成分进行检测，查明寄生植物原有的过敏原、毒素是否存在、营养成分是否变化。②对未知毒素、过敏原鉴定，通过动物实验和人体经验，明确是否有不良反应。③此外还要进行市场信息反馈和社会调查，验证其安全性。

4. 树状决策法

该方法是在1998年国际食物生物技术委员会和国际生命科学学会提出来的，通常用于转基因食品潜在过敏性评价，进一步完善了转基因食品的安全性评价方法。

世界卫生组织指出：选择标记基因的安全性应与目标基因等其他基因一样，进行全面评价。包括选择标记基因的分子、化学和生物学特性，以及选择标记基因编码蛋白的安全性，如直接毒性、蛋白质的过敏性及蛋白质功能的安全性等方面。

四、转基因食品安全性评价的内容

从科学上讲，转基因食品的安全性评价内容主要包括有无毒性，有无过敏性，抗生素抗性标记基因是否导致人体对抗生素产生抗性，营养成分是否改变等。

（一）过敏原

从科学的角度看，转基因食品一般不会比传统食品含有更多的过敏物质。这主要是因为科学家一般会尽量避免将已知的过敏物质的基因转入目标食品中。但是，我们不能排除转入新的物质在目标生物体中产生新的过敏物质的可能性，而引起某些消费者的过敏反应。

（二）毒性物质

转基因食品里转入一些含有病毒、毒素、细菌的基因，可能引起毒性反应而对人体健康产生危害。评价的原则应该是转基因食品不应含有比其他同种可食用的食品更高的毒素含量。一般来讲，经过严格审批的转基因食品不会含有比其他同种食品更多的毒素。

（三）抗生素抗性标记基因

抗生素抗性标记基因被应用在许多转基因植物生物体的转化上。而对抗生素抗性标记基因的安全性考虑之一是转基因植物中的标记基因是否会在肠道中水平转移至微生物，从而影响抗生素治疗的效果。一般来讲，转基因植物中的标记基因在肠道中水平转移的可能性较小。但是，当人体的体质很弱或抵抗力下降时，标记基因在肠道中水平转移的可能性会增大。因此，在评估任何潜在的人类健康问题时，都应该考虑人体或动物抗生素的使用以及胃肠道微生物对抗生素产生的抗性。

（四）营养成分和抗营养因子

转基因食品中的外源基因是否对整个转基因食品的营养结构产生不良影响，目前还不清楚。食物的营养成分也有它的内在规律，科学家不能一味地提高转基因食品的营养成分，否则可能打破了整个食物链的营养平衡。

（五）转基因作用对生态环境的可能影响

目前关于转基因对生态环境可能存在的危害，主要有以下几种说法：

（1）除草剂使用的增加：科学家估计，基因化的农作物对除草剂具有较强的抵抗力，实际用药量高于正常的3倍。农民知道其农作物对除草剂有抵抗力，会大量使用除草剂。

（2）杀虫剂使用的增加：转基因作物常使用自己特有的杀虫剂，美国环保署（EPA）将其分类为杀虫剂，这就意味着有更多的杀虫剂进入我们的食品和田野。

（3）生态被破坏：转基因作物通过食物链影响当地的生态环境，新的微生物与有亲缘关系的生物进行有效的竞争，引起环境不可见的破坏。作为人工制造的转基因作物，可能成为自然界不存在的外来品种，若干年后，可能对土壤、野生近缘种、普通作物、相邻的植物及环境造成破坏。

（4）基因污染难以消除：基因污染包括邻近生长的野生相关植物、农田的非转基因作物被转基因作物授粉，转基因作物在自然条件下存活并发育成为野生的、杂草化的转基因植物和土壤微生物或动物肠道微生物，吸收转基因作物后获得外源基因。基因化的生物、细菌、病毒等进入环境，不断地增殖、扩散，形成无法清除的污染。其危害不亚于化学和核污染，具有不可逆转性。

（5）转基因作物通过基因流可使野生近缘种变为杂草，成为"超级杂草"。在自然生态条件下，有些转基因作物会和周围生长的近缘野生种天然杂交，从而将自身的基因转入野生种。如果所转基因是一个抗除草剂基因，就会使野生杂草获得抗性，增加了杂草控制的难度，特别是多个抗除草剂基因同时转入一个野生种时，将会带来灾难性的后果，就可能出现人们所熟知的抗数种除草剂的"超级杂草"。

（6）对非目标生物可能有伤害，对生物多样性形成威胁。

五、转基因食品的安全性管理

目前，世界主要发达国家和部分发展中国家都制定了各自对转基因生物（包括植物）的管理法规，负责对其安全性进行评价和监控。

（一）美国对转基因食品的标识管理

美国分别由农业部动植物卫生检疫局（APHIS）、环保署（EPA）、食品药品监督管理局（FDA）负责环境和食品等方面的安全性评价和审批。任何一种转基因作物本身及其生产过程都必须根据具体情况，经过上述三个机构中一个或多个审查。美国采用的是以产品为基础的管理模式，认为转基因食品只要通过审核，即可视为传统食品，不需加上转基因食品标签；只有在成分、营养价值和致敏性方面跟同类传统食品差别很大的转基因食品才加上转基因食品标签。2000年5月，FDA提出了加强政府对转基因食品监管的计划。FDA在2001年1月出台了转基因食品管理草案,在标签中使用来源"生物工程的"和"生物工程改造的"等字样,而不用"GMO""GM"等字样。

(二) 日本对转基因食品的标识管理

日本的转基因食品由日本科学技术厅、农林水产省和厚生劳动省共同管理。日本采用的是有限度的加工食品的全面标识制度,即只规定以最常用的转基因食品(大豆和玉米)做主要配料的特定类别食品,需加上标签。近年来,随着日本消费者对转基因制品,特别是食品安全性的担心和疑虑不断上升,政府的压力越来越大,管理趋严。从 1999 年 11 月起,日本农林水产省也公布了对进口大豆和玉米为主要原料的 24 种产品必须贴标签的标准,并对 GMO 与非 GMO 原料实施隔离运输的管理系统,以防止从美国和加拿大出口至日本口岸时可能发生的混杂。日本政府也于 2000 年 4 月 1 日起实行了转基因产品标识制度。

日本内阁府消费者厅于 2019 年 4 月 25 日发布关于《食品标识标准》的部分修改(内阁府令第 24 号),对于经过区分生产管理流通过程的转基因食品,将转基因农产物混入率低于 5% 的食品的可选择标识进行修改。原标识方法为混入率低于 5% 的转基因食品,可选择标签为"非转基因食品""经过区分的非转基因食品"等。修改后的标识方法为混入率为 0%(不检出)的转基因食品,可选择标签为"非转基因食品"等。混入率低于 5% 的转基因食品可选择标签为"使用为防止转基因食品原料混入的区分管理"。

(三) 欧盟对转基因食品的标识管理

欧盟对转基因食品持反对态度,认为重组 DNA 技术有潜在危险,不论何种基因、生物,只要是通过重组技术获得的生物,就必须接受安全性评价和监控。1990 年 4 月,欧盟颁布了欧盟理事会 90/220 令,规定了转基因生物的批准程序。1997 年 5 月通过了《新食品规程》的决议,规定欧盟成员国对上市的转基因产品要有标签,这包括所有转基因食品或含有转基因成分的食品。1998 年 9 月,欧盟增设了标签指南,规定来自转基因豆类和玉米的食品必须加标签。1999 年 10 月,欧盟又提出了转基因原料的混入上限为 1%。从 2001 年 4 月起,食品中任何成分、添加剂或食用香料含有超过 1% 的转基因原料就需标识。

(四) 中国对转基因食品的标识管理

我国非常重视转基因作物和转基因产品的管理,制定了一系列转基因产品管理办法。1993 年 12 月,我国科学技术委员会颁布了《基因工程安全管理办法》。1996 年 7 月,原农业部颁布了《农业生物基因工程安全管理实施办法》,以规范转基因技术的应用和管理。1998 年 5 月,原农业部生物工程安全委员会批准了六个准许商业化的许可证,其中三个涉及食品,即抗病番茄、抗病甜椒和耐储番茄。2001 年 6 月,国务院颁布了《农业转基因生物安全管理条例》,于 2017 年 10 月修订。2002 年 3 月,原农业部颁布了《农业转基因生物标识管理办法》,对转基因食品及含有转基因的农产品实行产品标识制度。2003 年 4 月,原卫生部颁布了《转基因食品卫生管理办法》,加强了对转基因食品的安全性管理。

《中华人民共和国食品安全法》第六十九条规定,生产经营转基因食品应当按照规定显著标示。第一百二十五条规定,生产经营转基因食品未按规定进行标示的,由县级以上人民政府食品安全监督管理部门没收违法所得和违法生产经营的食品、食品添加剂,并可以没收用于违法生产经营的工具、设备、原料等物品;违法生产经营的食品、食品添加剂货值金额不足一万元的，并处五千元以上五万元以下罚款；货值金额一万元以上的，并处货值金额五倍以上十倍以下罚款；情节严重的，责令停产停业，直至吊销许可证。

任务实施

第一阶段

[教师]

1. 确定任务。由教师提出设想，然后与学生一起讨论，最终确定项目目标和任务。

调查本市可能存在的转基因食品，如转基因大豆、转基因水稻、转基因果蔬等。要求重点调查转基因食品安全情况，并制定安全管理措施。

2. 对班级学生进行分组，每个小组控制在6人以内，各小组按照自己的兴趣确定研究对象。

[学生]

1. 根据各自的分组情况，查找相应的转基因食品与安全资料，学习讨论，分别制订任务工作计划。

2. 学生依据各自制订的任务工作计划竞聘负责人职位（1～2人）。竞聘过程中需考察：计划的可行性、前瞻性、系统性与完整性及报告人的领导能力、沟通能力和团队协作能力。

3. 确定负责人后，实施小组内分工，明确每个人职责，未来工作细节，团队协作的机制。小组工作内容等，可参考表3-3。

表3-3　　　　　　　　　　　小组组成与分工

角色	主要工作内容
负责人	计划、主持、协助、协调小组行动
小组成员	调查粮油食品、肉与肉制品、果蔬类食品、乳及乳制品、水产食品等转基因食品管理状况，为制定相应的控制措施提出建议

备注：小组成员既要独立分工，又要不断讨论、协调、开发解决方案，提出建议，形成可执行的行动细则，并提交详细的书面报告。

第二阶段

[学生]

学生针对自己承担的任务内容，查找相关资料，进行现场调查，拟订具体工作方案，组织备用资源，最后形成体系细节，并进行现场验证。

[任务完成步骤]

1. 学生针对自己承担的任务内容，查找相关资料。
2. 现场调查，了解自己承担相应任务的每一个环节。
3. 根据调查结果，写出调查报告。
4. 根据调查结果和查阅的资料，一起讨论解决问题的方案并达成共识。

5. 制定相应的控制危害的措施。

第三阶段

[教师和学生]

1. 学生课堂汇报，教师点评任务完成质量，提出存在的问题，然后学生进一步讨论、整改。
2. 由实践到理论的总结、提升，到再次认知，学生应能陈述关键知识点。
3. 各成员汇总、整理分工成果，进行系统协调，形成最后成熟可行的整体方案，并且能够展示出来。

[成果展示]

书面材料展示：

1. 转基因大豆、转基因水稻、转基因果蔬等转基因食品安全情况调查报告。
2. 针对转基因大豆、转基因水稻、转基因果蔬等转基因食品安全管理的具体措施文件。

第四阶段

1. 针对项目完成过程中存在的问题，提出解决方案。
2. 总结个人在执行过程中能力的强项与弱项，提出提高自身能力的应对措施。
3. 经个人评价、学生互评、教师评价，计算最后得分。
4. 对学生个人形成的书面材料进行汇总，将最后形成的系统材料归档。

【关键知识点】

1. "超高压食品"是指将食品密封于弹性容器或无菌泵系统中，以水或其他流体作为传递压力的媒介物，在高压（100 MPa 以上，常用 400～600 MPa）和在常温或较低温度（一般指在 100 ℃ 以下）下作用一段时间，以达到加工保藏的目的，而食品味道、风味和营养价值不受或受影响很小的一种加工方法。

超高压处理过程中，物料在液体介质中体积被压缩，超高压产生的极高的静压不仅会影响细胞的形态，还能使形成的生物高分子立体结构的氢键、离子键和疏水键等非共价键发生变化，使蛋白质凝固，淀粉等变性，酶失活或激活，细菌等微生物被杀死，也可用来改善食品的组织结构或生成新型食品。

2. 辐照食品即通过电离辐射的方法，杀灭虫害，消除病原微生物及其他腐败细菌，或抑制某些生物的活性和生理过程，或改变某些化学成分，从而达到保存、保鲜和检疫处理标准的一类食品。

辐照保藏食品具有很多优点：食品辐照可以杀菌、消毒，降低食品的病原体污染，降低食物引起的发病率；食品辐照通常又叫"冷巴氏杀菌"，辐照处理的食品几乎不会升高温度（＜2 ℃），特别适用于用传统方法处理而失去风味、芳香性和商品价值的食品；辐照食品不会留下任何残留物，也无污染；γ 射线穿透力强，杀虫、灭菌彻底，对不适用于加热、熏蒸、湿煮的食品（谷物、果实、冻肉等）中深藏的害虫、寄生虫和微生物，能起到化学药品和其他处理方式所不能及的作用；辐照食品应用类型广泛；辐照还可以对一些食品包装材料和医用器械进行灭菌处理；辐照食品节约能源。

在商业允许的剂量下处理的辐照食品对食品安全性的影响甚微，对人类健康无任何实际危害，相反，辐照可以更好地保障食品安全。

3.转基因食品的评价方法具体可分为以下几类：实质等同性比较法；等同性与相似性结合法；Fagan 改良法；树状决策法。

转基因食品的安全性评价内容主要包括有无毒性，有无过敏性，抗生素抗性标记基因是否导致人体对抗生素产生抗性，营养成分是否改变等。

【信息追踪】

1. **推荐食品质量管理格言**

只有不完美的产品，没有挑剔的顾客。

立安思危，创优求存。

2. **推荐网址**

中国生物技术信息网、国家食品质量监督检验中心网。

【课业】

1. 辐照对食品营养成分有哪些影响？
2. 简述超高压处理食品的作用机理与特点。
3. 简述转基因食品主要功能。
4. 转基因食品安全性评价的方法是什么？
5. 我国如何对转基因食品的标识进行管理？

【学习过程考核】

学习过程考核见表3-4。

表 3-4　　学习过程考核

项目	任务一			任务二			任务三		
评分方式	学生自评	同组互评	教师评分	学生自评	同组互评	教师评分	学生自评	同组互评	教师评分
得分									
任务总分									

项目四 食品安全性评价

【学习目标】
- 掌握外源化学物的种类;
- 掌握外源化学物的毒性作用机理;
- 掌握食品安全性评价的试验原理,了解其试验方法;
- 熟悉安全性评价的原则;
- 了解 ADI 与食品安全性评价试验结果之间的关系。

【能力目标】
- 能够运用外源化学物存在的状态掌握实际生活中经常接触的可能存在这些致癌物的食品;
- 能够读懂食品安全性评价试验的相关文献,并能制定目标外源物的 ADI 和 MRL。

任务描述

学生通过查找资料,确定外源化学物的种类;根据文献资料及调查对外源化学物进行分析和评价,总结外源化学物的污染途径,确定避免外源化学物的污染对策;通过文献解读目标外源物安全性评价试验的结论,制定相应的 ADI(Acceptable Daily Intake,每日容许摄入量)和 MRL(Maximum Residue Limit,最高残留限量)。

知识准备

知识点一 毒物在体内的生物转运与转化

一、毒理学基本概念

(一)毒物、毒性和毒作用

1. 毒物

外源化学物是在人类生活的外界环境中存在,可能与机体接触并进入机体,在体内呈现一定的生物学作用的一类化学物质,又称为"外源生物活性物质"。它既包括在食品生产、加工中人类使用的物质,也包括食物本身生长中存在的物质。蔬菜上的农药残留是有害无益的,但有些外源化学物对健康有利,如大蒜中的大蒜素。所以,不应认为外源化学物都是对健康有害的。与外源化学物相对的是内源化学物,它是指机体内已存在的和代谢过程中所形成的产物或中间产物。一般情况下,剂量较小即能对人体构成损害的外源化学物称为毒物。

人类最早认识的毒物，主要是一些动植物中的天然毒素以及有毒的矿物质，如蛇毒、铅和砷等。约五千年前，由于"神农尝百草"的记载，我国有了关于有毒物质及中毒的知识。公元前 1500 年，古埃及的医学书籍中也出现过毒物的记载。在古希腊和古罗马的古文化中都有对有毒植物和矿物质的描述。21 世纪以来，随着化学工业的迅速发展，人类生产和使用了许多种类的化学物质，其中人工合成的有 1 000 万余种，而且每年还有 1 000 多种新的化学物质进入人类的生产和生活环境。据估计，人类目前常用的化学物质有 8 万种。

2. 毒性

毒性是指外源化学物与机体接触或进入体内的易感部位后，引起损害作用的相对能力，包括损害正在发育的胎儿（致畸）、改变遗传密码（致突变）或引发癌症（致癌）的能力等。

一般外源化学物对机体的损害作用越大，其毒性就越高。毒性的大小和外源化学物与机体接触的途径以及进入机体的剂量和浓度密切相关。毒性较高的物质，只需要相对较小的剂量或浓度即可对机体造成一定的损害；而毒性较低的物质，则需要较高的剂量或浓度才能呈现出毒性作用。毒物对机体毒性作用的大小都是相对的，只要达到一定的剂量或浓度，任何物质都具有毒性，而如果低于某一特定剂量或浓度，这些物质对机体又都不具有毒性，可见剂量是影响毒物毒性作用的关键。除受剂量影响外，毒性还受接触条件如接触途径、接触期限、速率、频率等因素的影响。

在一定条件下，外源化学物对机体的毒性作用具有一定的选择性。外源化学物只对某种生物有损害作用，而对其他种类的生物则没有损害作用，或者只对生物体内某些组织器官产生毒性，而对其他组织器官无毒性作用的现象称为选择毒性。

3. 毒作用

化学物质的毒作用（Toxic Effect）是其本身或代谢产物在作用部位达到一定数量并停留一定时间，与组织大分子成分互相作用的结果。毒作用又称为毒效应，是化学物质对机体所致的不良或有害的生物学改变，故又可称为不良效应、损伤作用或损害作用。

过敏反应，也称变态反应，是一种敏感性增高的免疫反应，也是毒作用的表现形式之一。引起过敏性反应的外源化学物称为过敏原，或致敏原，过敏原可以是完全抗原，也可以是半抗原。许多外源化学物作为一种半抗原，在进入机体后，首先与内源性蛋白结合为抗原，然后进一步激发机体产生抗体，这个过程称为致敏；当该物质再次与机体接触时，即可引发抗原抗体反应，产生典型的变态反应症状。过敏反应是机体的一种有害的免疫应答，故也是一种损害作用，机体接触很小剂量的外源化学物即可引起严重的过敏性反应，甚至死亡。

毒作用还可表现为高敏感性与高耐受性。高敏感性是指某一群体在接触较低剂量的某种外源化学物后，当大多数成员尚未表现出任何异常反应时，即有少数个体出现了中毒的症状。与过敏反应不同，高敏感性不属于抗原抗体反应，在这种情况下，只要机体接触一次小剂量的该化学物质即可产生毒性作用，而不需要预先接触致敏原，也不产生抗原抗体反应。与此相对应的是高耐受性，即在接触外源化学物的人群中，有少数个体对该外源化学物特别不敏感，能够耐受远远高于大多数个体所能耐受的剂量。

（二）剂量 – 反应关系

剂量 – 反应关系表示化学物质的剂量与个体中发生的量反应强度之间的关系。如空气中的 CO 浓度增加导致红细胞中碳氧血红蛋白含量随之升高，血液中铅浓度增加引起 ALAD 的活性相应下降，都是剂量-反应关系的实例。剂量-反应关系如图4-1所示。

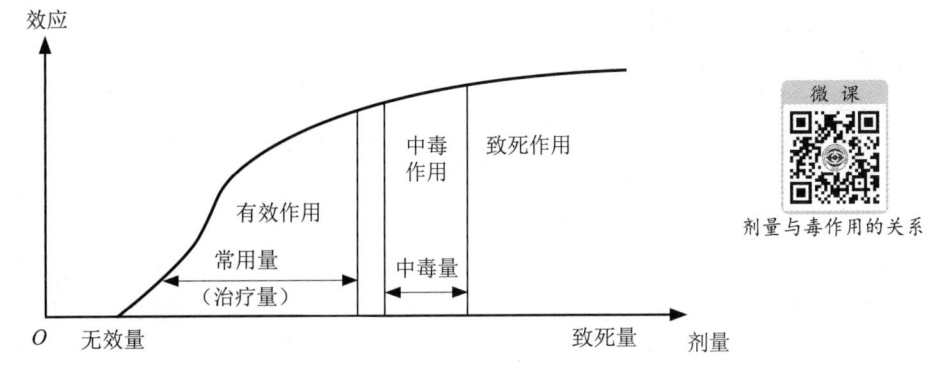

图 4-1 剂量-反应关系

化学物质的剂量越大，所致的量反应强度应该越大或出现的质反应发生率应该越高。在毒理学研究中，剂量-反应关系的存在被视为受试物与机体损伤之间存在因果关系的证据。

二、生物膜和生物转运

外源化学物在体内的转运需要穿越多个生物膜屏障。生物膜包括细胞膜和细胞器的膜，如核膜、内质网膜、线粒体膜、溶酶体膜等，不仅维持着细胞内环境的稳定，还参与细胞内外物质的交换以及生化反应和生理过程。许多外源化学物可以作用于生物膜，通过破坏其结构或影响其功能而产生毒性。

（一）生物膜的结构特点

生物膜是一种由可塑的、具有流动性的脂质与蛋白质镶嵌而成的双层结构（镶嵌模型）。不同组织的生物膜存在差异，但所有的生物膜都由双层类脂分子和嵌入其间的蛋白质所构成。脂类占组成的一半，并以磷脂为主。磷脂排列成双分子层，构成膜的骨架。磷脂的磷脂酰胆碱基是亲水性基团，排列在双分子层的两个表面，通过静电引力与氢键对水产生亲和力；磷脂的脂肪酸氢链为疏水性基团，排列在膜的中间，是极性化合物通透的屏障，保证了细胞内环境的稳定。镶嵌在脂质层中的膜蛋白肽链氨基酸的亲水基也排列于表层，疏水基也排列在双层中间的非极性区，这些膜蛋白在细胞膜中起着转运载体、转运毒物受体、转运能量和"泵"的作用。

（二）生物的转运方式

外源化学物通过生物膜是一种跨膜转运。转运可分为两大类：①被动转运，包括简单扩散和膜孔滤过；②特殊转运，包括主动转运、易化扩散和胞吞作用。

1. 简单扩散

外源化学物主要以简单扩散的方式经生物膜转运。简单扩散方式的条件：①膜两侧存在浓度梯度；②外源化学物有脂溶性；③外源化学物是非解离状态。解离型极性大，脂溶性小，难以扩散；而非解离型极性小，脂溶性大，容易跨膜扩散。非解离型的比例，取决于该外源化学物的解离常数pK_a和体液的pH。简单扩散方式不消耗能量，不需要载体，不受饱和限速与竞争性抑制的影响。

2. 膜孔滤过

膜孔滤过作用是化学物通过生物膜上的亲水性孔道的过程。在渗透压梯度和液体静压作用下，大量水可经这些膜孔道通过，同时还可以作为载体携带小分子化合物或离子从膜孔滤过，从而完成生物转运过程。凡分子直径小于孔道的化学物都可通过。一般情况下，相对分子质量小于 200 的化学物，可通过直径为 4 nm 的孔道；相对分子质量小于白蛋白分子（约为 60 000）的化学物可通过直径为 70 nm 的孔道。

3. **主动转运**

极性化合物、电解质（如 Na^+、K^+）、非电解质（如糖）及两性粒子（如氨基酸），均不能被动扩散，而需要一种特殊的扩散方式，并需特殊型载体参与，同时该过程是逆浓度梯度或电位"上升"转运的。该种载体具有立体选择性，而且会达到饱和。

主动转运需要能量。由三磷酸腺苷酶将三磷酸腺苷（ATP）分子催化裂解为二磷酸腺苷（ADP）而供给必需的能量。毒物能够以竞争方式或非竞争方式抑制载体或抑制三磷酸腺苷酶活性，从而干扰这种转运。主动转运对体内化学物的不均匀分布和排泄具有重要意义，如铅、镉、砷等化学物能通过肝细胞的主动转运进入胆汁，随胆汁排出。

4. **易化扩散**

化学物借助膜上某些载体，而容易通过膜，例如膜上蛋白质特定地与某种化学物结合后，分子内部发生了构型变化而形成适合该物质透过的通道而进入细胞，易化扩散只能顺浓度梯度转运，不需要消耗能量，例如葡萄糖由肠道进入血液，由血浆进入红细胞和由血液进入中枢神经系统等。

5. **胞吞作用**

胞吞作用包括胞饮作用和吞噬作用。由于生物膜具有可塑性和流动性，因此对颗粒状物质和液滴，细胞可通过生物膜的变形移动和收缩，把它们包围起来后摄入细胞内，这就是吞噬和胞饮作用。如血液中白细胞的吞噬作用以及肝和脾的单核吞噬细胞系统清除血液中的有害化学物，都具有重要意义。

一方面，生物膜对化学物转运有影响，主要因为其阻留和屏障作用。另一方面，在化学物通过生物膜的过程中，对膜的结构和功能有可能产生一定的毒作用。

三、食品毒物的吸收

人们接触工作环境和生活环境中存在的各种毒物时，外源化学物能够通过以下三种途径进入人体：

（一）经呼吸道吸收

存在于空气中的外源化学物以气体、蒸气和气溶胶等形式存在，因而呼吸道是空气中外源化学物进入机体的主要途径。气态物质极易经肺吸收，这是由肺的解剖生理特点决定的。如肺泡数量多（约 3 亿个），表面积大，为 $50 \sim 100 \, m^2$，相当于皮肤表面面积的 50 倍。由肺泡上皮细胞和毛细血管内皮细胞组成的肺泡壁膜极薄，且血管极丰富，便于外源化学物经肺迅速吸收进入血液。肺泡壁膜对脂溶性分子、水溶性分子及离子都具有高通透性。

（二）经消化道吸收

事故性吞服、摄入被污染的食物和饮料或吞服从呼吸道进入的颗粒时便能摄入毒物。从食管至肛门的整条消化道的结构方式基本相同。黏膜层（上皮）是由结缔组织、毛细血管和平滑肌作为支持物。胃表面上皮有许多皱襞，以增大吸收或分泌的面积。小肠表面有许多小的凸出物（绒毛），能以"抽吸"方式吸收物质。小肠吸收的有效面积约为 $100 \, m^2$。

在胃肠道，全部吸收过程均非常有效：①经脂双层和（或）细胞膜孔及孔道过滤式的扩散而经细胞转运；②通过细胞间连接的副细胞转运；③易化扩散和主动转运；④内摄作用和绒毛的泵入机制。

某些有毒金属离子会利用必需成分的特异转运机制：铊、钴和锰利用离子系统，而铅可能利用钙系统。

肝肠循环也同样发挥重要作用。极性毒物和代谢产物随胆汁排入十二指肠。此时，微生物丛（肠道菌群）的酶可进行分解作用，而释放出的产物能被再吸收，并通过静脉转运至肝脏。这种转运机制使肝脏毒物非常危险，能造成肝内短暂的蓄积。

（三）经皮肤吸收

外源化学物经皮肤吸收必须通过表皮或附属物（汗腺、皮脂腺和毛囊）。汗腺和毛囊在皮肤的分布密度不同，其面积仅占皮肤的0.1%～1.0%。尽管少量毒物可以通过附属物较快吸收，但外源化学物主要还是通过占皮肤表面积极大比例的表皮吸收。外源化学物经皮肤吸收必须通过多层细胞才能进入真皮小血管和毛细淋巴管。化学物质经皮肤吸收的限速屏障是表皮的角质层。

经皮肤吸收的第一阶段是外源化学物扩散通过角质层。一般来说非极性毒物的扩散速度与其脂溶性成正比，与其相对分子质量成反比。经皮肤吸收的第二个阶段包括毒物扩散通过表皮较深层（颗粒层、棘层和生发层）及真皮，然后通过真皮内静脉和毛细淋巴管进入循环。扩散的速度取决于血流、细胞间液体运动，以及与真皮成分的相互作用。

一般来说，人体不同部位皮肤对毒物的通透性不同，一般为阴囊＞腹部＞额部＞手掌＞脚底。不同物种动物皮肤通透性不同，外源化学物经皮肤附属物吸收和穿透角质层都有高度的物种依赖性，皮肤血流量和皮肤生物转化对吸收的影响也有物种差异。皮肤吸收的物种差异可导致农药对昆虫和人的毒性不同。

此外，通过毒理学试验研究发现，有时也采用腹腔、皮下、肌内和静脉注射外源化学物。静脉注射可使外源化学物直接进入血液，分布到全身。腹腔注射因腹腔有丰富的血流供应和相对广大的表面积而吸收迅速，先经门脉系统到重要的代谢器官肝脏，经首关效应后再进入循环。皮下或肌肉注射时吸收较慢，但可直接进入循环。通过比较外源化学物经不同途径染毒的毒性可获得关于其吸收、生物转化和排泄的初步信息。

四、毒物的分布与蓄积

（一）分布

外源化学物通过吸收进入体循环后，随着血液或淋巴液的流动转运到全身各组织细胞。不同外源化学物在体内组织器官中的分布是不均匀的。研究外源化学物在体内的分布规律，有利于了解外源化学物的靶器官和储存库。

外源化学物在器官和组织内分布的开始阶段，主要取决于器官和组织的血流量。但随时间的延长，化学物按与器官的亲和力大小，选择性地分布在某些器官中，这就是毒理学中常提到的再分布过程。例如，铅吸收入血液后，先与红细胞结合，随即又部分转移到肝、肾等组织。随着时间的推移，这些早期定位于红细胞、肝、肾的铅，又重新分布并逐步定位于骨骼。

影响外源化学物分布的主要因素：①器官组织的血流量；②化学物在血液中的存在状态及通过生物膜的能力；③化学物与器官的亲和力；④化学物进入器官和组织时是否有屏障。

（二）蓄积

1. 蓄积作用

化学物在体内的蓄积作用有两种：

（1）物质蓄积。这是长期反复接触某些外源化学物时，如果吸收速度超过排出速度，包括化学物的降解和排泄，就会出现该化学物在体内逐渐增多的现象。

（2）功能蓄积。有些化学物在体内代谢和排除速度快，但引起的损伤恢复慢，在第一次造成的损伤尚未恢复之前又造成第二、第三次损伤，这样的残留损伤的累积称为功能蓄积。一般提及蓄积作用，往往是指物质蓄积。

2. 储存库

毒物蓄积部位可被认为是储存库。一般认为储存库对急性中毒具有保护作用，可减少在靶器官中的外源化学物的量；另一方面，储存库中的毒物与血浆中游离型毒物间存在平衡，当血浆中游离型毒物被排出后，储存库中的化学物就会释放进入血液循环，而成为血液中游离型毒物的来源，具有潜在的危害。

五、毒物的排泄

排泄是外源化学物及其代谢产物向机体外转运的过程，是生物转运的最后一个环节。毒物通过不同的途径排出机体，主要经肾脏（尿）、粪便和肺（呼气）排出。还可随各种分泌物，如汗、唾液、泪水和乳汁等排出。

（一）经肾脏排泄

肾脏是排泄许多水溶性毒物及其代谢物和维持机体自稳机制的特异器官。每个肾脏约有一百万个肾单位能够进行排泄。肾脏是一个非常复杂的器官，并有三种不同的机制：鲍曼囊的肾小球过滤；在近曲小管的主动转运；在远曲小管的被动转运。

毒物经肾至尿的排泄取决于油/水分配系数、解离常数、尿pH、分子量大小和形状、代谢成亲水性代谢产物的速度以及肾脏的健康状况。

（二）经肝脏排泄

肝脏对于排泄由胃肠道吸收的外源化学物有利，因为胃肠道血液先流经肝脏再到达大循环，肝脏能防止这些由胃肠道吸收的化学物损伤机体其他部位。另外，由于肝脏是主要的生物转化器官，其代谢物一部分可直接排入胆汁，某些外源化学物就可经此途径进入小肠而后排出，而不必等待代谢物进入血液循环再经肾排出。

毒物经胆汁分泌是次要的排泄途径，这是由于胆汁的形成速度远低于尿液的形成速度，但对于某些化合物而言，通过胆汁分泌是主要的排泄途径。己烯雌酚（DES）是胆汁排泄的主要例子。通过结扎胆管的方法发现 DES 在体内的半衰期大大延长，且其毒性也增加了 130 倍。

（三）经肺脏排泄

经肺（呼气）消除是挥发性高的毒物（如有机溶剂）的典型排出途径。血中溶解度低的气体和蒸气将会迅速以这种方式排出，而血中溶解度高的毒物则经其他途径排出。

被胃肠道或皮肤吸收的有机溶剂，如果分压够高，在血液每次通过肺时可从呼出气中排出。呼出气分析试验已用于检查怀疑饮酒的司机。呼出气中一氧化碳浓度是与血中碳氧血红蛋白量保持平衡的。在呼出气中出现放射性氡的气体是由于在骨中蓄积的氡衰变。对接触后期呼出气中气体和蒸气的测定有时可用于评价个人的接触状况。

（四）其他排泄途径

（1）唾液。某些药物和金属离子能够由口腔中的唾液排泄，例如铅、汞、砷、铜、溴化物、碘化物、乙醇、生物碱等。当毒物再被咽入胃肠道时，它们会被再吸收或从粪便中排出。

（2）汗液。许多非电解质能经皮肤的汗液被部分清除，如乙醇、丙酮、苯酚、二硫化碳和氯化烃。

（3）乳汁。许多金属、有机溶剂和某些有机氯农药（如滴滴涕）能经乳腺从母亲乳汁中分泌出去。这种途径会危及哺乳的婴儿。

（4）头发的分析结果能被用作某些生理性物质自稳机制的指示剂。接触毒物，特别是接触重金属时也能用这类生物材料的测定进行评价。

六、毒物的生物转化

生物转化是指外源化学物在机体内经多种酶催化的代谢转化，生物转化是机体对外源化学物处置的重要环节，是机体维持稳态的主要机制。

对于外源化学物或毒物，"生物转化"和"代谢"两个名词常常作为同义词使用。

（一）脂溶性物质的转化

可能是对脂溶性物质易于透过细胞膜这一现象的适应，高等生物在进化过程中发展出一种有效的代谢机制——可以将异源物质转化为水溶性较强的代谢物，并排出体外。这种代谢机制可分为Ⅰ相反应和Ⅱ相反应（图4-2）。Ⅰ相反应总的来说是指对脂溶性物质的氧化和还原反应，包括羟基化、环氧化、脱氨基和脱硫基反应等，使脂溶性物质成为易于反应的活性代谢物。Ⅱ相反应一般指一种或多种具有较高极性的内源性物质与Ⅰ相反应代谢产物的结合，以及Ⅰ相反应代谢产物（如环氧化物）的水解。上述过程将明显增加异源物质或毒素的水溶解性，使其易于排出体外。

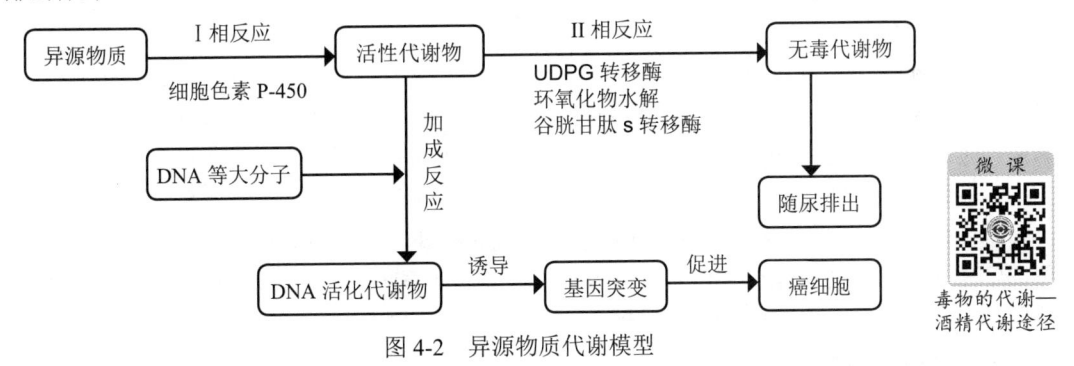

图4-2　异源物质代谢模型

需要指出的是，Ⅰ相反应产生的活性代谢物也可以和富电子的DNA碱基、磷脂等基团发生反应，导致DNA的氧化、环化和缺失等一系列突变性损伤，其结果不仅导致癌变的发生，也导致人体衰老和其他一些疾病的发生。

（二）膳食对生物转化的影响

膳食对某种物质毒性的影响主要通过其对有机体代谢活力的影响来实现。从理论上讲，任何一种营养素的缺乏都可能导致有机体脱毒系统活力的降低。实际上，有机体所摄入的营养素成分的变化也使毒性发生一些难以预测的变化。例如对小鼠进行短期核黄素缺乏处理会导致小鼠细胞色素 P450 活性的提高并增大某些物质的氧化概率，而长期的核黄素缺乏却使小鼠细胞色素 P450 活性持续下降。

维生素 E 和维生素 C 是另外两种对 I 相反应有明显直接影响的营养素。维生素 E 是细胞色素 P450 的基本成分——血红素合成的调节因子。在大鼠试验中发现，维生素 E 缺乏降低了某些 I 相反应的活性。维生素 C 缺乏降低了细胞色素 P450 和 NADPH／细胞色素 P450 还原酶的活性，从而使肝对许多毒物的代谢活性下降。虽然还不完全清楚这种作用的详细机制，但是维生素 C 缺乏似乎会降低生物体整个代谢系统的稳定性。从维生素 C 缺乏的小鼠身上分离到的肝细胞微粒体对超声、透析及铁离子螯合剂处理的稳定性均有显著的降低作用。

另外，蛋白质和矿物质缺乏均可影响一些物质的代谢。

知识点二　食品毒理学安全性评价试验

一、一般毒性试验

一般毒性试验一般包括急性毒性试验、蓄积毒性试验、亚慢性毒性试验和慢性毒性试验。

（一）急性毒性试验

1. 急性毒性的概念

急性毒性是指机体（人或实验动物）一次或于 24 h 之内多次接触（染毒）外源化学物之后，在短期内（最长 14 d）所发生的毒性效应，包括一般行为、外观变化、大体形态变化及死亡效应。包括致死的和非致死的指标参数。致死剂量通常用 LD_{50} 表示。

一般而言，急性毒性往往在一次（或 24 h 内多次）接触后不久，即出现临床中毒表现。其轻重程度取决于接触该化学物的剂量。轻的不太明显，很快恢复；重的可致死。有的由轻到重，逐渐恶化，恶化的速度也取决于剂量；有的可在初始临床表现后有一间歇、相对平稳和潜伏的时期，之后又出现严重的中毒表现；有的甚至仅有迟发作用。

2. 试验动物

一般选用成年小鼠或大鼠，体重范围小鼠为 18～22 g，大鼠为 180～220 g，雌雄各半，健康和营养状况良好。如果已了解受试物毒性，应选择对其敏感的动物进行试验，如黄曲霉毒素选择雏鸭，氰化物选择鸟类。动物购买后适应环境 3～5 d。

3. 剂量选择与分组

急性毒性试验方法包括霍恩（Horn）法、寇氏（Korbor）法、加权概率单位计算法及概率单位图解法等。剂量设计合理是 LD_{50} 测定准确的关键，不同的方法对动物分组和剂量设计的要求不同。

4. 受试物的给予

将动物进行随机分组，每组按设计剂量灌胃染毒。染毒前禁食，以免胃内残留食物对外来物毒性产生干扰，染毒后继续禁食 3～4 h，自由饮水。

常采用经口途径。动物应隔夜空腹，一般禁食 16 h，自由饮水。灌胃容量，小鼠常用剂量为 0.4 mL/20 g 体重，大鼠为 2.0 mL/200 g 体重。给予方式一般为一次给予受试物，也可一日内多次给予，每次间隔 4～6 h，24 h 内不超过 3 次，尽可能达到最大剂量，合并作为一次剂量计算。

5. 中毒反应观察

给予受试物后，应观察并记录试验动物中毒表现和死亡情况。观察记录应尽量准确、具体、完整，包括出现的程度与时间，对死亡动物可做大体解剖。

6. 结果评价

根据 LD_{50} 数值，判定受试物毒性分级（表 4-1）。由中毒表现初步提示毒作用特征。

表 4-1　　　　　　　　　　半数致死量 (LD_{50}) 与毒性分级表

毒性级别	大鼠口服 $LD_{50}/(mg·kg^{-1})$	相当于人的致死剂量 $mg·kg^{-1}$	g·人
极毒	<1	稍尝	0.05
剧毒	1～50	500～4 000	0.5
中等毒	51～500	4 000～30 000	5
低毒	501～5 000	30 000～250 000	50
实际无毒	5 001～15 000	250 000～500 000	500
无毒	>15 000	>500 000	2 500

7. 急性毒性试验的研究目的

急性毒性试验研究的目的，主要是探求化学物的 LD_{50}，了解受试物的毒性强度、性质和可能的靶器官，以初步评估其对人类的危险性。其次是研究该化学物的剂量－反应关系，为其他毒性试验打下选择染毒剂量的基础，并根据 LD_{50} 数值进行毒性分级。

（二）蓄积毒性试验

1. 蓄积毒性的概念

当外源化学物反复多次染毒，而且化学物进入机体的速度或总量超过代谢转化的速度与排出机体的速度或总量时，外源化学物或其代谢产物就可能在机体内逐渐增加并储留在某些部位，这种现象就称为外源化学物的蓄积作用。大多数蓄积作用可产生蓄积毒性。

2. 蓄积毒性试验方法

蓄积毒性试验一般采用蓄积系数法。其原理为：受试物按一定时间间隔分次给予试验动物，如果受试物在体内全部蓄积，理论上其毒效应相当于一次染毒剂量产生的毒效应。如果受试物的蓄积性小，则多次给予后产生毒效应的剂量与一次染毒产生相同毒效应所需剂量之间的比值就大，根据比值可以判断受试物蓄积性的大小。

蓄积系数（K）指在多次给予实验动物受试物时，使半数动物出现毒效应的总剂量 $[ED_{50}(n)]$ 与一次染毒的半数效益剂量 $[ED_{50}(1)]$ 之比，即 $K=ED_{50}(n)/ED_{50}(1)$。若以死亡为毒效应指标，即 $K=LD_{50}(n)/LD_{50}(1)$。

（三）亚慢性毒性试验

1. 亚慢性毒性的概念

亚慢性毒性是指机体（人或试验动物）连续多日接触化学物较大剂量所发生的毒性效应。但是"较大剂量"应小于急性中毒的致死剂量。此定义中的"连续多日"，目前一般指连续染毒 3 个月或 90 d。其中较大剂量是小于 LD_{50} 的剂量。

2. 实验动物选择

选择急性试验已证明为对受试物敏感的动物种属和品系，一般选用雌雄两种性别的断乳大鼠。试验开始时动物体重的差异应不超过平均体重的 ±20%。试验动物按随机分组方法分组。

3. 剂量选择及分组

至少应设三个剂量组和一个对照组。每个剂量组至少 20 只动物，雌雄各 10 只。原则上高剂量组动物在喂饲受试物期间应当出现明显中毒表现，但不造成死亡或严重损害；低剂量组不引起毒性作用，估计或确定出最大未观察到的有害作用剂量；在这两个剂量间再设一至几个剂量组，以期获得比较明确的剂量 - 反应关系。受试物给药途径首选饲喂。如有困难，也可以加入饮水或灌胃，动物要求单笼饲养。

4. 观察指标

一般可包括动物的一般行为表现、中毒表现和死亡情况；血液学指标、血液生化指标；组织器官检测和病理组织学检查等。

5. 结果判断

将所有检测的各项指标进行统计学处理。

6. 亚慢性毒性试验的研究目的

第一是为慢性毒性研究做选择剂量准备，即求出亚慢性毒性的阈剂量或无作用剂量；第二是为慢性毒性研究毒性反应观察指标做筛选（观察和化验指标选择应依化学物的结构特征，依循有关国家安全性评价程序要求而定）；第三是根据化学物中毒症状和化验检查分析该化学物可能的靶部位；第四是研究急救治疗措施和治疗药物筛选。

（四）慢性毒性试验

1. 慢性毒性作用的概念

外源化学物长时间少量反复作用于机体后所引起的损害作用称慢性毒性作用。

2. 实验动物

一般选雌雄两性断乳大鼠或小鼠，对于活性不明的受试物，则选用两种性别的啮齿类和非啮齿类动物。

3. 剂量及分组

试验组一般为 3～5 组。啮齿类动物每组至少 50 只，雌雄各半，非啮齿类每组每一性别至少 4 只，如需定期剖杀，动物数要相应增加。高剂量组应引起一些毒性表现，但不影响其正常生长发育和寿命，高剂量组的设计根据 90 d 喂养试验确定，低剂量组不引起任何毒性作用。如果使用了某种毒性不明的介质，应同时设未处理对照组和介质对照组。

可加在饲料、饮水中经口给予或灌胃。若灌胃，应每周称重两次，根据体重计算给予受试物体积。致癌试验期一般确定小鼠为 18 个月，大鼠为 24 个月。

4. 观察指标

观察指标包括一般观察、血液学指标、血液生化指标、病理检查。

5. 结果判断

将所有检测的指标进行统计学处理。

6. 慢性毒性试验的研究目的

慢性毒性试验的研究目的是确定受试化学物的毒性下限，即当长期接触该化学物引起可察觉的中毒最轻微症状（或反应）的剂量，即阈剂量和无作用剂量，依此进行受试化学物的危险度评估和为制定人接触该化学物的安全限量（卫生标准）提供毒理学依据。

二、特殊毒性作用

特殊毒性作用一般包括致突变作用、致癌作用、化学致畸与发育毒性作用。

（一）致突变作用

1. 致突变作用的概念

基于染色体和基因的变异才能遗传，遗传变异称为突变。突变的发生及其过程就是致突变作用。突变可分为自发突变和诱发突变。外源化学物能损伤遗传物质，诱发突变，这些物质称为致突变物或诱变剂，也称为遗传毒物。

突变包括基因突变、染色体畸变、染色体组畸变。

2. 突变的不良后果

从总的方面看，突变的结局可能是致死的，也可能是对程序性细胞死亡（PCD），即细胞凋亡的调控改变（使之增多或减少），或可能是细胞的表型改变。这些都通过靶细胞呈现出来。当靶细胞是体细胞时，其影响仅涉及接触诱变剂的个体，而不能影响后代。当靶细胞是生殖细胞时，才有可能殃及后代，也有可能对接触的个体有影响。

不同发育阶段的生殖细胞发生突变的意义不同。最重要的是精原干细胞、卵原细胞、休止期的卵母细胞，如果是这些细胞发生突变，就存在着在整个生育年龄中排出突变的生殖细胞的可能性。

生殖细胞的致死性突变可导致不育、半不育。生殖细胞非致死性突变是可遗传的改变。其后果一是产生遗传病，二是对基因库和遗传负荷产生不良影响。产生遗传病，可能是出现新遗传病病种，也可能是使其发生频率增大。

体细胞突变的后果有肿瘤、衰老、动脉粥样硬化及致畸等，最受关注的是肿瘤。特别是原癌基因突变为癌基因后，可刺激细胞异常增殖，而抑癌基因的突变可导致细胞增殖从而失去抑制作用。癌基因作用在遗传学上有优势，当同一细胞内正常的等位基因存在时，有一个单一活化的癌基因即可表达。

一般体细胞突变包括引发、促癌和进展三个阶段。突变在引发和进展阶段中均有作用。

（二）致癌作用

1. 化学致癌物及分类

化学致癌物指凡能引起动物和人类肿瘤、增大其发病率或死亡率的化合物。根据致癌物在体内发挥作用的方式，可将致癌物分为直接致癌物和间接致癌物两大类。

（1）直接致癌物

直接致癌物本身具有直接致癌作用，不需要经过体内代谢活化即可致癌。此类物质为数不多，主要为一些烷化剂，如β-丙内酯、硫酸二甲酯等。

（2）间接致癌物

间接致癌物本身不直接致癌，必须经过体内代谢活化后才具有致癌作用。大多数致癌物为间接致癌物，如芳香胺、亚硝胺、多环芳烃、黄曲霉毒素B、吡咯碱、黄樟素、苏铁素等。间接致癌物在体内代谢具有双重性，一方面可经代谢活化为终致癌物，另一方面经代谢灭活而失去致癌性。

2. 营养因素对致癌物致癌作用的影响

化学致癌物的作用受多种因素的影响，包括环境因素、宿主因素（如物种和品系差异、年龄和性别差异）及营养因素。其中营养因素为抑制化学致癌物致癌作用的人为可控要素。

饲料成分对偶氮染料的致癌性有明显的影响。低蛋白质、低维生素B_2饲料（如大米）可使大鼠对4-二甲氨基偶氮苯诱发肝癌高度敏感，如补充足量的蛋白质和维生素B_2即可降低其致癌性。这与偶氮染料还原酶的活性水平受饲料的影响而改变该致癌物的有效剂量有关。黄曲霉毒素 B_1 使DNA甲基化而激发大鼠致肝癌能力，如降低必需的甲基供体（如蛋氨酸和胆碱）的供应，可降低其致肝癌的能力。

（1）蛋白质

低蛋白质饲料除上述偶氮染料的特殊情况外，一般不增加肿瘤的发生。相反，完全缺乏蛋白质的饲料（不能长期持续使用）可降低某些致癌物对特定靶器官的致癌能力。如对大鼠给予强烈致肝癌的二甲亚硝胺并同时喂以无蛋白质饲料，则完全不发生肝癌。这是由于特异的细胞色素 P450 系统活性降低，从而抑制了对致癌物的生物活化。

（2）碳水化合物

动物试验证实，麦麸、米糠和果胶等富含食物纤维的饲料可降低某些结肠致癌物的致癌性。对于其他许多类致癌物而言，使用其自然食品比低渣半纯化饲料的肿瘤诱发率要低得多。自然食品中因含有食物纤维素，可增加粪便量和使排便通畅而减少致癌物吸收。相反，半纯化饲料中高溶解度的碳水化合物（如葡萄糖和蔗糖）可增加致癌物的吸收。

（3）脂肪

高脂饲料增强对大鼠乳腺癌的诱发，而低脂饲料则使之削弱。对于人，高脂膳食不仅提高乳腺癌的发生率，也增高结肠癌的发生率。饱和脂肪的促癌作用较低。为了减少结肠癌、乳腺癌以及胰腺癌和内分泌器官肿瘤的发生，膳食中既应注意脂肪含量不能太多，又要注意其化学类型。

（4）维生素与矿物质

许多维生素和矿物质是一些重要的酶的必需辅因子或辅酶，因此其缺乏可影响机体的生理状态，使之各种外源化学物（致癌物、化学物、药物）的反应异常。前文已提到维生素 B_2 缺乏可增高偶氮染料诱发大鼠肝癌，此外还涉及其他部位（如口腔）肿瘤的诱发过程；维生素 C 和维生素 E 可防止体内产生亚硝胺，这样就可降低肝脏、上消化道和呼吸道的致癌危险。维生素 A 及其类似物还能诱导上皮组织分化，对于皮肤癌和肺癌的促癌阶段有一定的对抗作用。维生素 A 类似物或视黄酸衍生物能抑制乳腺和膀胱的致癌过程。低维生素 A 摄入除增大膀胱癌的发生概率以外，还增加宫颈癌的危险性。

（三）化学致畸与发育毒性作用

1. 化学致畸与发育毒性的概念

生殖毒性：外源化学物对生殖细胞发生、卵细胞受精、胚胎和胎儿形成与发育、妊娠、分娩和哺乳过程的损害作用。

发育毒性：外源化学物对胚胎发育、胎仔发育以及出生幼仔发育的有害作用。发育毒性包括：发育生物体死亡、生长改变、结构异常、功能缺陷。

2. 发育毒性的影响因素

（1）孕体在各发育阶段对发育毒性的感受

对于生殖细胞，诱发突变可致不育、半不育。这种对生育力的影响，属于生殖毒性的范畴。此外，可致孕体发育过程中，出现早死胎和生长迟缓，并伴有结构异常。如神经管畸形、腭裂、露脑、脑水肿、全身水肿、眼睑张开、脊柱和肋骨畸形、右位心、矮小畸形等种类的畸形。有时这些畸形可遗传至下一代。

（2）胚胎毒性、胎儿毒性、致畸性与致畸物

胚胎毒性和胎儿毒性分别是指在相应于胚胎期和胎儿期染毒所产生的毒作用。胚胎毒性应包括胚胎期染毒而出现畸胎（结构畸形）、生长迟缓、着床数减少和吸收胎，也偶有晚死胎。而胎儿毒性应指在胎儿期染毒所诱发的生长迟缓、功能缺陷与肿瘤。

迄今为止，动物试验表明，具有致畸作用的化学物已达2500余种（Shepard，1995年），而已确定的人类致畸因素仅数十种，其中化学物或药物约有30种。对人类致畸因素报道不一，综合起来包括：

①电离辐射（放射治疗、放射性碘、核弹爆炸散落物或其他原因的核污染）。

②化学物和药物，如镇静安眠药（沙利度胺、地西泮、甲丙氨酯），抗癫痫、抗惊厥药（苯妥英钠、苯巴比妥、丙戊醇、三甲双酮、双甲双酮），抗抑郁药（苯异丙胺、丙咪嗪），致幻药和毒品（麦角酸二乙胺、可卡因），抗癌药（氨基蝶呤、甲基氨基蝶呤、环磷酰胺），抗感染药（四环素、磺胺类），激素类（二乙基雌二醇、雄性激素），抗甲状腺药（甲巯咪唑、丙硫氧嘧啶等），抗凝剂（香豆素、华法林），螯合剂（青霉胺），有机汞化合物，锂、铝、氯联苯类，碘化钾，吩噻嗪，敌螨普，腐雷利，维生素A类似物（如13-顺-视黄酸），氧化乙烷，乙醇，咖啡因。

③吸烟。

④感染（梅毒、风疹、水痘、巨细胞病毒、单纯性疱疹病毒Ⅰ型和Ⅱ型、弓形体病、委内瑞拉马脑炎病毒）。

⑤母体代谢失调（克汀病、糖尿病、高烧、苯丙酮尿病、风湿病、男性化肿瘤、酒精中毒）。

（3）对致畸物感受性的物种差异

经试验确定的动物致畸物已达2500种，而流行病学调查认为对人致畸的仅为其中的1%～2%。这个巨大差异至少有四方面的原因：首先，实验动物的胎盘屏障与人不一致，且生物转化酶的质与量也有差异；其次，致畸性流行病学调查不容易满足为取得可靠结论所需的一些严格的条件，人类致畸的30多种化学物中有三分之二为药物，可以看出，为取得妊娠中敏感期的致畸物接触史，药物比起一些环境或食品污染物容易得多；再次，对于出生缺陷仅从外观判断，而动物实验中还观察内脏与骨骼等，因而造成流行病学调查中的"失察"；最后，一些新化学物质一旦认定致畸试验阳性，就不能投入生产上市，人群对其无接触机会。

试验动物致畸的敏感性也有物种差异。例如，沙利度胺对人引起的短肢畸形综合征，在啮齿类动物试验中为阴性结果，而在兔子和猴子的实验中却有阳性结果。仅此一例，即可看出，试验动物中也同样存在着对致畸物感受性的物种差异。

知识点三　食品安全性毒理学评价程序

一、安全性毒理学评价程序的原则

在实际工作中，对一种外来化合物进行毒性试验时，还需对各种毒性试验方法按一定顺序进行，即先进行某项试验，再进行另一项试验，才能达到在最短的时间内，以最经济的办法，取得最可靠的结果。因此，在实际工作中采取分阶段进行的原则。即试验周期短、费用低、预测价值高的试验先安排。投产之前或登记之前，必须进行第一、二阶段的试验。凡属我国首创、产量较大、使用面广、接触机会较多、化学结构提示可能有慢性毒性或致癌作用者，必须进行第四阶段的试验。

二、安全性毒理学评价程序的基本内容

食品安全性评价内容包括以下四个方面：

1. 审查配方

当用于食品或接触食品的是一种由许多化学物质组成的复合成分时，必须对配方中每一种物质进行逐个审查。已进行过毒性试验而被确认可以用于食品的物质，才可在配方中保留。若试验结果有明显的毒性物质，则将其从配方中删除。在配方审查中，还要注意的是各种化学物质所起的协同作用。

2. 审查生产工艺

审查生产工艺流程线可推测是否有中间体或副产物产生，因为中间体或副产物的毒性有时比合成后物质的毒性更高，所以这一环节应加以控制。生产工艺审查还应包括是否有从生产设备将污染物带到产品中去的可能。

3. 安全检测

安全检测项目和指标是根据配方及生产工艺经过审查后确定的。检验方法一般按照国家有关标准执行。特殊项目或无国家标准方法的，再选择适用于企业及基层的方法，但应考虑检验方法的灵敏性、准确性及可行性等方面的因素。

4. 毒理试验

毒理试验是食品安全性评价中很重要的部分。通过毒理试验可制定出食品添加剂使用限量标准和食品中污染物及其有毒有害物质的允许含量标准，并为评价目前迅速开拓发展的新食物资源、新的食品加工与生产等方法提供科学依据。依据食品安全性评价结果，制定相应的食品卫生标准。

对于食品安全标准的制定程序，目前国际上并无统一规定。但一般来说，在制定标准前，首先要对该食品的不同类型进行安全学方面的调查研究，并对食品原料、生产过程、销售、运输等方面可能污染的有毒有害物质进行检测，参考国内外有关毒理资料、安全系数等，结合我国实际情况进行评价。

三、食品安全性评价程序对受试物的要求

（1）提供受试物（必要时包括杂质）的理化性质，如化学结构、纯度、稳定性等。

（2）受试物必须是符合既定的生产工艺和配方的规格化产品，其纯度应与实际应用的相同。在需要检测高纯度受试物及其可能存在的杂质的毒性或进行特殊试验时可选用纯品，或对纯品及杂质分别进行毒性检测。

四、食品安全性毒理学评价程序对受试物的要求

（1）提供受试物（必要时包括杂质）的理化性质，如化学结构、纯度、稳定性等。

（2）受试物必须是符合既定的生产工艺和配方的规格化产品，其纯度应与实际应用的相同。在需要检测高纯度受试物及其可能存在的杂质的毒性或进行特殊试验时可选用纯品，或对纯品及杂质分别进行毒性检测。

五、食品安全性评价试验的阶段及内容

我国对农药、食品、兽药、饲料添加剂等产品的安全性毒理学评价一般要求分阶段进行，

各类物质依照的法规不同,因而各阶段的试验名称有所不同。归纳起来,完整的毒理学评价通常可划分为以下四个阶段。

1. 第一阶段

了解受试化学物的急性毒性作用强度、性质和可能的靶器官,为急性毒性定级、进一步试验的剂量设计和毒性判定指标的选择提供依据。该阶段主要有以下试验:

(1) 急性毒性试验。测定经口、经皮、经呼吸道的急性毒性参数,即 LD_{50} 和 LC_{50},对化学物的毒性做出初步的估计。染毒途径的选择取决于化学物的理化性质和生产、使用过程与人体的接触途径。

(2) 动物皮肤、黏膜试验。包括皮肤刺激试验、眼刺激试验和皮肤变态反应试验,化妆品毒性评价还应增加皮肤光毒和光变态反应试验。凡是有可能与皮肤或眼接触的化学物应进行这些项目的试验。

(3) 吸入刺激阈浓度试验。对呼吸道有刺激作用的化学物应进行本试验。

2. 第二阶段

了解多次重复接触化学物对机体健康可能造成的潜在危害,并提供靶器官和蓄积毒性等资料,为亚慢性毒性试验设计提供依据,并且初步评价受试化学物是否存在致突变性或潜在的致癌性。

(1) 蓄积毒性试验。主要了解受试化学物在体内的蓄积情况。选择何种染毒途径(经口、经皮、经呼吸道)取决于化学物的理化特性和人体的实际接触途径。应注意受损靶器官的病理组织学检查。

(2) 致突变试验。包括 Ames 试验、大肠杆菌试验或枯草杆菌试验;骨髓细胞微核试验或骨髓细胞染色体畸变试验。如试验结果为阳性,可在下列测试项目中再选两项进行最后综合评价,即 DNA 修复合成试验、显性致死试验、果蝇伴性隐性致死试验和体外细胞转化试验。在我国食品、农药和兽药等安全性评价程序中,致癌危险性短期生物学筛选试验一般首选的有三个,即 Ames 试验、小鼠骨髓多染红细胞微核试验(或骨髓细胞染色体畸变试验)、显性致死试验(或睾丸生殖细胞染色体畸变试验)。当三项试验结果呈阳性时,除非该化学物具有十分重要的价值,一般应放弃继续试验;如一项阳性,再加两项补充试验仍呈阳性者,一般也应放弃。

3. 第三阶段

了解较长期反复接触受试化学物后对动物的毒性作用性质和靶器官,评估对人畜健康可能引起的潜在危害,确定最大无作用剂量的估计值,并为慢性毒性试验和致癌性试验设计提供参考依据。

(1) 亚慢性毒性试验包括 90 d 亚慢性毒性试验和致畸试验、繁殖试验,可采用同批染毒分批观察,也可根据受试化学物的性质,进行其中一项试验。

(2) 代谢试验(毒物动力学实验)。了解化学物在体内的吸收、分布和排泄速度,有无蓄积性及在主要器官和组织中的分布。

4. 第四阶段

预测长期接触可能出现的毒作用,尤其是进行性或不可逆性毒性作用及致癌作用,同时为确定最大无作用剂量和判断化学物能否应用于实际提供依据。

本阶段包括慢性毒性试验和致癌试验,这些试验所需时间周期长,可以考虑二者结合进行。

六、进行食品安全性评价时需考虑的因素

（1）人的可能摄入量。除一般人群的摄入量外，还应考虑特殊和敏感人群（儿童、孕妇及高摄入人群）。

（2）人体资料。由于存在着动物与人之间的种族差异，在将动物试验结果外推到人时，应尽可能收集人群接触受试物反应的资料，如职业性接触和意外接触等，志愿受试者体内的代谢资料对于将动物试验结果外推到人具有重要意义。

任务实施

第一阶段

[教师]

1. 通过文献查找、分析与整理，调查一种外源化学物，如常用农药残留、兽药残留、食品添加剂、环境污染物在食品中的存在方式。根据文献整理出不同外源化学物的完整的食品毒理学安全性评价试验结论，并根据结论制定 ADI 或 MRL。
2. 对班级学生进行分组，每个小组控制在 2 人内，确定小组的研究对象。

[学生]

1. 根据各自的分组情况，查找外源化学物对人体的危害及在食品中的存在方式，学习讨论，分别制订任务工作计划。
2. 实施小组内分工，明确每个人的职责、工作流程、工作方法和工作内容。

同一班级内各小组的选题要求尽量不重复，可选主题包括环境污染物（铅、汞、镉等重金属、二噁英、苯并芘等有机物）的来源、危害及安全性评价；食品中天然毒素的种类、来源、危害及安全性评价；主要农药、兽药的种类、来源、危害及安全性评价；常见食品添加剂的种类、来源、危害及安全性评价。

第二阶段

[学生]

学生针对自己的任务内容，利用各种可以利用的媒介查找资料，拟订具体工作方案，组织备用资源。

任务完成步骤：

1. 确定外源化学物的种类。
2. 根据资料对外源化学物进行资料整理，内容包括外源化学物的作用、来源及评价方法。
3. 对外源化学物的污染途径进行整理。
4. 讨论调查如何避免外源化学物的污染。
5. 外源化学物安全性评价的实验结论，根据实验结论制定 ADI 或 MRL。

第三阶段

[教师和学生]

1. 学生课堂汇报，教师点评任务完成质量，提出存在的问题，然后学生进一步讨论、整改。
2. 由实践到理论的总结，提升，到再次认知，学生应能陈述关键知识点。
3. 各成员汇总、整理分工成果，进行系统协调，形成最后成熟可行的整体方案，并且能够展示出来。

[成果展示]

1. 外源化学物表格，内容应包括外源性化学物的作用、来源及评价方法。
2. 外源化学物污染途径调查结果。
3. 外源化学物安全性评价实验设计、实验过程及结论。

第四阶段

1. 针对项目完成过程中存在的问题，提出解决方案。
2. 总结个人在执行过程中能力的强项与弱项，提出提高自身能力的应对措施。
3. 经个人评价、学生互评、教师评价，计算最后得分。
4. 对学生个人形成的书面材料进行汇总，将最后形成的系统材料归档。

【关键知识点】

1. 对毒物的界定：外源化学物是否对机体构成毒作用及毒作用的大小取决于诸多要素，包括剂量、毒性的大小、生物体的差异、环境因素和营养因素。但是，决定一种毒物所产生的危害性大小的是毒物的剂量和染毒方式，有些毒物毒性虽大，若剂量很小，实际危害不大。有些毒物的急性毒性虽然不强，但污染环境的范围广，如食品中残留的农药、添加剂或混入水和大气中的毒物，其危害将更严重。

2. 储存库的利与弊：一方面，储存库对急性中毒具有保护作用，可减少靶器官中的外源化学物的量；另一方面储存库中的毒物与血浆中游离型毒物间存在平衡，当血浆中游离型毒物被排出后，储存库中的化学物就会释放进入血液循环，而成为血液中游离型毒物的来源，具有潜在的危害。

机体拥有的主要储存库包括：血浆蛋白储存库；肝、肾储存库；脂肪储存库；骨骼储存库。

3. 安全系数（Safety Factor，SF）：食品毒理学安全性评价的试验对象均为试验动物。安全系数是指为解决由动物试验资料外推至人的不确定因素及人群毒性资料本身所包含的不确定因素而设置的转换系数。安全系数一般采用100，安全系数100是物种间差异（10）和个体间差异（10）两个安全系数的乘积。

4. 每日容许摄入量（Acceptable Daily Intake，ADI）：人类终生每日随同食物、饮水和空气摄入某种外源化学物而对健康不引起任何可观察到的损害作用的剂量。ADI用每公斤体重每天允许摄入的毫克数表示，简写为mg/（kg体重·d）。如食品添加剂安全性风险评估以ADI表示，表达为mg/kg。摄入任何物质都有ADI值，摄入量控制在安全摄入范围之内，以成年人的平均体重60 kg计，如Ca的ADI为2.5 g，若过多，将增加肾结石的危险性并抑制其他矿物质（Fe、Zn、P、Mg）的吸收，降低其生物利用率。硒的ADI为600 μg，吃含硒过高的健康食品可引起中毒，病人出现恶心、呕吐、头发脱落、指甲变形、烦躁、疲乏和外围神经系统症状。

【课业】

1. 什么是毒物、毒性、毒作用和毒作用剂量？
2. 由外源化学物引起的胚胎毒性具体表现在哪几个方面？
3. 食品毒理学安全性评价包括哪些试验？
4. 食品安全性评价的原则是什么？

【学习过程考核】

学习过程考核见表4-2。

表4-2　　　　　　　　　　学习过程考核

项目	任务		
评分方式	学生自评	同组互评	教师评分
得分			
任务总分			

项目五 食品安全风险分析的应用

【知识目标】
- 阐述食品安全风险分析的主要内容和意义以及在食品安全管理中的重要地位；
- 理解并掌握风险评估的一般框架和具体步骤；
- 理解并掌握风险管理、风险交流的相关概念和主要内容；
- 概括风险评估、风险管理、风险交流三者的内在联系；
- 掌握食品安全风险分析中各相关利益方的权利和义务。

【能力目标】
- 能够查阅相关资料，并依据资料进行风险评估的工作；
- 能够依据风险评估的结果进行风险管理、风险交流的工作；
- 能够组建风险分析各相关利益方；
- 能够明确风险分析各利益相关方的权利和义务；
- 能够依据风险评估的结果制定具体的风险控制措施。

任务描述

选择某实体研究对象，例如油炸薯片中的丙烯酰胺。在风险分析的理论框架下，查找、阅读国家食品安全风险评估中心的丙烯酰胺风险评估报告，将其改写成可供普通公众接受的新闻通稿，并明确提出食品加工中丙烯酰胺形成的预防和控制方案，从而降低我国人群丙烯酰胺的膳食暴露水平，促进食品安全发展，保障消费者健康。

知识准备

一、风险分析概述

风险分析是一个结构化的决策过程，由风险评估、风险管理和风险交流三个相互区别但又紧密相关的部分组成（图5-1）。国际食品法典委员会对与食品安全有关的风险分析的相关术语定义如下（需要说明的是，风险分析是一个正在发展中的理论体系，因此相关术语及其定义也在不断地修改和完善中）。

危害是指食品中所含有的对健康有潜在不良影响的生物、化学、物理因素或食品存在状况。

风险是指食品中产生某种不良健康影响的可能性和该影响的严重性。

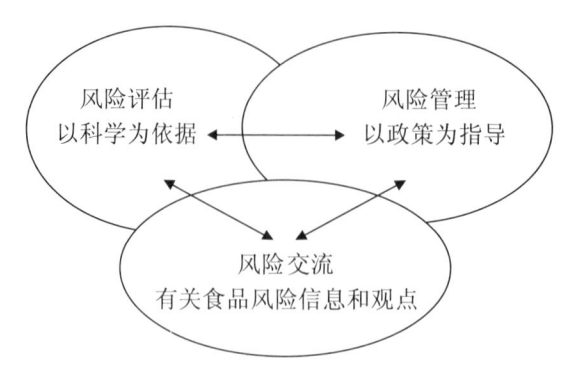

图 5-1 风险分析系统

风险管理是指与各利益相关方磋商后，权衡各种政策方案，考虑风险评估结果和其他保护消费者健康、促进公平贸易有关的因素，并在必要时选择适当预防和控制方案的过程。

风险交流是指在风险分析全过程中，风险评估者、风险管理者、消费者、产业界、学术界和其他利益相关方对风险、风险相关因素和风险感知的信息和看法，包括对风险评估结果解释和风险管理决策依据进行的互动式沟通。

风险评估、风险管理和风险交流是整个风险分析中相互补充且必不可少的组成部分。只有当这三个组成部分在风险管理者的领导下成功整合时，才最为有效。

值得一提的是，有时候专家和公众对食品风险的重视程度不尽相同甚至差别很大，由表 5-1 可见。另外，专业研究人员和公众对风险评估的看法也存在本质上的分歧，见表 5-2。

表 5-1　专业研究人员和公众所认为的食物风险（按重要程度排列）

专业研究人员	公　　众
（1）微生物污染	（1）食品添加剂
（2）营养均衡	（2）农药残留
（3）环境因素	（3）环境因素
（4）天然毒素	（4）营养均衡
（5）农药残留	（5）微生物污染
（6）食品添加剂	（6）天然毒素

表 5-2　专业研究人员和公众对风险评估的不同看法

专业研究人员对风险的评估		公众对风险的评估
科学的	相互理解障碍	直觉上的
概率分析		是/不是
可接受的风险		安全
知识改变		是它或不是它
风险比较		离散事件
平均人口数量		个人原因
只是一个死亡事件		怎么死的

风险分析是制定有关食品安全政策的重要科学手段，是制定食品标准和食品进出口决策的科学依据。

风险分析是一种用来评估人体健康和安全风险的方法，它可以确定并实施合适的方法来控制风险，并与利益相关方就风险及所采取的措施进行交流。风险分析不但能解决食品突发事件导致的危害或因食品管理体系的缺陷导致的危害，还能支撑标准的完善和发展。风险分析能为食品安全监管者提供做出有效决策所需的消息和依据，有助于提高食品安全水平，改善公众健康状况。

二、风险评估

（一）风险评估概述

根据一定的标准和程序对某项待评体系或指标的相关信息进行研究和评价的方法叫评估。

风险评估是评估食品或饲料中的添加剂、污染物、毒素或病原菌对人群或动物潜在副作用的一种科学方法。实际上是对人体因接触食源性危害而产生的已知或未知的健康问题进行研究和评价。它不考虑社会、经济和政治因素，以科学为依据。有时，为了克服知识和资料的不足，在风险评估中可以使用合理的假设。

风险评估一般程序（图5-2）可以分为危害识别、危害特征描述、暴露评估和风险特征描述四个步骤。风险评估中相关术语的定义如下：

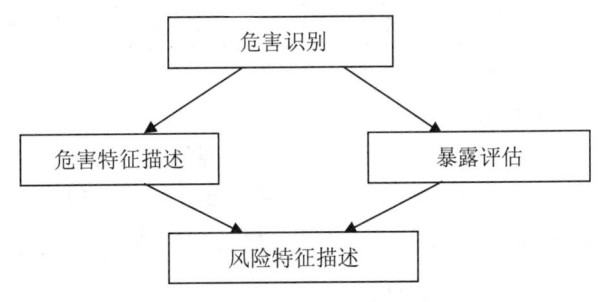

图 5-2 风险评估一般程序

危害识别：对某种食品中可能产生不良健康影响的生物、化学和物理因素的确定。

危害特征描述：对食品中生物、化学和物理因素所产生的不良健康影响进行定性和（或）定量分析。

暴露评估：对食用食品时可能摄入生物、化学和物理因素和其他来源的暴露所做的定性和（或）定量评估。

风险特征描述：根据危害识别、危害特征描述和暴露评估结果，对产生不良健康影响的可能性与特定人群中已发生或可能发生不良健康影响的严重性进行定性和（或）定量估计及估计不确定性的描述。

风险评估的一般程序：首先，通过危害识别可能产生不良作用的生物性、化学性和物理性因子；其次，通过危害特征描述评价危害因子对人体健康的不良作用，并且同时对危害因子的膳食摄入量进行估测；最后，通过综合分析风险特征描述，评估危害因子对人体健康产生不良作用的可能性和严重性。危害识别采用的是定性方法，其余三步可以采用定性和定量相结合的方法，但最好采用定量方法。

风险评估是整个风险分析体系的核心，是科学评估程序，也是风险管理和风险交流的基础。风险评估的目的是确定可接受的风险，并为相关管理部门正确地制定相应的管理法规与标准提供科学的依据。

值得强调的是，也要意识到风险认知具有社会性，同时个体对风险的反应源于自身的知识构成和认知程度，不是建立在科学研究人员对风险的分析和评估上，见表5-3，某些风险可能被公众放大，而另一些可能被忽视。

表5-3　　　　　　　　　　风险放大因素和风险缩小因素

风险放大因素	风险缩小因素
风险是不由自主的	风险是自主的
风险由第三方控制	风险由个人控制
不公平的	公平的
陌生新奇的	熟悉的
人为制造的	自然界的
后果未知的	后果可知的
长期影响的	短期影响的
破坏是不可逆的	破坏是可逆的
对弱势群体或后代造成危险的	对普通人群构成影响的
科学家对风险知之甚少	科学家对风险有足够认识
对风险的权威言论态度前后矛盾	对风险的权威言论态度始终如一

下面简单介绍食品中化学物质危害因素风险评估的一般程序。

（二）食品中化学物质的风险评估

食品中化学物质的风险评估主要是对食品中不同来源的化学污染物、有意加入的化学物质、天然存在的毒素（不包括微生物所生产的毒素）、食品添加剂、农药残留以及兽药残留等化学性因素造成的危害，通过危害识别、危害特征描述、暴露评估和风险特征描述，用科学的方法对其进行评估，确定该化学因素的毒性及风险。

1. 危害识别

对于食品中化学物质的危害识别，主要是要确定某种物质的毒性（产生的不良效果），因此应从其理化特性、吸收、分布、代谢、排泄、毒理学特性等方面进行定性描述。

另外，危害识别是根据现有数据来定性描述。对大多数有权威数据的化学物质危害因素，可以直接在综合分析世界卫生组织（WHO）、联合国粮食及农业组织（FAO）、食品添加剂联合专家委员会（JECFA）、美国食品药品管理局（FDA）、美国国家环境保护局（EPA）、欧洲食品安全局（EFSA）等国际权威机构最新的技术报告或述评的基础上进行描述。

对于缺乏上述权威技术资料的危害因素，可根据在严格试验条件（如良好实验室操作规范等）下所获得的科学数据进行描述。但对于资料严重缺乏的少数危害因素，可以视需要根据国际组织推荐的指南或我国相应标准开展毒理学研究工作。

2. 危害特征描述

这一部分为定量风险评估的开始，是对可能存在于食品中的可能导致利于健康的、化学性因素进行定性和定量的评价。其核心是剂量-反应关系的评估。

在危害特征描述过程中，一般使用毒理学或流行病学数据来进行主要效应的剂量-反应关系分析和数学模型的模拟。对大多数有毒化学物而言，通常认为在一定的剂量之下有害作用不会发生，即阈值。对于有阈值的化学毒性物质，危害特征描述通常可以得出化学物的健康指导值——如添加剂或残留物的每日允许摄入量（ADI）或者污染物的耐受摄入量。对于关键的效应而言，未观察到有害作用剂量水平（NOAEL）通常被作为风险描述的最初或参考作用点。对于无阈值的化学物质，比如致突变、遗传毒性致癌物而言，一般不能采用"无作用量（NOEL）—安全系数"法来制定允许摄入量，因为即使是最低的摄入量，仍然有致癌的风险存在。在此情况下，动物实验得出的基准剂量可信下限（BMDL）被用作风险描述的起始点。

某些用作食品添加剂的化学物质，不需要规定具体的 ADI 值，也就是说没必要考虑制定数值型的 ADI 值。这种情况适用于：当一种物质根据生物学和毒理学数据评估后，被认为毒性很低，且为了达到预期的作用而增加这种物质在食品中的用量时，膳食摄入的总量不会对健康造成危害。

3. 暴露评估

暴露评估是风险评估的第三个步骤，目的是获得某危害因子的剂量、暴露频率、时间长短、途径及范围。暴露评估主要是根据膳食调查和各种食品中化学物质暴露水平调查的数据进行的。通过计算，可以得到人体对于该种化学物质的暴露量。进行暴露评估需要有关食品的消费量和相关化学物质浓度两方面的资料，因此，膳食调查和国家食品污染监测是准确进行暴露评估的基础。

根据食品中化学物质含量进行暴露评估时，必须有可靠的膳食摄入量资料。评估时，平均居民数和不同人群详细的食物消费数据很重要，特别是易感人群。另外，必须注重膳食摄入量资料的可比性，特别是世界上不同地方的主食消费情况。一般认为发达国家居民比发展中国家居民摄入较多的食品添加剂，因为他们的膳食中加工食品所占的比例较高。

4. 风险特征描述

风险特征描述是就暴露对人群健康产生不良后果的可能性进行估计。对于化学物质风险评估，如果是有阈值的化学物质，则对人群风险可以暴露与ADI值（每日允许摄入量）比较作为风险描述。如果所评价的物质的摄入量比 ADI 值小，则对人体健康产生不良作用的可能性为零。即：

安全限值（MOS）≤1：该危害物对食品安全影响的风险是可以接受的。

安全限值（MOS）>1：该危害物对食品安全影响的风险超过了可以接受的限度，应当采取适当的风险管理措施。

对于无阈值物质，人群的风险是暴露和效力的综合结果。同时，风险特征描述需要说明风险评估过程中每一步所涉及的不确定性。将动物试验的结果外推到人可能产生两种类型的不确定性：一是动物试验结果外推到人时的不确定性。例如，喂养丁基羟基茴香醚（BHA）的大鼠发生前胃肿瘤和喂养甜味素引发小鼠神经毒性作用可能并不适用于人。二是人体对某种化学物质的特异易感性未必能在试验动物身上发现。例如人对谷氨酸盐的过敏反应。在实际工作中，这些不确定性可以通过专家判断和进行额外的试验（特别是人体试验）加以克服。这些试验可以在产品上市前或上市后进行。

总之，风险评估过程中应从物质的毒理学特性、暴露数据的可靠性、假设情形的可信度等方面全面描述评估过程中的不确定性及其对评估结果的影响，必要时可提出降低不确定性的技术措施。

风险评估工作结束，其结果以报告的形式展示。报告撰写格式和内容参见 2010 年 11 月由国家食品安全风险评估专家委员会颁布的《食品安全风险评估报告撰写指南》。

三、风险管理

(一)风险管理的概念

风险管理是指依据风险评估的结果,权衡接受或降低风险并选择和实施适当政策和措施的过程。其产生的结果就是制定食品安全标准、准则和其他建议性措施。

风险管理的首要目标是通过选择和实施适当的措施,尽可能有效地控制食品风险,从而保障公众健康。措施包括制定最高限量,制定食品标签标准,实施公众教育计划,通过使用其他物质或者改善农业或生产规范以减少某些化学物质的使用等。

(二)风险管理的原则

风险管理的一般原则包括以下几部分内容:

(1)风险管理应当遵循结构化的方法,多数情况下应涵盖风险管理的主要内容。在某些情况下并非所有这些情况都必须包括在风险管理中。

(2)在风险管理决策中应当首先考虑保护人体健康。对风险的可接受水平主要根据对人体健康的考虑决定,同时应避免风险水平上随意性和不合理的差别。在决定将采取的措施时,应适当考虑其他因素(如经济费用、效益、技术可行性和社会习俗)。

(3)风险管理的决策和执行应当透明。风险管理应当包含风险管理过程(包括决策)所有方面的鉴定和系统文件,从而保证决策和执行的理由对所有有关团体是透明的。

(4)风险评估政策的决定应当作为风险管理的一个特殊的组成部分。风险评估政策是为价值判断和政策选择而制定的准则,因此风险评估政策最好在风险评估之前与风险评估人员共同制定。

(5)风险管理应当通过保持风险管理与风险评估功能的分离,确保风险评估过程的科学完整性,减少风险评估和风险管理之间的利益冲突。但是应当意识到,风险分析是一个循环反复的过程,风险管理人员和风险评估人员之间的相互作用在实际应用中是至关重要的。

(6)风险管理决策应当考虑风险评估结果的不确定性。如有可能,风险的估计应包括将不确定性量化,并且以易于理解的形式提交给风险管理人员,以便他们在决策时能充分考虑不确定性的范围。也就是说,如果开始出现某种潜在风险和无法逆转的情况,而又缺乏科学证据进行充分的科学评估,风险管理人员在法律和政治上就有理由采取预防措施,不必等待科学上的验证。

(7)在风险管理过程的所有方面,都应当包括与消费者和其他有关团体进行清楚的交流。风险交流不仅是信息的传播,更重要的功能是将有效进行风险管理至关重要的信息和意见并入决策的过程。

(8)风险管理应当是一个考虑在风险管理决策的评价和审查过程中所有新产生资料的持续过程。在应用风险管理决策后,为确定其在实现食品安全目标方面的有效性,应对决策进行定期评价。这对进行有效的审查、监控和其他活动是必要的。

(三)风险管理的内容

风险管理内容一般包括风险评价、风险管理选项评估、执行管理、监控和审查四个部分。

1. 风险评价

风险评价的基本内容包括确认食品安全问题,描述风险概况,风险评估和风险管理的优先性,对危害进行排序,为进行风险评估制定风险评估政策,决定进行风险评估以及风险评估结果的审议。

2. 风险管理选项评估

风险管理选项评估的内容包括确定可行的管理选项，选择最佳的管理选项（包括考虑一个合适的安全标准）以及最终的管理决定。

3. 执行管理

确保管理可被政府官方和食品企业执行，执行将根据已定的决议采取不同形式；保护人体健康应当是首先要考虑的因素，同时可适当考虑其他因素（如经济费用、效益、技术可行性、对风险的认知程度等），可以进行费用-效益分析；及时启动风险预警机制。

4. 监控和审查

对措施的有效性进行评估，即评估所用方法的效率，以及在必要时对风险管理和（或）评估进行审查，以确保食品安全目标的实现。提供信息和提供更多数据，以便评议风险管理决议及是否需要风险评估。

我国已经加入世界贸易组织，应该按国际规则来进行风险管理。在风险管理决策中，保护人类健康应该是首先要考虑的问题。食品法典是保证食品安全的最低要求，成员国可以采取高于食品法典的保护措施，但应该利用风险评估技术提供适当依据，并确保风险管理决策的透明度，而不是任意的人为限制。

总之，风险管理应是一个持续的过程，要考虑到评价时得到的所有最新资料和以往风险管理决策的经验。食品标准应与新的科学知识和其他有关风险分析的信息保持一致。

四、风险交流

（一）风险交流概述

风险交流简称风险交流，是在风险评估者、风险管理者、消费者、企业、学术团体和其他组织间就危害、风险、与风险相关的因素和理解等进行广泛的信息和意见沟通，这包括信息传递机制、信息内容、交流的及时性、所使用的资料、信息的使用和获得、交流的目的、可靠性和意义。

风险交流应当包括下列组织和人员：国际组织（包括 CAC、FAO、WHO、WTO 等）、政府机构、企业、消费者和消费者组织、学术界和研究机构、公众以及传播媒介（媒体）和其他利益相关方。这些组织和人员就风险、风险相关因素和风险认知等方面的信息和看法进行互动式交流，内容包括风险评估结果的解释和风险管理决定的依据。

风险交流在风险评价和风险管理阶段发挥着重要的作用。它是联系风险评估和风险管理的纽带，可以将各部分的信息、知识和意见进行交换，是做出风险管理决定的基础。风险交流是用清晰、易懂的术语向具体的交流对象提供有意义的、相关的和准确的信息，这也许不能解决各方存在的所有分歧，但有助于更好地理解各种分歧，也有助于更广泛地理解和接受风险管理的决定。

（二）风险交流的原则

风险交流面对的事件常常包含热点事件、群体事件和突发事件，根据原国家卫生和计划生育委员会办公厅 2014 年发布的关于食品安全风险交流工作技术指南总结，可知风险交流的事件的基本原则包括：

1. 科学客观原则

在风险交流过程中，科学客观是最基本的原则。科学原则是指风险交流的所有过程都要以科学为准绳，以维护公众健康权益为根本出发点；客观性主要表现在风险交流的过程中，要尊重不同对象的不同特性，不能以主观意愿去完成风险交流工作；以科学客观原则贯穿风险交流工作才能使食品安全管理工作不偏离科学的主体，更好地服务于食品安全工作大局。

2. 公开透明原则

公开不仅对于风险沟通和交流过程是必不可少的，而且对于国家建立一个较高的公众信赖度也是至关重要的。如果关于食品安全管理过程或风险分析过程具有一定的开放性，便于产业链上的利益相关方参与或知情，这有利于公众信任政府官方部门。透明与开放是紧密相连的，在建立自信和信心方面与开放是同等重要的。透明的决策会拉近公众对政府的亲近感，使公众对政府更加信任。

3. 及时有效原则

消费者对食品安全的担心有时是源于缺乏对食品质量安全科学知识的了解，但很多时候，食品安全管理的科学信息以及科学家掌握的对食品质量安全种种问题的看法等信息无法及时有效传递给消费者，也导致信息严重不对称，及时有效原则就尤为重要了。

及时性不仅是新闻的基本属性，而且更该是风险交流工作的基本原则。特别是在这个信息化时代，谣言很容易在网络这片沃土上疯长。风险交流在强调及时性的同时也应该强调有效性。只有科学传播，提高风险交流的技术含金量，才能更高效地保证风险交流工作的顺利进行。总的来说，在风险交流过程中，及时和准确地进行沟通有助于确保信息资源的有效性和可信赖性。

4. 多方参与原则

风险交流作为一个交互式信息共享环节，不只是给公众传递信息，而应该是结合食品安全各利益相关方的一个综合交流。显然，我国目前风险交流工作中多方参与的原则覆盖不是很全面。我们做得更多的是信息发布，即由政府来发布信息，而没有做到一个双向、多方面的交流。而在信息发布过程中还应注意信息发布的渠道和统一性，不统一的信息的发布不仅不会对食品安全风险交流起到积极作用，反而可能会使公众感到混乱，有损政府及相关部门的权威性。相关部门应在第一时间采取行动，并于官方网站、权威媒体等途径发布权威信息。

在风险交流过程中，只有结合了以上原则，才能更有效地发挥风险交流的作用，即降低患病率和伤亡率，建立对反映计划的支持，帮助计划的实施，防止资源的误用和浪费，使决策者很好地了解信息，应对和纠正谣传，培育关于风险的知情决策。在风险交流过程中若没有遵循以上原则，风险交流效果将会大打折扣。

（三）风险交流的主要内容

风险交流一般包括以下几部分内容：

1. 了解利益相关方需求

食品安全风险交流中应当根据不同的利益相关方的不同需求，采取不同的风险交流策略，以提高针对性、有效性。

2. 制订计划和预案

制订风险交流年度计划，说明或解释与事件有关的危害物、风险等级、风险相关因素、消费者的风险认知及应采取的措施等，并为重点风险交流活动配套具体实施方案。应当针对食品安全事件制定相应的风险交流预案，并进行预案演练。主管行政部门统筹协调所属食品安全相关机构的风险交流活动。应当注意的是，风险交流过程应该始终贯穿风险分析过程，并且注意关键时刻的时间接点。

3. 加强内外部协作

联合风险评估人、风险管理者、消费者、食品和饲料经营者、学术界和利益相关方等，建立健全机构与上下级机构的信息通报与协作机制，与有关机构或部门建立信息交换和配合联动机制，通过有效的沟通协调达成共识，提高风险交流有效性。

4. 加强信息管理

建立通畅的信息发布和反馈渠道，完善信息管理制度。明确信息公开的范围与内容，明确信息发布的人员、权限以及发布形式，确保信息发布的准确性、一致性。

风险交流是实施风险管理的先决条件，是正确理解风险和规避风险的重要手段。有效的风险交流能够对全部的有责任的风险管理程序的建成有很大的贡献。

五、风险分析利益相关方

（一）概念及构成

风险分析利益相关方是指在某种风险分析过程中与该风险相关的实际或预期利益有关联的个人、组织或群体。

风险分析利益相关方除了对制定措施产生影响以外，也是评价战略的有力工具。战略评价可以通过确定持反对意见的利益相关方和他们对一些有争议的问题的影响力来完成。

任何一个企业的发展都离不开各相关利益者的投入或参与，企业追求的是相关利益者的整体利益，而不仅仅是某些主体的利益。

从不同的立场出发，风险分析相关利益方大致由生产者、消费者、管理者、利益相关第三方、无利益相关第三方这五部分构成。

生产者就是危害的制造者，指待评估、待进行风险分析的公司或企业。

消费者就是危害的承受者，指风险分析中直接受到危害的影响，对其身体健康造成不利的群体或个人。

管理者是降低风险措施政策的制定者和监督者，主要指国家、地区和地方政府机构及相关的国际组织，如食品法典委员会（CAC）、世界卫生组织（WHO）、食品添加剂和污染物法典委员会（CCFAC）等。

利益相关第三方是指暂时未受到危害的直接影响，但在一定程度上，危害又会对他们构成潜在的风险的群体，即指潜在的消费者、与产品的生产者相关的上下级组织和个人、产品或产品的生产过程通过环境作用而受到其不良影响的人群。

无利益相关第三方是指对危害进行了科学评价和传播的一方。一般是指学术界和研究机构的专业人士以及各大传媒组织和个人。

（二）风险分析利益相关方的行为、权利与义务

1. 生产者的行为、权利与义务

农户的生产行为决定了食品原料的安全性，是食品安全的首要因素。我国传统农业生产方式是以农户分散生产为主，由于受知识水平限制，相当一部分农户不能正确使用农药和兽药，也缺乏专业的指导，使食品安全面临严重的威胁。

对于食品加工企业而言，首要问题是食品加工过程中对食品添加剂的滥用和超量使用。虽然我国已经明确规定了食品添加剂允许使用的品种和使用量，但一些企业为降低生产成本或延

长货架期或美化食品的卖相而违规超标使用添加剂。其次,实现"从农田到餐桌"的全程管理,建立食品安全管理体系对于保障食品安全非常重要。但我国食品安全管理体系的认证起步较晚,存在问题较多,认证规模较小,直接制约了食品安全的改善。

作为生产者的公司或企业有权利和义务保证其生产的食品的质量和安全。

当危害事件正在出现或已经出现时,卷入危害事件的公司或企业应该有义务确保政府全面获得有关危害事件发生的可能原因和问题严重程度的信息以及有关收回已投放市场食品的预期效果等信息。在危害事件发生期间,处理公众问题时,应将消费者的安全放在第一位,企业的行动和交流活动都应该反映这一点。

公司或企业也同政府一样,有义务将风险情况传递给消费者。公司或企业应全面参与风险分析工作,对做出有效的决定是十分必要的,并且这可以为风险评估和风险管理提供一个主要的信息来源。另外,公司或企业和政府间经常性的信息交流通常涉及在制定标准或批准新技术、新成分或新标签的过程中的各种交流。在这方面,食品标签已经通常用于传递有关食物成分以及如何安全食用等信息。公司或企业将标签作为交流手段,使之也成为风险管理的一种方法。

2. 消费者的行为、权利与义务

消费者的食品安全意识将对整个供应链的管理控制起到有效的监督作用。而消费者食品安全意识又受到社会经济发展水平、居民受教育水平和对食品安全信息的知晓程度等因素的影响。据统计局统计2019年全国居民恩格尔系数为28.2%,已处于"对食物营养、安全卫生要求更高"的阶段。

此外,有调查表明,我国消费者对食品安全信息的知晓程度偏低,一方面是由于媒体时而夸大其词,造成消费者过度恐慌,时而披露不够,剥夺消费者知情权。另一方面,食品安全知识的普及还不够,消费者对食品安全标准还停留在感性阶段,没有量化概念,对食品安全标志,如绿色食品、有机食品、HACCP 等的认知度还不高。

消费者或消费者组织有权利和义务广泛而公开地参与相应的风险分析工作。

在风险分析过程的早期,消费者或消费者组织的参与有助于确保他们所关注的问题得到重视和解决,并且还能使公众更好地理解风险评估过程以及管理者做出的风险决定。消费者或消费者组织有权利向风险管理者表达他们对风险的关注和观点。消费者组织应经常和企业、政府一起工作,以确保消费者关注的风险情况得到更好的传播和重视。

3. 管理者的行为、权利和义务

国家对食品安全的监管控制行为对整个食物链起着监督、控制及引导的作用,但我国目前的监管体制无疑存在较多问题。如分段监管及多头管理的制度缺陷(大部分改革后正在扭转)、监管缺位等。

作为风险管理者的国家、地区和地方政府机构及相关的国际组织,有权利和义务保证风险交流和风险评估的顺利进行。

风险管理者在管理公众健康的风险方面起领导作用。管理者有义务了解和确定公众对风险知道些什么,以及公众对各种风险管理措施的看法;同时也有义务了解和回答公众所关注危害健康的风险问题。

管理者有义务保证让参与风险分析的有关各方能有效地进行信息交流。在交流风险情况时,管理者应该尽力采用一致和透明的方法。进行交流的方法应根据不同问题和不同对象而有所不同,这在处理不同特定人群对某一风险有着不同看法时最为明显。这些认识上的差异可能取决于经济、社会和文化上的不同,但都应该得到承认和尊重。只有这种方法所产生的结果能有效地控制风险才是最重要的,用不同方法产生相同结果是可以接受的。

通常管理者有责任进行公共健康教育,并向卫生界传达有关信息。在这些工作中,风险交流能够将重要的信息传递给特定对象,如孕妇和老年人。管理者根据风险评估结果,制定安全标准,并制定、修改相应的监管制度、措施和法律、法规,同时,可以通过风险评估,找出重点的监管对象;履行所赋予职能部门的制止并查处违法、违章行为的权利,加大对违法生产经营者的处罚力度,做到权利和责任相统一,有效防范和分解履职风险。

发生食品安全突发事件时,政府有义务做好准备,迅速地将准确的信息传递给大众媒体和公众。基本的准备工作包括确定可靠的消息来源和专家意见,安排一个行政机构来处理突发事件期间的交流问题,提高工作人员对待媒体和公众的技巧。接触突发事件的第一线人物通常是地方官员,他们有权利和义务迅速地与有关当局进行情况交流,以便使突发事件能够得到控制,并进行正确的管理。

4. 利益相关第三方的权利与义务

利益相关第三方指潜在的消费者,与产品的生产者相关的上下级组织和个人,其有权利和义务增强对食品安全的关注。

利益相关第三方要树立起主人翁思想,主动参与风险情况的交流,并提供有效信息资料;加强学习,向大众传播食品安全的科学知识,全面提高风险意识;在风险分析过程中支持、理解政府等部门的工作,广泛而公开地参与食品安全风险分析工作,有责任向风险管理者表达他们对风险的关注和观点,这也是切实保护公众自己健康的一个必要因素。

5. 无利益相关第三方的权利与义务

学术界和研究机构的人员通常作为无利益相关第三方,他们对于健康和食品安全的专业知识以及识别危害的能力,在风险分析过程中发挥重要作用。媒体或其他有关各方可能会请他们评论政府的管理者的决定。通常,他们在公众和媒体心目中具有很高的可信度,同时也是公众和媒体的信息来源。

学术界和研究机构的人员有权利和义务向其他的利益相关方解释风险评估的概念和过程。他们要解释评估的结论和科学数据以及评估所基于的假设和主观判断,以使管理者和其他有关各方能清楚地了解其所具有的风险。而且,他们还必须能够清楚地表达出他们知道什么,不知道什么,并且解释风险评估过程的不确定性。另外,研究消费者对风险的认识或如何与消费者进行交流,以及评估交流的有效性,这些工作也可有助于管理者寻求风险交流方法和策略的建议。

作为无利益相关第三方的媒体在风险分析过程中也扮演一个必不可少的角色,因而也分担一部分责任和义务。公众得到的有关食品的健康风险情况大部分是通过媒体获得的。各种大众媒体针对不同食品安全事件、不同场合发挥着各式各样的作用。媒体不仅仅是传播信息,也是制造或说明信息的主要来源,但这些信息都应以科学事实为基础,不能误导消费者。另外,媒体并不局限于从官方获得信息,它们的信息常常反映出公众和社会其他部门所关注的问题,这使得管理者可以从媒体方面了解到以前未认识到的公众关注的问题。所以,媒体能够并且确实促进了风险交流工作。

任务实施

第一阶段

[教师]

1. 确定任务。由教师提出设想,然后与学生一起讨论,最终确定项目目标和任务。

选择某实体研究对象,例如对油炸薯片中丙烯酰胺的风险分析,熟悉风险分析的过程。并针对危害制定出相应的控制措施。

2. 对班级学生进行分组,每个小组控制在6人以内,各小组按照自己的兴趣确定研究对象。

[学生]

1. 根据各自的分组情况,查找相应的资料,学习讨论,分别制订任务工作计划。

2. 学生依据各自制订的工作计划竞聘负责人职位(1~2人)。在竞聘过程中需考察:计划的可行性、前瞻性、系统性与完整性及报告人的领导能力、沟通能力和团队协作能力。

3. 确定负责人,实施小组内分工,明确每个人的职责,未来工作细节、团队协作的机制。小组成员分工、任务可参考表5-4。

表5-4　　　　　　　　　　小组组成与分工

角色	人员	主要工作内容
负责人	A	计划,主持、协助、协调小组行动
小组成员	B	风险分析: 查找已发表的相关论文资料,掌握丙烯酰胺的毒理学、油炸薯片中丙烯酰胺含量及其人群暴露水平、食品中丙烯酰胺形成机理等情况
小组成员	C	风险管理: 依据风险评估的结果,制定适当的控制措施
小组成员	D	风险交流: 组建风险交流的各方,并进行有效的信息交流

第二阶段

[学生]

学生针对自己承担的任务内容,查找相关资料,进行现场调查,拟订具体工作方案,组织备用资源。在一个环节结束后,小组进行交流讨论,修正个人制订的方案,形成最终的方案,作为下一个环节行动的基础,最后形成体系细节,并进行现场验证。

[任务完成步骤]

1. 查阅已发表的相关论文资料,了解丙烯酰胺的基本性质、用途,丙烯酰胺的毒性,人体接触途径,在食品中的形成,含量和人体可能暴露量。可填写表5-5风险评估项目建议书和

表5-6 风险评估任务书。

表5-5　　　　　　　　　　　风险评估项目建议书

任务名称			
建议单位及地址		联系人及联系方式	
建议评估模式*	非应急评估（　）　应急评估（　）		
风险来源和性质	风险名称		
	进入食物链方式		
	污染的食物种类		
	在食物中的含量		
	风险涉及范围		
相关检验数据和结论			
已经发生的健康影响			
国内外已有的管理措施			
其他有关信息和资料	（包括信息来源、获得时间、核实情况）		

*建议采用应急评估应当提供背景情况和理由。

建议单位：（签章）　　　　　　　　　　　　日期：

表5-6　　　　　　　　　　　风险评估任务书

任务名称	
项目建议来源	
评估目的	
启用评估模式	非应急评估（　）　应急评估（　）
需要解决的问题	1.
	2.
	3.
	4.
	5.
应当完成的时间	
结果产出的形式	

单位：（签章）　　　　　　　　　　　　日期：

2. 根据调查结果写出油炸薯片中丙烯酰胺的风险评估的评估报告。

3. 根据前一环节的风险评估结果，针对油炸薯片中丙烯酰胺的危害制定出相应的控制措施。

4. 由学生模拟组建风险交流各方，对风险评估结果和风险管理措施等各方面信息和看法进行互动式交流。

第三阶段

[教师和学生]

1. 学生课堂汇报，教师点评任务完成质量，提出存在的问题，然后学生进一步讨论、整改。
2. 由实践到理论的总结，提升，到再次认知，学生应能陈述关键知识点。
3. 各成员汇总、整理分工成果，进行系统协调，形成最后成熟可行的整体方案，并且能够展示出来。

[成果展示]

书面材料展示：
1. 油炸薯片中丙烯酰胺的风险评估报告的新闻通稿。
2. 能有效控制并减少油炸薯片中丙烯酰胺物质危害发生的具体可执行性文件。

第四阶段

1. 针对项目完成过程中存在的问题，提出解决方案。
2. 总结个人在执行过程中能力的强项与弱项，提出提高自身能力的应对措施。
3. 经个人评价、学生互评、教师评价，计算最后得分。
4. 对学生个人形成的书面材料进行汇总，将最后形成的系统材料归档。

【关键知识点】

1. 风险评估、风险管理以及风险交流三部分形成并共同构成的食品安全风险分析已成为进一步减少食源性疾病、强化食品安全体系的一个重要方法和管理工具。
2. 风险评估程序一般可以分为危害识别、危害特征描述、暴露评估、风险特征描述这四个步骤。危害识别采用的是定性方法，其余三步可以采用定性和定量相结合的方法，但最好采用定量方法。
3. 风险评估是整个风险分析体系的核心，也是风险管理和风险交流的基础。
4. 风险管理是指依据风险评估的结果，权衡接受或降低风险并选择和实施适当政策和措施的过程。其产生的结果就是制定食品安全标准、准则和其他建议性措施。
5. 风险交流是在风险评估者、风险管理者、消费者、企业、学术团体和其他组织间就危害、风险、与风险相关的因素和理解等进行广泛的信息和意见沟通，涉及信息传递机制、信息内容、交流的及时性、所使用的资料、信息的使用和获得、交流的目的、可靠性和意义等内容。
6. 风险评估、风险管理以及风险交流三者的关系：风险评估是整个风险分析体系的核心，也是风险管理和风险交流的基础；风险管理是指依据风险评估的结果而制定相关政策和措施；风险交流是联系风险评估和风险管理的纽带。
7. 风险分析利益相关方是指在某种风险分析过程中与该风险相关的实际或预期利益有关联的个人、组织或群体。风险分析相关利益方大致由生产者、消费者、管理者、利益相关第三方、无利益相关第三方五部分构成。

【信息追踪】

1. 推荐网址

国家食品安全风险评估中心、国家市场监督管理总局食品安全抽检监测司、食品伙伴网。

2. 推荐相关标准

2010 年 1 月 21 日制定并发布了《食品安全风险评估管理规定（试行）》

GB/Z 23785—2009《微生物风险评估在食品安全风险管理中的应用指南》

《食品法典委员会——程序手册》（第 26 版 201805）第 IV 章：风险分析

GB/T 23811—2009《食品安全风险分析工作原则》

【课业】

 1. 什么是风险分析？它由哪几个主要部分构成及相互关系是什么？

 2. 什么是风险评估？风险评估的主要内容是什么？

 3. 简述风险评估、风险管理、风险交流三者的关系。

 4. 风险分析利益方的构成及各利益方的权利和义务是什么？

【学习过程考核】

 学习过程考核见表 5-7。

表 5-7　　　　　　　　学习过程考核

项目	任务		
评分方式	学生自评	同组互评	教师评分
得分			
任务总分			

第二篇

食品质量安全控制

项目六　食品安全法规与标准的解读与应用

【学习目标】

- 了解我国食品法律、法规体系的发展历史和概况；
- 准确把握我国《食品安全法》的主要要求，明确各个权利主体的权利与义务；
- 了解我国食品标准体系的构成和特点；
- 掌握《预包装食品标签通则》《预包装食品营养标签通则》的主要内容。

【能力目标】

- 作为食物链的从业者能够依据我国食品法律、法规和食品安全国家标准从事与食品相关的工作；
- 作为消费者能够依据食品法规、标准对食品进行科学理性的选择；
- 作为食品生产者能够在典型产品的生产过程中搜索、解读、遵守和应用相关的法规、标准。

任务描述

以3~5名同学为一组，以同学毕业3~5年后可预期的投资能力为依托，成立食品有限公司，经过市场调研后，确定公司主打产品线，并选择典型产品作为本课程研究的对象。根据个人能力和性格特点进行角色分工，在每个项目实施过程中明确具体承担的任务。

在组建团队和建立公司、确定典型产品后，详细描述工艺流程，对关键工艺环节进行说明。根据GB 7718—2011《预包装食品标签通则》设计个性化产品标签和Logo；根据GB 28050—2011《预包装食品营养标签通则》的规定，设计规范的产品营养标签；依照现行食品标准体系，检索、整理和应用相关标准，相关标准包括产品标准、食品安全标准、食品检验方法标准、食品添加剂使用标准等内容，并对主要条款进行解读，如根据食品添加剂使用标准，确定本组典型产品所用添加剂名称及准确的用量。

本任务成立的食品公司和典型产品是后续任务实施的基础。

知识准备

一、食品法律、法规的概念和术语

1. 食品法律、法规是指由国家制定或认可，以加强食品监管，保证食品安全卫生，防止食品污染和有害因素对人体的危害，保障人民身体健康，增强人民体质为目的，通过国家强制力保证实施的法律、法规的总和。

2. 食品指各种供人食用或者饮用的成品和原料以及按照传统既是食品又是药品的物品，但是不包括以治疗为目的的物品。

3. 食品安全是指食品无毒、无害，符合应有的营养要求，对人体健康不造成任何急性、亚急性或者慢性危害。

4. 食品安全风险评估是指对食品、食品添加剂中生物性、化学性和物理性危害对人体健康可能造成的不良影响所进行的科学评估，包括危害识别、危害特征描述、暴露评估、风险特征描述等。

5. 预包装食品是指预先定量包装或者制作在包装材料和容器中的食品。

6. 食品添加剂是指为改善食品品质和色、香、味以及为防腐、保鲜和加工工艺的需要而加入食品中的人工合成或者天然物质。

二、我国食品法律、法规体系的架构

（一）法律

《中华人民共和国食品安全法》（以下简称《食品安全法》）是我国食品安全卫生法律体系中法律效力层级最高的规范性文件，是制定从属性法规、规章的依据。其他食品相关法律有《产品质量法》《进出口商品检验法》《农产品质量安全法》《农业法》《标准化法》《进出境动植物检疫法》《消费者权益法》《商标法》等。

（二）行政法规

1. 国务院制定的法规，如《食品安全法实施条例》《国务院关于加强食品等产品安全监督管理的特别规定》。

2. 地方性行政法规，如浙江省实施《食品安全法》办法。

（三）部门规章

1. 国务院部委办的规章，如《食品添加剂卫生管理办法》《食品生产许可管理办法》《出口食品生产企业备案管理规定》等。

2. 地方政府的规章，如《浙江省人民政府办公厅关于部分领域食品安全监管职责的意见》。

（四）其他规范性文件

不是规章，但也是食品法律体系中重要的组成部分。

（五）食品标准

标准是生产和生活中重复发生的一些事件的技术规范。

1. 食品标准：产品标准、安全卫生标准、检验规程、食品分析方法、管理标准、食品添加剂标准、食品术语标准等。

2. 标准类别：国际标准（CAC、ISO）、国家标准、行业标准、地方标准、企业标准等。

三、我国食品法律体系的主要内容

（一）《食品安全法》

1. 基本概况

我国第一部《食品安全法》于2009年6月1日实施，替代之前的《食品卫生法》（1995年颁布，共九章57条），是我国最重要的食品安全法律之一，配套法规《食品安全法实施条例》等。

2009版《食品安全法》共十章，104条；《食品安全法实施条例》共十章，64条。

2009版《食品安全法》实施后违法成本依然较低，在2012年2月8日召开的国务院食品安全委员会第四次全体会议上，认为对于食品安全工作，需要建立最严格的食品安全监管制度，积极推进食品安全社会共治，为最严格的食品安全提供体制、制度和立法保障。

自2013年6月17日起，实施四年后，我国首部《食品安全法》启动修订。本次修订由原国家食品药品监督管理总局主导，至2015年4月24日修订稿发布，并于2015年10月1日起正式实施。

《食品安全法实施条例》（国务院令第721号）在2019年3月26日国务院第42次常务会议修订通过，修订后的《食品安全法实施条例》于2019年10月11日公布，自2019年12月1日起施行。

2. 2015版《食品安全法》修订的总体思路

①全程监管：对生产、销售、餐饮服务等各环节实施最严格的全过程管理，强化生产经营者主体责任，完善追溯制度。

②加大处罚：建立最严格的监管处罚制度。对违法行为加大处罚力度，构成犯罪的，依法严肃追究刑事责任。加重对地方政府负责人和监管人员的问责。

③突出预防：健全风险监测、评估和食品安全标准等制度，增设责任约谈、风险分级管理等要求。

④社会共治：建立有奖举报和责任保险制度，发挥消费者、行业协会、媒体等监督作用，形成社会共治格局。

3. 2015版《食品安全法》的主要内容与解读

《食品安全法》分为十章，主要内容如下：

删除2009版条款3条：第63、81、100条；未变化条款5条：第1、18、19、21、98条；其余条款内容进行了修订，新增53条，净增50条；总计十章154条；共计29 283字，增加87%。法律条文数量大幅增加，内容更加细化。

第一章 总 则

本法适用于中华人民共和国境内。总则部分共13条（第1~13条）。

（1）应用对象

本法的应用对象包括食品生产、食品经营；食品添加剂的生产经营；食品相关产品的生产经营；食品生产经营者使用食品添加剂、食品相关产品；食品的贮存和运输；对食品、食品添加剂、食品相关产品的安全管理；食用农产品销售、标准、安全、农业投入品（淘汰剧毒、高毒、高残留农药）。

（2）相关主体和监管部门

食品安全委员会的职责由国务院规定；食品安全监督管理部门负责监督；卫生行政部门负责风险评估和监测；卫生行政部门和食品安全监督管理部门制定并公布食品安全国家标准；各监管部门的工作由上一级部门评议、考核（至县级，县以下可设派出机构）。

第二章 食品安全风险监测和评估

共10条（第14~23条）。主要内容如图6-1所示。

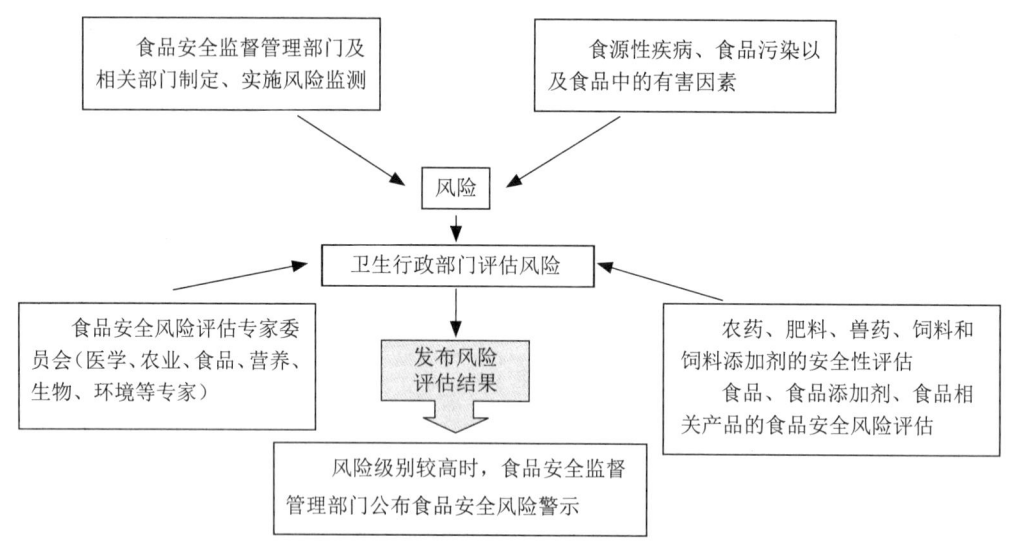

图 6-1 食品安全风险监测和评估

第三章 食品安全标准

共 9 条（第 24~32 条）。

（1）食品安全标准的地位

食品安全标准是我国唯一强制执行的标准，公众可以免费查阅、下载；无国家标准的，可制定地方标准和企业标准，并报卫生行政部门审批、备案。

（2）食品安全标准的制定部门及审核

卫生行政部门、食品安全监督管理部门制定、发布；标准化行政部门提供国家标准编号。

食品中农药残留、兽药残留的限量规定及其检验方法与规程由卫生行政部门、农业行政部门和食品安全监督管理部门制定；屠宰畜、禽的检验规程由农业行政部门和卫生行政部门制定。

食品安全标准由卫生行政部门组织的食品安全国家标准审评委员会审查通过。该委员会由医学、农业、食品、营养、生物、环境等方面的专家以及国务院有关部门、食品行业协会、消费者协会的代表组成。

（3）食品安全标准的内容

食品、食品添加剂、食品相关产品中的致病性微生物，农药残留、兽药残留、生物毒素、重金属等污染物质以及其他危害人体健康物质的限量规定；食品添加剂的品种、使用范围、用量；专供婴幼儿和其他特定人群的主辅食品的营养成分要求；对与卫生、营养等食品安全要求有关的标签、标志、说明书的要求；食品生产经营过程的卫生要求；与食品安全有关的质量要求；与食品安全有关的食品检验方法与规程；其他需要制定为食品安全标准的内容。

第四章 食品生产经营

共 51 条（第 33~83 条）。

第一节：一般规定（第 33~43 条）。

（1）11 项食品生产经营的食品安全标准

包括合适的场所环境；合适的生产经营设备、设施；有食品安全专业人员和制度；合理的设备布局和工艺流程；工器具消毒清洁；贮运要求；包材、容器具无毒清洁；人员着装要求及保持个人卫生；水符合生活饮用水卫生标准；洗涤剂、消毒剂无毒无害及其他法律、法规规定的要求。

（2）13项禁止生产经营的食品、食品添加剂、食品相关产品

包括用非食品原料和回收食品做原料；危害物质超标；超过保质期；食品添加剂超范围、超限量；婴幼儿和特殊人群的主辅食品营养不达标；腐败变质；掺假掺杂；病死、毒死、死因不明的肉制品及其制品；未卫检或卫检不合格肉制品；被污染；标注虚假日期；有包装无标签；为防病等特殊需要明令禁止生产经营；其他不合法、不合标食品。

（3）其他要求

①对于食品企业：实行食品生产经营许可制度——SC，食品添加剂生产许可；农民个人销售其自产的食用农产品，不需要取得食品流通的许可。

②对于食品生产加工小作坊、食品摊贩：要加强服务和统一规划，固定场所经营，改善生产经营环境。如2015年8月江苏省颁布《食品小作坊和食品摊贩管理条例》，要求三清四能：渠道清、标志清、人员清；能看、能走、能闻、能触。

③加强审核：利用新的食品原料生产食品、生产新品种添加剂、食品相关产品新品种，应提交安全性评估材料进行审查。

④鼓励企业：建立食品安全全程追溯体系；参加食品安全责任保险。

第二节：生产经营过程控制（第44~66条）。

《食品安全法》中规范的食品生产经营相关主体包括：食品生产者、食品经营者、餐饮服务提供者、网络交易第三方平台、集中交易场所提供者、食用农产品生产者、食品添加剂生产经营者。

（1）食品生产者应遵循的条款

①建立健全食品安全管理制度，建立并执行从业人员健康管理制度，建立食品安全自查制度，建立进货查验记录制度，建立食品出厂检验记录制度、销售记录制度；

②配备食品安全管理人员；

③符合良好生产规范要求，实施危害分析与关键控制点体系；

④问题产品及时召回；

⑤记录和凭证保存期限不得少于产品保质期满后六个月或至少二年。

（2）食品经营者应遵循的条款

①查验供货者合格证明文件；

②建立食品进货查验记录制度；

③建立食品销售记录制度；

④按要求条件贮存食品。

（3）餐饮提供者应遵循的条款

①制定并实施原料控制要求；

②提倡公开加工过程；

③提倡公开原料及其来源；

④定期维护设备、设施；
⑤餐饮具清洗消毒合格。
（4）网络交易第三方平台应遵循的条款
①入网食品经营者实名登记；
②审查入网者的许可证；
③发现违法者立即向食品安全监督管理部门报告；
④严重违法的，立即停止提供网络服务。
（5）集中交易场所提供者应遵循的条款
①审查入场者的许可证；
②配备检验设备、人员或委托检验；
③发现不合标，停止销售并报告食品安全监督管理部门。
（6）食用农产品生产者应遵循的条款
①农业投入品符合法规、标准；
②严守安全间隔期、休药期的规定；
③禁用剧毒、高毒农药；
④建立农业投入品使用记录制度；
⑤保存记录和相关凭证不少于六个月。
（7）食品添加剂生产经营者应遵循的条款
①生产者建立出厂检验记录制度；
②经营者依法查验供货者的许可证和产品合格证明文件。

第三节：标签、说明书和广告（第67~73条）。

关于食品标签的规定：

现行的标准为 GB 7718—2011《预包装食品标签通则》，标准中要求涵盖如下内容：①名称、规格、净含量、生产日期；②成分或者配料表；③生产者的名称、地址、联系方式；④保质期；⑤产品标准代号；⑥贮存条件；⑦所使用的食品添加剂在国家标准中的通用名称；⑧生产许可证编号；⑨法律、法规或食品安全标准规定应当标明的其他事项；⑩婴幼儿和其他特定人群的主辅食品，应当标明主要营养成分及其含量。

对于散装食品，要求在容器、外包装上标明名称、生产日期、生产批号、保质期以及生产经营者名称、地址、联系方式等内容。

转基因食品的标签要遵循原农业部869号公告-1-2007农业转基因生物标签的标志。

食品添加剂要求标签上载明"食品添加剂"字样；在标签、说明书上标明使用范围、用量、使用方法。

同时法律要求不得含有虚假内容，不得涉及疾病预防、治疗功能；监管机构、行业协会不得向消费者推荐食品。

第四节：特殊食品（第74~83条）。

2015版《食品安全法》中对三类特殊食品进行了规范，包括保健食品、特殊医学用途配方食品、婴幼儿配方食品。

（1）对三类特殊食品的总要求

实行严格监管，向国务院食品安全监督管理部门注册；按注册或备案的产品配方、生产工艺等组织生产，按照良好生产规范的要求建立生产质量管理体系；公布注册或者备案特殊食品目录。

（2）对保健食品的要求

①原料和允许声称的保健功能需在国家颁布的目录之列。

②依法注册，提交研发报告、产品配方、生产工艺、标签、说明书以及表明产品安全性和保健功能的材料。

③不可涉及疾病预防、治疗功能，载明适宜人群、不适宜人群、功效成分或者标志性成分及其含量等，并声明"本品不能代替药物"。

④广告应当声明"本品不能代替药物"；广告内容取得保健食品广告批准文件。

⑤使用目录以外原料生产的保健食品和首次进口的保健食品，应经国务院食品安全监督管理部门注册。

（3）对婴幼儿配方食品的要求

①全过程质量控制，逐批检验。

②食品原料、食品添加剂、产品配方及标签应备案。

③同一企业不可同一个配方生产多个品牌的婴幼儿配方乳粉。

④配方注册时需提交研发报告。

⑤不得以分装方式生产婴幼儿配方乳粉。

另外，我国于2016年10月1日起实施《婴幼儿配方乳粉产品配方注册管理办法》，意味着婴幼儿配方乳粉管理上升到药品监管级别。

本办法严格限定申请人资质条件：应具备相适应的研发能力、生产能力、检验能力，具有完整生产工艺，符合粉状婴幼儿配方食品良好生产规范要求，实施危害分析与关键控制点体系，逐批检验。

目前，我国婴幼儿配方奶粉生产企业有103家，2 000个配方，个别企业有180个配方，导致配方过多，定制随意，更换频繁。办法要求每个企业原则上不得超过3个配方系列，9种产品配方，以减少恶意竞争。国外企业一般2~3个配方。标签不得明示或暗示"益智、增加抵抗力或免疫力、保护肠道"，不允许以"不添加""不含有""零添加"等字样强调未使用或不含有按食品安全标准不应当使用的物质。

第五章　食品检验

共7条（第84~90条）。

本章规定了食品检验机构、食品检验方法，对食品生产企业的检验要求和食品添加剂检验进行了规范。

本法要求食品检验机构需取得资质认定，由指定的检验人独立进行，检验报告加盖食品检验机构公章，检验人需签名或盖章。

对于检验方法，要求进行定期或不定期抽样检验，并公布检验结果；按照食品安全标准和检验规范进行检验，不得免检；复检不得用快速检测方法。

食品生产企业可对产品自行检验，也可委托合法机构检验。

食品添加剂也适用本法有关食品检验的规定。

第六章 食品进出口

共11条（第91~101条）。

（1）关于进口食品的法律要求

①由国家出入境检验检疫部门负责；

②符合我国食品安全国家标准，随附合格证明材料；

③境外出口商或者代理商、进口商应备案，境外食品生产企业应注册；

④进口食品应当有中文标签，载明食品的原产地以及境内代理商的名称、地址、联系方式；

⑤进口商应当建立进口和销售记录制度，并保存相关凭证；

⑥建立信用记录，并依法向社会公布。

（2）关于出口食品的法律要求

①由国家出入境检验检疫部门负责；

②出口食品生产企业应当保证其出口食品符合进口国（地区）的标准或者合同要求；

③出口食品生产企业和出口食品原料种植、养殖场应当向国家出入境检验检疫部门备案；

④建立信用记录，并依法向社会公布。

第七章 食品安全事故处置

共7条（第102~108条）。

食品安全事故处理应急预案涉及多个层面的法律要求，涉及的主体包括国务院，县级以上人民政府和食品生产经营企业。不同主体要承担的法律义务各有不同。

由国务院制定国家食品安全事故应急预案；县级以上人民政府则需依法和上一级人民政府的食品安全应急预案以及本行政区域的实际情况，制定本行政区域的食品安全事故应急预案，并报上一级人民政府备案；食品生产经营企业要制定本企业的食品安全事故处置方案，定期检查本企业各项食品安全防范措施的落实情况，及时消除事故隐患。

另外，现行《食品安全法》对食品安全事故发生后的行动主体和内容进行了规范。

发生食品安全事故后，依具体情况，由食品安全监督管理部门、卫生行政部门、农业行政部门等主管部门采取行动：开展应急救援工作，救治受伤人员；封存事故食品及其原料，并立即检验，确认污染立即召回并停止经营；封存被污染的食品相关产品，并责令进行清洗消毒；依法对事故和处理情况进行发布，并对可能产生的危害加以解释、说明。

第八章 监督管理

共13条（第109~121条）。

食品监督管理主要由县级以上人民政府食品安全监督管理部门执行。其监管内容如下：

（1）风险分级管理

重点监管对象为：专供婴幼儿和其他特定人群的主辅食品；保健食品；风险较高的食品生产经营者；风险监测结果表明可能存在食品安全隐患的事项。

（2）监督生产经营者守法情况

实施现场检查；进行抽样检验；查阅、复制有关合同、票据、账簿等；查封、扣押已证实的违规、非法食品、食品添加剂等；查封违法生产活动场所。

（3）建立生产经营者食品安全信用档案

记录许可颁发、日常监察检查结果、违法行为查处等，依法公布并实时更新；对违法情节严重的，可以通报投资主管部门、证券监督管理机构和有关的金融机构。

另外，现行法规明确提出国家建立统一的食品安全信息平台，实行食品安全信息统一公布制度；监管部门约谈食品企业、监管失职将被上级约谈；保护举报人举报企业违法行为、举报监管人员违法行为；涉嫌食品安全犯罪的及时将案件移送公安机关。

第九章 法律责任

共28条（第122~149条）。

本章对各种违法主体、违法情节、执法主体和处罚方式进行了详尽的规定。

在食品领域的违法主体包括：食品生产经营者；食品检验、监管、认证机构；食品相关产品生产者；集中交易市场的开办者；网络食品交易第三方平台提供者。

违法情节可概括为两种情形：违反食品安全法，但不构成犯罪；违反食品安全法，且构成犯罪（适用刑法）。

食品领域的执法机构主要是食品安全监督管理部门。卫生行政部门、质监部门、农业行政部门、出入境检验检疫机构视具体情况联合执法。

依违法情节不同，处罚方式包括：没收、关停、吊销执照；拘留、罚款、刑事处罚；民事处罚。

不同违法主体、违法情节及处罚方式详见表6-1和表6-2。

表6-1　　　　　　　　食品生产经营企业违法情节及处罚方式

违法主体	违法情节之一	处罚方式
食品生产经营者	•用非食品原料生产食品、在食品中添加食品添加剂以外的化学物质和其他可能危害人体健康的物质，或者用回收食品作为原料生产食品，或经营上述食品； •生产经营营养成分不符合食品安全标准的专供婴幼儿和其他特定人群的主辅食品； •经营病死、毒死或者死因不明的禽、畜、兽、水产动物肉类，或者生产经营其制品； •经营未按规定进行检疫或者检疫不合格的肉类，或者生产经营未经检验或者检验不合格的肉类制品； •生产经营国家为防病等特殊需要明令禁止生产经营的食品； •生产经营添加药品的食品	•没收违法所得和违法生产经营的食品，并可以没收用于违法生产经营的工具、设备、原料等物品； •违法货值＜1万元，并处罚款10万~15万元；违法货值＞1万元，并处货值金额15~30倍的罚款； •情节严重的，吊销许可证，责任人拘留5~15日； •明知违法经营，仍为其提供场所和条件的，没收违法所得，并罚10万~20万元； •违法使用剧毒、高毒农药的，罚款并依法拘留；

(续表)

违法主体	违法情节之一	处罚方式
食品生产经营者	• 生产经营致病性微生物，农药残留、兽药残留、生物毒素重金属等污染物质含量超标食品、食品添加剂； • 生产经营超过保质期的； • 生产经营超范围、超限量使用食品添加剂的食品； • 生产经营腐败变质、油脂酸败、霉变生虫、污秽不洁、混有异物、掺假掺杂或者感官性状异常的食品、食品添加剂； • 生产经营标注虚假生产日期、保质期或者超过保质期的食品、食品添加剂； • 生产经营未按规定注册的保健食品、特殊医学用途配方食品、婴幼儿配方乳粉，或者未按注册的产品配方、生产工艺等技术要求组织生产； • 以分装方式生产婴幼儿配方乳粉，或同一企业以同一配方生产不同品牌的婴幼儿配方乳粉； • 新原料和添加剂未通过安全评估； • 拒不召回或者停止经营的	• 没收违法所得和违法生产经营食品，并可以没收用于违法生产经营的工具、设备、原料等物品； • 违法货值<1万元，并处罚款5万~10万元；违法货值>1万元，并处货值金额10~20倍的罚款； • 情节严重的，吊销许可证
	• 生产经营被包装材料、容器、运输工具等污染的食品、食品添加剂； • 生产经营无标签或标签、说明书不合格的预包装食品、食品添加剂； • 转基因食品未按规定进行标示； • 采购或者使用不符合食品安全标准的食品原料、食品添加剂、食品相关产品	• 没收违法所得和违法生产经营的食品、食品添加剂，并可以没收用于违法生产经营的工具、设备、原料等物品； • 违法货值金额<1万元的，并处5 000~5万元罚款；货值金额>1万元的，并处货值金额5~10倍罚款； • 情节严重的，责令停产停业，直至吊销许可证

(续表)

违法主体	违法情节之一	处罚方式
食品生产经营者	• 生产者未检验原辅料； • 无食品安全管理制度，没配备、培训、考核食品安全管理人员； • 生产经营者进货时未查验许可证和相关证明文件，无相关记录； • 未制定食品安全事故处置方案； • 直接入口食品的容器，使用前未经洗净、消毒或者清洗消毒不合格，或者餐饮服务设施、设备未按规定定期维护、清洗、校验； • 直接接触入口食品工作的员工未取得健康证明； • 未按规定要求销售食品； • 保健食品未备案或未按备案的配方、技术生产的； • 婴幼儿配方食品未将食品原料、食品添加剂、产品配方、标签等备案； • 特殊食品无品控体系，未定期提交自查报告； • 未定期对食品安全状况检查评价，或条件发生变化未按规定处理； • 集中用餐单位未按规定履行食品安全管理责任； • 食品生产企业、餐饮服务提供者未按规定制定、实施生产经营过程控制要求	• 责令改正，给予警告； • 拒不改正的，罚5 000~5万元； • 情节严重的，责令停产停业，直至吊销许可证
	无证生产经营	• 没收违法所得和违法生产经营食品，并可以没收用于违法生产经营的工具、设备、原料等物品； • 违法货值＜1万元，并处罚款5万~10万元；违法货值＞1万元，并处货值金额10~20倍的罚款； • 明知违法经营，仍提供场所和条件的，罚5万~10万元
	未按要求进行食品贮存、运输和装卸	• 责令改正，给予警告； • 拒不改正的，责令停产停业，并处1万~5万元罚款； • 情节严重的，吊销许可证
	一年内累计三次因违反本法规定受到责令停产停业，吊销许可证的	责令停产停业，直至吊销许可证

（续表）

违法主体	违法情节之一	处罚方式
食品生产经营者	被吊销许可证的食品生产经营者及其法定代表人、直接负责的主管人员和其他直接责任人员	• 五年内不得申请食品生产经营许可，或从事食品生产经营管理工作、担任食品安全管理人员； • 因食品安全犯罪被判有期徒刑以上刑罚的，终身不得从事食品生产经营管理工作，也不得担任食品安全管理人员； • 食品生产经营者聘用人员违反前两款规定的，由食品安全监督管理部门吊销许可证

表6-2　　　　其他违法主体违法情形及处罚方式一览表

违法主体	违法情节之一	处罚方式
食品进出口商	• 提供虚假材料，进口不符合我国标准的食品、添加剂和相关产品； • 进口尚无标准的食品，未提交标准并经卫生行政部门审核； • 未遵守本法的规定出口食品； • 进口商拒绝召回应召回的食品	• 没收违法所得和违法生产经营食品，并可以没收用于违法生产经营的工具、设备、原料等物品； • 违法货值<1万元，并处罚款5万~10万元；违法货值>1万元，并处货值金额10~20倍的罚款； • 情节严重的，吊销许可证，责任人拘留5~15日
集中交易市场提供者	允许无证者入场，未检查，未报告	责令改正，没收违法所得，罚5万~20万元；造成严重后果的，吊销执照，并负连带责任
网络交易平台提供者	未实名登记、未审证、未报告和停止服务	责令改正，没收违法所得，罚5万~20万元；造成严重后果的，吊销执照，并负连带责任
广告商、组织、机构和个人	虚假广告，未取得批准文件、广告内容与批准文件不一致	依照《广告法》的规定给予处罚；承担连带责任；情节严重的暂停销售该食品，仍销售的，没收违法所得和违法销售的食品，罚2万~5万元

（续表）

违法主体	违法情节之一	处罚方式
个人和媒体	编造、散布虚假食品安全信息	个人－公安机关依法给予治安管理处罚；媒体－由有关主管部门依法给予处罚，并对主管和直接责任人给予处分，依法承担消除影响、恢复名誉、赔偿损失、赔礼道歉等民事责任
食品监管检验机构	提供虚假监测、评估信息	直接责任人撤职、开除；吊销执业证书
食品监管检验机构	出具虚假检验、认证报告	撤销机构的检验资质，没收所收费用，处5~10倍罚款；费用＜1万元，罚5万~10万元，直接责任人撤职、开除，撤销执业资格；被开除者10年内不得从事食品检验工作；获刑或重大事故的终身不得从事检验工作；与食品生产经营者承担连带责任
食品监管检验机构	推荐食品	没收违法所得，直接责任人记大过、降级、撤职、开除
县级以上地方人民政府	•本区域事故，未及时有效处置，造成不良后果的； •涉及多环节的区域性问题，未及时整治，造成不良后果的； •隐瞒、谎报、缓报食品安全事故； •本区域发生特别重大食品安全事故，或者连续发生重大食品安全事故	直接责任人记大过、降级、撤职、开除，主要责任人辞职
县级以上地方人民政府	•未确定有关部门的食品安全监督管理职责，未建立健全全程监督管理工作机制和信息共享机制，未落实食品安全监督管理责任制； •未制定本行政区域的食品安全事故应急预案，或者发生食品安全事故后未按规定立即成立事故处置指挥机构、启动应急预案	直接责任人警告、记过、记大过、降级、撤职
食安监、卫生行政、农业行政等部门	•隐瞒、谎报、缓报食品安全事故； •未按规定查处食品安全事故，或者接到食品安全事故报告未及时处理，造成事故扩大或者蔓延； •经食品安全风险评估得出食品、食品添加剂、食品相关产品不安全结论后，未及时采取相应措施，造成事故或者不良社会影响； •对不符合条件的申请人准予许可，或者超越法定职权准予许可； •不履行监督管理职责，导致发生事故	直接责任人记大过、降级、撤职、开除，主要责任人辞职

（续表）

违法主体	违法情节之一	处罚方式
食安监、卫生行政、农业行政等部门	• 在获知有关食品安全信息后，未按规定向上级主管部门和本级人民政府报告，或者未按规定相互通报； • 未按规定公布食品安全信息； • 不履行法定职责，对查处食品安全违法行为不配合，或者滥用职权、玩忽职守、徇私舞弊	直接责任人警告、记过、记大过、降级、撤职、开除
	• 违法实施检查、强制等执法措施	• 给生产经营者造成损失的，应当依法予以赔偿； • 对直接负责的主管人员和其他直接责任人员依法给予处分

此外，现行《食品安全法》对消费者损害赔偿给予了明确的规定，对于索赔对象实行首负责任制，先行赔付，既可以向生产者索赔，也可以向经营者索赔；索赔金额除包括赔偿损失外，还可以要求支付价款10倍或者损失3倍的赔偿金，金额不高于1 000元的，赔1 000元。生产经营者财产不足以同时承担民事赔偿责任和缴纳罚款、罚金时，民事赔偿优先。

第十章 附 则

共5条（第150~154条）。

本法对相关术语进行了界定，这些术语包括：食品，食品安全，预包装食品，食品添加剂，用于食品的包装材料和容器；用于食品生产经营的工具、设备；用于食品的洗涤剂、消毒剂；食品保质期；食源性疾病；食品安全事故。

本法的未尽事宜也在附则中明确指出，包括：转基因食品和食盐本法未作规定的，适用其他法律、行政法规；铁路、民航运营中食品；保健食品的具体管理办法；食品相关产品生产活动的具体管理；国境口岸食品的监督管理；军队专用食品和自供食品的食品安全管理。

四、食品标准体系的架构

（一）标准概述

1. 标准的定义

为在一定的范围内获得最佳秩序，对活动或其结果规定共同的和重复使用的规则、指南或特性的文件，称为标准。它包括制定、发布及实施标准的过程。

2. 标准化史

（1）古代标准化

标准化是人类由自然人进入社会共同生活实践的必然产物，它随着生产力的发展、科技的进步和生活质量的提高而发生、发展，受生产力发展的制约，同时又为生产力的进一步发展创造条件。如西安半坡遗址出土陶钵口上刻画的符号可以说明文字标准化的萌芽状态；如春秋战国时代的《考工记》就有青铜冶炼配方和30项生产设计规范和制造工艺要求；在工程建设上，如我国宋代李诫《营造法式》都对建筑材料和结构做出了规定；李时珍在《本草纲目》中记载的药物特性、制备工艺可视为标准化药典；宋代毕昇发明的活字印刷术，运用了标准件、互换性、分解组合、重复利用等标准化原则，更是古代标准化的里程碑。

（2）近代标准化

进入以机器生产、社会化大生产为基础的近代标准化阶段。科学技术为标准化提供了系统实验手段，摆脱了凭直观和零散的形式对现象的表述和总结经验的阶段，从而使标准化活动进入了以实验数据定量的科学阶段，并开始通过民主协商的方式在广阔的领域推行工业标准化体系，作为提高生产率的途径。

里程碑式的事件包括：1789年美国艾利·惠特尼在武器工业中，用互换性原理批量制备零部件，制定了相应的公差与配合标准；1901年英国标准化学会正式成立；1911美国泰勒发表了《科学管理原理》，应用标准化方法制定"标准时间"和"作业"规范，在生产过程中实现标准化管理，提高了生产率，创立了科学管理理论；1914年美国福特汽车公司运用标准化原理把生产过程的时空统一起来，创造了连续生产流水线；1927年美国总统胡佛得出了"标准化对工业化极端重要"的论断。到1932年已有25个国家相继成立了国家标准化组织。1946年国际标准化组织正式成立。

（3）现代标准化

工业现代进程中，由于生产和管理高度现代化、专业化、综合化，就使现代产品或工程、服务具有明确的系统性和社会化，一项产品或工程、过程和服务，往往涉及几十个行业和几万个组织及多门科学技术，如美国的"阿波罗计划""曼哈顿计划"，从而使标准化活动更具有现代化特征。

3. 标准化的实质和目的

通过制定、发布和实施标准，达到"统一"是标准化的实质。"获得最佳秩序和社会效益"则是标准化的目的。

4. 标准化的对象

在国民经济的各个领域中，凡具有多次重复使用和需要制定标准的具体产品，以及各种定额、规划、要求、方法、概念等，都可称为标准化对象。可以是具体对象，也可以是总体对象。

5. 标准化的基本原理

标准化的基本原理通常是指统一原理、简化原理、协调原理和最优化原理。

（1）统一原理

为了保证事物发展所必需的秩序和效率，对事物的形成、功能或其他特性，确定适合于一定时期和一定条件的一致规范，并使这种一致规范与被取代的对象在功能上达到等效。

（2）简化原理

为了经济有效地满足需要，对标准化对象的结构、形式、规格或其他性能进行筛选提炼，剔除其中多余的、低效能的、可替换的环节，精炼并确定出满足全面需要所必要的环节。

（3）协调原理

为了使标准的整体功能达到最佳，并产生实际效果，必须通过有效的方式协调好系统内外相关因素之间的关系，确定为建立和保持相互一致，适应或平衡关系所必须具备的条件。

（4）最优化原理

按照特定的目标，在一定的限制条件下，对标准系统的构成因素及其关系进行选择、设计或调整，使之达到最理想的效果。

6. 标准化法与企业生产经营的关系

企业是商品的生产者和经营者，企业与标准化法有着十分密切的关系。企业必须按标准生产，对产品检验要遵守统一的检验方法，要有统一的包装、运输方式。可以说，没有标准，企业就无法组织好生产，也就不可能获取更多、更好的经济效益。

同时，违反强制性标准的企业，还要受到处罚。企业为了提高产品的信誉和产品的竞争能力，按标准化法规定，可以申请认证。认证是国际上通行的贸易管理制度。取得贸易合格认证的产品，就能得到用户的信赖。

但相当多的企业缺乏标准化意识，没有认识到标准是经验、科技成果和专家智慧的集合，没有认识到标准化对提高企业竞争力的作用，而将标准视为束缚企业的紧箍咒。

7. 违反标准的法律责任

（1）生产、销售、进口不符合强制性标准的产品，要没收产品和违法所得，并处罚款；造成严重后果构成犯罪的，对直接责任人员要依法追究其刑事责任。

（2）已经授予认证证书的产品不符合国家标准或者行业标准而使用认证标志出厂销售的，责令停止销售，并处罚款；情节严重的，撤销其认证证书。

（3）产品未经认证或者认证不合格而擅自使用认证标志出厂销售的，责令停止销售，并处罚款。

（4）标准化工作的监督、检验、管理人员违法失职、徇私舞弊的，给予行政惩罚；构成犯罪的，要依法追究其刑事责任。

（二）标准的分级、分类和标准体系

1. 我国标准分级

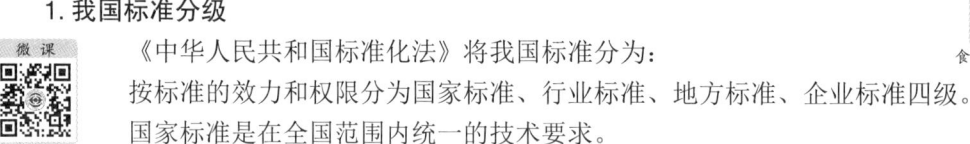

《中华人民共和国标准化法》将我国标准分为：

按标准的效力和权限分为国家标准、行业标准、地方标准、企业标准四级。

国家标准是在全国范围内统一的技术要求。

国家标准的年限一般为五年，过了年限后，国家标准就要被修订或重新制定。此外，随着社会的发展，国家需要制定新的标准来满足人们生产、生活的需要。因此，标准是动态信息。

行业标准是指没有国家标准而又需要在全国某个行业范围内统一的技术要求。行业标准应用范围广、数量多，收集较为不易。

按标准的约束性分为强制性国家标准和推荐性标准。

强制性国家标准是保障人体健康、人身安全、财产安全的标准和法律及行政法规规定强制执行的国家标准。

推荐性标准又称非强制性标准或自愿性标准，是指生产、交换、使用等方面，通过经济手段或市场调节而自愿采用的一类标准。这类标准不具有强制性，任何单位均有权决定是否采用，违反这类标准，不构成经济或法律方面的犯罪。

2. 我国各级标准制定的主体

我国的国家标准、行业标准由国务院标准化行政主管部门制定。

地方标准由省、自治区和直辖市标准化行政主管部门制定。

企业标准由企业自己制定。

3. 国外先进标准

国外先进标准是指未经国际标准化组织（ISO）确认并公布的其他国际组织的标准。包括发达国家的国家标准、区域性组织的标准和国际上有权威的团体标准与企业（公司）标准中的先进标准。例如：美国标准（ANSI）、德国标准（DIN）、英国标准（BS）、日本工业标准（JIS）、法国标准（NF）等。

4. 国际标准

国际标准是指国际标准化组织（ISO）、国际电工委员会（IEC）和国际电信联盟（ITU）制定的标准，以及国际标准化组织确认并公布的其他国际组织制定的标准。国际标准在世界范围内统一使用。

（三）我国食品安全国家标准现状

1. 我国食品标准清理整合工作已完成

从 2013 年起，原国家卫生计生委员会全面启动食品标准清理工作，梳理出近 5 000 项食用农产品质量安全标准、食品卫生标准、食品质量标准以及行业标准，除 1 082 项农兽药残留相关标准移交给农业行政部门清理外，其余 3 310 余项标准的清理工作于 2016 年 6 月完成。最终清理整合至 412 项食品安全国家标准，这些整合标准在 2016 年陆续发布实施。另外建议适时废止标准 57 项，不纳入食品安全国家标准体系的标准 1 913 项。

2. 我国现行食品安全国家标准现状

截至 2017 年 4 月，原国家卫生计生委员会同原农业部、原食品药品监督管理总局制定并发布食品安全国家标准 1 224 项。包括通用标准、产品标准、检验方法、生产经营规范四大类，涵盖 1.2 万余项指标，初步搭建起我国食品安全国家标准体系。标准体系的框架、原则、科学依据与国际食品法典一致。

在 2017 年构建的最新食品安全国家标准体系的基础上，食品安全国家标准工作持续推进。据国家卫生健康委员会网站公布的数据，截止到 2020 年 10 月 23 日，我国现行有效的食品安全国家标准共计 13 大类 1 311 项，各个标准类别和标准数量如下：通用标准 12 项、食品产品标准 70 项、营养与特殊膳食食品标准 9 项、食品添加剂质量规格标准 604 项、食品营养强化剂质量规格标准 50 项、食品相关产品标准 15 项、生产经营规范标准 30 项、理化检验方法与规程标准 229 项、微生物检验方法与规程标准 32 项、毒理学检验方法与规程标准 28 项、农药残留检验方法标准 116 项、兽药残留检验方法标准 38 项、（拟）被替代标准 78 项。

3. 我国食品安全国家标准未来努力的方向

（1）我国将继续健全食品安全标准体系，严格食品安全标准管理，建立完善从标准规划、立项、起草、征求意见到审查、批准发布等各环节的管理制度。

（2）建立食品安全标准查询和跟踪评价网络平台，提高标准制定的透明度。

（3）建立食品安全风险监测网络，全面开展风险监测工作，开展铝、塑化剂等风险评估，做好食品消费量调查、总膳食研究等基础性工作，为标准制定提供科学依据。

任务实施

第一阶段

[教师]

1. 确定任务。由教师提出设想，然后与学生一起讨论，最终确定项目目标和任务。

2. 对班级学生进行分组，每个小组控制在 6 人以内，各小组按照自己的兴趣确定研究对象，研究对象确定后，在后续的项目中尽量不要改变，以确保对选定对象体系构建的系统性。

[学生]

1. 在组建团队和建立公司、确定典型成品后，详细描述工艺流程，对关键工艺环节进行说明。
2. 学生依据各自制订的工作计划竞聘负责人职位（1～2 人）。在竞聘过程中需考察：计划的可行性、前瞻性、系统性与完整性及报告人的领导能力、沟通能力和团队协作能力。
3. 确定负责人后，实施小组内分工，明确每个人职责，未来工作细节，团队协作的机制。小组工作内容等可参考表 6-3。

表 6-3　　　　　　　　　　　小组组成与分工

角色	人员	主要工作内容
负责人	A	计划，主持、协助、协调小组行动、PPT 制作
小组成员	B	根据《预包装食品标签通则》设计个性化产品标签
	C	设计产品 Logo
	D	根据《预包装食品营养标签通则》的规定，设计产品营养标签
	E	搜索和解读典型产品标准
	F	搜索和解读产品相关检验检测标准
	G	搜索和学习食品添加剂使用标准，确定本产品添加剂用量

备注：小组成员既要独立分工，又要不断讨论、协调、开发解决方案，提出建议，形成可执行的行动细则，并提交详细的书面报告。

第二阶段

[学生]

学生针对自己的任务内容，利用各种可以利用的媒介查找资料，制作、汇报 PPT。

第三阶段

[教师和学生]

1. 学生课堂汇报，教师点评任务完成质量，提出存在的问题，然后学生进一步讨论、整改。
2. 由实践到理论的总结、提升，到再次认知，学生应能陈述关键知识点。
3. 各成员汇总、整理分工成果，进行系统协调，形成最后成熟、可行的整体方案，并且能够展示出来。

[成果展示]

1. 公司基本情况简介：名称、地点、法人、规模、方针、理念、组织结构、产品线及典型产品。
2. 典型产品简介：详细描述工艺流程，对关键工艺环节进行说明。
3. 根据 GB 7718—2011《预包装食品标签通则》设计个性化产品标签和 Logo。

《预包装食品标签通则》的相关概念　　《预包装食品标签通则》的基本要求　　《预包装食品标签通则》的标示内容

4. 根据 GB 28050—2011《预包装食品营养标签通则》的规定，设计规范的产品营养标签。

5. 依照现行食品标准体系，检索、整理和应用相关标准，相关标准包括产品标准、食品检验标准、食品添加剂使用标准等内容，并对主要条款进行解读，如根据食品添加剂使用标准，确定本组产品所用添加剂名称及准确的用量。

第四阶段

1. 针对项目完成过程中存在的问题，提出解决方案。
2. 总结个人在执行过程中能力的强项与弱项，提出提高自身能力的应对措施。
3. 经过个人评价、学生互评、教师评价打分，计算最后得分。
4. 对学生个人形成的书面材料进行汇总，将最后形成的系统材料归档。

【关键知识点】

1. 我国食品法律、法规体系的组成包括法律、行政法规、部门规章、其他规范性文件和食品标准，共计五个层次。《中华人民共和国食品安全法》是法律效力最高的规范性文件。

2. 截至 2017 年 4 月，原国家卫生计生委员会同原农业部、原食品药品监督管理总局制定发布食品安全国家标准 1 224 项。包括通用标准、产品标准、检验方法、生产经营规范四大类，涵盖 1.2 万余项指标。标准体系的框架、原则、科学依据与国际食品法典一致。

3. GB 7718—2011《预包装食品标签通则》和 GB 28050—2011《预包装食品营养标签通则》均为我国现行食品安全国家标准。食品生产企业应能够依据上述标准的要求设计符合标准要求的食品标签和营养标签。消费者应该能够读懂食品标签和营养标签上承载的信息，选择安全、健康和适合自己需要的食品。

【信息追踪】

法规、标准为动态信息，追踪和应用实时食品法规和相关标准是一项基本技能。以信息全球化为特征的当代，网络成为人们获取相关信息的最为经济、便捷的媒介。推荐网站如下：

食品安全国家标准数据检索平台、中华人民共和国国家卫生健康委员会网站、中华人民共和国农业农村部官网。

【课业】

1. 对我国现行食品法规体系进行评价并提出建设性改进意见。
2. 阐述我国现行食品安全国家标准的概况。

【学习过程考核】

学习过程考核见表 6-4。

表 6-4　　　　　　　　　　学习过程考核

项目	任务		
评分方式	学生自评	同组互评	教师评分
得分			
任务总分			

项目七　食品安全的源头控制——GAP 体系的构建

【知识目标】
- 阐述安全食品的分类；
- 理解 GAP 的概念和安全食品生产的联系及区别；
- 理解中国 GAP 的主要内容。

【能力目标】
针对某一特定的评估对象，能够：
- 查阅相关资料，并依据资料进行质量评价；
- 依据标准对食品生产的环境质量进行评价；
- 提出适当的预防和控制方案；
- 依据评价结果形成 GAP 体系。

任务描述

根据当地特色产业选择某实体研究对象，例如银杏的种植、猪的养殖。在食品质量安全控制的理论框架下，通过对银杏或生猪 GAP 生产基地的考察，了解到大气、土壤、水质是影响动植物生长发育以及产量和质量的重要因子。因此，对食品生产的环境质量进行评价是建立 GAP 基地的重要内容，这就要求对食品生产基地的环境进行科学、准确的评价，提出有针对性的预防和控制方案，进而降低农药、兽药的膳食残留水平，促进食品安全发展，保护消费者健康。

知识准备

无公害农产品、绿色食品、有机食品的区别

一、安全食品的分类及概念

目前，我国食品和农产品根据生产过程、环境以及产品标准的不同要求，可以分为常规食品、无公害农产品、绿色食品和有机食品。常规食品主要通过最终产品的质量标准（包括感官、营养、理化和有毒有害物质等指标的水平及含量），确保在当前技术、经济和社会条件下，人类消费后不会造成健康上的危害。后三类食品特别强调来自无污染的生产环境，生产中禁止或限制使用有害化学合成物质。这三类食品的安全质量保证都必须实施"从农田到餐桌"的全过程控制。无公害农产品是绿色食品和有机食品发展的基础，绿色食品和有机食品是在无公害农产品基础上的进一步提高。自 2002 年以来已在我国范围内全面推进"无公害农产品行动计划"，大力发展绿色食品和有机食品。下面介绍这三类安全食品的概念。

(一)无公害农产品

根据中华人民共和国农业部和国家质量监督检验检疫总局发布的《无公害农产品管理办法》第一章第二条,无公害农产品指产地环境、生产过程和产品质量符合国家有关标准和规范的要求,经认证合格获得认证证书并允许使用无公害农产品标志的未经加工或者初加工的食用农产品。从直接意义上讲,无公害农产品即长期食用不会对人体健康产生危害的食品,广义的无公害农产品包括有机(生态)食品、绿色食品、无污染食品等。

(二)绿色食品

绿色食品是指遵循可持续发展原则,按照特定生产方式生产,经专门机构认定,许可使用绿色食品标志的无污染的安全、优质、营养食品。由于国际上通常将与环境保护有关的事物都冠以"绿色",为了更加突出这类食品出自良好的生态环境,因此命名为"绿色食品"。我国规定的绿色食品分为 A 级和 AA 级,其区别见表 7-1。

表 7-1　　　　　　　　　　　绿色食品分级标准的区别

评价体系	A 级绿色食品	AA 级绿色食品
环境评价	采用综合指数法,各项环境监测的综合污染指数不得超过 1	采用单项指数法,各项数据均不得超过有关标准
生产过程	生产过程中允许限量、限时间、限定方法使用限定品种的化学合成物质	生产过程中禁止使用任何化学合成肥料、化学农药及化学合成食品添加剂
产品	允许限定使用的化学合成物质的残留量仅为国家或国际标准的 1/2,其他禁止使用的化学物质不得检出	各种化学合成农药及合成食品添加剂均不得检出
包装标志与标志编号	标志或标准字体为白色,底色为绿色,防伪标签的底色为绿色,标志编号以单数结尾	标志和标准字体为绿色,底色为白色,防伪标签的底色为蓝色,标志编号以双数结尾

A 级绿色食品是指生产环境符合中华人民共和国农业行业标准《绿色食品 产地环境技术条件》NY/T 391—2017 的要求,生产过程中允许限量使用限定的化学合成物质,按特定的生产操作规程生产、加工,产品质量及包装经检测、检查符合特定标准,经中国绿色食品发展中心认定并允许使用 A 级绿色食品标志的产品。

AA 级绿色食品是指生产环境符合 NY/T 391—2017 的要求,生产过程中不使用任何有害化学合成物质,按特定的生产操作规程生产、加工、产品质量及包装经检测、检查符合特定标准,经中国绿色食品发展中心认定并允许使用 AA 级绿色食品标志的产品。

(三)有机食品

有机食品也称"生态食品",是指来自有机生产体系,根据国际有机农业生产要求和相应标准生产、加工,并经具有资质的、独立的认证机构认证的一切农副产品。

有机农业是指遵照一定的有机农业生产标准,在生产中不采用基因工程获得的生物及其产物,不使用化学合成的农药、化肥、生长调节剂、饲料添加剂等物质,遵循自然规律和生态学原理,协调种植业和养殖业的平衡,采用一系列可持续发展的农业技术以维持持续、稳定的农业生产体系的一种农业生产方式。

有机农业不等同于传统农业。传统农业指沿用长期积累的农业生产经验,主要以人力、畜力进行耕作,采用农业、人工措施或传统农药进行病虫害防治为主要技术特征的农业生产模式。

二、GAP 和安全食品生产的联系及区别

(一) GAP 和安全食品生产的联系

GAP 和安全食品(无公害农产品、绿色食品、有机食品)生产都要求从种植、养殖、收获到加工、储藏及运输过程中采用无污染的工艺技术,实行"从农田到餐桌"的全程质量控制,保证食品的安全性。

要保证食品"从农田到餐桌"的安全,需要具体标准的支撑。GAP 作为可操作性很强的标准体系,对农业生产活动中每一个细节的要求都制定了详细的标准,代表了一般公认的、基础广泛的农业指南。比如在水果、蔬菜生产过程中,从土地的准备、种子的选择到播种、病虫害管理、收获、清洗、包装、运输,几乎每一道工序都列出了明确的控制点,其关注对象包含了"从农田到餐桌"的整个食品链的所有步骤。

GAP 的目的在于帮助农产品企业解决在种植、收割、堆放、包装和销售等方面常见的污染危害问题,以提高农产品的安全水平。

GAP 是介于有机生产体系和常规生产体系之间的生产技术规范,它是农产品的综合质量(包括外观、内质与安全性)保障体系,强调全程质量控制和可追溯性,与我国正在实施的无公害农产品和绿色食品认证等相比更加科学、完善。

推行 GAP 是国际通行的从生产源头加强农产品和食品质量安全控制的有效措施,是确保农产品和食品质量安全工作的前提。积极推动我国 GAP 认证结果的国际互认,对促进我国农产品扩大出口具有积极作用。目前,我国在安全食品认证的基础上开展 GAP 试点和认证工作。

(二) GAP 和安全食品生产的区别

GAP 生产的农产品是安全食品。GAP、无公害农产品、绿色食品和有机食品生产在标准、标志、级别、认证机构和认证方法等方面存在不同。

1. 标准不同

GAP 的标准在不同国家存在一定差异。在国际上最有影响的是 EUREPGAP 体系和 FAOGAP 指南。参照国际的 GAP 体系,我国于 2005 年 12 月 31 日发布了 GB/T 20014—2005《良好农业规范》国家标准,于 2006 年 1 月公布了《良好农业规范认证实施规则(试行)》。现更新为 GB/T 20014—2013 版本,国家认证认可监督管理委员会要求自 2015 年 8 月 1 日起,认证机构对新申请良好农业规范认证的企业及已获认证企业的认证活动均需依据新版认证实施规则执行。

我国的无公害农产品是指产地环境、生产过程和产品质量符合无公害农产品的标准和规范的要求,允许限量、限品种、限时间地使用人工合成的化学农药、兽药、鱼药、肥料、饲料添加剂等生产的农产品。

我国的绿色食品标准是由中国绿色食品中心组织制定的统一标准。A 级标准是参照发达国家食品卫生标准和国际食品法典委员会(CAC)的标准制定的,AA 级标准是根据国际有机农业运动联合会(IFOAM)有机食品的基本原则,参照有关国家有机食品认证机构的标准,再结合我国的实际情况而制定的,达到了发达国家的先进标准或等同于发达国家有机食品质量水平。

有机食品因国家不同、认证机构不同,其标准不尽相同。2000 年 12 月,美国公布了有机食

品全国统一的新标准,日本在 2001 年 4 月公布了有机食品法(JAS 法),欧洲国家使用欧盟统一标准 EES No.2029/91 及其修正案和 1804/99 有机农业条例。我国发布了 GB/T 19630.1—2019《有机产品 生产、加工、标识与管理体系要求》。

2. 标志不同

我国农产品 GAP 的标志分一级认证和二级认证,如图 7-1 和图 7-2 所示。中国 GAP 一级认证等同于 EUREPGAP 认证,并得到 EUREPGAP 承认。

无公害农产品标志(图 7-3),由麦穗、对钩和无公害农产品字样组成,标志整体为绿色,其中麦穗与对钩为金色。绿色象征环保和生命,金色寓意成熟和丰收,麦穗代表农产品,对钩表示合格。

图 7-1 GAP 一级认证　　图 7-2 GAP 二级认证　　图 7-3 无公害农产品标志

绿色食品标志(图 7-4)由上方的太阳、下方的叶片和中心的蓓蕾构成,象征自然生态;颜色为绿色,象征着生命、农业、环保;图形为圆形,意为保护。AA 级绿色食品标志和字体均为绿色,底色为白色;A 级绿色食品标志和字体为白色,底色为绿色。整个图形描绘了一幅明媚阳光照耀下的和谐生机,告诉人们绿色食品是出自纯净、良好生态环境的安全、无污染食品,能给人们带来蓬勃的生命力。绿色食品标志还提醒人们要保护环境,防止污染,通过改善人与环境的关系,创造自然界的和谐。

有机食品标志在不同国家和不同认证机构是不同的。我国生态环境部有机食品发展中心在国家市场监督管理总局注册了有机食品标志(图 7-5),中国农业科学院茶叶研究所制定了有机茶的标志。标志由两个同心圆图案以及中英文文字组成。内圆表示太阳,其中既像青菜又像绵羊头的图案泛指自然界的动植物;外圆表示地球,整个图案采用绿色,象征着有机产品是真正无污染、符合健康要求的产品以及有机农业给人类带来了优美、清洁的生态环境。

图 7-4 绿色食品标志　　图 7-5 有机食品标志

3. 级别不同

GAP 生产的农产品分为一级认证农产品和二级认证农产品,认为可以适度使用农药、化肥等化学投放品,二者只是对农产品生产全程中控制点的要求不同。

无公害农产品不分级，在生产过程中允许使用限品种、限数量、限时间的、安全的人工合成化学物质。

绿色食品分为 A 级和 AA 级两个等级。A 级绿色食品产地环境质量要求评价项目的综合污染指数不超过 1，在生产过程中，允许限量、限数量、限时间地使用安全的人工合成农药、兽药、鱼药、肥料、饲料及食品添加剂。AA 级绿色食品产地环境质量要求评价项目的单项污染指数均不得超过有关标准，生产过程中不得使用任何人工合成的化学物质。

有机食品无级别之分，在其生产过程中不允许使用任何人工合成的化学物质，而且需要 3 年的过渡期，过渡期生产的产品为"转化期"产品。

4. 认证机构不同

经中国合格评定国家认可委员会（CNAS）授予的良好农业规范认证机构认可资格的机构可进行 GAP 的认证工作。2005 年 5 月，中国国家认证认可监督管理委员会（简称国家认监委）与 EUREPGAP/Food PLUS 正式签署《中国国家认证认可监督管理委员会与 EUREPGAP/Food PLUS 技术合作备忘录》。中国良好农业规范（China GAP）得到国际认可。

无公害农产品分别实行产地认定和产品认证的工作模式。省级农业行政主管部门负责组织实施本辖区内无公害农产品产地的认定工作。由中国农业农村部农产品质量安全中心进行产品认证工作。

绿色食品的认证机构是中国绿色食品发展中心，负责全国绿色食品的统一认证和最终审批。

我国具有权威性的有机食品认证机构：一是生态环境部有机食品发展中心，它是目前国内有机食品综合认证的权威机构；二是中国农业科学院茶叶研究所，该所在目前国内茶叶行业中认证最具权威。另外也有一些国外有机食品认证机构在进行我国有机食品的认证工作。

5. 认证方法不同

在我国，GAP 的认证方法是对农业生产经营者、农业生产经营组织进行实地检查认证，重点是农事操作的真实记录，强调"从农田到餐桌"的全程质量控制。有机食品和 AA 级绿色食品的认证实行检查员制度，在认证方法上以实地检查认证为主，检测认证为辅，有机食品的认证重点是农事操作的真实记录和生产资料购买及应用记录。A 级绿色食品和无公害农产品的认证遵循检查认证和检测认证并重的原则，同时强调"从农田到餐桌"的全程质量控制，在环境技术条件的评价方法上，采用了调查评价与检测认证相结合的方式。

三、中国 GAP 主要内容

受国家标准化管理委员会委托，国家认监委于 2004 年起，组织质检、农业、认证认可行业专家，开展制定 GAP 国家标准研究工作。

2004 年至今，国家标准委员会先后发布 27 项《良好农业规范》系列国家标准并陆续进行了更新。

（一）GAP 系列国家标准目录及其框架

我国 GAP 标准包括以下 27 个部分。良好农业规范编号、控制点与符合性规范实施对象见表 7-2，中国 GAP 标准框架如图 7-6 所示。

表 7-2　GAP 系列国家标准一览表

良好农业规范编号	控制点与符合性规范实施对象	良好农业规范编号	控制点与符合性规范实施对象
GB/T 20014.1—2005	术语	GB/T 20014.15—2013	水产工厂化养殖基础
GB/T 20014.2—2013	农场基础	GB/T 20014.16—2013	水产网箱养殖基础
GB/T 20014.3—2013	作物基础	GB/T 20014.17—2013	水产围栏养殖基础
GB/T 20014.4—2013	大田作物	GB/T 20014.18—2013	水产滩涂、吊养、底播养殖基础
GB/T 20014.5—2013	水果和蔬菜	GB/T 20014.19—2008	罗非鱼池塘养殖
GB/T 20014.6—2013	畜禽基础	GB/T 20014.20—2008	鳗鲡池塘养殖
GB/T 20014.7—2013	牛羊	GB/T 20014.21—2008	对虾池塘养殖
GB/T 20014.8—2013	奶牛	GB/T 20014.22—2008	鲆鲽工厂化养殖
GB/T 20014.9—2013	生猪	GB/T 20014.23—2008	大黄鱼网箱养殖
GB/T 20014.10—2013	家禽	GB/T 20014.24—2008	中华绒螯蟹围拦养殖
GB/T 20014.11—2005	畜禽公路运输	GB/T 20014.25—2010	花卉和观赏植物
GB/T 20014.12—2013	茶叶	GB/T 20014.26—2013	烟叶
GB/T 20014.13—2013	水产养殖基础	GB/T 20014.27—2013	蜜蜂
GB/T 20014.14—2013	水产池塘养殖基础		

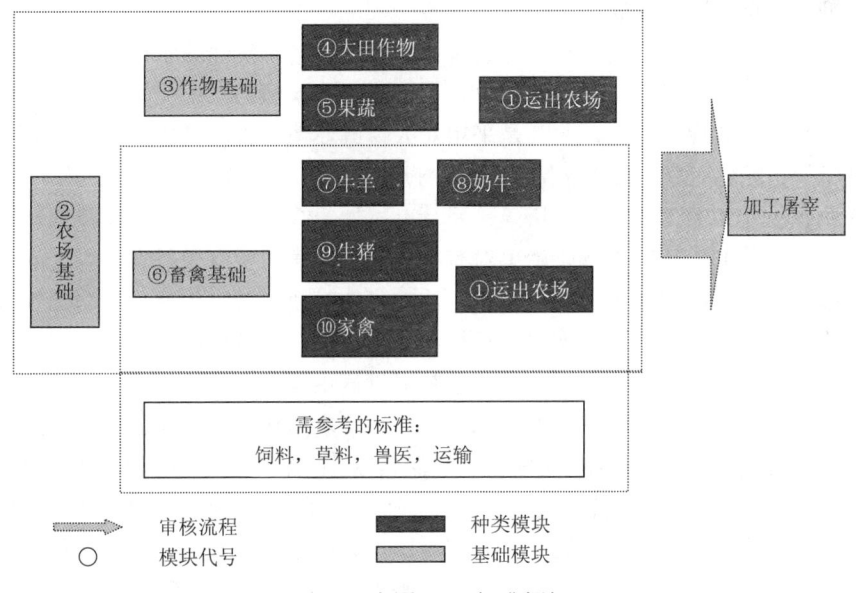

图 7-6　中国 GAP 标准框架

（二）中国 GAP 的主要内容

1. 生产用水与农业用水的良好规范

在农作物生产中需要使用大量的水，水对农产品的污染程度取决于水的质量，用水时间和方式，农作物的特性和生长条件、收割与处理时间以及收割后的操作，因此，应采用不同方式，针对不同用途选择生产用水，以保证水质，降低风险。有效的灌溉技术和管理将有效减少浪费，避免过度淋洗和盐渍化。农业负有对水资源进行数量和质量管理的高度责任。

与水有关的良好规范包括：尽量增大小流域地表水渗透率和减少无效外流；适当利用并避免用排水来管理地下水和土壤水分；改善土壤结构，增加土壤有机质含量；避免水资源污染的方法，如使用生产投入物，包括有机、无机和人造废物或循环产品；采用监测农作物和土壤水分状况的方法精确地安排灌溉，通过采用节水措施或进行水再循环来防止土壤盐渍化；通过建立永久性植被或需要时保持或恢复湿地来加强水循环的功能；管理水位以防止抽水或积水过多，以及为牲畜提供充足、安全、清洁的饮水点。

2. 肥料施用的良好规范

土壤的物理和化学特性及功能、有机质及有益生物活动，是维持农业生产的根本，其综合作用形成了土壤肥力和生产率。

与肥料有关的良好规范包括：利用适当的农作物轮作、施用肥料、牧草管理和其他土地利用方法以及合理的机械、保护性耕作方法，通过利用调整碳氮比的方法，保持或增加土壤有机质；保持土层以便为土壤生物提供有利的生存环境，尽量减少因风或水造成的土壤侵蚀流失；使有机肥和矿物肥料以及其他农用化学物的施用量、时间和方法适合农学、环境和人体健康的需要。

经合理处理的农家肥是有效和安全的肥料，未经处理或处理不正确的再污染农家肥，可能携带影响公共健康的病原菌，并导致农产品污染。因此，生产者应根据农作物的特点、农时、收割时间及间隔、气候特点，制定适合自己操作的处理、保管、运输和使用农家肥的规范，尽可能减少粪便与农产品的直接或间接接触，以降低微生物危害。

3. 农药使用的良好操作规范

按照病虫害综合防治的原则，利用对病害和有害生物具有抗性的农作物，进行农作物和牧草轮作，预防疾病暴发，谨慎使用防治杂草、有害生物和疾病的农用化学品，制定长期的风险管理战略。任何农作物保护措施，尤其是采用对人体或环境有害的措施，必须考虑到潜在的不利影响，并掌握、配备充分的技术支持和适当的设备。

与农作物保护有关的良好规范包括：采用具有抗性的栽培品种、农作物种植顺序和栽培方法，加强对有害生物和疾病的生物防治；对有害生物和疾病与所有受益农作物之间的平衡状况定期进行定量评价；适时适地采用有机防治方法；可能时使用有害生物和疾病预报方法；在考虑到所有可能的方法及其对农场生产率的短期和长期影响以及环境影响以后，再确定其处理策略，以便尽量减少农用化学物的使用量，特别是促进病虫害综合防治；按照法规要求储存农用化学物并按照用量和时间以及收获前的停用期规定使用农用化学物；使用者须受过专门训练并掌握有关知识；确保施用设备符合确定的安全和保养标准；保持对农用化学物的使用准确记录。

在采用化学防治措施防治农作物病虫害时，正确选择合适的农药品种是非常重要的控制点。第一，必须选择国家正式注册的农药，不得使用国家有关规定禁止使用的农药；第二，尽可能地选用专门作用于目标害虫和病原体、对有益生物种群影响最小、对环境没有破坏作用的农药；第三，在植物保护预测、预报技术的支撑下，在最佳防治时期用药，提高防治效果；第四，在重复使用某种农药时，必须考虑避免目标害虫和病原体产生耐药性。

在使用农药时，生产人员必须按照标签或使用说明书规定的条件和方法，用合适的器械施药。商品化的农药，在标签和说明书上，在标明有效成分及其含量并说明农药性质的同时，一般都规定了稀释倍数、单位面积用量、施药后到采收前的安全间隔期等重要参数，按照这些条件标准化使用农药，就可以将该种农药在农作物产品中的残留控制在安全水平之下。

新修订的《农药管理条例》于 2017 年 6 月 1 日起正式实施,新条例最大的变化:第一是将农药生产管理职责统一规划农业部门;第二是恢复 1997 年 5 月 8 日农业部门规章确定的农药经营许可制度,但是取消了之前七类八种单位专营的规定;第三是提高了对农药使用者尤其是农药使用机构的要求。其使用规范重点概括为以下几点:

(1) 使用须知

应当遵守国家有关农药安全、合理使用制度,妥善保管农药,并在配药、用药过程中采取必要的防护措施,避免发生农药使用事故。

应当严格按照农药的标签标注的使用范围、使用方法和剂量、使用技术要求和注意事项使用农药,不得扩大使用范围、加大用药剂量或者改变使用方法。

不得使用禁用的农药。标签标注安全间隔期的农药,在农产品收获前应当按照安全间隔期的要求停止使用。

剧毒、高毒农药不得用于防治卫生害虫,不得用于蔬菜、瓜果、茶叶、菌类、中草药材的生产,不得用于水生植物的病虫害防治。

应当保护环境,保护有益生物和珍稀物种,不得在饮用水水源保护区、河道内丢弃农药、农药包装物或者清洗施药器械。

严禁在饮用水水源保护区内使用农药,严禁使用农药毒杀鱼、虾、鸟、兽等。

国家鼓励农药使用者妥善收集农药包装物等废弃物。

发生农药使用事故,农药使用者、农药生产企业、农药经营者和其他有关人员应当及时报告当地农业主管部门。

农药经营者要建立采购台账、销售台账,如实记录销售农药的名称、规格、数量、生产企业、购买人、销售日期等内容。销售台账应当保存 2 年以上。

农药使用者应当严格按照农药的标签标注的使用范围、使用方法和剂量、使用技术要求和注意事项使用农药。应当建立农药使用记录,如实记录使用农药的时间、地点、对象以及农药名称、用量、生产企业等。农药使用记录应当保存 2 年以上。

(2) 农药使用者权利

生产、经营的农药造成农药使用者人身、财产损害的,农药使用者可以向农药生产企业要求赔偿,也可以向农药经营者要求赔偿。属于农药生产企业责任的,农药经营者赔偿后有权向农药生产企业追偿;属于农药经营者责任的,农药生产企业赔偿后有权向农药经营者追偿。

(3) 法律责任

有"未取得农药经营许可证经营农药、经营假农药、在农药中添加物质"三种行为之一的,由县级以上地方人民政府农业主管部门责令停止经营,没收违法所得、违法经营的农药和用于违法经营的工具、设备等,违法经营的农药货值金额不足 1 万元的,并处 5 000 元以上 5 万元以下罚款,货值金额 1 万元以上的,并处货值金额 5 倍以上 10 倍以下罚款;构成犯罪的,依法追究刑事责任。农药经营者经营劣质农药的,由县级以上地方人民政府农业主管部门责令停止经营,没收违法所得、违法经营的农药和用于违法经营的工具、设备等,违法经营的农药货值金额不足 1 万元的,并处 2 000 元以上 2 万元以下罚款,货值金额 1 万元以上的,并处货值金额 2 倍以上 5 倍以下罚款;情节严重的,由发证机关吊销农药经营许可证;构成犯罪的,依法追究刑事责任。

4. 农作物和饲料生产的良好规范

农作物和饲料生产涉及一年生和多年生农作物、不同栽培的品种等，应允许考虑农作物和品种对当地条件的适应性，因管理土壤肥力和病虫害防治而进行的轮作。

与农作物和饲料生产有关的良好规范包括：根据栽培品种的特性安排生产。这些特性包括对播种和栽种时间的反应、生产率、质量、市场可接收性和营养价值、疾病及抗逆性、土壤和气候适应性，以及对化肥和农用化学物的反应等；设计农作物种植制度以优化劳动力和设备的使用，利用机械、生物和除草剂备选方法，提供非寄主农作物以尽量减少疾病，如利用豆类农作物进行生物固氮等。利用适当的方法和设备，按照适当的时间间隔，平衡施用有机和无机肥料，以补充收获所提取的或生产过程中失去的养分；利用农作物和其他有机残渣的循环，提高和维持土壤、养分稳定存在；将畜禽养殖纳入农业种养计划，利用放牧或家养牲畜提供的养分循环提高整个农场的生产率；轮换牲畜、牧场以便牧草健康再生，坚持安全条例，遵守作物、饲料生产设备和机械使用安全标准。

5. 畜禽生产良好规范

GB/T 20014.6—2013《良好农业规范 第 6 部分：畜禽基础控制点与符合性规范》适用于对畜禽生产良好农业规范基础要求的符合性判定。如杭州万泰认证有限公司就如何在规模化养猪场有效地应用 GAP 标准，从养殖场的管理、饲料的控制、疫病的防治等方面提出非常具有可操作性的要求：

（1）规模化养猪场的场址猪舍和引种要求

①场址猪舍要求

畜禽养殖场应建在地势平坦、干燥、交通方便、背风向阳、排水良好的地方，场地水质良好、水源充足，无有害气体、烟雾、灰尘及其他污染。畜禽养殖场周围 3 000 m 无大型化工厂、矿厂或其他污染源，距离学校、公共场所、居民区不少于 1 000 m，距离交通干线不少于 500 m。

畜禽养殖场建筑整体布局合理，应便于防火和防疫，畜禽养殖场内分设生活管理区、生产区及粪污处理区，生产区和生活管理区相对隔离，生产区应在生活区的常年主导风向的下风向，粪便污水处理设施和畜禽尸体焚烧炉应设在畜禽养殖场的生产区、生活管理区的常年主导风向的下风向或侧风向处。畜禽养殖场内净道与污道应分开。

畜禽养殖污染防治应遵循减量化、无害化、资源化和综合利用的原则。

畜禽废弃物经过处理应符合法规要求。畜禽养殖场超过本场处理能力的过量废弃物应与第三方签订正式处理协议。

通风（无论是自然通风还是人工通风）良好，有效适用于相关类型的畜禽并保持适宜的温度、湿度。

②引种

应从非疫区引种。

种畜禽应具有县级以上人民政府畜牧行政主管部门核发的"种畜禽生产经营许可证"，许可证在有效期内。

符合良种繁育体系布局要求，应通过 GAP 认证的良种场引种。

做好引种前的隔离舍和通道的准备及卫生消毒。

隔离观察：隔离观察至少 40 d 以上。

(2) 卫生防疫及兽医健康制度
①猪场卫生要求
按照 GAP 农场和畜禽养殖场管理的要求，并结合养殖场卫生防疫的相关法规要求，应建立卫生防疫管理制度；

应按照养殖场防疫法规的要求，进出门口设立消毒通道，进出牧场人员应进行更衣、换鞋、洗澡等消毒措施。

②卫生防疫
应遵循先防后治的原则。根据《中华人民共和国动物防疫法》规定，当发现疫情后应立即上报县级兽医主管部门，由县级兽医主管部门对疫点毗邻受威胁地区发出疫情通报，采取相应措施防止疫情扩散。疫情一经确定需对疫点采取封锁隔离措施。染病动物要严格隔离，并按《中华人民共和国动物防疫法》的要求对人畜共患传染病要立即捕杀深埋，对人危害不大的传染病要隔离观察。

③药物管理制度
为了规范药物管理，遵守国家有关药物管理规定，生猪饲养者应供给动物适度的营养，加强饲养管理，采取各种措施以减少应激，增强动物自身的免疫力，必要时进行预防、治疗和诊断疾病所用的兽药必须符合《中华人民共和国兽药典》《中华人民共和国兽药规范》《兽药质量标准》《中华人民共和国兽用生物制品质量标准》《进口兽药质量标准》《饲料药物添加剂使用规范》的相关规定。所用兽药必须来自具有"兽药生产许可证"和产品批准文号的生产企业或者具有"进口兽药许可证"的供应商。所用兽药的标签应符合《兽药管理条例》的规定。

(3) 饲料的控制
饲料的营养成分符合相应的饲料国家标准，并符合饲料卫生国家标准。应建立饲料供方的评价准则，定期对供方进行评价和再评价，并保持评价的记录，只有评价合格才能作为养猪场饲料采购的供方。

定期对原料和成品料进行检查清理，发现变质饲料或过期饲料及时请有关人员处理，变质饲料不能再给猪只饲喂，应及时销毁。

6. 收获、加工及储存良好规范
农产品的质量也取决于适当的农产品收获和储存方式，包括加工方式。收获必须符合与农用化学物停用期和兽药停用期有关的规定。产品储存在所设计的适宜温度和湿度条件下专用的空间中。涉及动物的操作活动如剪毛和屠宰，必须坚持畜禽健康和福利标准。

与收获、加工及储存有关的良好规范包括：按照规定的收获前停用期和停药期后收获产品；为产品的加工规定清洁安全的处理方式，清洗使用清洁剂和清洁水；在卫生和适宜的环境条件下储存产品；使用清洁和适宜的容器包装产品以便运出农场；使用人道的和适当的屠宰前处理和屠宰方法；重视监督、人员培训和设备的正常保养。

7. 工人健康和卫生的良好规范
确保所有人员，包括非直接参与操作的人员，如设备操作工、运输销售人员和害虫控制作业人员符合卫生规范。生产者应建立培训计划以使所有相关人员遵守良好卫生规范，了解良好卫生控制的重要性和技巧，以及使用厕所设施的重要性等相关的清洁卫生方面的知识。

8. 卫生设施的良好规范
人类活动和其他废弃物的处理或包装设施操作管理不善，会增加污染农产品的风险。要求厕所、洗手设施的位置应适当，配备应齐全，应保持清洁，并应易于使用和方便使用。

9. 田地卫生的良好规范

田地内人类活动和其他废弃物的不良管理能显著增加农产品污染的风险，应使用清洁的采收、储藏设备，保持装运储存设备卫生，放弃无法清洁的容器，尽可能减少新鲜农产品被微生物污染。在农产品被运离田地之前应尽可能地去除农产品表面的泥土，建立设备的维修保养制度，指定专人负责设备的管理，适当使用设备并尽可能地保持清洁，防止农产品的交叉污染。

10. 包装设备卫生的良好规范

保持包装区域的厂房、设备和其他设施以及地面等处于良好卫生状态，以减少微生物污染农产品的可能。制定包装工人的良好卫生操作程序以维持对包装操作过程的控制。在包装设施或包装区域外应尽可能地去除农产品泥土，修补或弃用损坏的包装容器，用于运输农产品的工、器具使用前必须清洗干净，在储存中防止未使用的干净的和新的包装容器被污染。包装和储存设施应保持清洁状态，用于存放、分级和包装鲜农产品的设备必须用易于清洗的材料制成，设备的设计、建造、使用和一般清洁，能降低产品交叉污染的风险。

11. 运输的良好规范

遵守 GB/T 23346—2009《食品良好流通规范》。应制定运输规范，以确保在运输的每个环节，包括从田地到冷却器、包装设备、分发至批发市场或零售中心的运输卫生。操作者和其他与农产品运输相关的员工应细心操作。无论在什么情况下运输和处理农产品，都应进行卫生状态的评估。运输者应把农产品与其他的食品或非食品病原菌源相隔离，以防止运输操作对农产品的污染。

12. 溯源的良好规范

要求生产者建立有效的溯源系统，相关的种植者、运输者和其他人员应提供资料，建立产品的采收时间、农场、从种植者到接收者的管理档案和标志等，追溯从农场到包装者、配送者和零售商等所有环节，以便识别和减少危害，防止食品安全事故发生。一个有效的追溯系统至少应包括能说明产品来源的文件记录、标志和鉴别产品的机制。

（三）中国 GAP 的认证

只有中国合格评定国家认可委员会（CNAS）授予的良好农业规范认证机构认可资格的机构才能进行 GAP 的认证。GAP 的认证方法是对农业生产经营者、农业生产经营组织进行实地检查认证，重点是农事操作的真实记录。中国 GAP 危害等级分类标准见表 7-3，GAP 控制点数见表 7-4，认证分级及要求如图 7-7 所示。以模块的不同要求对产品种类进行认证（图 7-7）。2005 年 5 月，国家认监委与 EUREPGAP/Food PLUS 正式签署《中国国家认证认可监督管理委员会与 EUREPGAP/Food PLUS 技术合作备忘录》。中国 GAP 一级认证结果等同于 EUREPGAP 认证，并得到 EUREPGAP 认可。

表 7-3　　　　　　　　　　中国 GAP 危害等级分类标准

等级	级别内容
1 级	基于 HACCP 和与食品安全直接相关的动物福利的所有食品安全要求
2 级	基于 1 级条款要求的环境保护、员工福利、动物福利的基本要求
3 级	基于 1 级和 2 级条款要求的环境保护、员工福利、动物福利的持续改善措施要求

项目七 食品安全的源头控制——GAP 体系的构建

表 7-4　中国 GAP 控制点数示例

良好农业操作规范类别	中国 GAP 控制点数		
	1 级关键控制点	2 级关键控制点	3 级关键控制点
农场基础控制点与符合性规范	9	26	21
作物基础控制点与符合性规范	41	70	12
大田作物控制点与符合性规范	7	10	3
水果和蔬菜控制点与符合性规范	15	21	32
畜禽基础控制点与符合性规范	76	15	13
牛、羊控制点与符合性规范	31	35	8
奶牛控制点与符合性规范	36	21	10
生猪控制点与符合性规范	51	25	17
家禽控制点与符合性规范	75	70	25
畜禽公路运输控制点与符合性规范	39	11	0

中国 GAP 2 级 ← 仅需符合 1 级控制点的要求（95%符合即可） → 1 级控制点

中国 GAP 1 级 EUREPGAP ← 1 级和 2 级控制点都要符合（同 EUREPGAP 要求，果蔬 100%符合 1 级控制点，95%符合 2 级控制点，其他模块 90%符合 2 级控制点即可）→ 2 级控制点

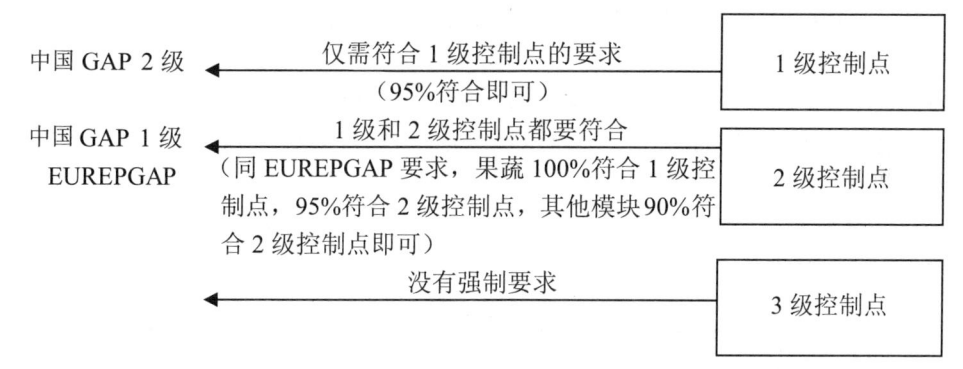

← 没有强制要求 → 3 级控制点

图 7-7　中国 GAP 的认证分级及要求

任务实施

第一阶段

[教师]

1. 确定任务。由教师提出设想，然后与学生一起讨论，最终确定项目目标和任务。选择当地特色产品为研究对象，例如银杏的种植、猪的养殖，熟悉 GAP 认证流程。

2. 对班级学生进行分组，每个小组控制在 6 人以内，各小组按照自己的兴趣确定研究对象。

[学生]

1. 根据各自的分组情况，查找相应的资料，学习讨论，分别制订任务工作计划。

2. 学生依据各自制订的工作计划竞聘负责人职位（1～2 人）。在竞聘过程中需考查：计划的可行性、前瞻性、系统性与完整性及报告人的领导能力、沟通能力和团队协作能力。

3. 确定负责人，实施小组内分工，明确每个人的职责、未来工作细节、团队协作的机制。小组成员分工、任务可参考表 7-5。

表 7-5 小组组成与分工

角色	人员	主要工作内容
负责人	A	计划、主持、协助、协调小组行动
小组成员	B	查找已发表的相关论文等资料，掌握水质标准监控如大肠杆菌密度、氯化物、化学耗氧量以及生物耗氧量、pH等的检测方法；掌握土壤环境质量监控如主要监控检测指标为滴滴涕、六六六、油酚等的残留，重金属离子，检测指标主要有锌、铜、铬、铅、汞、福、砷等的检测方法
	C	能对水分、灰分等进行测定

第二阶段

[学生]

学生针对自己承担的任务内容，查找相关资料，进行现场调查，拟订具体工作方案，组织备用资源。在一个环节结束后，小组进行交流讨论，修正个人制订的方案，形成最终的方案，作为下一个环节行动的基础，最后完善体系细节，并进行现场验证。

[任务完成步骤]

1. 查阅已发表的相关论文资料，了解GAP文件的基本组成部分：目的、责任人、规程、附件、记录等，认证所需检测的项目。可填写GAP认证与标准化验收记录。
2. 根据实验室条件检测相关指标。
3. 根据检查情况，就实施GAP认证过程中存在的不足提出改进措施并进行整改。
4. 填写表7-6 GAP认证结果评定表。

表 7-6 结果评定表

项目		结果
严重缺陷/项	一般缺陷/%	
0	≤20	通过GAP认证
0	>20	不通过GAP认证
≥1	0	

记录一 GAP认证与标准化验收记录

(一) 企业概况

企业名称：

企业地址：

法人代表（姓名、职务）：

GAP认证与标准化试点工作的负责人（姓名、职务）：

联系电话：

GAP认证与标准化试点基地/农户、产品品种、产品数量、产地面积清单（附清单复印件或电子文档资料）：

(二) 检查验收

（抽查1～3个生产基地/试点地块/加工基地，以核查GAP认证与标准化试点的实际情况）

1. 生产基地/农户的名称及编号：
地址：
责任人（姓名、职务）：
2. 实施的标准
依据 GB/T 20014.2—2013：　　　　　□
《良好农业规范认证实施规则》（CNCA-N-004:2014）：　□
依据其他标准或规范：　　　　　　　　　　□
（具体的标准名称）
3. 认证机构名称：　　　　　　　（适用时）
请说明机构名称和认证产品品种等：
事实描述：_____
4. 企业对基地的哪些环境因素要求进行过取样、检测（核查 2～4 份检测报告）
生产用水：□；　环境空气：□；　土壤条件：□；　其他：□
事实描述（如：相应环境检测结果是否符合中国 GAP 国家标准）
5. 是否对产品进行过检测：　　　　　　　　　是□ 否□
检测依据的标准：
检测机构名称是否有 GB/T 27025—2008《检测和校准实验室能力的通用要求》资质：
　　　　　　　　　　　　　　　　　　　　　是□ 否□
检测结果（核查 2～4 份检测报告）：
事实描述：_____
6. 是否制定了 GAP 生产管理文件：　　　　　是□ 否□
7. GAP 生产管理文件是否包括以下内容：
生产基地/加工、储藏场所位置图：　　　　　□
GAP 标准中要求的风险评估报告：　　　　　□
质量管理体系文件（适用于农业生产经营者组织）：□
GAP 生产规程/程序：　　　　　　　　　　□
生产/加工记录：　　　　　　　　　　　　□
事实描述：_____
8. 生产/加工管理记录情况
（抽查 2～6 份田间土、肥、水的管理记录，病虫草害防治记录，产量记录或加工记录等，重点查看植物保护产品使用记录，最后一次施药的时间和采收时间是否符合安全间隔期）
事实描述：_____
9. 农作物种植
（1）种子、种苗或繁殖材料
（核查有关记录，了解种子等繁殖材料是不是抗性或耐性的品种）
事实描述：_____

(2) 农作物栽培（表 7-7）

表 7-7　　　　　　　　　　　　农作物栽培记录表

时间	农作物种类	收获时间	轮作/间作	说　明

（抽查 1～3 个试点地块）

事实描述：_____

(3) 土、肥管理和病虫害防治（抽查 1～4 个地块的上一年度记录，重点调查肥料种类、来源 [自产或外购]、病虫害发生与防治情况）

事实描述：_____

(4) 企业的其他情况描述

事实描述：_____

10. 畜禽养殖

(1) 种源引入 [抽查 2～4 批次，查看引入（购入）种用畜禽是否来自国家批准的种畜禽养殖场，异地引进种用畜禽及其精液、胚胎是否到当地动物防疫监督部门办理检疫审批手续并经检疫合格]

事实描述：_____

(2) 饲料和饲料添加剂 [查看 2～6 份记录，核查饲料的种类、来源、是否遵守《饲料卫生标准》（GB 13078—2017）的要求]

事实描述：_____

(3) 疾病发生与治疗 [查看上一年度年春季 1～2 个养殖周期的记录，核查家禽家畜的疾病发生情况及治疗记录，病害名称、用药时间、次数、停药期（最后一次用药至销售间的时间）]

事实描述：_____

(4) 饲养条件（查看 2～3 个饲养现场，家禽家畜是否能自由出入适当的活动场所）

事实描述：_____

11. 水产养殖

(1) 水质情况 [是否符合《渔业水质标准》（GB 11607—1989），且淡水养殖用水是否符合农业部《无公害食品淡水养殖用水水质》（NY 5051—2001）要求，海水养殖用水是否符合农业部《无公害食品海水养殖用水水质》（NY 5052—2001）要求，核对检测报告或认证机构证明等]

事实描述：_____

(2) 投入品的管理（鱼苗、渔药、化学品、渔用饲料等投入品的使用记录）

事实描述：_____

(3) 是否建立了从养殖成品到苗种的可追溯体系　　　是□　否□

事实描述：_____

(4) 水产养殖管理（查看养殖计划、鱼苗放养、转移管理、卫生管理、病害防治、病死养殖动物处理、药残控制、收获、冰的卫生、包装和运输、动物福利、灾害防治等文件和记录）

事实描述：_____

12.GAP 产品和非 GAP 产品的存放（现场查看）
存放在不同的专库： ☐
在同一库内存放，采取了有效的隔离措施： ☐
在同一库内存放，但没有有效的隔离措施： ☐
事实描述：_____

（三）试点验收组对企业的综合评价（对企业 GAP 生产管理状况做出评价，并对存在问题提出整改建议）
验收组成员签字（手签）：
　　　　　　　　　　　　　　　　　　　　　　　　签字时间：　　年　　月　　日

第三阶段

1. 针对项目完成过程中存在的问题，提出解决方案。
2. 总结个人在执行过程中能力的强项与弱项，提出提高自身能力的应对措施。
3. 经个人评价、学生互评、教师评价，计算最后得分。
4. 对学生个人形成的书面材料进行汇总，将最后形成的系统材料归档。

【关键知识点】

1.GAP 体系包括总则（认证规则）、GAP 文本、要点目录、控制点与相关准则等几部分，目前已形成了针对水果、蔬菜、马铃薯、鲜切花、奶牛、肉牛、猪、鸡等农产品的专业 GAP 体系。

2.GAP 文件基本组成部分有目的、责任人、规程、附件、记录等。所有文件的组成及格式应一致。

文件封面的设计因企业而异，但均应有企业名称（标记），文件分类（如管理规程、技术标准、操作规程），文件名称，第一审核人、第二审核人及各自的审核日期，批准人及批准日期，生效日期，颁发、分发、接受部门及文件编号、总页数、分发编号等。

目的：简要解释文件的基本内容及实施后期望达到的效果。在需要对文件的使用范围给予界定时，可在规程第一条加以说明。

责任人：指此份文件的使用部门、使用岗位或使用人。

规程：为文件的正文。

附件：一般为正文的补充，正文内容中易变或表述复杂的细节，或与正文相关的技术、法规细节，一般可分离作为附件，按顺序号排列附于文件后，能有利于主文件的线条清晰、流畅。

记录：证实行为按照文件所规定程序运作的证据，记录的设计亦应紧扣文件的内容，一般内容有记录编号、公司名称、记录名称、顺序号、操作人、操作地点（或工序）、操作日期、操作方法（概述）、操作结果、检查人员（本部门或质量管理人员）、检查日期等。

【信息追踪】

1. 推荐网址
中国国家认证认可监督管理委员会、中国食品农产品认证信息系统。

2. 推荐相关标准
中国良好农业规范（简称"GAP"）系列国家标准（GB/T 20014）

【课业】

1. 查找中国现行良好农业规范系列国家标准（GB/T 20014）。
2. GAP 文件的编制要求有哪些？
3. GAP 文件设计要求有哪些？
4. 文件管理规程的组成有哪些？
5. 举例说明 GAP 文件系统主要记录有哪些。

【学习过程考核】

学习过程考核见表 7-8。

表 7-8　　　　　　　　　　学习过程考核

项目	任务		
评分方式	学生自评	同组互评	教师评分
得分			
任务总分			

项目八 食品安全控制基本原理和体系构建

【知识目标】
- 阐述 GMP（良好操作规范）的主要内容和在食品企业质量管理中的重要地位；
- 掌握 SSOP（卫生标准操作程序）在食品企业的使用价值；
- 理解 HACCP（危害分析和关键控制点）的 7 个原理和 12 个步骤之间的逻辑关系；
- 理解 GMP、SSOP、HACCP 三者之间的内在联系。

【能力目标】
- 能够执行食品企业食品安全控制体系的操作要点；
- 能够依据国家颁布的 GMP，在食品企业 GMP 建设过程中对涉及的人员、原料、设备和方法进行规范性设计；
- 能够结合食品 GMP 体系，为企业编制可操作性的 SSOP 文件；
- 能够利用 HACCP 的 7 个原理和 12 个步骤为某一食品企业典型产品建立 HACCP 体系，提高食品安全的管理水平。

任务一 典型产品良好操作规范（GMP）的建立与验证

任务描述

在食品法规和标准项目实施的基础上，针对各个小组确定的典型产品，按照《食品安全国家标准 食品生产通用卫生规范》（GB 14881—2013）的相应要求建立生产必备的条件，包括合适的人员、设备、设施、材料和方法。在确定有实体研究对象的情况下，按照 GB 14881—2013 的要求进行验证，并提出整改意见和建议。

知识准备

一、GMP 概述
（一）GMP 的基本概念

GMP 是英文 Good Manufacturing Practice 的缩写，中文的意思是良好操作规范。GMP 要求企业从原料、人员、设施设备、生产过程、包装运输、质量控制等方面按国家有关法规达到卫生质量要求,形成一套可操作的作业规范,帮助企业改善企业卫生环境。食品 GMP 是一种特别注重制造过程中产品品质与卫生安全的自主性管理制度。因为用在食品的管理上,所以我们称其为食品 GMP。

(二) 食品 GMP 的历史沿革

1963 年美国食品药品监督管理局(Food & Drug Administration, FDA)制定药品 GMP,目的在于确保药品的高度品质。美国于 1964 年强制实施药品 GMP,并于 1969 年公布食品 GMP 基本法。我国于 1988 年全面强制实施药品 GMP,1989 年开始推行食品 GMP。目前世界各国多已正式立法强制实施食品 GMP。

(三) GMP 的类别

一般分类:政府机构颁布的 GMP、行业组织制定的 GMP、食品企业自定的 GMP 三类。
根据 GMP 的法律效力分为强制性 GMP 和推荐性 GMP。

二、中国食品 GMP 概况

我国食品企业质量规范的制定开始于 20 世纪 80 年代中期。从 1988 年开始,我国卫生部门先后颁布了 23 个国家标准食品企业卫生规范。1998 年,原卫生部颁布了《保健食品良好生产规范》(GB 17405—1998)和《膨化食品良好生产规范》(GB 17404—1998),这是中国首批颁布的食品 GMP 强制性标准。

截止 2020 年 10 月 23 日国家共发布生产经营规范标准 30 项,其中包括 1 个食品生产通用 GMP 和 26 个食品生产专用 GMP,2 个食品经营 GMP,1 个食品冷链物流 GMP。上述标准均为强制性国家标准。重点对厂房、设备、设施、人员、材料和企业自身卫生管理等方面提出卫生要求,以促进我国食品安全状况的改善,预防和控制各种有害因素对食品的污染。

《食品安全国家标准 食品生产通用卫生规范》(GB 14881—2013)作为中国食品 GMP 总则,适用于各类食品的生产,该标准主要由以下 19 个部分组成:使用范围,术语和定义,选址及厂区环境,厂房、车间的设计和布局,建筑内部结构与材料,设备设施,卫生管理,虫害控制,废弃物处理,工作服管理,食品原料,食品添加剂和食品相关产品,生产过程的食品安全控制,食品的储存和运输,产品召回管理,培训,管理制度和人员,记录,文件管理。

26 个食品加工企业专用 GMP 包括:

1.《食品安全国家标准 乳制品良好生产规范》(GB 12693—2010)
2.《食品安全国家标准 粉状婴幼儿配方食品良好生产规范》(GB 23790—2010)
3.《食品安全国家标准 特殊医学用途配方食品良好生产规范》(GB 29923—2013)
4.《食品安全国家标准 食品接触材料及制品生产通用卫生规范》(GB31603—2015)
5.《食品安全国家标准 罐头食品生产卫生规范》(GB 8950—2016)
6.《食品安全国家标准 蒸馏酒及其配制酒生产卫生规范》(GB 8951—2016)
7.《食品安全国家标准 啤酒生产卫生规范》(GB 8952—2016)
8.《食品安全国家标准 食醋生产卫生规范》(GB 8954—2016)
9.《食品安全国家标准 食用植物油及其制品生产卫生规范》(GB 8955—2016)
10.《食品安全国家标准 蜜饯生产卫生规范》(GB 8956—2016)
11.《食品安全国家标准 糕点、面包卫生规范》(GB 8957—2016)
12.《食品安全国家标准 畜禽屠宰加工卫生规范》(GB 12694—2016)

13.《食品安全国家标准 饮料生产卫生规范》（GB 12695—2016）
14.《食品安全国家标准 谷物加工卫生规范》（GB 13122—2016）
15.《食品安全国家标准 糖果巧克力生产卫生规范》（GB 17403—2016）
16.《食品安全国家标准 膨化食品生产卫生规范》（GB 17404—2016）
17.《食品安全国家标准 食品辐照加工卫生规范》（GB 18524—2016）
18.《食品安全国家标准 蛋与蛋制品生产卫生规范》（GB 21710—2016）
19.《食品安全国家标准 发酵酒及其配制酒生产卫生规范》（GB 12696—2016）
20.《食品安全国家标准 原粮储运卫生规范》（GB 22508—2016）
21.《食品安全国家标准 水产制品生产卫生规范》（GB 20941—2016）
22.《食品安全国家标准 航空食品卫生规范》（GB 31641—2016）
23.《食品安全国家标准 酱油生产卫生规范》（GB 8953—2018）
24.《食品安全国家标准 包装饮用水生产卫生规范》（GB 19304—2018）
25.《食品安全国家标准 速冻食品生产和经营卫生规范》（GB 31646—2018）
26.《食品安全国家标准 食品添加剂生产通用卫生规范》（GB 31647—2018）

另外，截止到 2020 年 10 月，我国还颁布了两个食品经营卫生规范和一个食品冷链物流卫生规范：

1.《食品安全国家标准 食品经营过程卫生规范》（GB 31621—2014）
2.《食品安全国家标准 肉和肉制品经营卫生规范》（GB 20799—2016）
3.《食品安全国家标准 食品冷链物流卫生规范》（GB 31605—2020）

由上述已颁布的 GMP 可见，我国的 GMP 并不能覆盖所有的食品类别，故食品企业需要在遵循《食品生产通用卫生规范》基础上，由企业自行制定针对食品安全卫生操作的书面规定（或指示）及具体操作方法（或说明），并经相关部门的批准。因此 GMP 只在一个行业一个企业内发挥作用，注重结果，具有个性化。

此外，作为国家标准颁布的 GMP，往往缺乏动态更新，与现代技术和当前食品安全国内外环境衔接不够紧密。企业在依法量身定制个性化标准时，应坚持密切联系当前行业发展动态，具有一定的超前意识。

三、中国食品 GMP 内容

原国家卫生和计划生育委员会于 2013 年 5 月公布了《食品安全国家标准 食品生产通用卫生规范》（GB 14881—2013），于 2014 年 6 月 1 日开始实施。本标准代替 GB 14881—1994《食品企业通用卫生规范》。

本标准与 GB 14881—1994 相比，主要变化如下：
——修改了标准名称。
——修改了标准结构。
——增加了术语和定义。
——强调了对原料、加工、产品储存和运输等食品生产全过程的食品安全控制要求，并制定了控制生物、化学、物理污染的主要措施。
——修改了生产设备有关内容，从防止生物、化学、物理污染的角度对生产设备布局、材质和设计提出要求。

——增加了原料采购、验收、运输和储存的相关要求。

——增加了产品追溯与召回的具体要求。

——增加了记录和文件的管理要求。

——增加了附录A"食品加工环境微生物监控程序指南"。

《食品安全国家标准 食品生产通用卫生规范》（GB 14881—2013）的主要内容如下：

（一）应用范围

本标准规定了食品生产过程中原料采购、加工、包装、储存和运输等环节的场所、设施、人员的基本要求和管理准则。

本标准适用于各类食品的生产，如确有必要制定某类食品生产的专项卫生规范，应当以本标准作为基础。

（二）术语和定义

（1）污染：在食品生产过程中发生的生物、化学、物理污染因素传入的过程。

（2）虫害：由昆虫、鸟类、啮齿类动物等生物（包括苍蝇、蟑螂、麻雀、老鼠等）造成的不良影响。

（3）食品加工人员：直接接触包装或未包装的食品、食品设备和器具、食品接触面的操作人员。

（4）接触表面：设备、工器具、人体等可被接触到的表面。

（5）分离：通过在物品、设施、区域之间留有一定空间，而非通过设置物理阻断的方式进行隔离。

（6）分隔：通过设置物理阻断如墙壁、卫生屏障、遮罩或独立房间等进行隔离。

（7）食品加工场所：用于食品加工处理的建筑物和场地，以及按照相同方式管理的其他建筑物、场地和周围环境等。

（8）监控：按照预设的方式和参数进行观察或测定，以评估控制环节是否处于受控状态。

（9）工作服：根据不同生产区域的要求，为降低食品加工人员对食品的污染风险而配备的专用服装。

（三）选址及厂区环境

1. 选址

（1）厂区不应选择对食品有显著污染的区域。如某地对食品安全和食品食用性存在明显的不利影响，且无法通过采取措施加以改善，应避免在该地址建厂。

（2）厂区不应选择有害废弃物以及粉尘、有害气体、放射性物质和其他扩散性污染源不能有效清除的地址。

（3）厂区不宜选择易发生洪涝灾害的地区，难以避开时应设计必要的防范措施。

（4）厂区周围不宜有虫害大量滋生的潜在场所，难以避开时应设计必要的防范措施。

2. 厂区环境

（1）应考虑环境给食品生产带来的潜在污染风险，并采取适当的措施将其降至最低水平。

（2）厂区应合理布局，各功能区域划分明显，并有适当的分离或分隔措施，防止交叉污染。

（3）厂区内的道路应铺设混凝土、沥青或者其他硬质材料；空地应采取必要措施，如铺设水泥、地砖或铺设草坪等方式，保持环境清洁，防止正常天气下扬尘和积水等现象的发生。

（4）厂区绿化应与生产车间保持适当距离，植被应定期维护，以防止虫害的滋生。

(5)厂区应有适当的排水系统。

(6)宿舍、食堂、职工娱乐设施等生活区应与生产区保持适当距离或分隔。

(四)厂房和车间的设计和布局

(1)厂房和车间的内部设计和布局应满足食品卫生操作要求,避免食品生产中发生交叉污染。如图8-1所示。

(2)厂房和车间的设计应根据生产工艺合理布局,预防和降低产品受污染的风险。

(3)厂房和车间应根据产品特点、生产工艺、生产特性以及生产过程对清洁程度的要求合理划分作业区,并采取有效分离或分隔。如:通常可划分为清洁作业区、准清洁作业区和一般作业区;或清洁作业区和一般作业区等。一般作业区应与其他作业区域分隔。

(4)厂房内设置的检验室应与生产区域分隔。

(5)厂房的面积和空间应与生产能力相适应,便于设备安置、清洁消毒、物料存储及人员操作。

图8-1 合理的厂区环境

(五)建筑内部结构与材料

1. 内部结构

建筑内部结构应易于维护、清洁或消毒。应采用适当的耐用材料建造。合理的内部结构如图8-2所示。

图8-2 合理的内部结构

2. 顶棚

(1)顶棚应使用无毒、无味、与生产需求相适应、易于观察清洁状况的材料建造;若直接在屋顶内层喷涂涂料作为顶棚,应使用无毒、无味、防霉、不易脱落、易于清洁的涂料。

(2)顶棚应易于清洁、消毒,在结构上不利于冷凝水垂直滴下,防止虫害和霉菌滋生。

(3)蒸汽、水、电等配件管路应避免设置于暴露食品的上方;如确需设置,应有能防止灰尘散落及水滴掉落的装置或措施。

3. 墙壁

(1)墙面、隔断应使用无毒、无味的防渗透材料建造,在操作高度范围内的墙面应光滑、不易积累污垢且易于清洁;若使用涂料,应无毒、无味、防霉、不易脱落、易于清洁。

(2)墙壁、隔断和地面交界处应结构合理、易于清洁,能有效避免污垢积存。例如设置漫弯形交界面等。

4. 门窗

(1)门窗应闭合严密。门的表面应平滑、防吸附、不渗透,并易于清洁、消毒。应使用不透水、坚固、不变形的材料制成。

(2)清洁作业区和准清洁作业区与其他区域之间的门应能及时关闭。

(3)窗户玻璃应使用不易碎材料。若使用普通玻璃,应采取必要的措施防止玻璃破碎后对原料、包装材料及食品造成污染。

(4)窗户如设置窗台,其结构应能避免灰尘积存且易于清洁。可开启的窗户应装有易于清洁的防虫害窗纱。

5. 地面

(1)地面应使用无毒、无味、不渗透、耐腐蚀的材料建造。地面的结构应有利于排污和清洗的需要。

(2)地面应平坦防滑、无裂缝,并易于清洁、消毒,并有适当的措施防止积水。

(六)设施与设备

1. 设施

(1)供水设施

①应能保证水质、水压、水量及其他要求符合生产需要。

②食品加工用水的水质应符合 GB 5749—2006 的规定,对加工用水水质有特殊要求的食品应符合相应规定。间接冷却水、锅炉用水等食品生产用水的水质应符合生产需要。

③食品加工用水与其他不与食品接触的用水(如间接冷却水、污水或废水等)应以完全分离的管路输送,避免交叉污染。各管路系统应明确标识以便区分。

④自备水源及供水设施应符合有关规定。供水设施中使用的涉及饮用水卫生安全产品还应符合国家相关规定。

(2)排水设施

①排水系统的设计和建造应保证排水畅通、便于清洁维护;应适应食品生产的需要,保证食品及生产、清洁用水不受污染。

②排水系统入口应安装带水封的地漏等装置,以防止固体废弃物进入及浊气逸出。

③排水系统出口应有适当措施以降低虫害风险。

④室内排水的流向应由清洁程度要求高的区域流向清洁程度要求低的区域,且应有防止逆流的设计。

⑤污水在排放前应经适当方式处理,以符合国家污水排放的相关规定。

(3)清洁消毒设施

应配备足够的食品、工器具和设备的专用清洁设施,必要时应配备适宜的消毒设施。应采取措施避免清洁、消毒工器具带来的交叉污染。

(4)废弃物存放设施

应配备设计合理、防止渗漏、易于清洁的存放废弃物的专用设施;车间内存放废弃物的设施和容器应标识清晰。必要时应在适当地点设置废弃物临时存放设施,并依废弃物特性分类存放。

（5）个人卫生设施

①生产场所或生产车间入口处应设置更衣室；必要时特定的作业区入口处可按需要设置更衣室。更衣室应保证工作服与个人服装及其他物品分开放置。

②生产车间入口及车间内必要处，应按需设置换鞋（穿戴鞋套）设施或工作鞋靴消毒设施。如设置工作鞋靴消毒设施，其规格尺寸应能满足消毒需要。

③应根据需要设置卫生间，卫生间的结构、设施与内部材质应易于保持清洁；卫生间内的适当位置应设置洗手设施。卫生间不得与食品生产、包装或储存等区域直接连通。

④应在清洁作业区入口设置洗手、干手和消毒设施；如有需要，应在作业区内适当位置加设洗手和（或）消毒设施；与消毒设施配套的水龙头其开关应为非手动式。如图8-3所示。

⑤洗手设施的水龙头数量应与同班次食品加工人员数量相匹配，必要时应设置冷热水混合器。洗手池应采用光滑、不透水、易清洁的材质制成，其设计及构造应易于清洁消毒。应在临近洗手设施的显著位置标示简明易懂的洗手方法。

⑥根据对食品加工人员清洁程度的要求，必要时应可设置风淋室、淋浴室等设施。

图8-3 洗手消毒设施

2. 通风设施

（1）应具有适宜的自然通风或人工通风措施；必要时应通过自然通风或机械设施有效控制生产环境的温度和湿度。通风设施应避免空气从清洁度要求低的作业区域流向清洁度要求高的作业区域。

（2）应合理设置进气口位置，进气口与排气口和户外垃圾存放装置等污染源保持适宜的距离和角度；进、排气口应装有防止虫害侵入的网罩等设施。通风排气设施应易于清洁、维修或更换。

（3）若生产过程需要对空气进行过滤净化处理，应加装空气过滤装置并定期清洁。

（4）根据生产需要，必要时应安装除尘设施。

合适的通风设施如图8-4所示。

图8-4 合适的通风设施

3. 照明设施

（1）厂房内应有充足的自然采光或人工照明，光泽和亮度应能满足生产和操作需要；光源应使食品呈现真实的颜色。

（2）如需在暴露食品和原料的正上方安装照明设施，应使用安全型照明设施或采取防护措施。

4. 仓储设施

（1）应具有与所生产产品的数量、储存要求相适应的仓储设施。

（2）仓库应以无毒、坚固的材料建成；仓库地面应平整，便于通风换气。仓库的设计应易于维护和清洁，防止虫害藏匿，并应有防止虫害侵入的装置。

（3）原料、半成品、成品、包装材料等应依据性质的不同分设储存场所或分区域码放，并有明确标识，防止交叉污染。必要时仓库应设有温、湿度控制设施。

（4）储存物品应与墙壁、地面保持适当距离，以利于空气流通及物品搬运。

（5）清洁剂、消毒剂、杀虫剂、润滑剂、燃料等物质应分别安全包装，明确标识，并应与原料、半成品、成品、包装材料等分隔放置。

5. 温控设施

（1）应根据食品生产的特点，配备适宜的加热、冷却、冷冻等设施，以及用于监测温度的设施。

（2）根据生产需要，可设置控制室温的设施。

合适的温控设施如图 8-5 所示。

（a）　　　　　　　　　（b）

图 8-5 合适的温控设施

（七）设备

1. 生产设备

（1）一般要求

应配备与生产能力相适应的生产设备，并按工艺流程有序排列，避免引起交叉污染。

（2）材质

①与原料、半成品、成品接触的设备和用具，应使用无毒、无味、抗腐蚀、不易脱落的材料制作，并应易于清洁和保养。

②设备、工器具等与食品接触的表面应使用光滑、无吸收性、易于清洁保养和消毒的材料制成，在正常生产条件下不会与食品、清洁剂和消毒剂发生反应，并应保持完好无损。

（3）设计

①所有生产设备应从设计和结构上避免零件、金属碎屑、润滑油或其他污染因素混入食品，并应易于清洁消毒、易于检查和维护。

②设备应不留空隙地固定在墙壁或地板上，或在安装时与地面和墙壁间保留足够空间，以便清洁和维护。

2. 监控设备

用于监测、控制、记录的设备，如压力表、温度计、记录仪等，应定期校准、维护。

3. 设备的保养和维修

应建立设备保养和维修制度，加强设备的日常维护和保养，定期检修，及时记录。

（八）卫生管理

1. 卫生管理制度

（1）应制定食品加工人员和食品生产卫生管理制度以及相应的考核标准，明确岗位职责，实行岗位责任制。

（2）应根据食品的特点以及生产、储存过程的卫生要求，建立对保证食品安全具有显著意义的关键控制环节的监控制度，良好实施并定期检查，发现问题及时纠正。

（3）应制定针对生产环境、食品加工人员、设备及设施等的卫生监控制度，确立内部监控的范围、对象和频率。记录并存档监控结果，定期对执行情况和效果进行检查，发现问题及时整改。

（4）应建立清洁消毒制度和清洁消毒用具管理制度。清洁消毒前后的设备和工器具应分开放置妥善保管，避免交叉污染。

2. 厂房及设施卫生管理

（1）厂房内各项设施应保持清洁，出现问题及时维修或更新；厂房地面、屋顶、天花板及墙壁有破损时，应及时修补。

（2）生产、包装、储存等设备及工器具、生产用管道、裸露食品接触表面等应定期清洁消毒。

3. 食品加工人员健康管理与卫生要求

（1）食品加工人员健康管理

①应建立并执行食品加工人员健康管理制度。

②食品加工人员每年应进行健康检查，取得健康证明，如图8-6所示；上岗前应接受卫生培训。

③食品加工人员如患有痢疾、伤寒、甲型病毒性肝炎、戊型病毒性肝炎等消化道传染病，以及患有活动性肺结核、化脓性或者渗出性皮肤病等有碍食品安全的疾病，或有明显皮肤损伤未愈合的，应当调整到其他不影响食品安全的工作岗位。

图8-6 食品从业人员健康合格证

（2）食品加工人员卫生要求

①进入食品生产场所前应整理个人卫生，防止污染食品。

②进入作业区域应规范穿着洁净的工作服，并按要求洗手、消毒；头发应藏于工作帽内或使用发网约束。

③进入作业区域不应佩戴饰物、手表，不应化妆、染指甲、喷洒香水；不得携带或存放与食品生产无关的个人用品。

食品 GMP 人员、材料和方法要求

④使用卫生间、接触可能污染食品的物品，或从事与食品生产无关的其他活动后，再次从事接触食品、食品工器具、食品设备等与食品生产相关的活动前应洗手消毒。

（3）来访者

非食品加工人员不得进入食品生产场所，特殊情况下进入时应遵守和食品加工人员同样的卫生要求。

4. 虫害控制

（1）应保持建筑物完好、环境整洁，防止虫害侵入及滋生。

（2）应制定和执行虫害控制措施，并定期检查。生产车间及仓库应采取有效措施（如纱帘、纱网、防鼠板、防蝇灯、风幕等），防止鼠类昆虫等侵入。若发现有虫鼠害痕迹时，应追查来源，消除隐患。

（3）应准确绘制虫害控制平面图，标明捕鼠器、粘鼠板、灭蝇灯、室外诱饵投放点、生化信息素捕杀装置等放置的位置。

（4）厂区应定期进行除虫灭害工作。

（5）采用物理、化学或生物制剂进行处理时，不应影响食品安全和食品应有的品质、不应污染食品接触表面、设备、工器具及包装材料。除虫灭害工作应有相应的记录。

（6）使用各类杀虫剂或其他药剂前，应做好预防措施避免对人身、食品、设备工具造成污染；不慎污染时，应及时将被污染的设备、工具彻底清洁，消除污染。

5. 废弃物处理

（1）应制定废弃物存放和清除制度，有特殊要求的废弃物其处理方式应符合有关规定。废弃物应定期清除；易腐败的废弃物应尽快清除；必要时应及时清除废弃物。

（2）车间外废弃物放置场所应与食品加工场所隔离防止污染；应防止不良气味或有害有毒气体逸出；应防止虫害滋生。

6. 工作服管理

（1）进入作业区域应穿着工作服。

（2）应根据食品的特点及生产工艺的要求配备专用工作服，如衣、裤、鞋靴、帽和发网等，必要时还可配备口罩、围裙、套袖、手套等。

（3）应制定工作服的清洗保洁制度，必要时应及时更换；生产中应注意保持工作服干净完好。

（4）工作服的设计、选材和制作应适应不同作业区的要求，降低交叉污染食品的风险；应合理选择工作服口袋的位置、使用的连接扣件等，降低内容物或扣件掉落污染食品的风险。

（九）食品原料、食品添加剂和食品相关产品

1. 一般要求

应建立食品原料、食品添加剂和食品相关产品的采购、验收、运输和储存管理制度，确保所使用的食品原料、食品添加剂和食品相关产品符合国家有关要求。不得将任何危害人体健康和生命安全的物质添加到食品中。

2. 食品原料

（1）采购的食品原料应当查验供货者的许可证和产品合格证明文件；对无法提供合格证明文件的食品原料，应当依照食品安全标准进行检验。

（2）食品原料必须经过验收合格后方可使用；经验收不合格的食品原料应在指定区域与合格品分开放置并明显标记，且应及时进行退、换货等处理。

（3）加工前宜进行感官检验，必要时应进行实验室检验；检验发现涉及食品安全项目指标异常的，不得使用；只应使用确定适用的食品原料。

（4）食品原料运输及储存中应避免日光直射、备有防雨防尘设施；根据食品原料的特点和卫生需要，必要时还应具备保温、冷藏、保鲜等设施。

(5）食品原料运输工具和容器应保持清洁、维护良好，必要时应进行消毒。食品原料不得与有毒、有害物品同时装运，避免污染食品原料。

(6）食品原料仓库应设专人管理，建立管理制度，定期检查质量和卫生情况，及时清理变质或超过保质期的食品原料。仓库出货顺序应遵循先进先出的原则，必要时应根据不同食品原料的特性确定出货顺序。

3. 食品添加剂

(1）采购食品添加剂应当查验供货者的许可证和产品合格证明文件。食品添加剂必须经过验收合格后方可使用。

(2）运输食品添加剂的工具和容器应保持清洁、维护良好，并能提供必要的保护，避免污染食品添加剂。

(3）食品添加剂的储藏应有专人管理，定期检查质量和卫生情况，及时清理变质或超过保质期的食品添加剂。仓库出货顺序应遵循先进先出的原则，必要时应根据食品添加剂的特性确定出货顺序。

4. 食品相关产品

(1）采购食品包装材料、容器、洗涤剂、消毒剂等食品相关产品应当查验产品的合格证明文件，实行许可管理的食品相关产品还应查验供货者的许可证。食品包装材料等食品相关产品必须经过验收合格后方可使用。

(2）运输食品相关产品的工具和容器应保持清洁、维护良好，并能提供必要的保护，避免污染食品原料和交叉污染。

(3）食品相关产品的储藏应有专人管理；定期检查质量和卫生情况，及时清理变质或超过保质期的食品相关产品；仓库出货顺序应遵循先进先出的原则。

5. 其他

盛装食品原料、食品添加剂、直接接触食品的包装材料的包装或容器，其材质应稳定、无毒无害，不易受污染，符合卫生要求。

食品原料、食品添加剂和食品包装材料等进入生产区域时应有一定的缓冲区域或外包装清洁措施，以降低污染风险。

（十）生产过程的食品安全控制

1. 产品污染风险控制

(1）应通过危害分析方法明确生产过程中的食品安全关键环节，并设立食品安全关键环节的控制措施。在关键环节所在区域，应配备相关的文件以落实控制措施，如配料（投料）表、岗位操作规程等。

(2）鼓励采用危害分析与关键控制点体系（HACCP）对生产过程进行食品安全控制。

2. 生物污染的控制

(1）清洁和消毒

①应根据原料、产品和工艺的特点，针对生产设备和环境制定有效的清洁消毒制度，降低微生物污染的风险。

②清洁消毒制度应包括以下内容：清洁消毒的区域、设备或器具名称；清洁消毒工作的职责；使用的洗涤剂、消毒剂；清洁消毒方法和频率；清洁消毒效果的验证及不符合的处理；清洁消毒工作及监控记录。

③应确保实施清洁消毒制度，如实记录；及时验证消毒效果，发现问题及时纠正。

（2）食品加工过程的微生物监控

①根据产品特点确定关键控制环节进行微生物监控；必要时应建立食品加工过程的微生物监控程序，包括生产环境的微生物监控和过程产品的微生物监控。

②食品加工过程的微生物监控程序应包括：微生物监控指标、取样点、监控频率、取样和检测方法、评判原则和整改措施等，具体可参照附录A的要求，结合生产工艺及产品特点制定。

③微生物监控应包括致病菌监控和指示菌监控，食品加工过程的微生物监控结果应能反映食品加工过程中对微生物污染的控制水平。

3. 化学污染的控制

（1）应建立防止化学污染的管理制度，分析可能的污染源和污染途径，制定适当的控制计划和控制程序。

（2）应当建立食品添加剂和食品工业用加工助剂的使用制度，按照GB 2760—2014的要求使用食品添加剂。

（3）不得在食品加工中添加食品添加剂以外的非食用化学物质和其他可能危害人体健康的物质。

（4）生产设备上可能直接或间接接触食品的活动部件若需润滑，应当使用食用油脂或能保证食品安全要求的其他油脂。

（5）建立清洁剂、消毒剂等化学品的使用制度。除清洁消毒必需和工艺需要，不应在生产场所使用和存放可能污染食品的化学制剂。

（6）食品添加剂、清洁剂、消毒剂等均应采用适宜的容器妥善保存，且应明显标示、分类储存；领用时应准确计量、做好使用记录。

（7）应当关注食品在加工过程中可能产生有害物质的情况，鼓励采取有效措施减低其风险。

4. 物理污染的控制

（1）应建立防止异物污染的管理制度，分析可能的污染源和污染途径，并制定相应的控制计划和控制程序。

（2）应通过采取设备维护、卫生管理、现场管理、外来人员管理及加工过程监督等措施，最大限度地降低食品受到玻璃、金属、塑胶等异物污染的风险。

（3）应采取设置筛网、捕集器、磁铁、金属检测器等有效措施降低金属或其他异物污染食品的风险。

（4）当进行现场维修、维护及施工等工作时，应采取适当措施避免异物、异味、碎屑等污染食品。

5. 包装

（1）食品包装应能在正常的储存、运输、销售条件下最大限度地保护食品的安全性和食品品质。

（2）使用包装材料时应核对标志，避免误用；应如实记录包装材料的使用情况。

（十一）检验

（1）应通过自行检验或委托具备相应资质的食品检验机构对原料和产品进行检验，建立食品出厂检验记录制度。

（2）自行检验应具备与所检项目适应的检验室和检验能力；由具有相应资质的检验人员按

规定的检验方法检验；检验仪器设备应按期检定。

（3）检验室应有完善的管理制度，妥善保存各项检验的原始记录和检验报告。应建立产品留样制度，及时保留样品。

（4）应综合考虑产品特性、工艺特点、原料控制情况等因素合理确定检验项目和检验频次以有效验证生产过程中的控制措施。净含量、感官要求以及其他容易受生产过程影响而变化的检验项目的检验频次应大于其他检验项目。

（5）同一品种不同包装的产品，不受包装规格和包装形式影响的检验项目可以一并检验。

（十二）食品的储存和运输

（1）根据食品的特点和卫生需要选择适宜的储存和运输条件，必要时应配备保温、冷藏、保鲜等设施。不得将食品与有毒、有害，或有异味的物品一同储存、运输。

（2）应建立和执行适当的仓储制度，发现异常应及时处理。

（3）储存、运输和装卸食品的容器、工器具和设备应当安全、无害，保持清洁，降低食品污染的风险。

（4）储存和运输过程中应避免日光直射、雨淋、显著的温湿度变化和剧烈撞击等，防止食品受到不良影响。

（十三）产品召回管理

（1）应根据国家有关规定建立产品召回制度。

（2）当发现生产的食品不符合食品安全标准或存在其他不适于食用的情况时，应当立即停止生产，召回已经上市销售的食品，通知相关生产经营者和消费者，并记录召回和通知情况。

（3）对被召回的食品，应当进行无害化处理或者予以销毁，防止其再次流入市场。对因标签、标识或者说明书不符合食品安全标准而被召回的食品，应采取在能保证食品安全且便于重新销售时向消费者明示的补救措施。

（4）应合理划分记录生产批次，采用产品批号等方式进行标识，便于产品追溯。

（十四）培训

（1）应建立食品生产相关岗位的培训制度，对食品加工人员以及相关岗位的从业人员进行相应的食品安全知识培训。

（2）应通过培训促进各岗位从业人员遵守食品安全相关法律、法规、标准和执行各项食品安全管理制度的意识和责任，提高相应的知识水平。

（3）应根据食品生产不同岗位的实际需求，制订和实施食品安全年度培训计划并进行考核，做好培训记录。

（4）当食品安全相关的法律、法规、标准更新时，应及时开展培训。

（5）应定期审核和修订培训计划，评估培训效果，并进行常规检查，以确保培训计划的有效实施。

（十五）管理制度和人员

（1）应配备食品安全专业技术人员、管理人员，并建立保障食品安全的管理制度。

（2）食品安全管理制度应与生产规模、工艺技术水平和食品的种类特性相适应，应根据生产实际和实施经验不断完善食品安全管理制度。

（3）管理人员应了解食品安全的基本原则和操作规范，能够判断潜在的危险，采取适当的预防和纠正措施，确保有效管理。

（十六）记录和文件管理

1. 记录管理。

（1）应建立记录制度，对食品生产中采购、加工、储存、检验、销售等环节详细记录。记录内容应完整、真实，确保对产品从原料采购到产品销售的所有环节都可进行有效追溯。

①应如实记录食品原料、食品添加剂和食品包装材料等食品相关产品的名称、规格、数量、供货者名称及联系方式、进货日期等内容。

②应如实记录食品的加工过程（包括工艺参数、环境监测等）、产品储存情况及产品的检验批号、检验日期、检验人员、检验方法、检验结果等内容。

③应如实记录出厂产品的名称、规格、数量、生产日期、生产批号、购货者名称及联系方式、检验合格单、销售日期等内容。

④应如实记录发生召回的食品名称、批次、规格、数量、发生召回的原因及后续整改方案等内容。

（2）食品原料、食品添加剂和食品包装材料等食品相关产品进货查验记录、食品出厂检验记录应由记录和审核人员复核签名，记录内容应完整。保存期限不得少于2年。

（3）应建立客户投诉处理机制。对客户提出的书面或口头意见、投诉，企业相关管理部门应做记录并查找原因，妥善处理。

2. 应建立文件的管理制度，对文件进行有效管理，确保各相关场所使用的文件均为有效版本。

3. 鼓励采用先进技术手段（如电子计算机信息系统），进行记录和文件管理。

任务实施

第一阶段

[教师]

1. 根据各组的典型产品，师生一起讨论，确定最终项目目标和任务。

由于GMP是按照食品生产类别来建立和实施的，国家有相应的GMP规范，教师应引导学生针对食品企业的生产线进行相应GMP体系的建立，包括乳制品生产GMP、肉制品生产GMP规范、焙烤食品GMP、饮料生产GMP等。

2. 对班级学生进行分组，每个小组控制在6人以内，各小组按照自己的兴趣确定研究对象。

[学生]

1. 根据各自的分组情况，查找相应的国家GMP，学习讨论，分别制订任务工作计划。

2. 学生依据各自制订的工作计划竞聘负责人职位（1~2人）。在竞聘过程中需考察：计划的可行性、前瞻性、系统性与完整性及报告人的领导能力、沟通能力和团队协作能力。

3. 确定负责人后，实施小组内分工，明确每个人的职责、未来工作细节、团队协作的机制。小组工作内容等可参考表8-1。

表 8-1　　　　　　　　　　　任务一小组组成与分工

参与人员	人员	主要工作内容
负责人	A	计划，主持、协助、协调小组行动
核心成员	B	计划，按照目标企业需求实施和控制小组的行动
小组成员	C	选址及厂区环境设计
小组成员	D	车间布局设计及建筑内部结构与材料选择
小组成员	E	设备、设施的选择
小组成员	F	制定各项卫生管理制度
小组成员	G	确定产品检验项目和制度
小组成员	H	制定成品储存、运输的要求
小组成员	I	设计记录和文件管理制度

备注：小组成员既要独立分工，又要不断讨论、协调、开发解决方案，提出建议，形成可执行的行动细则，并提交详细的书面报告。

第二阶段

[学生]

学生针对自己的任务内容，利用各种可以利用的媒介查找资料，进行食品生产现场调查，拟订具体工作方案，组织备用资源，依据国家 GMP 的要求，提出建设性整改方案。

第三阶段

[教师和学生]

1. 学生课堂汇报，教师点评任务完成质量，提出存在的问题，然后学生进一步讨论、整改。
2. 由实践到理论的总结、提升，到再次认知，学生应能陈述关键知识点。
3. 各成员汇总、整理分工成果，进行系统协调，形成最后成熟可行的整体方案，并且能够展示出来。

[成果展示]

本任务需要展示如下几个方面的书面材料：

1. 公司选址和总平面图（含周边环境）。
2. 车间布局设计总平面图及建筑内部结构与材料选择。
3. 工厂设备与设施及性能参数一览表。
4. 工艺布局平面图（包括更衣室、盥洗间、人流和物料通道、气闸等，并标明空气洁净度等级）。
5. 各项卫生管理制度。
6. 化验室仪器设备及性能参数、检测项目一览表。
7. 成品储存、运输的管理制度。
8. 三项关键记录表和文件管理制度。

第四阶段

1. 针对项目完成过程中存在的问题，提出解决方案。

2. 总结个人在任务执行过程中能力的强项与弱项，提出提高自身能力的应对措施。
3. 经个人评价、学生互评、教师评价，计算最后得分。
4. 对学生个人形成的书面材料进行汇总，将最后形成的系统材料归档。

任务二 典型产品卫生标准操作程序（SSOP）的编写

典型食品 GMP 车间验证与改进

任务描述

各小组在针对各自的食品生产企业建立 GMP 的过程中，制定针对食品生产加工过程中如何实施清洗、消毒和保持卫生等方面的指导性文件。该指导性文件规定的内容应具有可操作性、可监控性，在实施过程中要不断完善，以确保消除加工过程中不良的人为因素。

知识准备

一、SSOP 概述

卫生标准操作程序 1

SSOP 是"Sanitation Standard Operation Procedures"的缩写，中文意思为"卫生标准操作程序"。SSOP 是为了消除加工过程中不良的人为因素，使其所加工的食品符合卫生要求而制定的一个指导食品生产加工过程中，如何实施清洗、消毒和保持卫生的指导性文件，是食品生产加工企业建立和实施食品安全管理体系的重要前提条件。

SSOP 至少包括八项内容：与食品接触或与食品接触物表面接触的水（冰）的安全；与食品接触的表面（包括工器具、设备、手套、工作服）的清洁度；防止发生交叉污染；手的清洗与消毒、卫生间设施的维护与卫生保持；防止食品被污染物污染；有毒化学物质的标记、储存和使用；雇员的健康与卫生控制；虫害的防治等。

二、SSOP 的主要内容

（一）与食品接触或与食品接触物表面接触的水（冰）的安全

与食品接触或与食品接触物表面接触的水（冰）的卫生质量是影响食品卫生的关键因素。对于任何食品的加工，首要的一点就是保证水的安全。在食品加工企业中一个完整的 SSOP 计划，首先要考虑与食品接触或与食品接触物表面接触的水（冰）的来源与处理应符合有关规定，并要考虑非生产用水及污水处理的交叉污染问题。

1. 生产加工用水的要求

在食品加工过程中，水是食品加工厂中一个最重要的组成部分，也是某些产品的组成成分。食品的清洗，设施、设备、工器具的清洗和消毒，员工饮用等都离不开安全、卫生的水。

食品加工厂加工用水必须充足且来源适当。

食品企业的水源一般有城市公共用水（自来水）、地下水、海水。自来水是食品加工中最常用的水源。采用地下水作为生产用水的企业应该进行水处理，使井水达到国家饮用水标准。使用海水作为生产用水的企业，应对海水做相应的水处理，使其净化、脱盐，达到国家饮用水的标准。

食品加工中应使用符合国家《生活饮用水卫生标准》（GB 5749—2006）规定的水。

2. 饮用水与污水交叉污染的预防

（1）供水管理方面

供水设施要完好，一旦损坏后能立即维修好；管道的设计要防止冷凝水集聚下滴以污染裸露的加工食品；防止饮用水管、非饮用水管及污水管间交叉污染。

（2）废水排放方面

从废水排放方面考虑，预防饮用水与污染水交叉污染，应做到以下几点：

① 地面的坡度控制在2%以上。

② 加工用水、台案或清洗消毒池的水不能直接流到地面。

③ 明沟的坡度设置在1%～1.5%，暗沟要加箅子。

④ 废水的流向应从清洁区到非清洁区或各区域单独排到排水网络。

⑤ 与外界接口应防异味、防鼠、防蚊蝇。

（3）污水处理方面

污水排放前应做必要的处理，排放应符合国家环保部门的要求。

3. 监控

企业监测项目与方法：

余氯试纸、比色法、化学滴定法。

pH试纸、比色法、化学滴定法。

微生物-细菌总数，依照《食品安全国家标准 食品微生物学检验 菌落总数测定》（GB 4789.2—2016）进行检测；大肠菌群依照《食品安全国家标准 食品微生物学检验 大肠菌群计数》（GB 4789.3—2016）进行检测。

企业监测频率：企业对水的余氯监测每天一次，一年内所有水龙头都应监测到；企业对水的微生物监测至少每月一次；当地卫生部门对城市公用水全项目监测每年至少一次，并有报告正本；对自备水源监测频率要增加，一年至少两次。

4. 生产用冰

直接与产品接触的冰必须采用符合饮用水标准的水制造，制冰设备和盛装冰块的器具必须保持良好的清洁卫生状况，冰的存放、粉碎、运输、盛装、储存等都必须在良好卫生条件下进行，防止与地面接触造成污染。

5. 纠偏

监控时发现加工用水存在问题、不符合标准时，应立即停止使用不合格水，并查找原因，采取措施，直至水质符合国家标准后方能重新使用。发现生产用水管道有交叉连接时应终止使用这种水源，必要时应该停产、整改，直到问题得到解决。对非正常情况下生产出的产品应进行彻底的检验，防止不合格产品被运销。

6. 记录

水的监控、维护及其他问题处理都要做记录并保持。生产用水应具备以下几种记录和证明：

（1）每年1～2次由当地卫生部门进行的水质检验报告的正本。

（2）自备水源的水池、水塔、储存罐等的清洗消毒计划和监控记录。

（3）食品加工企业每月一次对生产用水进行细菌总数、大肠菌群的检验记录。

（4）每日对生产用水的余氯检验。

（5）生产用直接接触食品的冰，自行生产者，应具有生产记录，记录生产用水和工器具卫生状况。如果是向冰厂采购，冰厂应具备生产冰的卫生证明。

（6）申请向国外注册的食品加工企业，需根据注册国家要求项目进行监控检测并加以记录。

（二）与食品接触的表面的清洁度

与食品直接接触的表面通常有加工设备（制冰机、传送带、饮料管道、储水池等）与工器具，操作台，包装材料内表面，加工人员的手、工作服、手套等。间接接触的表面包括车间墙壁、顶棚、照明、通风、排气等设施；未经清洁消毒的冷库；车间和卫生间的门把手；操作设备的按钮；车间内电灯开关、垃圾箱、外包装等。

食品接触表面一般要求用无毒、浅色、不吸水、不渗水、不生锈、不吸尘、抗腐蚀、耐磨，不与清洁和消毒的化学品发生反应的材料制成。

1. 食品接触表面的清洗、消毒

清洗的目的是提高消毒效率。清洗介质一般用清水、温水或加有洗涤剂的水溶液。大型设备每班生产结束后立即清洗，常规设备、工器具在生产中根据需要，随时清洗。

清洗消毒一般有5～6个步骤：清洗污物→预冲洗→用洗涤剂清洗→清水冲洗→消毒→最后冲洗（如使用化学方法消毒）。

洗涤剂一般有普通洗涤剂、酸或碱性洗涤剂、含氯洗涤剂、含酶洗涤剂等。洗涤剂效果与洗涤接触时间、清洗温度等因素有关。

（1）加工设备与工器具的清洗、消毒。首先彻底清洗，再消毒（82 ℃热水，碱性洗涤剂，含氯、碱、酸、酶消毒剂，余氯200 mg/kg浓度，紫外线，臭氧），再冲洗，设有隔离的工器具洗涤、消毒间（不同清洁度工器具分开）。

（2）员工的手、工作服、手套清洗、消毒。员工手部的清洗、消毒在进入车间前进行。员工手套在每班结束生产或是中间休息时要更换，手套材料应不易破损和脱落，不得采用线手套。工作服和手套集中由洗衣房清洗、消毒（专用洗衣房，设施与生产能力相适应），不同清洁区域的工作服分别清洗、消毒。存放工作服的房间设有臭氧、紫外线等杀菌消毒设备，保持干净、干燥和清洁。

（3）空气消毒

①紫外线照射法：每10～15 m^{2}安装一支30 W紫外线灯，消毒时间不少于30 min，适用于更衣室、厕所等。

②臭氧消毒法：加工车间一般臭氧消毒1 h。适用于加工车间、更衣室等。

③药物熏蒸法：用过氧乙酸、甲醛等对冷库和保温车进行消毒，用量为10 mL/m^2。

2. 食品接触表面卫生情况的监控

监控方法分为感官检查、化学检测（消毒剂浓度）、表面微生物检查（细菌总数、沙门氏菌和金黄色葡萄球菌）。经过清洗、消毒的设备和工器具，食品接触表面细菌总数低于100个/cm^{2}为宜，沙门氏菌及金黄色葡萄球菌等致病菌不得检出。对车间空气的洁净程度，可通过空气暴露法进行检验。采用普通肉琼脂，直径为9 cm的平板在空气中暴露5 min后，经

37 ℃培养的方法进行检测。平板菌数为 30 个以下的，空气为清洁，评价为安全；当达到 50～70 个，空气为低等清洁。

3. 纠偏措施

在检查发现问题时，应对所有的环节与操作进行分析，查找原因，采取适当的方法及时纠正，如对检查结果为不干净的食品接触面应重新进行清洗、消毒等。

4. 记录

记录包括生产一线人员的手部卫生记录及手套、工作服洁净检查记录；操作表面和生产所用器具的监控记录；设备的完好与卫生状况记录；车间（地面、墙面）卫生清扫及卫生状况记录；更衣室、加工车间的空气卫生程度记录；内包装物料的卫生程度记录；纠偏措施记录。

（三）防止发生交叉污染

交叉污染是通过食品、食品加工者或食品加工环境把生物或化学的污染物转移到食品的过程。

1. 造成交叉污染的来源

造成交叉污染的来源包括工厂选址或生产车间的选址和设计不合理，清洗消毒不符合要求，加工人员个人卫生不良，生产中卫生操作不规范，生、熟产品未分开或原料和成品未隔离等。

防止交叉污染方法如下：

（1）工厂选址、设计应合理，周围环境不造成污染，厂区内不造成污染；车间工艺布局、工艺流程布局合理，实现生、熟加工分开，初加工、精加工、成品包装分开，清洁区域与不清洁区域分开；运输原辅料或成品的车辆专车专用；人流、水流均遵循从高清洁区到低清洁区的流向原则；物流应不造成交叉污染，可利用生产的时间和空间进行分隔；气流要进行进气的控制和正压排气。

（2）生产工艺设计与工艺技术管理要符合卫生要求。同一车间禁止加工不同类别的产品；生产中用到的设备、工器具要严格执行清洗和消毒规程；卫生操作应规范；不同生产区域使用的器具、容器、工作服要有明显的标识，不允许随意跨区域流动；洗涤所用的水应该勤更换，采用较大流量的流动水。

（3）培养员工养成良好的卫生习惯。严禁员工有以下行为：整理完生的制品直接整理熟的制品；处理完垃圾就直接整理食品；直接在地板上作业；离开车间后返回，或接触了不洁物不洗手消毒就直接接触食品；佩戴首饰、不戴工作帽、不穿着工作服、不穿工作鞋就进入车间或投入生产；在车间里随地吐痰，无遮蔽地打喷嚏；边工作边谈笑打闹、吃东西等。

2. 交叉污染的监控

监控在开工、交班、餐后继续加工时进入生产车间的情况；生产时连续监控；产品储存区域（如冷库）每日检查。

3. 纠偏措施

发生交叉污染，应立即采取措施防止再发生，纠正失误的操作，必要时让设备停止运行，甚至停产整改，直到改进，达到要求后方能重新生产。对被怀疑已受到污染的产品要隔离放置，待检验后才能处理。必要时重新评估产品的安全性，并增加员工的培训程序。

4. 记录

防止食品发生交叉污染的相关检查记录包括：企业人员接受卫生培训的记录；生产车间的

地面、墙壁、空间、门窗设备、工器具的清洗和消毒记录；个人卫生检查记录；进入车间的员工规范着装检查记录；纠偏记录。

（四）手的清洗与消毒、卫生间设施的维护与卫生保持

1. 洗手消毒设施

洗手消毒设施包括非手动开关的水龙头、冷热水、皂液器、消毒槽、干手设备、流动消毒车等，应安放于车间入口、卫生间、车间内，应设在方便使用的地方，并有醒目标识。

车间内适当的位置应设足够数量的洗手消毒设施，以便员工在操作过程中定时洗手、消毒，或在弄脏手后能及时洗手，最好常年有流动的消毒车。

2. 卫生间设施

卫生间应与车间建筑连为一体，应设在卫生设施区域内并尽可能离开作业区，应处在通风良好、地面干燥、光照充足、距离生产车间不太远的位置。卫生间的门、窗不能直接开向加工作业区。卫生间配有冲水、消毒设施。厕所应设有更衣、换鞋设施（数量以 15～20 人设 1 个为宜），手纸和废纸篓、洗手设施、烘手设备等。还应有专人经常打扫并随时进行消毒，卫生状况保持良好，不造成污染。

3. 洗手消毒方法

良好的进车间洗手程序：工人穿工作服→穿工作鞋→清水洗手→用皂液或无菌皂洗手→清水冲净皂液→于 50 mg/kg 次氯酸钠溶液中浸泡 30 s→清水冲洗→干手（干手器或一次性纸巾或毛巾）→75％食用酒精喷手。

工人进入车间详细流程如下。

自我整理→戴内帽→进入更衣室通道→换内拖鞋→进入更衣室
↓
清洁双手←对镜自检←换水鞋←穿工衣←戴口罩←戴外帽
↓
双手消毒→冲洗消毒液→卫生员检查→烘干双手→过风淋室入岗

洗手消毒频率：每次进入加工车间时，手接触了污染物后应根据不同加工产品规定确定消毒频率。

4. 监测

建立一个必要的手部清洗程序，来防止在加工区域或食品中污染物或潜在的致病微生物的传播。具体的检查方式和频率根据不同食品和加工方法而定。

5. 纠偏措施

检查发现问题，重新洗手消毒，及时清理不卫生情况，设施损坏的要及时维修或更换。补充洗手间里的用品，若手部消毒液浓度不适宜，则将其倒掉并配制新液。

6. 记录

该项记录应该包括下述内容：生产一线人员手部卫生检查，如手部的清洗规范的检查记录、手的消毒记录、手的棉签实验记录、手套和工作服穿戴整洁等记录；消毒剂的配制及使用记录；卫生间的设施更换、检修记录，清洁消毒记录，保持卫生周期记录；纠偏记录。

（五）防止食品被污染物污染

在食品加工过程中，食品、食品包装材料和食品所有接触表面易被微生物、化学品及物理

的污染物污染，这种污染被称为外部污染。

1. 食品被污染物污染的原因

食品中物理性污染通常来自照明设施突然爆裂产生的碎片、车间天花板或墙壁产生的脱落物、工器具上脱落的漆片或铁锈片、木器或竹器具上脱落的硬质纤维、人体掉落的头发等。

食品中化学性污染来自企业使用的杀虫剂、洗涤剂、润滑剂、消毒剂、燃料等。

食品中微生物污染来自车间内被污染的水滴和冷凝水、空气中的尘埃或颗粒、地面污物、不卫生的包装材料、唾液、喷嚏沫等。

2. 食品污染的防范措施

保持车间的良好通风和适宜温度，顶棚呈圆弧形，对蒸气量大的车间应有专门的排气装置，控制车间温度，提前降温，尽量缩小温差，有效控制水滴和冷凝水的形成。

适时对包装物品实施检测，防止其带菌。

对灯具加装防护罩，将易脱落碎片的器具更换为耐腐蚀、易清洗的不锈钢器具。

加工设备上的润滑油选用食用级的，对有毒、有害的化学品严格管理，禁止使用没有标签的化学品，保护食品不受污染。

每一批包装材料进厂后，要进行微生物检验，必要时进行消毒。包装物料存放库要保持干燥、清洁、通风、防霉，内外包装分别存放，上有盖布，下有垫板，并设有防虫鼠设施。

食品的储存库保持良好卫生，不同产品、原料、成品分别存放，设有防鼠设施。

对员工进行培训，强化卫生操作意识。

3. 监控

监控对象：任何可能污染食品或食品接触面的掺杂物，如潜在的有毒化合物、不卫生的水（包括不流动的水）和不卫生的表面所形成的冷凝物。

监控频率：建议在生产开始时及工作时间每 4 h 检查一次。

4. 纠偏措施

除去不卫生表面的冷凝物，调节空气流通和房间温度以减少水蒸气凝结，用遮盖物防止冷凝物落到食品、包装材料及食品接触面上；清扫地板，清除地面积水、污物、清洗化合物残留；评估被污染的食品；培训员工正确使用化合物，处理没有标签的化学品。

5. 记录

对于确保食品、食品包装材料和食品接触面免受污染的记录不需要太复杂，包括以下几项：原辅料库卫生检查记录、车间消毒记录、车间空气菌落沉降实验记录；包装材料的领用、出入库记录；食品微生物检验记录、纠偏记录。

（六）有毒化学物质的标记、储存和使用

食品加工厂有可能使用的化学物质包括洗涤剂、消毒剂、杀虫剂、润滑剂、食品添加剂等。它们是进行正常生产所必需的物质，在操作过程中必须正确标示、保存和按照产品说明和相关规定正确使用。

1. 有毒化合物的购买要求

使用的化学药品必须具备主管部门批准生产、销售、使用的证明，列明主要成分、毒性、使用剂量和注意事项，并标示清楚；工作容器标签必须标明容器中试剂或溶液名称、生产厂名、厂址、生产日期、批准文号、浓度、使用说明，并注明有效期；要建立化学物品的入库记录、

使用登记表和核销记录，制定化学物品进库验收制度和验收记录。

2. 有毒化学物质的储存和使用

对化学物品的保管、配制和使用人员进行必要的培训。化学物质采用单独的区域分类储存，配备有标记并带锁的柜子，防止他人随便乱拿，设警告标志，并远离加工区域。有毒、有害的化学物品应储藏于密闭储存区内，只有经过培训的人员才能进入该区。存放错误的化学物品要及时归位，对标签、标志不全者，拒不购入，重新标记内容物模糊不清的工作容器，加强对保管和使用人员的培训，强化责任意识；及时销毁不能使用的盛装化学物品的工作容器。

3. 监控

经常检查确保符合要求，建议一天至少检查一次，全天时刻注意。

4. 纠偏措施

转移存放错误的化合物；对标记不清的化合物拒收或退回；正确标记；处理已坏的容器；评价食品的安全性；加强对保管、使用人员的培训。

5. 记录

该类记录包括：有毒、有害物质的购入和卫生部门允许使用证明的记录；有毒、有害物质的使用审批记录；有毒、有害物质的领用记录；有毒、有害物质的配制记录；监控及纠偏记录。

（七）雇员的健康与卫生控制

1. 雇员的健康与卫生习惯管理要求

SSOP—职工的健康与卫生控制

食品企业的生产人员（包括检验人员）是直接接触食品的人，其身体健康及卫生状况直接影响食品卫生质量。根据食品安全法规定，凡从事食品生产的人员必须体检合格，持有健康证才能上岗。

食品生产企业应制订体检计划，并设有体检档案，凡患有有碍食品卫生的疾病，例如：病毒性肝炎，活动性肺结核，肠伤寒及其带菌者，细菌性痢疾及其带菌者，化脓性或渗出性脱屑皮肤病，手外伤未愈合者不得参与直接接触食品加工工作，痊愈经体检并合格后可重新上岗。

食品生产人员要养成良好的个人卫生习惯，按照卫生规定从事食品加工的生产人员要认识到疾病对食品安全带来的危害，主动向管理人员汇报自己和他人的健康状况。

2. 监控

员工应每年进行一次健康检查，车间负责人每天都要对员工的身体健康状况进行了解。

3. 纠偏

未及时体检的员工进行体检，体检不合格的调离生产岗位，直至痊愈；不按要求穿戴，身上有异物者，立即更正；受伤者（刀伤、化脓）自我报告或检查发现。制订卫生培训计划，加强员工的卫生知识培训，并记录存档。

4. 记录

企业员工的身体健康控制监控记录应有以下几项：企业员工体检记录及健康档案、企业员工日常卫生检查记录、员工卫生培训记录、因病调离岗位或病愈健康重返岗位的员工姓名、日期、病因、治疗结果、重新体检的项目和结果（纠偏）记录。

（八）虫害的防治

1. 虫害防治方法

害虫主要是指苍蝇、老鼠、蟑螂等，苍蝇和蟑螂可以传播沙门氏菌、葡萄球菌、产气荚膜梭菌、肉毒梭菌、志贺氏菌、链球菌及其他病菌；啮齿类动物是沙门氏菌宿主；鸟类携带有大量的病菌，如沙门氏菌和李斯特菌。食品加工环境中有虫害会影响食品的安全卫生，会导致将疾病传染给消费者。

每个食品企业都应制订可行的、全厂范围内的有害动物的扑灭及控制计划。重点放在厕所、食品下脚料出口、垃圾箱周围、原辅料与成品仓库周围、食堂周围。

防治方法包括清除虫害滋生地，清洁周边环境；采用风幕、水幕、纱窗、黄色门帘、暗道、挡鼠板、反水弯等方法；预防虫害进入车间，采用杀虫剂灭虫；车间入口用灭蝇灯；采用黏鼠胶、鼠笼等器具灭鼠，不能用灭鼠药。

2. 虫害监控

对工厂内害虫可能侵入的各个防控点要进行检查监控。监控地面杂草、灌木丛、脏水、垃圾等吸引害虫或隐藏害虫的保护屏障是否清除；设置的捕虫器是否完好；是否有家养动物或野生动物出现的痕迹，门窗是否完好或密封，有无纱窗、水帘等防护层；设备周边是否清洁，有无吸引害虫的食品残渣；排水沟是否清洁，水沟盖是否完好，有无吸引害虫的杂物；黑光灯捕捉器装置安装是否合理、是否定期清洁、工作是否正常。

根据检查对象的不同，对于工厂内虫害可能入侵的检查，可以每月或每星期检查一次；对工厂内遗留痕迹的检查，通常为每天检查；也可根据经验来调整监控频率，如害虫、老鼠活动频繁的季节必要时加强控制措施。

3. 纠偏措施

根据发现死鼠的数量和次数以及老鼠活动痕迹等情况，及时调整方案，必要时调整捕鼠夹的密度或更换不同类型的捕鼠夹；根据杀虫灯检查记录以及虫害发生情况及时调整灭虫方案，必要时维修和更换或加密杀虫灯，以及其他应急措施。

4. 记录

记录包括：企业定期灭虫、灭鼠及检查记录；企业卫生清扫及消毒（次数、过程、范围、消毒剂种类、周期）检查记录；重点区域的虫害防治和消灭监控记录；全厂范围的卫生执行纠偏记录。

以上八个方面已被国家认监委所接受。国家认监委在 2002 年发布的《食品生产企业危害分析与关键控制点（HACCP）管理体系认证管理规定》中已明确，企业必须建立和实施卫生标准操作程序，应至少包括以上八个方面的卫生控制内容，企业可以根据产品和自身加工条件的实际情况增加其他方面的内容。SSOP 各个方面的内容应该是具体的、具有可操作性的，还应该有一整套相关的执行记录、监督检查和纠偏记录。

任务实施

第一阶段

[教师]

1. 本任务应衔接任务一。GMP 是按照食品生产类别来建立和实施的，国家有相应的 GMP

规范，SSOP 是 GMP 中最关键的卫生标准操作程序。学生就 SSOP 八个方面的内容制订详细的、可操作的方案。

2. 对班级学生进行分组，每个小组控制在 6 人以内，各小组研究对象为任务一中确定的食品企业。

[学生]

1. 根据各自的分组情况，查找相应的国家 GMP 规范，在此框架下，学习讨论 SSOP 的基本内容，分别制订项目工作计划。

2. 学生依据各自制订的项目工作计划竞聘项目负责人职位（1～2 人）。在竞聘过程中需考察：计划的可行性、前瞻性、系统性与完整性及报告人的领导能力、沟通能力和团队协作能力。

3. 确定项目负责人后，实施小组内分工，明确每个人职责、未来工作细节、团队协作的机制。小组工作内容等可参考表 8-2。

表 8-2　　　　　　　　　任务二小组组成与分工

参与人员	人员	主要工作内容
项目负责人	A	计划，主持和协助、协调小组行动
小组成员	B	与食品接触或与食品接触物表面接触的水（冰）的安全
	C	与食品接触的表面（包括工器具、设备、手套、工作服）的清洁度
	D	防止发生交叉污染
	E	手的清洗与消毒、卫生间设施的维护与卫生保持
	F	防止食品被污染物污染
	G	有毒化学物质的标记、储存和使用
	H	雇员的健康与卫生控制；虫害的防治

备注：小组成员既要独立分工，又要不断讨论、协调、开发解决方案，提出建议，形成可执行的行动细则，并提交详细的书面报告。

第二阶段

学生针对自己承担的任务内容，查找资料，调查生产现场，拟订具体工作方案，组织备用资源，最后完善体系细节。

第三阶段

[教师和学生]

1. 学生课堂汇报、讨论、调整、修改。

2. 由实践到理论的总结、提升，到再次认知，学生能陈述关键知识点。

3. 各成员汇总、整理分工成果，进行系统协调，形成最后成熟可行的整体方案，并且能够展示出来。

[成果展示]

1. 操作程序文件展示

（1）与食品接触或与食品接触物表面接触的水（冰）的安全。

（2）与食品接触的表面（包括工器具、设备、手套、工作服）的清洁度。

（3）防止发生交叉污染。
（4）手的清洗与消毒、卫生间设施的维护与卫生保持。
（5）防止食品被污染物污染。
（6）有毒化学物质的标记、储存和使用。
（7）雇员的健康与卫生控制。
（8）虫害的防治。

2. 图表展示

（1）工人进入车间流程图。
（2）食品工厂物流图。
（3）食品企业供水网络图。
（4）食品企业灭鼠图。
（5）操作程序执行记录、监督检查和纠偏记录。

第四阶段

1. 针对项目完成过程中存在的问题，提出解决方案。
2. 总结个人在执行过程中能力的强项与弱项，提出提高自身能力的应对措施。
3. 经个人评价、学生互评、教师评价，计算最后得分。
4. 对学生个人形成的书面材料进行汇总，将最后形成的系统材料归档。

任务三 典型产品危害分析与关键控制点（HACCP）的建立

任务描述

各小组在完成任务一、二的基础上，选择目标食品企业的典型产品建立并实施HACCP体系，并进行验证，撰写验证报告。

知识准备

一、HACCP体系概述

（一）HACCP体系的概念

HACCP是"Hazard Analysis and Critical Control Point"英文缩写，即危害分析与关键控制点。这是一种保证食品安全与卫生的预防性管理体系。HACCP体系运用食品工艺学、微生物学、化学、物理学、质量控制和危险性评估等学科的原理与方法，是对整个食品链（从食品原料的种植/养殖、收获、加工、流通至消费全过程)的安全危害（生物性危害、物理性危害、化学性危害）予以识别、评估和控制的系统方法，也是一个确保食品生产过程及供应链免受生物性、化学性和物理性危害、污染的安全管理工具。

HACCP 概念从提出到发展应用已有 60 多年的历史。目前 HACCP 体系已成为世界公认的、能经济有效地保证食品安全的预防性控制体系，受到了食品法典委员会（CAC）的大力推荐与采纳，同时也得到世界各国的广泛认可。

（二）HACCP 体系的产生

HACCP 诞生在 20 世纪 50 年代末正致力于发展空间载人飞行的美国。1959 年，美国皮尔斯柏利（Pillsbury）公司与美国航空航天局（NASA）纳蒂克（Natick）实验室为保证用于太空中的食品具有 100% 安全性，新的问题由此产生：（1）如何研究一项新技术，帮助我们保证食品尽可能具有 100% 的安全性；（2）是否有可靠、简便、经济的非破坏性方法来保证食品的安全性；（3）能否通过对原料、加工过程及产品最低限量的检验来保证食品的安全性。经过广泛的研究，认为唯一可行的方法就是建立一个"预防性体系"。要求新的体系尽可能早地控制原料、加工、环境、职员、储存和流通过程中所有可能出现的危险，并一直保持适当的记录，以保证所有环节具有可追踪性和持续改进性。

（三）HACCP 体系的发展

美国是最早应用 HACCP 原理，并在食品加工制造过程中强制实施 HACCP 的监督与立法工作的国家。1971 年，Pillsbury 公司在美国国家食品保护会议（National Conference on Food Protection）上首次将 HACCP 体系公布于众。1988 年，国际食品微生物标准委员会（ICMSF）和世界卫生组织（WHO）提出了在国家标准中导入 HACCP 的建议。1989 年，美国发布了"HACCP 体系七项基本原理"。此后，加拿大海洋渔业署、食品法典委员会（CAC）、欧共体委员会、美国 FDA、美国农业部（USDA）、加拿大农业部等纷纷致力于推动 HACCP 在相关食品企业的应用。

（四）HACCP 体系在我国的发展

HACCP 体系于 20 世纪 80 年代末在全球食品行业逐步推行实施之后，引起了我国原国家商检局的关注。从 1990 年至今，HACCP 体系在我国的推广可分为三个阶段：

第一阶段：1990—1996 年，探索阶段。我国从 1990 年起开始了食品加工业应用 HACCP 的研究，由食品卫生监督机构采取试点研究的方式，对酸奶、肉制品进行控制并取得了显著的效果。原国家商检局对加工的出口产品如虾、柑橘、花生、冷冻小食品等应用 HACCP 原理进行质量控制，并在 40 多家出口企业进行试点，取得了突出的效果和经济效益。1994 年 11 月，原国家商检局参照 HACCP 体系原理，发布了经修订的《出口食品厂、库卫生要求》。

第二阶段：1997—2000 年，美国水产品法规实施阶段。1997 年 3 月，国家商检局派人参加了 FDA 在华盛顿的美国农业部举办的海产品 HACCP 体系法规 FDA 管理官员培训班，为出口食品生产企业全面实施 HACCP 体系打下了坚实的基础。

第三阶段：2001 年，进入统一管理和强制性实施阶段。2001 年，国务院决定国家质量技术监督局与国家出入境检验检疫局合并成中华人民共和国国家质量技术监督检验检疫总局，按照国务院授权，认证、认可管理只能交给中国国家认证认可监督管理委员会（中华人民共和国国家认证认可监督管理局）承担。包括 HACCP 体系认证在内的认证、认可工作实现了统一归口管理，为全面实施 HACCP 体系提供了组织保障。

2015 年 11 月 2 日，全球食品安全倡议（GFSI）正式承认我国 HACCP 认证制度。2019 年 10 月 16 日，国家认证认可监督管理委员会与全球食品安全倡议签署合作备忘录，我国超过 1.1 万家获 HACCP 认证的食品生产企业进入 GFSI 成员的供应链时，可以减少采购方审核或国外认证，从而降低贸易成本并提升在国际市场的品牌声誉。

二、HACCP 体系基本原理

（一）HACCP 体系的基本术语

FAO/WHO 食品法典委员会（CAC）在法典指南，即《HACCP 体系及其应用准则》中规定的基本术语及其定义有：

控制（Control，动词）：采取所有必要措施以确保并保持符合 HACCP 计划中建立的标准。

控制（Control，名词）：指遵循正确的程序并使其符合安全控制标准的状态。

控制措施（Control Measure）：指能够预防或消除食品安全危害或将其降低到可接受的水平，所采取的任何措施和活动。

纠正措施（Corrective Action）：在关键控制点（CCP）监测结果表明失控时，所采取的任何措施。

关键控制点（Critical Control Point，CCP）：可运用控制的一个步骤，该步骤是有效防止或消除食品安全危害，或降低到可接受水平所必需的。

关键限值（Critical limit）：将可接受水平与不可接受水平区分开的判定标准。

偏差（Deviation）：不符合关键限值标准。

流程图（Flow Diagram）：生产或制作某种特定食品中所使用的操作顺序的系统表达。

危害分析和关键控制点（HACCP）：对食品安全有显著意义的危害加以识别、评估及控制食品危害的安全体系。

危害分析和关键控制点计划（HACCP Plan）：根据 HACCP 原理所制定的用以确保食品链各环节中对食品有显著意义的危害予以控制的文件。

危害（Hazard）：对食品产生潜在的危害健康的生物、化学或物理因素或状态。

危害分析（Hazard Analysis）：收集和评估有关危害的信息和导致危害发生的条件，以便判定那些因素对食品安全有显著意义，从而纳入 HACCP 计划中。

监控（Monitor）：为了确定 CCP 是否处于控制之中，对所实施的一系列设定控制参数所作的观察或测量进行评估。

步骤（Step）：从初级生产到最终消费产品包括原材料在内的食品链中某个点、程序、操作或阶段。

有效性（Validation）：获得证据以证明 HACCP 计划各要素是有效的。

验证（Verification）：用以确定是否符合 HACCP 计划所采用的方法、程序、试验和其他评估方法，以辅助监控。

（二）HACCP 体系的七大基本原理

HACCP 体系已成为世界性的食品质量控制最为经济、有效的手段。HACCP 原理经过反复实践与修改，食品法典委员会（CAC）确认了以下七个基本原理：

原理一：进行危害分析和确定预防控制措施

拟定工艺中各个工序的流程图，确定与食品生产各阶段（从原料生产到消费）有关的潜在危害性及其危害程度，确定显著危害，并对这些危害制定具体、有效的控制措施，包括危害发生的可能性及发生后的严重性估计。

原理二：确定关键控制点

即确定能够实施控制且可以通过正确的控制措施达到预防危害、消除危害或将危害降低到可接受水平的 CCP，例如，加热、冷藏、特定的消毒程序等。应该注意的是，虽然对每个显著危害都加以控制，但每个引入或产生显著危害的点、步骤或工序未必都是 CCP。CCP 的确定可以借助于 CCP 判断树。

原理三：建立关键限值（CL）

即指出与 CCP 相应的预防措施必须满足的要求，例如温度的高低、时间的长短、pH 的范围及盐浓度等。CL 是确保食品安全的界限，每个 CCP 都必须有一个或多个 CL，一旦操作中偏离了 CL，必须采取相应的纠偏措施才能确保食品的安全性。

原理四：建立监控程序

通过有计划的测试或观察，以确保 CCP 处于被控制状态，其中测试或观察要有记录。监控应尽可能采用连续的理化方法，如无法连续监控，也要求有足够的间隙频率次数来观察测定每一个 CCP 的变化规律，以保证监控的有效性。凡是与 CCP 有关的记录和文件都应该有监控员的签名。

原理五：建立纠偏措施

因为任何 HACCP 方案要完全避免偏差是几乎不可能的。因此，需要预先确定纠偏行为计划。如果监控结果表明加工过程失控，应立即采取适当的纠偏措施，减少或消除失控所导致的潜在危害，使加工过程重新处于控制之中。

纠偏措施的功能包括：决定是否销毁失控状态下生产的食品；纠正或消除导致失控的原因；保留纠偏措施的执行记录。

原理六：建立验证程序

验证程序即除监控方法外，用来确定 HACCP 体系是否按 HACCP 计划执行或计划是否需要修改及再确认生效所使用的方法、程序或检测及评审手段。

虽然经过了危害分析，实施了 CCP 的监控、纠偏措施并保持有效的记录，但是并不等于 HACCP 体系的建立和运行能确保食品的安全性，关键在于：（1）验证各个 CCP 是否都按照 HACCP 计划严格执行；（2）确认整个 HACCP 计划的全面性和有效性；（3）验证 HACCP 体系是否处于正常、有效的运行状态。这三项内容构成了 HACCP 的验证程序。验证的方法包括生物学的、物理学的、化学的或感官方法。

原理七：建立有效的记录保存与管理体系

HACCP 具体方案在实施中，都要求做例行的、规定的各种记录，同时还要求建立有关适用于这些原理及应用的所有操作程序和记录的档案制度，包括计划准备、执行、监控、记录及相关信息与数据文件等都要准确和完整地保存。以文件证明 HACCP 体系的有效运行，记录是 HACCP 体系的重要部分。

三、HACCP 计划的制订和实施

（一）实施 HACCP 计划的必备程序和条件

1. 必备程序

实施 HACCP 体系的目的是预防和控制所有与食品相关的安全危害，因此，HACCP 不是一个独立的程序,而是全面质量控制体系的一部分。

一个完整的食品安全预防控制体系即HACCP体系,包括HACCP计划、良好操作规范(GMP)和卫生标准操作程序(SSOP)三个方面。GMP和SSOP是企业建立以及有效实施HACCP计划的基础条件。

2. 管理层的支持

制定和实施HACCP体系必须得到管理层的理解和支持,特别是公司(或企业)最高管理层的重视。只有得到管理层的大力支持,HACCP小组才能得到必要的资源,HACCP体系才能发挥作用。

管理层承诺的内容包括:批准开支;批准实施HACCP计划;批准有关业务并确保该项工作的持续进行和有效性;任命项目经理和组建HACCP小组,确保HACCP小组所需的必要资源;建立一个报告程序,确保工作计划的现实性和可行性。

3. 人员的素质要求和培训

人员是HACCP体系成功实施的重要条件。HACCP体系对人员在食品安全控制过程中的地位和要求十分明确。主要体现在以下几个方面:人是生产要素,产品安全与卫生取决于全体人员的共同努力;各级人员必须经过良好的培训,以胜任各自的工作;所有人员必须严格"照章办事",不得擅自更改HACCP规定的操作规程;如实报告工作中的差错,不得隐瞒;对HACCP小组成员进行重点培训。

不同工作岗位要求具备不同素质的人员,并且,所有人员至少都应能够阅读并理解HACCP所要求的书面指令和规程。

凡是对食品质量和产品安全有影响的人员,不管是直接生产人员、质量管理人员,还是工程维修或清洁人员均应根据其工作性质和要求接受相关培训。

企业的所有人员均应有一份培训档案,一般可包括下列内容:(1)姓名、所在部门和进厂日期;(2)培训日期、课题和方案种类;(3)培训时间、地点;(4)考核成绩;(5)职务变动日期。同时,培训档案的记录内容应包括所有正式的教育与培训,如参加食品工业协会或食品科学的讨论会等。

(二) 制订和实施HACCP计划的步骤

根据食品法典委员会《HACCP体系及其应用准则》详细阐述HACCP计划的研究过程,此过程由12个步骤组成,涵盖了HACCP体系七项基本原理。

组建HACCP小组→产品描述→确定预期用途及消费对象→建立工艺流程图及工厂人流、物流示意图
↓
危害分析及危害程度评估(原理一)←现场验证工艺流程图及工厂人流、物流示意图
↓
运用CCP判断树确定CCP(原理二)→建立关键限值(原理三)→建立监控程序(原理四)
↓
建立记录保存文件程序(原理七)←建立验证程序(原理六)←建立纠偏措施(原理五)

任务实施

第一阶段

[教师]

1. 确定典型产品。

一个完整的HACCP体系以GMP和SSOP为基础，针对企业的产品类别、生产工艺特征、产品品质等具体产品制定的特异性、针对性防御体系，因此各组应在对典型产品已建立GMP和SSOP工作的基础上制定HACCP体系。

HACCP体系的建立步骤具有严格的顺序性，前一个环节是后一个环节实施的基础，故小组要对各个环节进行统筹和分工。

2. 对班级学生进行分组，每个小组控制在6人内，确定各小组研究对象。

[学生]

1. 根据各自的分组情况，落实项目研究对象，学习讨论，分别制订项目工作计划。

2. 各小组学生依据各自制订的项目工作计划竞聘项目负责人职位（1～2人）。在竞聘过程中需考察：计划的可行性、前瞻性、系统性与完整性及报告人的领导能力、沟通能力和团队协作能力。

3. 确定项目负责人后，实施小组内分工，明确每个人的职责、未来工作细节、团队协作的机制。本步骤需制定本小组组织结构图、工作流程图、小组工作内容等。

第二阶段

学生针对自己的任务，查找资料，调查生产现场，拟订具体工作方案，组织备用资源，最后完善体系细节，并进行现场验证。

在一个环节结束后，小组进行交流讨论，修正个人制订的方案，形成最终的方案，作为下一个环节行动的基础。

[建立HACCP体系的步骤]

建立典型产品的HACCP体系可以分为四个阶段，共计12个步骤。

以北京某食品公司的中式糕点"牛舌饼"为例，阐述建立HACCP体系的步骤。该公司是一家以生产传统食品为特色的大型加工企业，工厂硬件建设符合GMP（GB 8957—2016）的要求。

第一阶段 建立HACCP体系的五个预先步骤

步骤1 组建HACCP小组

HACCP体系必须由许多部门的成员一起，即HACCP小组共同努力才能完成。HACCP小组的职责是制订HACCP计划；修改、验证HACCP计划；监督实施HACCP计划；书写SSOP；对全体人员进行培训等。因此，组建一个能力强、水平高的HACCP小组是有效实施HACCP计划的先决条件之一。

根据上述要求，HACCP小组应由不同部门的专家组成（专家必须具备一定的知识和经验）：

（1）质量技术/保证 能提供有关微生物、化学和物理危害的专业知识，了解各类危害所导致的危险，掌握防止危害发生应采取的技术措施。

（2）操作和生产 具有责任心以及日常生活所需的详细知识。

（3）工程　具有卫生、设计、生产设备、生产环境等方面的实践经验和知识。

（4）其他专业知识　可由公司内部和外来顾问提供。

HACCP小组组长最好是HACCP方面的专家，具备良好的沟通和领导能力，能够组织、调动全体成员，安排时间让大家总结过去的成绩和经验以便提高；并在企业中有一定威信，受到大家的尊敬。HACCP小组组长的人选通常是质量保证经理，但在实际工作中必须仔细考查其所具备的素质。

不同规模的公司，HACCP小组的结构和组成不同。在小公司内一个人通常会身兼两职，如质量保证和操作。根据实际情况，工作组最好由4～6人组成，这样既有利于交流，也能胜任各项工作。大公司的专家和高级人员主要在质量保证、生产和工程三个部门，他们离生产第一线有一定距离。因此，在基层成立一系列HACCP小组会更加有效。

HACCP小组所需人员的数量取决于操作类型和需要监控的关键控制点的数量，必须有足够的人员才能保证所有关键控制点得到有效监控和各项记录均得以复审。

HACCP小组做出的有关专业决定必须基于危害分析和危险性评估，其所需要的知识包括：内部知识，如原料质量保证、生产与工艺研究、运输控制、原料采购；外部知识，如微生物专家、毒理学家、统计过程控制、HACCP专家。

步骤2　产品描述

对产品（包括原料与半成品）特性、规格与安全性等进行全面的描述，尤其对以下内容要做具体定义和说明：

（1）原辅料（商品名称、学名和特点）。

（2）成分（如蛋白质、氨基酸、可溶性固形物等）。

（3）理化性质（包括水分活度、pH、硬度、流变性等）。

（4）加工方式（如产品加热及冷冻、干燥、盐渍、杀菌程度等）。

（5）包装系统（密封、真空、气调、标签说明等）。

（6）储运（冻藏、冷藏、常温储藏等）和销售条件（如干湿与温度要求等）。

（7）所要求的储存期限（保质期、保存期、货架期）。

如"牛舌饼"是以小麦粉、猪油、馅料为主要原料，经和面、包制、成型、烘烤等工序，加工成酥皮糕点类。在阴凉干燥处保存、销售。

步骤3　确定预期用途及消费对象

产品的预期用途应以用户和消费者为基础，HACCP小组应详细说明产品的销售地点、目标群体，特别是能否供敏感人群使用。之所以要确定预期用途和消费者，是因为对不同用途和不同消费者而言，对食品安全的要求不同。如对即食食品而言，某些病原体的存在可能是显著危害；但对消费前需要加热的食品而言，这些病原体就不是显著危害了；有的消费者对SO_2有过敏反应，有的不会，因此，如果食品中含有SO_2，就需要注明，以免有过敏反应的消费者误食。

有五种敏感或易受伤害的人群：老人、婴儿、孕妇、病人及免疫缺陷者。这些群体中的人对某些危害特别敏感，例如，李斯特菌可导致流产，如果产品中可能带有李斯特菌，就应在产品标签上注明："孕妇不宜食用"。

如"牛舌饼"产品供一般批发和零售，主要消费者为一般公众。

步骤4　建立生产工艺流程图

生产工艺流程图是一张按顺序描述整个生产过程的流程图，它简单、明了地描述了从原料到终产品的整个过程的详细情况。因此，生产工艺流程图是HACCP计划的基本部分，有助于

HACCP 小组了解生产过程，进行危害分析。生产工艺流程图包括生产过程中所有要素以及从生产到消费者整个过程的细节。根据 HACCP 小组确定的研究范围，消费者的行为也应归纳在生产工艺流程图中。生产工艺流程图的格式由各企业自己确定，没有统一的要求。但简洁的词语和线条可以使生产工艺流程图更容易绘制，一般不提倡使用工程图和技术符号。

牛舌饼的生产工艺流程如图 8-7 所示。

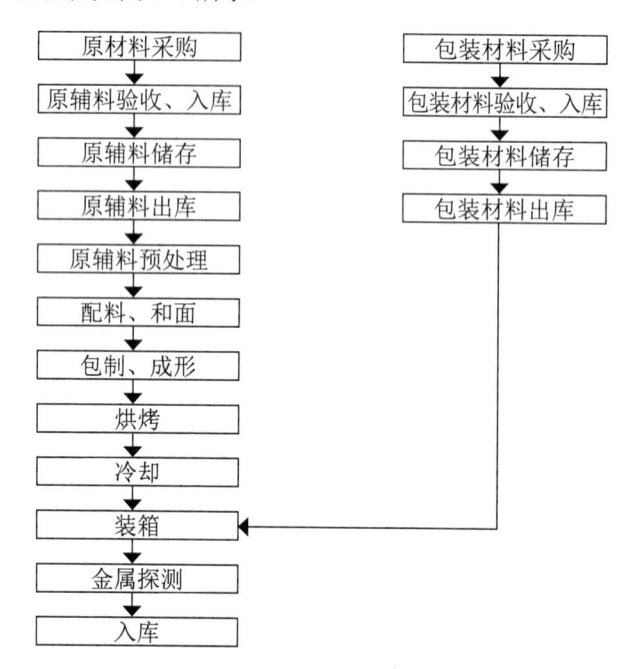

```
原材料采购                    包装材料采购
   ↓                            ↓
原辅料验收、入库            包装材料验收、入库
   ↓                            ↓
原辅料储存                    包装材料储存
   ↓                            ↓
原辅料出库                    包装材料出库
   ↓                            │
原辅料预处理                    │
   ↓                            │
配料、和面                      │
   ↓                            │
包制、成形                      │
   ↓                            │
烘烤                            │
   ↓                            │
冷却                            │
   ↓                            │
装箱 ←──────────────────────────┘
   ↓
金属探测
   ↓
入库
```

图 8-7 牛舌饼的生产工艺流程

生产工艺流程图是危害分析的基础，必须能详细反映各个技术环节，以便进一步研究。生产工艺流程图应包括下列几项内容：

所有原料、产品包装的详细资料，包括配方的组成、必需的储存条件及微生物、化学和物理数据；

生产过程中一切活动的详细资料，包括生产中可能被耽搁的加工步骤；

整个生产过程中的温度－时间图，这对分析微生物危害尤为重要，因为它直接影响我们对产品中致病菌繁殖情况的评估结果；

设备类型和设计特点，是否存在导致产品堆积或难以清洗的死角；

返工或再循环产品的详细情况；

隔离区域和职员行走路线图；

储存条件，包括地点、时间和温度。

步骤 5 现场验证生产工艺流程图

流程图的精确性影响到危害分析结果的准确性，因此，生产工艺流程图绘制完毕后，必须由 HACCP 小组确定。各成员必须亲自观察生产过程（包括夜班和周末班），以确保生产工艺流程图确实无误地反映实际生产过程。若改变操作控制条件、调整配方、改进设备等，应将原流程图偏离的地方加以纠正，以确保流程图的准确性、适用性和完整性。危害分析结果必须纳入生产工艺流程图，有关 CCP 的所有决定都必须以危害分析数据为基础。

第二阶段 填写危害分析工作单

步骤6 危害分析及危害程度评估（原理一）

危害分析是HACCP最重要的一环。HACCP小组应根据HACCP原理的要求，对加工过程中每一步骤（从流程图开始）进行危害分析，确定危害的种类，找出危害的来源，建立预防措施。

（1）HACCP体系应控制的危害

在HACCP体系中，"危害"是指食物中可能引起疾病或伤害的情况或污染。这些危害主要分为三大类：生物性危害、化学性危害和物理性危害。而在食品中发现的令人厌恶的昆虫、毛发、脏物或腐败等，因为它们通常与产品的安全没有直接关系（这些条件直接影响到食品的安全的除外），所以它们不在HACCP计划的控制范围之内。但这不等于说这种现象是可以容忍的，它们将由良好操作规范（GMP）和卫生标准操作程序（SSOP）来控制，也就是说HACCP不是一个孤立的系统，而是建立在GMP和SSOP基础之上的，危害的分类与控制如图8-8所示。

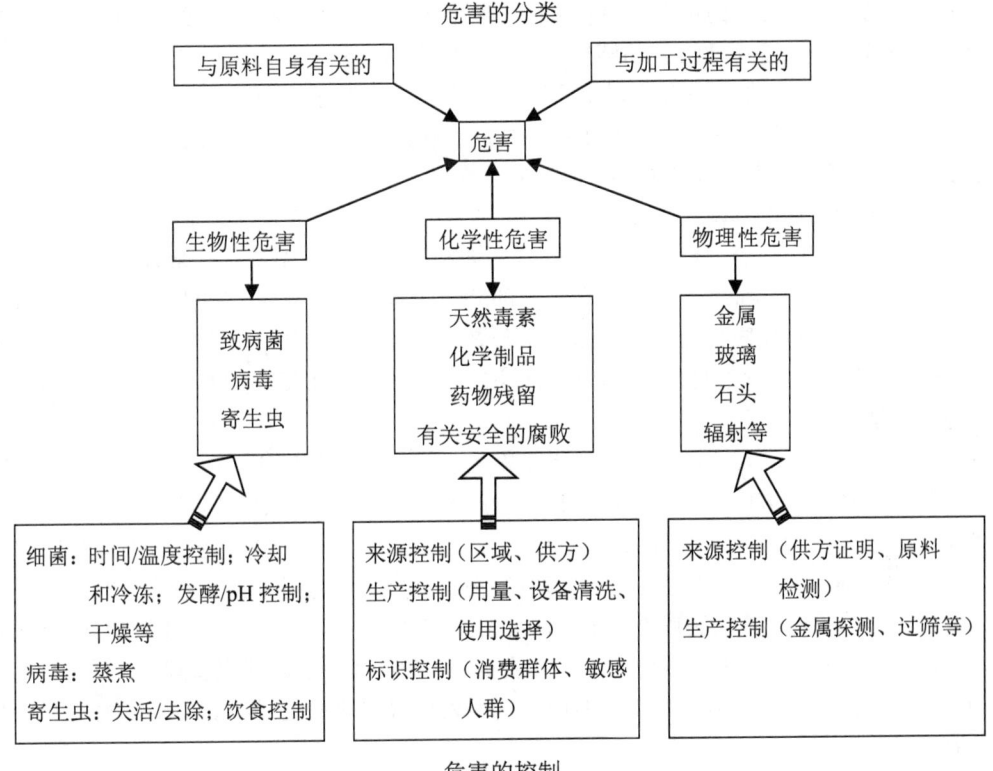

危害的分类

```
         与原料自身有关的        与加工过程有关的
                    ↘        ↙
                      危害
                    ↙   ↓   ↘
         生物性危害   化学性危害   物理性危害
              ↓         ↓           ↓
           致病菌      天然毒素       金属
            病毒      化学制品       玻璃
           寄生虫     药物残留       石头
                   有关安全的腐败    辐射等
              ⇧         ⇧           ⇧
```

| 细菌：时间/温度控制；冷却和冷冻；发酵/pH控制；干燥等
病毒：蒸煮
寄生虫：失活/去除；饮食控制 | 来源控制（区域、供方）
生产控制（用量、设备清洗、使用选择）
标识控制（消费群体、敏感人群） | 来源控制（供方证明、原料检测）
生产控制（金属探测、过筛等） |

危害的控制

图8-8 危害的分类与控制

在影响食品安全的三大类危害中，生物性危害占80%~90%。生物性危害包括有害的细菌、病毒和寄生虫。食品中的生物性危害既可能来自原料，也可能来自食品的加工过程。微生物种类繁多且分布广泛，被划分成各种类型。食品中重要的微生物种类包括：酵母、霉菌、细菌、病毒和原生动物。酵母、霉菌一般不引起食品中的生物性危害（虽然某些霉菌产生有害的毒素，毒素属化学性危害），只有细菌、病毒和原生动物能引起食品的生物危害，导致食品安全问题。

在生物性危害中，有害细菌引起的食品危害占90%。细菌危害是指某些有害细菌在食品中存活时，可以通过活菌的摄入引起人体（通常是肠道）感染或预先在食品中产生的细菌毒素导致人类中毒。前者称为食品感染，后者称为食品中毒。由于细菌是活的生命体，需要营养、水、温度以及空气条件（需氧、厌氧或兼性），因此通过控制这些因素，就能有效地抑制、杀灭致病菌，从而可预防、消除或减少细菌危害至可接受水平，例如，控制温度和时间是常用且可行的预防措施，低温可抑制微生物生长，加热可以杀灭微生物。

病毒像其他微生物一样到处存在。它们非常小，自身不能独立存活，只有进入一个合适的寄主体内时，才能利用寄主细胞内的材料进行复制生长。与食品安全有关的病毒主要有肝炎 A 型病毒（HAV）和诺瓦克病毒。病毒传递到食品通常与不良的卫生状况有关。

控制病毒危害的有效途径有以下几点：①对食品原料进行有效的消毒处理；②屠宰场对原料动物进行严格的宰前和宰后检验，肉品加工厂对原料肉的来源进行控制；③严格执行卫生标准操作规程，确保加工人员健康和加工过程中各环节的消毒效果；④不同清洁度要求的区域严格隔离。

寄生虫也是需要有合适的寄主才能存活的生物。世界上有几千种寄生虫，只有约 20% 的寄生虫能在食物或水中发现，通过食品感染人类的大约有 100 种，它们主要是线虫、绦虫、吸虫和原生动物等。通过彻底加热食品可以杀死所有食品中所挟带的寄生虫。

化学性危害也有三类。一类是天然的化学物质，如霉菌毒素、组胺、鱼肉毒素和贝类毒素等，它们主要存在于植物、动物和微生物中。第二类是特意添加的化学药品，如食品添加剂、防腐剂、营养添加剂和色素添加剂等。这些化学物质并不总是代表危害，只有当它们的用量超过了规定的使用量时，才会对消费者造成潜在的危害。第三类化学性危害是无意的或偶然加入的化合物，如农用杀虫剂、除草剂、抗生素和生长激素等的残留、有毒元素超标、消毒剂和洗涤剂等，这种危害最难控制，也是我国目前遭受贸易壁垒最多的一种危害。化学污染可以发生在食品生产和加工的任何阶段。要消除这种危害，必须从种植、养殖的源头抓起，否则，危害一旦进入食品，就很难再将其消除。

物理性危害包括任何在食品中发现的不正常的、潜在的、有害外来物，包括可能引起疼痛和伤害的尖锐物质，如破碎玻璃；可能导致牙齿严重毁坏的物质，如金属、石子；可能造成窒息的物质，如骨头或塑料。其他需要控制的外来物还包括可作为微生物交叉污染的载体，如鲜奶油蛋糕中的苍蝇，苍蝇传播给蛋糕的致病微生物是危害，而苍蝇本身并不是。严格地讲，只有当它们可能对消费者造成伤害或健康危害时才算是重要安全危害，否则，应该认为它们是质量、卫生或法律等方面的问题，并可以通过卫生和质量的首要必备控制程序来管理。

物理性危害是最常见的消费者投诉的问题，因为伤害立即发生或吃后不久发生，并且伤害的来源容易确认。

对影响食品安全的任何危害，在 HACCP 计划中都要采取相应措施，将其消除或降低到可接受水平。由于危害的种类很多，且危害的种类是随时随地不断发展变化的，食品加工者应通过各种媒体，获得食品潜在危害的有关知识，以确保食品安全。

进行危害分析时可利用的信息资源包括：公开出版的书籍、科学刊物和互联网上的信息；顾问或专家；研究机构；供货商和客户。在做出任何结论之前，必须仔细研究和评估所有来源的信息。

(2) 危害分析的几点说明

①危害分析是对于某一产品或某一加工过程，分析实际上存在的危害、是不是显著危害，同时制定出相应的预防措施，最后确定是不是关键控制点。显著危害是指可能发生或一旦发生

就会造成消费者不可接受的健康风险的危害。HACCP只把重点放到那些显著危害上，否则，试图控制太多，就会找不到真正的危害。

②在危害分析期间，要把对安全的关注同对质量的关注分开。

③危害分析是一个反复的过程，需要HACCP小组（必要时请外部专家）广泛参与，以确保食品中所有潜在的危害都被识别以便实施控制。在危害分析期间，HACCP小组通过自由讨论和危害评估，根据各种危害发生的可能性和严重性来确定一种危害的潜在显著性。通常根据工作经验、流行病的数据及技术资料的信息来评估其发生的可能性；严重性就是危害的严重程度。对危害的严重性，可能有不同的意见，甚至于各专家间也会有不同意见。HACCP小组可以依据现有的指导性材料并吸取那些协助改进HACCP小组方案的专家们的意见来确定。

④危害分析是针对特定产品的特定过程进行的，因为不同的产品或同一产品加工过程不同，其危害分析都会有所不同。因此，当产品或加工过程发生变化时，都必须重新进行危害分析。这种变化可能包括但不限于以下几方面：

—原料或原料来源；

—产品配方；

—加工方法或系统；

—产量；

—包装；

—成品流通系统；

—成品的预期使用或消费的变化。

⑤危害分析必须考虑所有的显著危害。从原料的接收到成品的包装、储运整个加工过程的每一步都要考虑到。为了保持分析时的清晰明了，利用危害分析表（表8-3）来组织分析过程，将会有很大帮助。

表8-3　　　　　　　　　　　危害分析工作单

企业名称：××食品加工厂　　　产品名称：牛舌饼
企业地址：××省××市××路××号　　储藏和销售方法：阴凉、干燥
计划用途和消费者：公众，即食

加工工序	可能存在的潜在危害	潜在危害是否显著	危害显著的理由	控制危害的措施	是否为CCP
原料验收	生物 沙门氏菌/金黄色葡萄球菌	是	鸡的生长环境中可能存在	购买鸡蛋去规范饲养场	是
	化学 农药兽药残留/重金属/添加剂超标	是	小麦的生产过程可能使用农药，蛋鸡的饲养过程可能使用兽药	凭原料的产品合格证或区域产地证明书收货	是
	物理 无	—	—	—	否

（续表）

企业名称：××食品加工厂			产品名称：牛舌饼		
企业地址：××省××市××路××号			储藏和销售方法：阴凉、干燥		
计划用途和消费者：公众，即食					
加工工序	可能存在的潜在危害	潜在危害是否显著	危害显著的理由	控制危害的措施	是否为CCP
和面	生物 致病菌污染	是	手上细菌和入面中	和面前必须洗手消毒	是
	化学 消毒剂残留	否	—	SSOP控制	否
	物理 异物/金属碎片	—	设备异常带入金属碎片	保持设备定期维护，终产品进行金属探测	否

企业负责人签名：×× 　　　　日期：××年××月××日

(3) 建立预防措施

当所有潜在危害被确定和分析后，需要列出有关每种危害的控制机制、某些能消除危害或将危害的发生率降低到可接受水平的预防控制措施。可具体从以下方面考虑：

①设施与设备的卫生。分析每种产品、每个生产工段的设施与设备，保持卫生方面的措施，包括防蝇、防鼠、防蟑螂，空气净化，防止铁锈、油漆剥落，落屑及其他防止异物的措施。

②机械、器具的卫生。生产加工过程中使用的各种用具、容器、机械类、管道、灶台等均不能有细菌生存和繁殖的死角。对于实行机械化、管道化、密闭化系统，必须重点保证管道内彻底的洗涤消毒。否则，这种管道化、密闭化就增加了细菌生长繁殖的死角和条件，增加了产品的污染程度。

③从业人员的个人卫生。所有从业人员必须经过卫生知识培训和体检，要有良好的个人卫生习惯。如工作服清洁、合体；生产前和便后洗手消毒；不用手抓直接入口的食品等。

④控制微生物的繁殖。微生物得以繁殖需要具备三个基本要素，即水分、温度、养分。处理水分多的食品原料的企业，能控制的就是温度，与此有密切关系的是时间。因此，在规定工艺总体温度控制的同时还需要规定各工段温度控制的基本时间。

⑤日常微生物检测与监控。食品企业必须建立日常微生物检测与监控体系，并确实执行。这一工作不仅限于对成品、原料采样检验，还要求采集各工段样品，检验容器、工具机械卫生状况等。同时，应控制企业内控标准（指标应高于国际标准），按企业标准检查每个工段、每批产品是否都能达标。

(4) 危害分析工作单的填写

美国FDA推荐的"危害分析工作单"是一份较为适用的危害分析记录表格，通过填写这份工作单能顺利进行危害分析，确定CCP。

危害分析工作单共有六栏：

第一栏：加工工序。经现场验证的工艺流程图中的每一步骤，分别填写在第一栏里。

第二栏：识别本步骤引入的、控制的或增加的潜在危害。对每一步骤可能有的潜在危害包括生物性、化学性和物理性危害，都要列在第二栏里。潜在的危害有可能是引入的，如原料或辅料本身带入的致病菌、化学污染物、农药残留和物理性杂质等，以及加工过程中可能通过人员、器具、机械等带入新的危害；也可能是控制不当增加的危害，如致病菌的繁殖，如果不控制致病菌繁殖的环境和条件，致病菌就会大量繁殖或产生毒素，从而造成食品安全危害；同时也有可能在此步骤，对上述引入的危害进行控制，将其消除或降低到可接受水平，如杀菌或速冻工序等。

第三栏：潜在的食品安全危害是显著的吗（是/否）？根据食品的预期用途、消费方式、预期的消费群体以及危害的严重程度，来判断列在第二栏里的潜在危害是不是显著危害。

第四栏：对第三栏的判断提出依据。这里需强调的是，判定一个危害是否为显著危害，有两个判据：一是它极有可能发生，二是它一旦发生就可能对消费者产生不可接受的健康风险。

第五栏：能用于显著危害的预防措施是什么？对显著危害必须制定相应的预防控制措施，将危害消除或降低到可接受水平。

预防控制措施可分为三类：

第一类是预防危害发生，如改变 pH 或添加防腐剂可抑制病原体在食品中的生长；改进食品的原料配方，可防止化学性危害等。

第二类是消除危害，如加热、烹调可杀死所有的致病菌；金属检测器可剔除金属碎片等。

第三类是将危害降低到可接受水平，如收购从认可海区获得的贝类，可使某些微生物和化学危害降低到最低程度等。一种危害可有多个预防措施来控制，一个预防措施也可以控制多种危害。预防措施是否适用，需要有科学依据，也需要通过验证得以确认。

第六栏：该步骤是关键控制点吗（是/否）？关键控制点的判定是 HACCP 原理二的内容，在后面的项目中将详细介绍。将关键控制点判定的结果填入该栏，就完成了危害分析表。

步骤 7　运用 CCP 判断树确定 CCP（原理二）

（1）如何发现 CCP

CCP 是食品生产中的某一点、步骤或过程，通过对其实施控制，能预防、消除或最大限度地降低一个或几个危害。CCP 也可理解为在某个特定的食品生产过程中，任何一个 CCP 失去控制后会导致不可接受的健康危险的环节或步骤。CCP 通常分为两类：一类 CCP1 指可以消除和预防的危害；二类 CCP2 是指最大限度减少或降低的危害。

实践证明，依靠专家的判断确定 CCP 有可能使事情复杂化，因为人们在决策时有过于细心的倾向，结果会得到比实际情况多得多的 CCP。在正确设置 CCP 时，CCP 判断树是非常有用的工具。使用 CCP 判断树有助于对加工过程进行全面思考，更有助于对加工过程的每一步骤、每一个已识别的危害按照统一的方法进行思考。同时，使用判断树还有助于 HACCP 小组成员之间的合作，促进 HACCP 研究，帮助 HACCP 小组决策。

（2）CCP 判断树

CCP 判断树应用流程如图 8-9 所示。

```
问题1：该步骤是否有控制危害的措施 ← 修改步骤、工艺或产品
         ↓否
         在此步骤控制对确保食品安全是必要的吗？
是        ↓否
         不是CCP点 → 终止

问题2：该步骤是否能将可能的危害降低到可接受的水平
         ↓否
问题3：此危害造成的污染是否会加剧到不可接受的水平
       是  否 → 不是CCP点 → 终止                         是
问题4：以后步骤是否能消除危害或将危害降低到可接受的水平 → 否 → 是CCP点
       是
       → 不是CCP点 → 终止
```

图 8-9 CCP 判断树

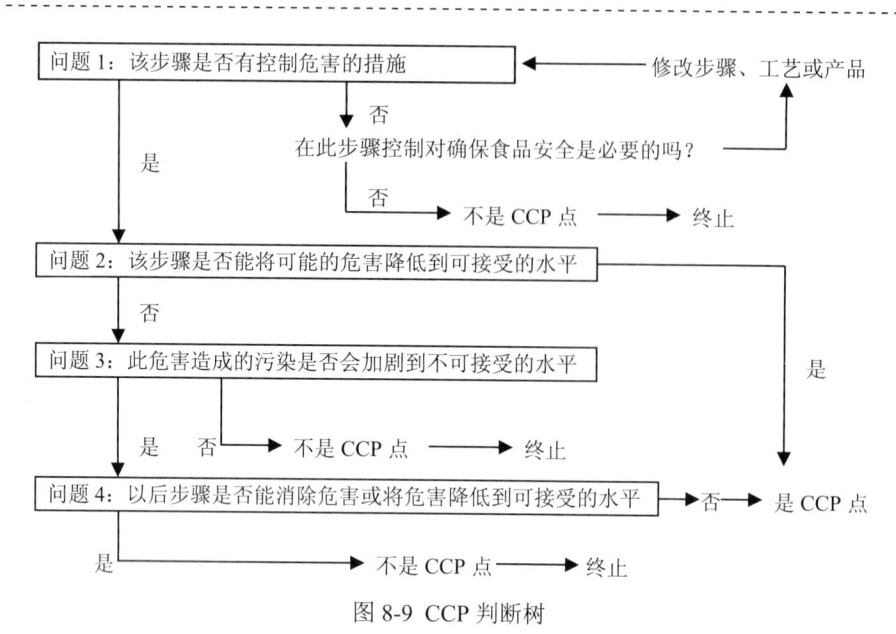

应用 CCP 判断树时应该注意：①必须尽可能找出每个点的危害源，如时间、温度等参数的不适宜；工艺设备缺陷；生产环境、产品、人员交叉污染；设备积滞物的污染及所有污染累加后的污染等。这样才能准确判断"是"与"否"，如果判断错误，整个 HACCP 将对食品安全不起作用，甚至起反作用。②在确定 CCP 时，问题 4 的功能很重要，它允许前面的某工序存在某种程度的危害，只要后面的步骤能将该危害消除或降低到可接受的水平，则前面工序或关键点的控制水平可被降低标准，或不作为关键控制点来考虑，否则某食品加工过程的每一个步骤都可能成为 CCP。③CCP 判断树的应用是有局限性的，如不适用于肉禽类的宰前、宰后检验，不能认为宰后肉品检验合格就可以取消宰前检疫；不能将已污染严重的原料经过高压杀菌等手段处理后供人畜禽食用。因此在使用 CCP 判断树时，要根据专业知识与有关法规来辅助判断和说明。

第三阶段 制订 HACCP 计划表

HACCP 计划表中包括需要制定关键控制点的关键限值（原理三）、监控程序（原理四）、纠偏措施（原理五）、验证程序（原理六）共计四个步骤，填写 HACCP 计划表时，需要将"危害分析工作单"上确定的关键控制点和显著危害逐一填写在"HACCP 计划表"的第 1、2 列中。

步骤 8　建立关键限值（原理三）（第 3 列）

在完成危害分析后，根据已确定的 CCP 和相应的配套预防措施，就应确定各 CCP 的关键限值（CL），即 CCP 的绝对允许极限，是用来区分食品是否安全的分界点。如果超过了关键限值，就意味着这个 CCP 失控，产品可能存在潜在的危害。

关键限值的确定，可参考有关法规、标准、文献、专家建议、实验结果及数学模型。由于每个 CCP 一般都存在多种控制方案或不同的限值内容，因此关键限值的确定或选择原则是可控制且直观、快速、准确、方便和可连续监测的。

构成关键限值的因素或指标可以是化学、物理或微生物方面的，这取决于将要在 CCP 实施控制的危害类型。

化学指标：该指标与产品原料的化学性危害或者与试图通过产品配方和内部因素来控制微

生物危害的过程有关。常见的化学指标有真菌毒素、pH、盐浓度和水分活度的最高允许水平，或是否存在致过敏物质等。

物理指标：该指标对物理或异物的承受能力有关，也会涉及对微生物危害的控制，如用物理参数控制微生物的生存及死亡。常见的物理指标有金属、筛子、温度和时间。物理指标也可能与其他因素有关，如在需要采取预防措施以确保无特殊危害时，物理指标可确定成一种持续安全状态。

微生物指标：除了用于控制原料无腐败外，应避免将微生物指标作为HACCP体系的一部分，因为微生物的检测必须在实验室中经过培养后才能得到结果。一个过程可能需要几天时间，因此，如果加工过程中出现问题，不能根据微生物指标的检验结果采取及时控制措施，相反，也许需要停产数天来等待结果。使情况更复杂的是微生物并不是均匀分布于某批产品中，因此极有可能漏检。只有在原料均匀、抽样具有代表性的情况下，微生物指标才可用于决定原料的取舍。

微生物因素最适用于验证。例如，可以做额外的试验来证明HACCP体系的有效性，在这种情况下，时间不会带来操作上的麻烦。当然，凡事皆有例外，上述原则的例外是快速微生物检测法的实施。这种快速指真正的快速，即以分钟而不是小时计时。典型的例子就是ATP生物发光，它既能显示清洁过程的有效性，又能用于估计原料中的微生物水平。

除了关键限值外，还要在关键限值内设定操作限值和操作标准。例如，在冰淇淋生产中，热处理杀死致病菌的关键限值为65 ℃/30 min。为了确保不出问题，工艺参数可定为65±2 ℃/30 min，这个参数就是操作限值。一般不将它列入HACCP控制表，最好的办法就是将这些操作限值写在控制日志簿上，并使每一个参与监控的人员都明白该如何照此操作。

步骤9 建立监控程序（原理四）（第4～7列）

监控程序是一个有计划的连续检测或观察过程，用以评估一个CCP是否受控，并为将来验证时使用。监控过程应做精确的运行记录（填入HACCP计划表中）。

监控的目的包括：跟踪加工过程中的各项操作，及时发现可能偏离关键限值的趋势并迅速采取措施进行调整；查明何时失控；提供加工控制系统的书面文件。

监控程序通常包括以下四项内容：

（1）监控对象：监控对象通常是针对CCP而确定的加工过程或产品的某个可以测量的特性。可以是生产线上的，如时间与温度的测量；也可以是非生产线上的，如盐浓度、pH、总固形物、化学成分、微生物总数等的测定。如果是原辅料，则要查验供货商的产品质量证书。生产线外的监控所花时间一般较长，容易造成纠偏动作之前较长时间的失控状态，要引起特别注意。因此，监控应尽可能在生产线上的操作过程中解决，这样有利于及时采取改正措施，预防食品安全受影响。监控对象还包括：现场观察检查、卫生环境条件、原料产地、原料包装容器上标志、政府法规是否允许等。

（2）监控方法：对HACCP计划的每一进程，都要按规定及时进行监控，对每个CCP的具体监控过程取决于关键限值及监控设备和检测方法。一般采用两种基本监控方法：一种方法为在线检测系统，即在加工过程中测量各临界因素，它可以是连续系统，将加工过程中各临界数据连续记录下来；也可以是间歇系统，在加工过程中每隔一定时间进行观察和记录。另一种为终端检测系统，即不在生产过程中而是在其他地方抽样测定各临界因素。终端检测一般是不连续的，所抽取的样品有可能不能完全代表一整批产品的实际情况。当然，最好的监控过程是连续在线检测系统，它能及时检测加工过程中的CCP的状态，防止CCP发生失控现象。

监控方法必须能迅速提供结果，在实际生产过程中往往没有时间去做冗长的分析实验，微生物试验也很少做。较好的监控方法是物理和化学测量方法，如pH、水分活度（A_w）、时间、温度等参数的测量。

（3）监控频率：监控的频率取决于CCP的性质及检测过程的类型。监控可以是连续的或非连续的，如果可能应采用连续监控。当不可能连续监控一个CCP时，常常需要缩短监控的时间间隔，以便于及时发现对关键限值和操作限值的偏离情况。非连续监控的频率常常根据生产加工的经验和知识确定，可以从以下几个方面考虑正确的监控频率：监控参数的变化程度；如果超过关键限值，企业能承担多少产品作废的风险。

（4）监控人员：明确监控责任是保证HACCP计划成功实施的重要手段。进行CCP监控的人员可以是流水线上的人员、设备操作者、监督员、维修人员、质量保证人员。一般而言，由流水线上的人员和设备操作者进行监控比较合适，因为这些人需要连续观察产品和设备，能够较容易地从一般情况中发现问题，甚至是微小的变化。

负责监控CCP的人员必须具备一定的知识和能力，能够接受有关CCP监控技术的培训，充分理解CCP监控的重要性，能及时进行监控活动，准确报告每次监控结果，及时报告违反关键限值的情况，以保证纠偏措施的及时性。

监控人员的任务是随时报告所有不正常的突发事件和违反关键限值的情况，以便校正和合理地实施纠偏措施，所有与CCP监控有关的记录和文件必须由实施监控的人员签字或签名。

步骤10 建立纠偏措施（原理五）（第8列）

根据HACCP体系的原理与要求，当监控结果表明某一CCP发生偏离关键限值时，必须立即采取纠偏措施。纠偏行动程序应有拒收、返回、隔离偏离产品、重新评估产品等。

纠偏措施通常要解决两类问题：

（1）制定使工艺重新处于控制之中的措施；

（2）拟好CCP失控时期生产的食品的处理办法，包括将失控的产品进行隔离、扣留、评估其安全性、原辅料及半成品等移作他用（如做饲料）、重新加工（杀菌）和销毁产品等。

纠偏行动过程应做的记录内容包括：①产品描述、隔离和扣留产品数量；②偏离描述；③所采取的纠偏行动（包括失控产品的处理）；④纠偏行动的负责人姓名；⑤必要时提供评估的结果。

步骤11 建立验证程序（原理六）（第9、10列）

一般的记录有监控记录、纠偏记录、仪器校正记录等。

只有"验证才足以置信"，验证的目的是通过严谨、科学、系统的方法确认所规定的HACCP系统是否处于准确的工作状态中，确定HACCP计划是否需要修改和再确认，能否做到确保食品安全。验证是HACCP计划实施过程中最复杂、必不可少的程序之一。

验证活动包括：

（1）确认

确认的目的是提供证明HACCP计划的所有要素（危害分析、CCP确定、CL建立、监控程序、纠偏措施、记录等）都有科学依据的客观证明，从而有根据地证明只要有效实施HACCP计划，就可控制影响食品安全的潜在危害。

任何一项HACCP计划在开始实施前都必须经过确认；HACCP计划实施后，如发生：①原料改变；②产品或加工过程发生变化；③验证数据出现相反结果；④重复出现某种偏差；⑤对某种危害或控制手段有了新的认识；⑥生产实践中发现问题；⑦销售或消费者行为方式发生变化等情况，就需要再次采取确认行动。

（2）验证 CCP

必须对 CCP 制定相应的验证程序，才能保证所有控制措施的有效性及 HACCP 计划的实际实施过程与 HACCP 计划的一致性。CCP 验证包括对 CCP 的校准、监控和纠偏措施记录的监督复查，以及针对性的取样和检测。

（3）验证 HACCP 体系

目的是确定企业 HACCP 体系的符合性和有效性。验证内容包括：

检查工艺过程是否按照 HACCP 计划被监控；

检查工艺参数是否在关键限值内；

检查记录是否准确、是否按要求进行记录；

审核记录的复查活动；

监控活动是否按 HACCP 计划规定的频率执行；

监控表明对发生了关键界限的偏差是否采取了纠正措施；

设备是否按 HACCP 计划进行了校准；

最终产品的微生物试验是否保证食品安全指标达到相关法律、法规及顾客要求。

（4）执法机构执法验证

执法机构执法验证内容包括：①对 HACCP 计划及其修改的复查；②对 CCP 监控记录的复查；③对纠正记录的复查；④对验证记录的复查；⑤检查操作现场，HACCP 计划执行情况及记录保存情况；⑥抽样分析。

验证活动一般分为两类：一类是内部验证，由企业内部的 HACCP 小组进行，可视为内审；另一类是外部验证，由政府检验机构或有资格的第三方进行，可视为审核。

牛舌饼的 HACCP 计划见表 8-4。

表 8-4　　　　　　　　　　牛舌饼的 HACCP 计划

企业名称：××食品加工厂　　　　　　　产品名称：牛舌饼

企业地址：××省××市××路××号　　储藏和销售方法：阴凉、干燥

计划用途和消费者：公众，即食

（1）关键控制点CCP	（2）显著危害	（3）每个预防措施的关键限值	监控				（8）纠偏行动	（9）记录	（10）验证
			（4）对象	（5）方法	（6）频率	（7）人员			
原辅料及包装材料的验收	生物性危害：活虫化学性危害：黄曲霉毒素 B_1；沙门氏菌；金黄色葡萄球菌物理性危害：碎沙石及金属	查验原料的检验合格证明符合国家有关的卫生标准要求	供方证明	1.采购原料时查验合格证明 2.考查供货商的资质	每批或每年不少于两次	采购员和质检员	1.拒收无合格证明原料 2.取消供方资格	1.原料验收记录 2.纠偏措施记录	1.质检部定期核查记录 2.每月一次

（续表）

企业名称：××食品加工厂							产品名称：牛舌饼		
企业地址：××省××市××路××号							储藏和销售方法：阴凉、干燥		
计划用途和消费者：公众，即食									
(1)关键控制点CCP	(2)显著危害	(3)每个预防措施的关键限值	监控				(8)纠偏行动	(9)记录	(10)验证
			(4)对象	(5)方法	(6)频率	(7)人员			
烘烤	生物性危害：未杀死的致病菌	控制牛舌饼的厚度，焙烤的温度为180℃，焙烤的时间10min	烤箱的温度和时间	温度和时间显示、报告和记录	时间和温度每炉检查一次	烤箱操作人员和品控人员	重新烘烤或销毁	每炉烘烤的时间和温度记录	产品检验
金属探测	金属异物	根据预期用途确定	金属异物	金属探测连续检查并检测一次设备的灵敏度	每小时一次	操作员和质检员	停止工作，检查维修设备，重新检测产品	原料检验记录	质检部定期核查记录，每月一次

审核人：×××　　　　　　　　日期：××年××月××日

步骤12　建立记录保存文件程序（原理七）

完整准确的过程记录，有助于及时发现问题和准确分析与解决问题，使HACCP原理得到正确应用。因此，认真及时和精确的记录及保存资料是不可缺少的。

保存的文件包括：(1)HACCP计划和支持性文件，包括HACCP计划的研究目的和范围；(2)产品描述和识别；(3)生产流程图；(4)危害分析表；(5)HACCP审核表；(6)确定关键限值的偏离；(7)验证关键限值的依据；(8)监控记录，包括关键限值的偏离；(9)纠偏措施；(10)验证活动的结果；(11)校准记录；(12)清洁记录；(13)产品的标识和可追溯记录；(14)害虫控制记录；(15)培训记录；(16)供应商认可记录；(17)产品回收记录；(18)审核记录；(19)HACCP体系的修改记录。

第四阶段　撰写验证报告

当HACCP计划制订完毕，并进入运行后，由HACCP小组成员，按照HACCP原理六进行验证，并以书面报告的形式附在HACCP计划的后面。

验证报告包括：

(1)确认——获取制订HACCP计划的科学依据。

(2)CCP点验证活动——监控设备校正记录复查、针对性取样检测、CCP点记录等复查。

(3)HACCP体系的验证——审核HACCP计划是否有效实施及对最终样品的检测。

第三阶段

[教师和学生]

1.学生课堂汇报，教师点评，共同讨论、调整、修改。

2.由实践到理论的总结、提升，到再次认知，进行经验总结。

3.各成员汇总、整理分工成果，进行系统协调，形成最后成熟可行的整体方案，并且能够展示出来。

[成果展示]
1. HACCP 小组成员，各成员分工、专长及所在的工作岗位。
2. 详细产品描述及工艺流程图绘制。
3. 人流物流示意图。
4. 危害分析工作单。
5. HACCP 计划表。
6. HACCP 体系验证报告。

第四阶段

1. 针对项目完成过程中存在的问题，提出解决方案。
2. 总结个人在执行过程中能力的强项与弱项，提出提高自身能力的应对措施。
3. 经个人评价、学生互评、教师评价，计算最后得分。
4. 对学生个人形成的书面材料进行汇总，将最后形成的系统材料归档。

【关键知识点】

1. GMP 涉及的要素

GMP 涉及的要素包括高标准的生产设施、周全的原料控制、严谨的生产管理、先进的品质管理、高效的仓储物流和高素质的员工队伍。

2. 完整 HACCP 体系的构成

（1）GMP：生产、加工、包装储运、人员的卫生健康、建筑和设施、设备、生产和加工控制管理。

（2）SSOP：①水和冰的安全性；②食品接触表面清洁、卫生；③防止交叉污染；④洗手，手的消毒和卫生间设施；⑤防止外来物污染；⑥有毒化合物的处理、储存和使用；⑦雇员的健康状况；⑧害虫与鼠害的灭除及控制。

（3）HACCP：五个预先步骤与七大原理。

注意事项：①对各项卫生操作、卫生控制程序的监测方式、记录方式必须充分保证生产条件和状况达到 GMP 的要求；②SSOP 的制定应易于使用和遵守，不能过于详细，也不能过松；③SSOP 的正确制定和有效实施，使 HACCP 体系将注意力集中在与食品或其生产过程中相关的危害控制上，而不是在生产卫生环节上；④危害是通过 SSOP 和 HACCP 的 CCP 共同予以控制的，没有谁重谁轻之分。

3. HACCP 体系应控制的危害

（1）生物性危害：占 80%～90%。其中：

①细菌危害（90%）：包括食物感染和食物中毒。控制方式：控制营养、水、温度及空气条件。

②病毒：不能复制，需要寄生。如 HAV，诺瓦克病毒。控制方式：充分加热及防止加热后交叉污染。

③寄生虫：通过食品感染人类的约有 100 种。主要是线虫、绦虫、吸虫、原生动物。控制方式：彻底加热。

（2）化学性危害：化学性危害最难控制，一旦进入很难去除。

①天然化学物质：存在于天然动植物，微生物中。

②特意添加的化学物质：主要是食品添加剂。

③无意或偶然加入的化学物质：农药、兽药、激素、消毒剂、清洁剂残留、重金属污染等。

控制方式：GAP、GVP、GMP、HACCP。

（3）物理性危害：指任何在食品中发现的不正常的、潜在的有害外来物。此伤害最易确认，投诉最多。

【信息追踪】

推荐食品质量管理格言

写好你所做的，做好你所写的，记录下你所做的。——GMP 要求你

最大限度地防止污染，最大限度地减少差错。——实施 GMP 的目的

食品质量是生产出来的，而不是检验出来的。——请你转变观念

没有工作质量，就没有产品质量，提供优质的产品是回报客户最好的方法。——质量是企业的生命

违章操作等于自杀，违章指挥等于杀人，违章不纠正等于帮凶。——违章操作的代价

【课业】

1. 什么是 GMP？食品 GMP 的管理要素是什么？
2. 实施 GMP 有哪些重要意义？
3. 阐述 HACCP 体系应控制的危害及控制措施。
4. 论述 HACCP 与 GMP、SSOP 三者之间的关系。
5. 简述企业建立并实施 HACCP 体系的意义。

【学习过程考核】

学习过程考核见表 8-5。

表 8-5　　　　　　　　　　学习过程的考核

项目	任务一			任务二			任务三		
评分方式	学生自评	同组互评	教师评分	学生自评	同组互评	教师评分	学生自评	同组互评	教师评分
得分									
任务总分									

项目九 市场准入制度 SC 体系的建立和内审

【知识目标】
- 阐述 SC 认证的内容；
- 理解 SC 适用范围和申办程序。

【能力目标】
- 学会为食品加工企业准备 SC 申报材料；
- 能为食品企业进行食品生产许可制度（SC）体系的内审。

任务一 典型产品 SC 体系的建立

任务描述

根据《食品生产许可管理办法》（2020年3月1日）提出的要求，在食品企业中进行食品生产许可（SC）的申请和认证，熟悉 SC 具体要求及 SC 认证程序。加强食品企业 SC 体系的建立。

知识准备

一、食品生产许可管理办法概述

食品生产许可（SC）是国家市场监督管理总局根据《中华人民共和国食品安全法》和《中华人民共和国行政许可法》等法律、法规，而制定的对食品、食品添加剂及其生产加工企业的监管制度。2020年1月3日，国家市场监督管理总局发布《食品生产许可管理办法》（国家市场监督管理总局令第24号），并于2020年3月1日起实施。该《办法》遵循依法、公开、公平、公正、便民、高效的原则，加强了与法律、法规的一致性，推进了食品生产许可的信息化，更加注重事后监管，进一步保障了食品安全。

二、食品生产许可管理办法的构成

《食品生产许可管理办法》共八章。包括总则；申请与受理；审查与决定；许可证管理；变更、延续与注销；监督检查；法律责任；附则。

三、食品生产许可制度的适用范围

1. 食品生产许可制度的适用范围

在中华人民共和国境内，从事食品生产活动，应当依法取得食品生产许可。

2. 食品生产许可分类的依据和准则

市场监督管理部门按照食品的风险程度，结合食品原料、生产工艺等因素，对食品生产实施分类许可。

3. 食品种类

我国对以下食品全面实施食品生产许可证制度管理，包括粮食加工品，食用油、油脂及其制品，调味品，肉制品，乳制品，饮料，方便食品，饼干，罐头，冷冻饮品，速冻食品，薯类和膨化食品，糖果制品，茶叶及相关制品，酒类，蔬菜制品，水果制品，炒货食品及坚果制品，蛋制品，可可及焙烤咖啡产品，食糖，水产制品，淀粉及淀粉制品，糕点，豆制品，蜂产品，保健食品，特殊医学用途配方食品，婴幼儿配方食品，特殊膳食食品，其他食品等。

3. 审批权限

省、自治区、直辖市市场监督管理部门组织生产许可审查保健食品、特殊医学用途配方食品、婴幼儿配方食品、婴幼儿辅助食品、食盐等重点食品。对地方特色食品制定生产许可审查细则，并向国家市场监督管理总局报告。其余食品的生产许可审批权限由省级市场监督管理部门根据实际情况确定具体办法和目录下放到市、县级市场监督管理部门。

4. 一企一证

对食品生产企业实行"一企一证"原则。企业为不同的食品生产单元办理生产许可，所有食品类别统一显示在同一品种明细表中，如一个企业生产多类别食品，则只需在其生产许可证副本中予以注明。

5. 证书期限

"SC"证有效期为5年。

四、食品生产应当具备的基本条件

根据《食品生产许可管理办法》的规定，食品生产者要申请食品生产许可应当具备五个方面的基本条件：生产场所，生产设备或设施，人员、管理制度，设备布局、工艺流程，其他条件。

（一）生产场所要求

食品企业要有与申请生产许可的食品品种、数量相适应的食品原料处理和食品加工、包装、储存等场所，保持该场所环境整洁，并与有毒、有害场所以及其他污染源保持规定的距离。

（二）生产设备或者设施要求

食品企业要有与申请生产许可的食品品种、数量相适应的生产设备或者设施，有相应的消毒、更衣、盥洗、采光、照明、通风、防腐、防尘、防蝇、防鼠、防虫、洗涤以及处理废水、存放垃圾和废弃物的设备或者设施；保健食品生产工艺有原料提取、纯化等前处理工序的，需要具备与生产的品种、数量相适应的原料前处理设备或者设施。

（三）人员、管理制度要求

有专职或者兼职的食品安全专业技术人员、食品安全管理人员和保证食品安全的规章制度。

(四)设备布局、工艺流程要求

食品生产企业要有合理的设备布局和工艺流程,防止待加工食品与直接入口食品、原料与成品交叉污染,避免食品接触有毒物、不洁物。

(五)其他条件要求

要符合与法律、法规规定的其他条件。

另外,从事食品添加剂生产活动,应当具备与所生产食品添加剂品种相适应的场所、生产设备或者设施、食品安全管理人员、专业技术人员和管理制度;应当依法取得食品添加剂生产许可。

五、食品生产许可申请与受理

根据《食品生产许可管理办法》提出的要求,生产者申请食品生产许可,应当先行取得营业执照,然后再进行生产许可(SC)申请和认证。按照食品安全法及其实施条例的规定,管理办法规定了食品生产许可基本程序(图9-1)。

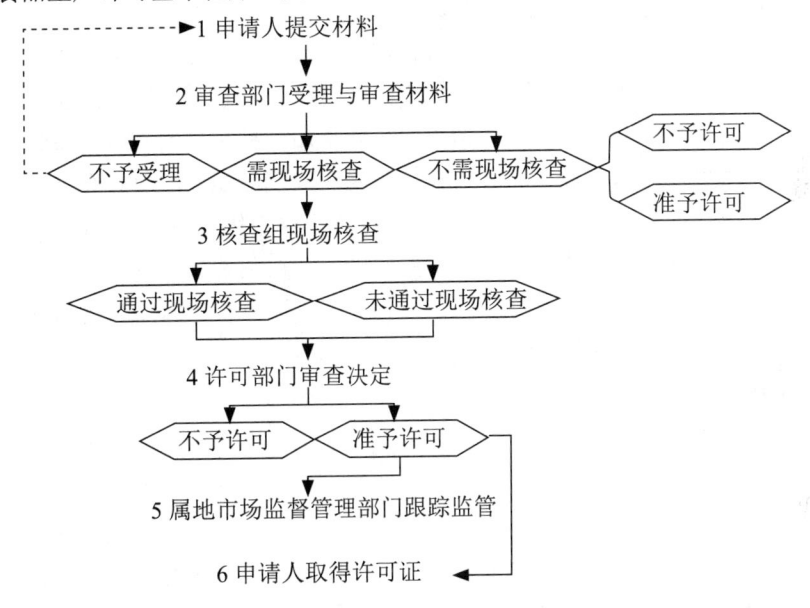

```
         ┌──────→ 1 申请人提交材料
         │              ↓
         │       2 审查部门受理与审查材料
         │      ↙        ↓         ↘
         │  不予受理  需现场核查  不需现场核查 ──→ 不予许可
         │              ↓                    ──→ 准予许可
         │       3 核查组现场核查
         │      ↙              ↘
         │ 通过现场核查    未通过现场核查
         │      ↓
         │   4 许可部门审查决定
         │      ↙        ↘
         │  不予许可    准予许可
         │                 ↓
         │   5 属地市场监督管理部门跟踪监管
         │                 ↓
         │   6 申请人取得许可证
```

图9-1 食品生产许可申请程序

(一)提交申请

申请人(以营业执照载明的主体,如企业法人、合伙企业、个人独资企业、个体工商户、农民专业合作组织等)申请食品/食品添加剂生产许可,应当向申请人所在地县级以上地方市场监督管理部门提交下列申请材料:

1. 食品/食品添加剂生产许可申请书。
2. 食品/食品添加剂生产设备布局图、生产工艺流程图。
3. 食品/食品添加剂生产主要设备设施清单。
4. 专职或者兼职的食品安全专业技术人员、食品安全管理人员信息和食品安全管理制度。

申请保健食品、特殊医学用途配方食品、婴幼儿配方食品等特殊食品的生产许可,还应当提交与所生产食品相适应的生产质量管理体系文件以及相关注册和备案文件。

申请人应当如实提交有关材料和反映真实情况,对申请材料的真实性负责,并在申请书等材料上签名或者盖章确认。

申请生产多个类别食品的申请人,可以按照省级市场监督管理部门确定的食品生产许可管理权限,自主选择一个受理部门提交申请材料。受理部门会及时告知有相应审批权限的市场监督管理部门进行联合审查。

(二) 受理申请

县级以上地方市场监督管理部门收到申请者提出的食品生产许可申请后,应当做出是否受理的决定;出具受理通知书或者不予受理通知书书;不予受理的,应当说明理由。

(三) 组织现场核查

许可部门受理申请人提出的食品生产许可申请后,应当对申请人提交的申请材料进行审查。需要对申请材料的实质内容进行核实的,指派 2 名以上食品安全监管人员(根据需要可以聘请专业技术人员作为核查人员)按照申请材料进行现场核查。核查人员应当自接受现场核查任务之日起 5 个工作日内完成对生产场所的现场核查。

市场监督管理部门可以委托下级市场监督管理部门,对受理的食品生产许可申请进行现场核查。但是,特殊食品生产许可的现场核查不能委托下级市场监督管理部门实施。

对于获证企业在许可食品类别范围内增加生产新食品品种明细的;申请保健食品、特殊医学用途配方食品、婴幼儿配方乳粉生产许可在产品注册或产品配方注册时经过现场核查的;企业在申请许可延续或者变更时,申请人声明生产条件未发生变化的不再进行许可现场核查。

对于首次申请许可或者增加食品类别的变更许可的,在现场核查时,需要根据食品生产工艺流程等要求核查其试制食品检验合格报告。而且生产者可自行检验试制食品或者委托有资质的食品检验机构对其产品进行检验。

(四) 许可决定

县级以上地方市场监督管理部门自受理申请之日起 10 个工作日内会做出是否准予行政许可的决定。因特殊原因需要延长期限的,经本行政机关负责人批准,可以延长 5 个工作日,并告知申请人延长期限的理由。根据核查结果,对符合条件的准予生产许可,并自做出决定之日起 5 个工作日内向申请人颁发食品生产许可证;对不符合条件的,做出不予许可的书面决定并说明理由,同时告知申请人依法享有申请行政复议或者提起行政诉讼的权利。

(六) 市场监督管理部门监督检查

国家市场监督管理总局,省、自治区、直辖市市场监督管理部门进行定期/不定期监督检查。

县级以上地方市场监督管理部门负责对企业的日常监督检查,公布监督检查结果,记入企业食品安全信用档案,并通过国家企业信用信息公示系统向社会公示。对有不良信用记录的食品生产者应当增加监督检查频次,并对违法行为进行查处。

(七) 其他事项

当食品生产者的生产条件发生变化,不再符合食品生产要求时,需要重新申请办理许可手续。

食品生产者名称、现有设备布局和工艺流程、主要生产设备设施、食品类别等事项发生变化时,食品生产者应当在变化后 10 个工作日内向原发证的市场监督管理部门提出变更申请,证书有效期不变。

食品生产者的生产场所迁址时,需要重新申请食品生产许可,证书有效期为重新发证之日起。

食品生产许可证副本载明的同一食品类别内的事项发生变化的,食品生产者应当在变化后10个工作日内向原发证的市场监督管理部门报告。

食品生产者申请延续食品生产许可有效期的,应当在该食品生产许可有效期届满30个工作日前,向原发证的市场监督管理部门提出申请,证书有效期为延续许可决定之日起。

六、许可证管理

《食品生产许可管理办法》明确了食品生产许可证将由"SC"即"生产"二字的汉语拼音字母缩写开头,"食品生产许可证"简称"SC证"。食品生产许可证是县级以上地方市场监督管理部门根据申请材料审查和现场核查等情况,做出准予生产许可的决定后,向申请人颁发的、准许其在中华人民共和国境内从事食品生产活动的证明。

食品生产许可证分为正本和副本,国家市场监督管理总局负责制定食品生产许可证式样。省、自治区、直辖市市场监督管理部门负责本行政区域食品生产许可证的印制、发放等管理工作。

食品生产许可证应当包括生产者名称、社会信用代码、法定代表人(负责人)、住所、生产地址、食品类别、许可证编号、有效期、发证机关、发证日期和二维码。如图9-2所示。

副本还应当载明食品明细。生产保健食品、特殊医学用途配方食品、婴幼儿配方食品的,还应当载明产品或者产品配方的注册号或者备案登记号;接受委托生产保健食品的,还应当载明委托企业名称及住所等相关信息。如图9-3所示。

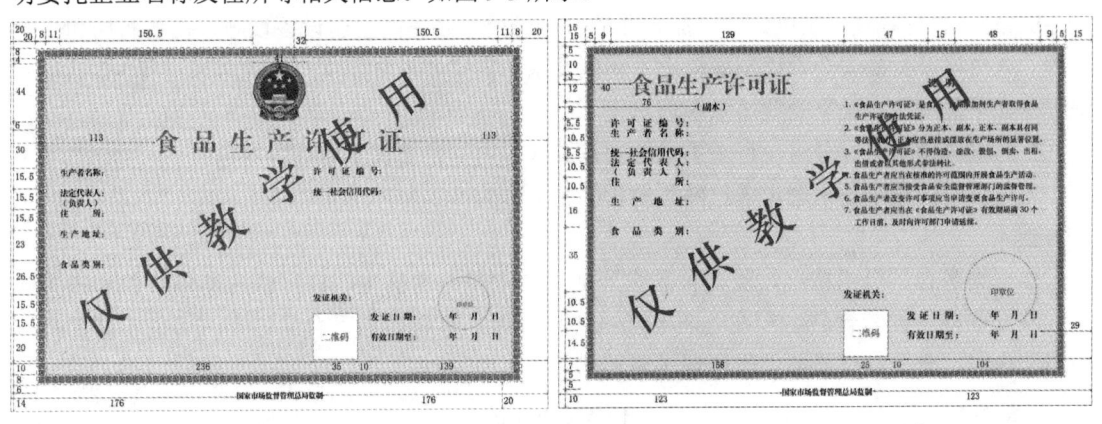

图9-2 食品生产许可证正本　　　　图9-3 食品生产许可证副本

其中二维码为查询二维码,记载生产者名称、社会信用代码、许可证编号、法定代表人(负责人)、生产地址、食品类别、品种明细、有效期以及各省级局向社会公开的食品生产者相关信息网址;扫描二维码,可以自动查出对应的食品生产者的信息。

食品生产许可证的正本和副本具有同等法律效力。企业应当妥善保管食品生产许可证,并在生产场所显著位置予以悬挂或者摆放食品生产许可证正本。企业不得伪造、涂改、倒卖、出租、出借、转让食品生产许可证。同时,市场监督管理部门制作的食品生产许可电子证书与印制的食品生产许可证书具有同等法律效力。

七、相关部门及职责

1. 国家市场监督管理总局负责监督指导全国食品生产许可管理工作，并制定食品生产许可审查通则和细则。

2. 省、自治区、直辖市市场监督管理部门负责确定市、县级市场监督管理部门的食品生产许可管理权限。

3. 县级以上地方市场监督管理部门负责本行政区域内的食品生产许可管理工作。

另外，未经申请人同意，行政机关及其工作人员、参加现场核查的人员不得披露申请人提交的商业秘密、未披露信息或者保密商务信息，法律另有规定或者涉及国家安全、重大社会公共利益的除外。

任务实施

第一阶段

[教师]

1. 确定要申报食品生产许可的典型产品。由教师提出设想，然后与学生一起围绕确定的典型产品展开讨论。最终确定项目目标和任务。

SC 是一种行政许可制度，对食品企业的生产场所、必备的生产设备设施、设备布局和工艺流程、人员以及食品安全管理制度提出了相应要求。国家要求食品生产企业必须进行 SC 认证，保障食品质量安全，提高企业质量管理水平。

2. 对班级学生进行分组，每个小组控制在 6 人以内，确定各小组研究对象。

通过讨论，每个小组选定自己熟悉的食品企业作为 SC 认证的研究对象。

[学生]

1. 根据各自的分组情况，复习食品生产加工企业申办食品生产许可证的基本条件和相关政策；从互联网上搜索食品生产许可证申请书（2020 版）示例，熟悉食品生产许可证申请的基本构造和内容；分别制订任务工作计划（表 9-1）。

表 9-1　　　　　　　　　　任务工作计划

1	学习	食品生产加工企业申办食品生产许可证的基本条件
		食品生产许可证申请书提交的材料
2	资料收集	食品生产许可证申请书（2020 版）
		某食品企业食品生产许可证申请书示例
3	申请食品生产许可证	食品生产许可证申请书的填写

学习内容：根据《食品生产许可管理办法》（2020 年 3 月 1 日），食品生产许可证申请书包括申请人基本情况及产品信息表；食品生产主要设备设施清单；食品安全专业技术人员及食品安全管理人员清单；食品安全管理制度清单等。

2. 依据各自制订的工作计划竞聘负责人职位（1~2人）。竞聘过程中需考察计划的可行性、前瞻性、系统性与完整性及报告人的领导能力、沟通能力和团队协作能力。

3. 确定负责人后，实施小组内分工，明确每个人的职责、未来工作的细节和团队协作的机制。本步骤需绘制本小组组织结构图、工作流程图，明确小组工作内容等。

第二阶段

学生针对自己的任务分工，查找资料，进行生产现场调查，拟订具体工作方案，组织备用资源，最后形成体系细节，并进行现场验证。

准备资料：上网查找食品生产许可申请书（2020版）。

申请食品企业生产许可（SC）流程如下：

步骤1 提出申请

1. 按申请材料要求向申请人所在地县级以上地方市场监督管理部门提交申请资料。

2. 食品生产许可申请书的填写要求。

（1）申请人名称项应与生产者营业执照标注的注册名称保持一致。

（2）法定代表人应与生产者营业执照保持一致。

（3）填写食品生产许可证编号（变更、延续时填写）

（4）统一社会信用代码应与生产者营业执照保持一致。生产者为个体工商户的，填写其有效身份证号码，并隐藏身份证号码中第11位到第14位的数字，以"※"替代。

（5）住所项填写与营业执照保持一致，按营业执照上住所填写。

（6）生产地址填写获证生产者实施食品、食品添加剂生产行为的实际地点。注明市（地）、区（县）、乡（镇）、路（街道、社区）、号（村）等，即：××市（地）××区（县）×××乡（镇）×××路（街道）；涉及多个生产地址的，应当全部标注，并以逗号隔开。

（7）备注填写其他需要载明的事项。

步骤2 填写产品信息表

根据《食品、食品添加剂分类目录》填写生产者生产的食品、食品添加剂。

步骤3 准备食品生产许可（SC）申请需要提供的材料

根据《食品生产许可管理办法》（2020年3月1日）的规定，食品生产企业申请食品生产许可的，需提交下列材料：

1. 食品生产许可申请书。
2. 食品生产主要设备设施清单。
3. 食品安全专业技术人员及食品安全管理人员信息清单。
4. 食品安全管理制度清单。
5. 食品生产设备布局图。
6. 食品生产工艺流程图。

另外，申请特殊食品生产许可，还需提交特殊食品的生产质量管理体系文件和特殊食品的相关注册和备案文件。

申请材料一式两份，复印件或者扫描件与原件相符。申请人要对申请材料的真实性负责，并在申请书等材料上签名或者盖章。

受理部门收到申请者提出的食品生产许可申请后，会即时或者在2个工作日内做出是否受理的决定；出具《食品生产许可申请受理通知书》或者《食品生产许可申请不予受理通知书》。

受理部门需要对申请材料的实质内容进行核实的，会指派 2 名以上食品安全监管人员作为核查人员对生产场所进行现场核查，并在接受现场核查任务之日起 5 个工作日内完成。

受理部门对符合条件的，做出准予生产许可的决定，并自做出决定之日起 5 个工作日内向申请人颁发食品生产许可证；对不符合条件的，及时做出不予许可的书面决定并说明理由，同时告知申请人依法享有申请行政复议或者提起行政诉讼的权利。

第三阶段

[教师和学生]
1. 学生课堂汇报，教师点评，共同讨论、调整、修改。
2. 由实践到理论的总结，提升，到再次认知，进行经验总结。
3. 各成员汇总、整理分工成果，进行系统协调，形成最后成熟可行的整体方案，并且能够展示出来。

[成果展示]
1. 食品生产许可申请书。
2. 食品生产主要设备、设施清单。
3. 食品安全专业技术人员及食品安全管理人员信息清单。
4. 食品安全管理制度清单。
5. 食品生产设备布局图。
6. 食品生产工艺流程图。

第四阶段

1. 针对项目完成过程中存在的问题，提出解决方案。
2. 总结个人在执行过程中能力的强项与弱项，提出提高自身能力的应对措施。
3. 经个人评价、学生互评、教师评价，计算最后得分。
4. 对学生个人形成的书面材料进行汇总，将最后形成的系统材料归档。

任务二 典型产品 SC 体系的内审

任务描述

为规范申请人按规定条件设立食品生产企业，保障食品质量安全，依据《食品生产许可审查通则》（2016 版），本任务对食品企业 SC 体系的申请受理、组成审查组、制订审查计划、审核申请资料、实施现场核查、形成判定结果、形成审查结论等内审模拟活动的实施，完成现场审核。

知识准备

食品市场准入制度是一项行政许可制度，是由政府指定的认证机构——县级以上地方市场监督管理部门，按《食品生产许可审查通则》（2016版）对食品生产加工企业进行保证产品质量必备条件的审查和认证等工作。

一、食品生产许可（SC）审查的基本程序

（1）审查部门对申请人提交的材料完整性、规范性进行审核。

（2）审查部门组成核查组。核查组自接受现场核查任务之日起10个工作日内完成现场核查，并将《食品、食品添加剂生产许可核查材料清单》所列项上报审查部门。

（3）审核部门在规定时限内收集、汇总审查结果，以及《食品、食品添加剂生产许可核查材料清单》所列的许可相关材料。

（4）许可机关应当自受理申请之日起10个工作日内，依据申请材料审查、现场核查等情况做出是否准予生产许可的决定。

（5）对于未通过现场核查的，申请人应当在1个月内向监管部门提交书面整改报告。

（6）许可机关在做出许可决定5个工作日内向申请人颁发食品生产许可证。

二、食品生产许可审查通则适用范围

适用于对申请人生产许可规定条件的审查工作，包括审查资料与核查现场等。

三、食品企业SC体系的内审实施

1. 审核申请资料

（1）申请材料审查：审查组依据法律、法规规定，审核申请人提交的申请资料是否完备，文本内容是否符合要求。申请人及从事食品生产管理工作的食品安全管理人员应当未受到从业禁止；申请人应当配备专业技术人员和食品安全管理人员，并定期进行培训和考核。

（2）申请材料不需要现场核查的，由许可机关做出许可决定。

（3）申请材料的实质内容需要进行现场核查的，主要包括以下几种情况：

①首次申请生产许可的。

②生产场所变迁的。

③生产条件如设备布局、工艺流程、设备设施、食品类别发生变化的。

④影响食品安全的生产条件发生变化的延续申请的。

⑤审查部门对申请材料内容、食品类别、相关审查细则及执行标准的相符情况变更申请、延续申请的。

⑥申请人存在食品安全信用信息记录问题、监督抽检不合格、监督检查不符合、发生过食品安事故的。

⑦法律、法规、规章规定需要实施现场核查的其他情形需要重新申请的。

2. 现场核查

现场核查的范围包括生产场所、设备设施、设备布局和工艺流程、人员管理、管理制度、

试制产品检验合格报告。

（1）核查生产场所：核查申请人提交的材料是否与现场一致，其生产场所周边和厂区环境、布局和各功能区划分、厂房及生产车间相关材质等是否符合有关规定和要求，并与有毒、有害场所以及其他污染源保持规定的距离。例如：生产区和生活区的隔离情况；生产区中的原辅材料库、生产厂房、成品库布局是否合理，是否有不合理的运输路线，车间布局是否合规。

（2）核查设备设施：主要核查现场所具有的生产设备设施是否与申请材料清单一致，是否符合规定并满足生产需要，自行对原辅料及出厂产品进行检验的是否具备规定的检验设备设施并满足检验需要。

（3）核查设备布局和工艺流程：主要现场核查设备布局和工艺流程是否符合规定要求，并能防止交叉污染。

（4）核查人员管理：核查申请材料所列明的管理人员及专业技术人员的名单；是否建立生产相关岗位的培训及从业人员健康管理制度；从业人员是否取得健康证明。

（5）核查管理制度：现场核查进货查验记录、生产过程控制、出厂检验记录，食品安全自查，不安全食品的召回，对不合格品管理，对食品安全事故进行处置，审查细则规定的其他保证食品安全的管理制度。除了审查制度内容，还应审查制度执行情况。

（6）核查试制产品检验合格报告：根据食品、食品添加剂所执行的食品安全标准和产品标准及细则规定，核查试制食品检验项目和结果是否符合标准及相关规定。

3. 形成初步审查意见和判定

现场审查的内容包括生产场所、设备设施、设备布局和工艺流程、人员管理、管理制度以及试制产品检验合格报告六部分，共计 34 个核查项目。

审查人员应当根据资料审核和现场核查情况，填写核查分数和核查记录。

判定：核查组应当按照核查项目规定的"核查内容"及"评分标准"进行核查与评分。①核查项目单项得分无 0 分项且总得分率≥85% 的，判定为通过现场核查。②核查项目得分有 0 分项或总得分率＜85% 的，判定为未通过现场核查。

4. 其他要求

现场核查结论为通过的，发现问题的需要在 1 个月内由申请人属地市场监督管理部门监督整改，并提交整改报告，同时，在申请人许可后 3 个月内对其进行一次日常监督检查。

现场核查时，发现申请人存在藏匿未申报的生产场所、储存超范围食品添加剂等违法行为，应填写"生产许可现场核查非申请区域发现问题单"，并依法调查处理，及时将调查处理情况上报负责受理的市场监督管理部门；申请人涉嫌违法被立案调查的，应通知负责受理的市场监督管理部门中止生产许可审批程序。

任务实施

第一阶段

[教师]

1. 确定要审核的典型产品。由教师提出设想，然后与学生一起围绕确定的典型产品展开讨论。

最终确定项目目标和任务。

2. 对班级学生进行分组，每个小组控制在 6 人以内，确定各小组研究对象。

[学生]

1. 根据各自的分组情况，借助文献及网络查找相应食品的《食品生产许可审查通则》（2016版），学习讨论，分别制订任务工作计划（表9-2）。

表 9-2　　　　　　　　　　　　任务工作计划

序号	工作任务	工作内容	完成时间
1	组建审核小组	确定审核组组长资格	
2	培训	审核员的资格、要求等	
3	资料查找	《食品生产许可审查通则》（2016版）等	
4	现场审核	填写食品、食品添加剂生产许可现场核查评分记录表；填写现场审核报告等	

2. 依据各自制订的工作计划竞聘负责人职位（1～2人）。竞聘过程中需考察计划的可行性、前瞻性、系统性与完整性及报告人的领导能力、沟通能力和团队协作能力。

3. 确定负责人后，实施小组内分工，明确每个人的职责、未来工作的细节和团队协作的机制。本步骤需绘制本小组组织结构图、工作流程图，确定小组工作内容等。

第二阶段

学生针对自己的任务分工，查找资料，进行生产现场调查，拟订具体工作方案，组织备用资源，最后形成体系细节，并进行现场验证。

准备的资料：上网查找《食品生产许可审查通则》（2016版）审查记录表等。

食品生产许可（SC）现场核查步骤如下：

步骤1　食品生产许可现场核查前的准备工作

食品生产许可审查分为申请材料审核和生产场所核查。在进行食品生产许可现场核查前需上报以下材料，见表9-3。

表 9-3　　　　　　　　　　　　食品生产许可证上报材料

序号	材料	要求
1	食品生产许可证申请书	（2份原件）
2	食品生产主要设备设施清单	（2份原件）
3	食品安全专业技术人员及食品安全管理人员信息清单	（2份原件）
4	食品安全管理制度清单	（2份原件）
5	食品生产设备布局图	（2份原件）
6	食品生产工艺流程图	（2份原件）
7	法律规定的其他材料	（2份原件）

步骤 2　食品生产许可现场核查

1. 召开预备会议

核查组长召开预备会议。明确核查要点；核查组分工，时间要求，并填写现场核查计划表；强调核查纪律。

2. 召开首次会议

①首次会议参加人员有核查组成员、观察员、企业负责人及有关食品安全人员。

②会议由核查组长主持，核查组、受核查企业负责人介绍双方参会人员；核查组长介绍本次核查的目的、依据、范围；企业领导简要介绍企业情况。

③核查组长介绍核查内容：核查的原则（科学、公正、客观）；核查的方法（查、看、听、考）；形成的结论文件；核查组人员分工；核查计划和时间分配；明确企业联系人。

④核查组为企业营运和技术机密保密；观察员承诺客观、公正地履行监督职责。

3. 核查

①现场核查

申请资料审核之后，需要进行现场核查的，由食品安全监管人员对申请材料的实质内容进行核查。（如：结合工作职责和要求，通过与当事人进行交谈，观察实际操作能力等方式考核其对岗位职责是否清楚，是否胜任相应的工作）

②填写现场核查评分记录表

食品、食品添加剂生产许可现场核查评分记录表中共34个核查项目。其中：生产场所8个项目，共24分；设备设施11个项目，共33分；布局/工艺3个项目，共9分；人员管理3个项目，共9分；管理制度8个项目，共24分；检验报告1个项目，每个项目1分，共100分。

项目判定标准规定分为不适用的项目不予计分；对于适用的项目，符合的为3分；略有不足的为1分（包括尚未违反法律、标准、尚未造成后果、个别性问题）；严重不足的为0分（包括违反法律、标准、已造成后果、普遍性问题）。然后填写核查得分和核查记录并签字。

4. 召开核查组内部会议

在组长组织下，审查人员汇总各个负责核查情况；统一核查组意见，形成审查结论。审查组应当对审查结论与申请人沟通。审查结论分为通过现场审核和未通过现场审核。

5. 召开末次会议

①参加会议的人员同首次会议相同。

②核查组长宣布核查结论。

③申请人确认现场核查报告并签字、盖章。

6. 报送核查材料

核查组将核查材料报送审查部门。

第三阶段

[教师和学生]

1. 学生课堂汇报，教师点评，共同讨论、调整、修改。

2. 由实践到理论的总结、提升，到再次认知，进行经验总结。

3. 各成员汇总、整理分工成果，进行系统协调，形成最后成熟可行的整体方案，并且能够展示出来。

[成果展示]
1. 申请SC的目录清单。
2. 现场审核计划。
3. 食品、食品添加剂生产许可现场核查评分记录表。

第四阶段
1. 针对项目完成过程中存在的问题，提出解决方案。
2. 总结个人在执行过程中的能力强项与弱项，提出提高自身能力的应对措施。
3. 经个人评价、学生互评、教师评价，计算最后得分。
4. 对学生个人形成的书面材料进行汇总，将最后形成的系统材料归档。

【关键知识点】
1. 食品生产许可证（SC）与编号
食品生产许可证编号由SC（"生产"的汉语拼音首字母缩写）和14位阿拉伯数字组成。数字从左至右依次为：3位食品类别编码、2位省（自治区、直辖市）代码、2位市（地）代码、2位县（区）代码、4位顺序码、1位校验码。获证企业按要求在食品包装或标签上标注"SC"开头的食品生产许可证编号。具体表示形式如图9-4所示。

```
SC  ×××  ××  ××  ××  ××××  ×
                              └─ 1位校验码
                         └──── 4位顺序码
                     └──────── 2位县（区）代码
                 └──────────── 2位市（地）代码
             └──────────────── 2位省（自治区、直辖市）代码
        └───────────────────── 3位食品类别编码
```

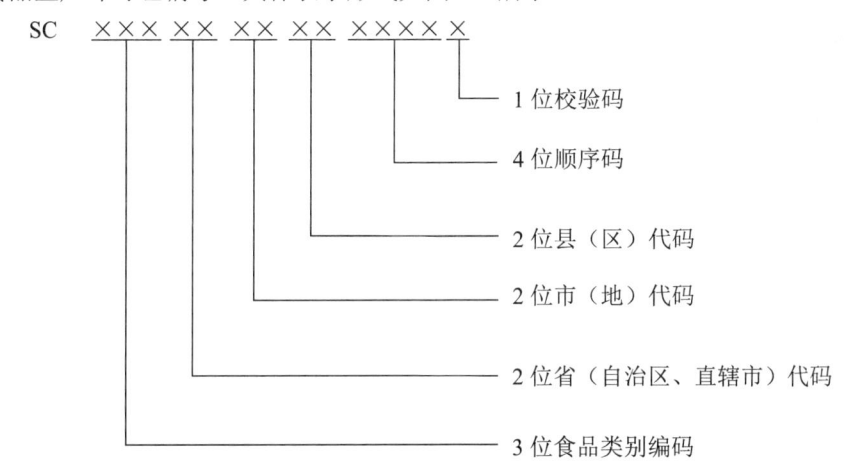

图9-4 食品生产许可证编号编码构成

食品生产许可证编号代表着企业唯一许可编码，可以实现食品的追溯。当许可证出现变更、换发、延续时，证书编号不变；若注销许可证，则证书编号不再使用。食品生产许可证编号保证了食品生产许可证编号的属地性、唯一性、不变性、永久性。

2. 现场核查的范围
现场核查的范围包括生产场所、设备设施、设备布局和工艺流程、人员管理、管理制度、查验试制产品检验合格报告。

3. 食品生产许可SC认证的流程
申请人办理营业执照→申请人提交食品生产许可申请→受理→现场核查→做出许可决定→向申请人发放食品生产许可证→监督检查。

任务描述

选择某一类食品作为研究对象，例如超市食品。就食品流通许可申请方面，核查相关问题，达到熟悉流程、促进食品安全发展、保护消费者健康的目的。

知识准备

一、农产品批发市场中食品安全质量控制

（一）农产品批发市场中食品存在的问题

目前，为保障流通领域农产品质量安全，比较有效的办法是要求批发商建立进销台账和索证、索票制度。按规定，批发商应将所经营产品的进货和销货情况完整地记录下来，并保存进货和销货的凭证，以实现产品质量可追溯。但从实际操作的情况来看，这些制度在执行过程中还存在以下问题：

1. 台账不规范，且流于形式

虽然市场批发商的进销台账已基本建立，但在记录过程中品种不齐、少记、漏记、迟记的现象比较普遍，台账制度越来越流于形式，更多的意义在于应对各类检查，而一旦发生食品安全事故，根本无法作为责任追溯的有效依据。

2. 初级农产品的索证、索票难度大

这也是农产品的生产方式特点决定的，市场上销售的农产品有很多是批发商从产地种植、养殖户手中直接收购过来，无法取得合法有效的票证。

3. 检测的时间长、费用高

目前除了果蔬的农药残留检测外，其他的检测项目时间长、费用高。

（二）农产品批发市场中食品安全质量控制措施

在现有的条件下，要提高食品安全监管的效率和水平，我们必须变被动为主动，在大力推进电子结算的同时，将食品安全监管工作的切入点转移，即由以批发商为主体的台账制度和索证、索票制度，转变为以市场管理单位为主体，建立起全新的市场商品质量信息监管系统和质量检测系统，并在这个系统下有针对性地开展监管工作。具体可结合市场经营商品的特性建立如下系统：

1. 对于定型包装食品建立商品质量信息监管系统

结合目前各市场开展的信息化建设，可优先考虑由市场管理单位建立定型包装食品的质量信息监管系统，即由市场管理单位将市场所有定型包装食品的资料分类录入信息库，将生产厂家的营业执照、生产许可证、卫生许可证和检测报告以及进货单位的相关证、照等信息扫描入库，实时更新。批发商只需如实开具诚信售货单，保存每批进货凭证即可，而无须再对每笔进、出货进行登记（实施电子结算以后只需保存电脑小票即可）。市场管理单位的工作重点放在检查这些单证是否在有效期内、进货凭证是否合法有效、是否增加新的经营品种以及批发商是否如实开具和保存诚信售货单等方面。同时，监管系统还可根据预设的条件，实现检索、查询、预警等功能。这个监管系统建立以后，单证齐全并纳入监管系统的产品才允许入市，对于无证产

品以及单证不全或失效的产品,监管系统将提示市场管理单位予以退市处理。这样市场管理单位对于在市场内销售的定型包装食品的基本情况就可以全盘掌握,做到心中有数,真正把好市场准入关。

2. 对于果蔬等初级农产品和散装食品建立商品质量检测系统

批发市场在条件许可的前提下应建立自己的检测室,并通过国家相关部门的认证,除了能够对农药残留进行检测,还要能够对重金属等其他方面进行检测,更重要的是要根据市场的实际情况制订检测计划,在一定周期内对所有初级农产品和散装食品实现品种、产地、经营档位的覆盖检测,而且对于经营相同产地、相同产品的批发商可实现检测结果的资源共享。市场的检测系统建成后,不仅可以减少检测的时间和费用,还可以使抽检的效用最大化,增加消费者对市场食品安全的信心。

3. 建立诚信档案,严格失信处罚

在商品质量信息监管系统下可建立批发商诚信档案的子系统,详细记录批发商的经营情况、抽检情况、检测结果、违规情况等,将批发商经营的产品的质量情况与其续租、享受优惠待遇、授予荣誉称号及抽检的频率结合起来,严格奖惩兑现,对于违规批发商坚决予以处罚。

新的监管体系最大的特点是不再单纯依赖批发商建立台账,实现了从"管人"(批发商)到"管人和管货相结合"的转变,使批发商不再疲于应付,也提高了市场管理单位工作的针对性和监管效率。当然,之前我们在食品安全监管工作中一些行之有效的做法,如诚信售货单制、抽检制、巡查制还要继续坚持。新系统要对市场的商品进行全面梳理,初期的工作量会非常大,但体系建成以后就会条理分明,便于管理。而且这个系统与电子结算系统是兼容的,监管体系有效地把住了市场的"入口",电子结算体系有效地把住了市场的"出口",它们互为支撑、互相配合,形成更为完善和严密的食品安全监控体系,为批发市场筑起一道坚不可摧的食品安全"防火墙"。

二、超市食品安全质量控制

(一)超市食品安全存在的问题

(1)超市食品安全管理制度不完善,食品供应流程操作不规范,未建立以 HACCP 原理为基础的食品安全质量管理体系,对食品安全供应流程缺乏全面、有效的控制。

(2)缺乏有效供应商评价指标体系,供应商识别和评价方法不合理。目前大多数超市对食品供应商缺乏严格审核或委托第三方机构进行审核,有些超市甚至为保持竞争中的低价优势和较高收益,以价格为取向选择供应商,忽视了对供应商所提供食品的质量控制,从而导致食品质量的下降。

(3)缺乏食品安全质量顾客满意度调查和测评的科学方法,未从顾客的角度对超市食品安全质量管理体系运行的有效性进行评价。

作为食品零售商的超市,不仅要在政府的有效监管下,严格执行相关食品安全标准,还要依托国际先进的食品安全质量标准,结合本行业的特点,建立符合超市特点的、可操作性强的食品安全质量管理体系,确保消费者的食用安全。

(二)超市食品安全质量管理体系的 PDCA 循环

1. 计划阶段(Plan)

根据 ISO 22000 和 ISO 9001 标准的要求,制定超市食品安全质量管理体系的质量方针和目标。根据质量方针和目标分配组织的职责和权限,配置实现质量目标所需的资源,其中包括人力资源和基础设施。建立健全超市的各项规章制度，形成超市食品安全质量管理体系文件，食品安全质量管理体系文件分为五个层次：超市食品安全质量方针、目标；超市食品安全质量管理手册；超市食品安全程序文件，其中包括文件控制程序文件、记录控制程序文件、应急准备和响应控制程序文件、监视结果超出关键限值时的控制程序文件、潜在不安全产品控制程序文件、顾客满意度控制程序文件等18个程序文件；前提性操作方案、HACCP计划、管理规章制度、技术标准等；执行各项规章制度所留下的相关质量记录。

2. **实施阶段（Do）**

对超市中层以上的管理人员和与食品安全有关的技术人员进行超市食品安全质量管理体系培训；运行超市食品安全质量管理体系，执行各种规章制度并留下必要记录。

3. **检查阶段（Check）**

通过对食品的安全供应状况、食品安全质量管理体系运行状况和顾客满意度的监视和测量，检查超市食品安全质量管理体系运行的效果。

4. **总结、处置阶段（Action）**

制定纠正措施和预防措施，防止不合格情况的发生，总结成功的经验，将其纳入标准；对于没有解决的问题，纳入下一轮的PDCA循环，确保超市食品安全质量管理体系的持续改进。

三、餐饮食品安全质量控制

（一）餐饮食品存在安全问题的原因

1. 对餐饮业食品安全监管力度不够

改革开放以来，我国的食品安全的监督管理得到加强，但是，卫生监督以及有关的技术人员缺少、县一级的执行卫生标准的专业技术人员缺乏等状况，导致食品监督力度不够；食品质量管理机构分散，职责不清、管理重叠和管理缺位突出，出现"监而不管"，或重检查、轻管理的现象；对于流动摊贩、无证经营者，虽有监管，但还是没有从根本上解决问题，食品安全堪忧。

2. 部分企业诚信缺失

在餐饮企业的激烈竞争中，一些企业为了追求利润，诚信缺失、不择手段、以次充好、滥用添加剂，甚至使用非食品添加剂等，引发食品安全事故。餐饮业应倡导绿色消费，不使用食品添加剂，我国传统烹饪中采用天然原材料取色等改善食品性能、提高食品质量的做法值得倡导。

（二）餐饮食品安全质量控制措施

为指导餐饮服务提供者规范经营行为，落实食品安全法律、法规、规章和规范性文件要求，履行食品安全主体责任，提升食品安全管理能力，保证餐饮食品安全，国家市场监督管理总局修订了《餐饮服务食品安全操作规范》，于2018年10月1日起施行。以××县为例，《2018年餐饮服务食品安全监管工作要点》如下：

1. 强化责任落实，完善监管机制

（1）严格落实监管责任。严格按照《××县市场监督管理局落实食品药品安全监管首要职责实施方案》，落实餐饮服务食品安全监管"四有两责"（有责、有岗、有人、有手段和落实日常监管责任、监督抽检责任）要求。推进餐饮服务监管网格化监管制度，以监管对象为单位，将餐饮服务划分为若干网格，明确网格化监管的具体责任人和职责，实现责任网格化、检查格式化、管理痕迹化。

（2）强化沟通协调机制。充分发挥职能监管和指导服务作用，强化各科室、稽查大队、各市场监管所（分局）之间的工作沟通与协调，强化对所（分局）餐饮服务监管业务指导，加强餐饮服务监管科、行政许可科、稽查大队、综合协调、网监等科室的联系，指导各市场监管所（分局）日常监督检查工作，建立健全长效监管机制。

（3）健全协作联动机制。充分发挥基层社会治理"一张网"作用，强化食品安全协管员、信息员、监督员的工作互动、信息互通，建立健全共管共治的协作联动机制，发挥食品安全监管的前沿哨所作用，构建横向到边、纵向到底、社会共治的监管新格局。

（4）提高应急处置能力。坚持"预防为主、预防与应急相结合、日常监管与应急措施相结合"的原则，将应急管理融入常态工作当中，及时消除餐饮服务食品安全隐患；建立健全突发事件监测、预警、处置、救治和善后快速反应机制，强化餐饮服务食品安全风险管理，做到早发现、早报告、早控制，一旦发生突发事件，快速反应，及时处置。

2. 强化队伍建设，提升监管效能

（1）加强执法队伍建设。一是加强业务素质培训。组织开展基层监管人员业务知识培训，重点加强对监管一线人员法律、法规、政策制度、日常监管、智慧监管等方面知识和技能的培训，提高分析问题、解决问题的能力，不断提升基层监管队伍业务素质。二是加强自身能力建设。把加强学习、转变作风、提升能力、强化落实作为履职尽责的重要抓手，加强理论和业务知识学习，加强党风廉政和政风行风建设，深入餐饮服务单位开展调研，指导和帮助解决普遍性食品安全管理问题，全面提高履职能力和服务水平。

（2）加强协管队伍建设。加大对食品安全协管员、信息员队伍的学习培训力度，提高食品安全协管员、信息员队伍整体水平，充分发挥其协助食品监管部门加强食品市场巡检作用，及时反映问题，打击制售假劣食品违法犯罪行为，维护食品市场的良好秩序。

3. 强化日常监管，确保责任落实

（1）加强日常监督检查。根据《食品生产经营日常监督检查管理办法》，按照属地负责、全面覆盖、风险管理、信息公开的原则，规范开展日常监督检查。要按照原国家食品药品监督管理总局《关于实施餐饮服务食品安全监督量化分级管理工作的指导意见》要求，开展动态等级评定，确定检查频次，科学制订日常监督检查计划，完成餐饮服务单位监督检查覆盖率和动态等级、年度等级评定应实施率100%。在全覆盖监督检查的基础上，落实好"双随机一公开"要求，对随机抽查中发现的问题，加强后续跟踪监督。要严格落实餐饮食品安全工作情况月报制度，厘清辖区餐饮服务单位基础数据库，要进一步推进"食安××"智慧监管系统的应用，提升监管效率。

（2）严格落实主体责任。在强化日常监督检查的同时督促落实主体责任。要督促指导餐饮服务单位健全完善内部食品安全管理制度，依法设立食品安全管理机构或配备专、兼职食品安全管理员，认真履行食品安全日常管理等法定职责。组织指导大型及以上餐饮单位、学校（托幼机构）食堂、养老机构、中央厨房、集体用餐配送单位、供餐人数500人以上机关企事业单位食堂等重点单位深入开展餐饮环节食品安全自查自评工作，进一步营造餐饮单位自查自纠、积极主动改善经营环境、提升管理的良好氛围。

（3）规范开展信息公示。根据《食品经营信息公示牌》内容与格式，结合日常监督检查、动态等级和年度等级评定等工作，规范开展餐饮服务食品安全信息公示。同时，完善使用食品添加剂和"四自"食品（自制饮料、自制调味品、自制火锅底料和自制糕点）有关信息公示。

4. 强化重点工作，开展专项整治

（1）突出对重点场所、重要时段、重大活动的监管保障。加强对学校（托幼机构）食堂、大型以上餐饮单位、旅游景点餐饮等重点场所的日常监管；强化对食品安全风险高发（夏季高温）、旅游旺季和元旦、春节、劳动节、国庆节、中秋节等节假日重要时段的整治；加强对两会、高考、旅游节等重大活动的餐饮安全保障，提升监管保障能力，有效预防食物中毒事故发生。

（2）突出重点环节、重点品种、重点项目的监管。重点检查进货查验、索证索票、食品添加剂使用、清洗消毒等重点环节；重点关注凉菜、季节性食品、调味料、火锅底料等重点品种；重点抓好"千万学生饮食放心工程"建设。完善检查方案、细化整治措施。

（3）加强网络订餐餐饮服务食品安全监督管理。要按照《中华人民共和国食品安全法》《网络餐饮服务食品安全监督管理办法》《网络食品安全违法行为查处办法》等法律、法规规定，加强网络订餐食品安全管理，发现突出问题要约谈网络订餐第三方平台辖区负责人，督促落实法定管理责任。要对入网餐饮服务单位证照地址、经营项目、量化分级、菜品名称和主要原料名称等信息公示进行现场核实，确保入网餐饮服务提供者提供的相关证照、资料真实有效。积极探索网络订餐线上监管的措施，结合日常监督检查加强线下的监管。

（4）强化小餐饮和食品摊贩的综合治理。针对"三小一摊"（食品小作坊、小餐饮店、小食杂店、食品摊贩）行业特点，根据《食品小作坊小餐饮店小食杂店和食品摊贩管理规定》，切实加强对小餐饮店和食品摊贩的日常监管，通过专项整治和日常监管工作相结合，增加小餐饮店和食品摊贩的巡查频次。将小餐饮店纳入动态等级管理，做细、做实后续监管工作，严厉查处小餐饮店违法违规行为，鼓励食品摊贩改进生产经营条件，进入店铺等固定场所经营。

（5）加强餐饮服务食品安全监督抽检工作。以问题为导向，增强监督抽检的靶向性，努力提高问题食品的检出率。认真落实国家、省、市下达的监督抽检任务，并结合全县餐饮食品安全工作实际制订县级年度抽检工作计划，开展餐饮服务食品安全监督抽检工作，确保不合格食品核查处置率达到100%。强化对餐饮安全高风险进行调查与评价，实施餐饮安全风险分析和警示制度。

（6）协助开展农村集体聚餐食品安全风险防控指导。开展农村家宴厨师食品安全知识培训，提升农村集体聚餐厨师和举办者的食品安全意识，积极防控食品安全事故的发生。助推我县农村家宴服务中心规范化建设，协助制定规范化农村家宴服务中心标准，加强服务中心建设的现场指导。

（7）深入开展餐饮服务食品安全专项整治。根据上级有关食品安全专项行动部署，积极开展餐饮服务环节食品安全专项整治，严厉打击餐饮服务单位违法违规行为。进一步深化食品非法添加和滥用食品添加剂治理，以提供自制火锅底料、自制饮料、自制调味料的餐饮服务单位为重点，严查添加非食用物质等违法行为，加大对超范围、超限量使用食品添加剂问题的治理力度，对违规采购、违规经营，存在严重问题的，要依法从重处罚。

5. 强化工作创新，提升管理水平

（1）全面推进"食安××"智慧监管系统应用。进一步完善"食安××"App移动终端建设，把日常巡查、量化分级、活动保障、阳光厨房、监督抽检、社会共治等纳入智慧监管平台，以智慧监管全面推进餐饮痕迹化监管落实，进一步提升监管水平和监管效率。

（2）巩固和深化"阳光厨房"建设。一是继续在大型及以上餐饮单位、学校（幼儿园）食堂、养老机构食堂开展"阳光厨房"创建活动，确保"阳光厨房"建成率达70%，力争全覆盖。

二是对已建成的"阳光厨房"开展回头看,不定期地进行跟踪检查,确保相关设施设备正常使用,而不是流于形式。对新建"阳光厨房"加强指导,确保"阳光厨房"建设质量。三是鼓励小餐饮单位通过玻璃阻断的方式实施"明厨亮灶",将餐饮食品加工制作展示给消费者,接受社会监督。

(3)深入推进"放心消费"示范建设。按照《××省食品药品监督管理局关于印发<××省放心消费"示范餐饮双千双百提升工程"实施方案>的通知》(××食药监餐〔2017〕7号)文件要求,扎实开展放心消费"示范餐饮提升工程",努力建设一批示范店,树立一批先进典型,推广一批先进经验,进一步增强餐饮服务单位食品安全意识和自律意识,推动餐饮服务单位升级和健康发展,不断提升餐饮业质量安全水平,努力营造安全放心的消费环境。

(4)扎实开展"平安食堂"建设。以"平安食堂"建设为载体,进一步加强对企事业单位食堂的监督管理,宣传贯彻食品安全法律、法规知识,促进企事业食堂进一步建立健全食品安全管理制度,严格落实管理责任,提高食品安全管理水平,提高相关从业人员素质,消除食品安全隐患,预防和控制群体性食物中毒事故的发生。

(5)持续推进旅游业餐饮食品安全提升规划。根据《××省旅游业餐饮服务食品安全提升规划(2017—2020)》(××食药监餐〔2017〕8号)文件要求,结合量化分级管理、"阳光厨房"建设、"放心消费"示范建设、推行食品安全责任险等工作,全面提升旅游业餐饮服务食品安全保障水平,确保消费者饮食安全,提升人民群众食品安全"获得感"。

6. 强化宣传培训,推进社会共治

(1)加强科普宣教。深入开展"食品安全宣传周"和餐饮食品安全知识进学校、进企业、进农村、进社区等多种形式的宣传教育活动。充分利用各类宣传媒体大力宣传和普及餐饮服务食品安全知识,及时发布餐饮消费提示、警示等信息,善于借助风险交流手段,积极引导社会消费和良性预期。

(2)引导行业自律。鼓励支持餐饮行业制定出台行约行规和自律规范,充分发挥行业协会社会化平台优势,开展食品安全教育培训、提供第三方服务、推广先进餐饮管理经验,推动餐饮服务经营者落实主体责任。

(3)加强培训考核。加强对餐饮从业人员食品安全知识培训,重点加强食品安全法律、法规、餐饮服务操作规范、食物中毒应急处置等内容的培训。根据《食品安全法》有关规定开展餐饮服务单位食品安全管理员的培训考核工作,特别是联合教育部门开展学校(托幼机构)食堂食品安全管理员培训考核工作,提高学校(托幼机构)食堂食品安全管理能力。

(4)推进社会共治。大力加强对"食安××"App社会共治端口的宣传,鼓励社会公众及时通过端口反映问题,积极引导社会公众正确认识量化分级管理、"明厨亮灶"的意义,强化餐饮行业自律,充分发挥社会公众共同监督食品安全的作用,增强公众安全消费意识。

四、进出口食品质量问题控制措施

(一)进出口食品质量问题存在的原因

1. 进出口食品安全质量管理体系不完善,企业钻空子情况严重

在申请出口食品生产企业备案登记资格时,某些卫生管理不规范的企业为了在最短的时间内取得备案资格,抄袭他人的管理模式和质量体系文件。其实对出口生产企业的各项要求根本不了解,更别说是针对本企业的特征,编写符合实际并具有可操作性的质量体系。

有些企业编写的质量管理体系文件不够全面，不能满足食品安全的监管需要及起不到应有的作用，或者质量管理体系文件更新缓慢，当企业规模扩大时不能及时做出修改，严重滞后于企业的发展，质量管理体系文件名存实亡，仅仅是为了应付上级检查。

2. 前期基础设施投入的力度不够

进出口食品生产企业在硬件方面前期基础设施投入的力度不够，生产过程不合理；在软件方面管理往往不到位，不按作业指导书列明的操作步骤进行操作，给食品安全生产埋下隐患。

3. 原辅料、添加剂采购把关不严

进出口食品加工企业在原辅料、添加剂采购时把关不严，为求价格上的便宜而购买没有资质的供应商供应的物料，并且在生产中肆意添加非法添加物和过量添加添加剂，使得食品安全生产岌岌可危。

4. 本地企业不了解国际形势

本地企业在出口食品前，不甚了解出口目的国的检测标准和相关贸易技术壁垒手段；不了解其所生产的产品在国际上的风险信息，没做好出口风险评估。使得出口行为带有很大的盲目性，很容易被国外监管机构通报和退货，给企业乃至我国同类产品行业造成不可估量的损失和负面影响。

5. 进口食品标志的误用、滥用

进口食品标志是对不同进口食品的特征和功能的展示，现在人们在购买选择进口食品时，很大一部分都是受标志影响。而不法的商贩却利用了这一点，伪造进口食品标志，或进口食品标志不够全面，以偏概全，欺骗消费者，或只有外文标志没有中文标志，以提高食品"洋"品牌的身价，上述行为均有可能危害到消费者的身体健康。

（二）进出口食品质量控制措施

1. 完善进口食品安全监管法律、法规体系

通过对照《食品安全法》的规定，在对我国目前进口食品安全监管相对应的规章制度和规范性文件进行全面梳理的基础上，建立并完善进口食品安全监管法律、法规体系框架。相关监管职能部门应修订完善涉及进口食品安全风险预警、进口食品境外供货商及境内销售商的备案工作、进口食品安全可追溯体系、进口食品境外供货商及境内销售商分类管理及诚信体系等法律、法规和规范性文件，并以国际食品安全标准为基础完善我国进口食品安全检验标准，做到有法可依、要通过分类、定时及分区域等方式开展形式多样的进口食品安全检查，保证进口食品相关法律、法规及规章制度得到有效的落实，做到执法必严，建立健全境内供货商及境外经销商诚信管理体系，以及对违反进口食品相关法律、法规的行为加大处罚力度，建立进口食品企业违规黑名单制度，对违法行为严惩不贷。

2. 健全与国际接轨的食品检验标准体系

在进口食品安全管理方面，加强进口食品卫生注册登记制度及对进口国的风险评估制度，同时扩大实施卫生登记的食品种类，在进行科学的风险评估的基础上，充分发挥预警机制的作用，实施科学合理的检验检疫措施，从而将不合格的进口食品拒于国门之外，避免进口的伪劣食品冲击国内市场。对进口食品经营者实行许可证制度，组织对进口食品及其生产单位的卫生注册登记与产品质量保证的检验制度。

3. 完善进口食品安全追溯体系

在《食品安全法》的基础上通过针对进口食品安全追溯进行专门立法。进口食品安全追溯

的相关法律应对进口食品供货商、经销商以及政府监管部门的权利、义务、责任等进行明确界定，特别是加大食品境外供货商违法行为的处罚力度，并明确将食品安全追溯体系的建立作为进口食品境外供货商及境内经销商的从业门槛，将进口食品追溯体系的建立与进口食品供货商及经销商的企业诚信记录通过立法进行挂钩。

4. 建立健全进口食品安全召回机制

建立全国层面的食品召回信息网络，可以让国内消费者及时、准确地获取进口食品安全信息，使得消费者拥有完全充分的信息来选择进口食品，同时可以为消费者、供货商、经销商以及政府部门提供良好的信息沟通平台，实现进口食品召回信息的及时准确发布、透明公开，从而拓宽进口食品召回所涉及的各方之间的沟通渠道，提高进口食品召回的及时性和有效性。

任务实施

第一阶段

[教师]

1. 确定任务。由教师提出设想，然后与学生一起讨论，最终确定项目目标和任务。

选择某实体研究对象，如调研蔬果超市组织框架设计与食品安全管理效果存在的密切关系。

2. 对班级学生进行分组，每个小组控制在6人以内，各小组按照自己的兴趣确定研究对象。

[学生]

1. 根据各自的分组情况，查找相应的资料，学习讨论，分别制订任务工作计划。

2. 学生依据各自制订的工作任务计划竞聘负责人职位（1～2人）。在竞聘过程中需考察：计划的可行性、前瞻性、系统性与完整性及报告人的领导能力、沟通能力和团队协作能力。

3. 确定负责人，实施小组内分工，明确每个人的职责、未来工作细节、团队协作的机制。小组成员分工、任务，可参考表10-1。

表10-1　　　　　　　　　　小组组成与分工

角色	人员	主要工作内容
负责人	A	计划、主持、协助、协调小组行动
小组成员	B	调查超市组织结构
	C	超市食品安全管理体系职责分配表
	D	编写超市食品安全管理体系文件

第二阶段

[学生]

学生针对自己承担的任务内容，查找相关资料，进行现场调查，拟订具体工作方案，组织备用资源。在一个环节结束后，小组进行交流讨论，修正个人拟订的方案，形成最终的方案，作为下一个环节行动的基础，最后完善体系细节，并进行现场验证。

[任务完成步骤]

1. 查阅已发表的相关论文资料，了解超市食品安全管理体系，研究超市食品供应链的质量控制体系等相关内容。补充填写图 10-1 蔬果超市组织结构和表 10-2 蔬果超市食品安全质量管理体系职责分配。

2. 利用 HACCP 原理找出整个作业流程上的关键控制点。

3. 根据调查结果提出提高食品安全管理管理体系有效性的对策与建议。

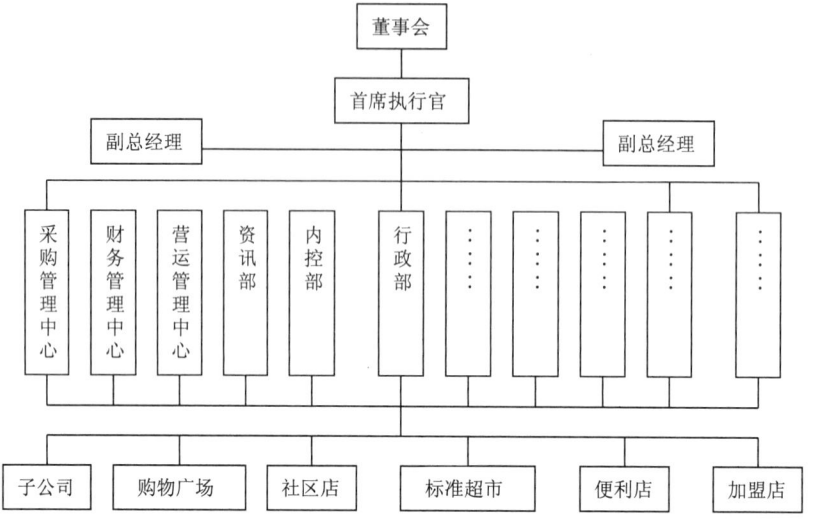

图 10-1 蔬果超市组织结构

表 10-2　　　　　　　　　蔬果超市食品安全质量管理体系职责分配表

标准条款	责任部门											
	首席执行官	食品安全小组组长	市场策划部	资讯部	干部管理部	内控部	营运管理中心	综合经营部	行政部	人力资源部	财务管理中心	配送中心	网点发展部
P- 策划													
方针和目标	■												
策划和职责	■												
食品安全文件	■												
D- 实施													
教育培训													
文件控制	■												
HACCP 计划	■												
交流和沟通	■												
C- 检查													
监视和测量													
不合格控制	■												
数据分析	■												
A- 改进													

项目十 食品流通和服务环节的质量安全控制

（续表）

标准条款	责任部门											
	首席执行官	食品安全小组组长	市场策划部	资讯部	干部管理部	内控部	营运管理中心	综合经营部	行政部	人力资源部	财务管理中心	配送中心	网点发展部
管理评审	■												
内部审核	■												
持续改进	■												

注：其中■表示领导分管，★表示主控部门，○表示配合部门。

第三阶段

[教师和学生]

1. 学生课堂汇报，教师点评任务完成质量，提出存在的问题，然后学生进一步讨论并整改。
2. 由实践到理论的总结、提升，到再次认知，学生应能陈述关键知识点。
3. 各成员汇总、整理分工成果，进行系统协调，形成最后成熟可行的整体方案，并且能够展示出来。

[成果展示]

书面材料展示：

1. 超市食品安全管理体系可执行文件。
2. 列出整个作业流程上的关键控制点。

第四阶段

1. 针对项目完成过程中存在的问题，提出解决方案。
2. 总结个人在执行过程中能力的强项与弱项，提出提高自身能力的应对措施。
3. 经个人评价、学生互评、教师评价，计算最后得分。
4. 对学生个人形成的书面材料进行汇总，将最后形成的系统材料归档。

【关键知识点】

1. 从生产加工单位或生产基地直接采购时，应当查验、索取并留存加盖有供货方公章的许可证、营业执照和产品合格证明文件复印件；留存盖有供货方公章（或签字）的每笔购物凭证或每笔送货单。
2. 从流通经营单位（商场、超市、批发零售市场等）批量或长期采购时，应当查验并留存加盖有公章的营业执照和食品流通许可证等复印件。留存盖有供货方公章（或签字）的每笔购物凭证或每笔送货单。
3. 餐饮服务提供者采购食品、食品添加剂及食品相关产品，应当到证照齐全的食品生产经营单位或批发市场采购，并应当索取、留存有供货方盖章（或签字）的购物凭证。购物凭证应当包括供货方名称、产品名称、产品数量、送货或购买日期等内容。

4. 从流通经营单位（商场、超市、批发零售市场等）少量或临时采购时，应当确认其是否有营业执照和食品流通许可证，留存盖有供货方公章（或签字）的每笔购物凭证或每笔送货单。

5. 从农贸市场采购的，应当索取并留存市场管理部门或经营户出具的加盖公章（或签字）的购物凭证；从个体工商户采购的，应当查验并留存供应者盖章（或签字）的许可证、营业执照或复印件、购物凭证和每笔供应清单。

6. 从食品流通经营单位（商场、超市、批发零售市场等）和农贸市场采购畜禽肉类的，应当查验动物产品检疫合格证明原件；从屠宰企业直接采购的，应当索取并留存供货方盖章（或签字）的许可证、营业执照复印件和动物产品检疫合格证明原件。

7. 批量采购进口食品、食品添加剂的，应当索取口岸进口食品法定检验机构出具的与所购食品、食品添加剂相同批次的食品检验合格证明的复印件。

8. 食品、食品添加剂及食品相关产品采购入库前，餐饮服务提供者应当查验所购产品外包装、包装标志是否符合规定，与购物凭证是否相符，并建立采购记录。鼓励餐饮服务提供者建立电子记录。

采购记录应当如实记录产品的名称、规格、数量、生产批号、保质期、供应单位名称及联系方式、进货日期等。

从固定供应基地或供应商采购的，应当留存每笔供应清单，货款信息齐全的，可不再登记、记录。

【信息追踪】

1. 推荐网站

中国食品流通信息网、国家食品（产品）安全追溯平台、中国食品物流网站。

2. 推荐相关标准

GB/T 23346—2009《食品良好流通规范》

GB/T 24861—2010《水产品流通管理技术规范》

GB/T 26432—2010《新鲜蔬菜贮藏与运输准则》

GB/T 25867—2010《根菜类 冷藏和冷藏运输》

【课业】

1. 食品经营者应当在依法取得《食品流通许可证》（　　　），向有等级管辖权的工商行政管理机关申请办理工商登记。

（A）之前　　　　（B）之后

2. 食品流通许可证的发证（　　　）是在流通环节从事食品经营的经营者。

（A）对象　　　　（B）目标

3. 食品经营者应当将《食品流通许可证》的（　　　）展示在经营场所显著位置。

（A）正本　　　　（B）副本

4. 已具有主体资格的企业申请食品流通许可，该企业的（　　　）为许可申请人。

（A）投资者　　　（B）经营负责人　　　（C）本身

5. 被许可人以欺骗、贿赂等不正当手段取得食品流通许可并被撤销的,申请人(　　)再次申请食品流通许可。

(A)二年内不得　　(B)三年内不得　　(C)五年内不得

【学习过程考核】

学习过程考核见表10-3。

表10-3　　　　学习过程考核

项目	任务		
评分方式	学生自评	同组互评	教师评分
得分			
任务总分			

项目十一 食品安全追溯与食品召回

【知识目标】
- 阐述食品安全追溯体系设计和实施的流程及相应的内容；
- 阐述食品召回的程序、食品召回计划的主要内容。

【能力目标】
- 学会为食品加工企业设计食品安全追溯体系；
- 能为食品企业制订食品召回计划，实施食品召回工作。

任务一 食品安全追溯体系建立和实施

任务描述

选择实体研究对象，如饮料生产企业、葡萄酒生产企业、乳制品生产企业、焙烤食品生产企业等。根据食品安全追溯体系设计和实施的要求，在食品企业中进行食品安全追溯体系的设计和实施。

知识准备

一、食品安全追溯概论

食品可追溯管理是保证食品安全的一项重要措施，是基于风险管理的安全保障体系，是一种旨在加强食品安全信息传递、控制食源性疾病危害和保障消费者权益的信息记录体系。不安全食品出现以后，有了食品可追溯管理就可以做到"从农田到餐桌"的全程监控，切断源头污染，消除食品危害，维护消费者利益，保护消费者健康。食品追溯流程如图 11-1 所示。

实心箭头代表"从原材料到消费者的追溯"；空心箭头代表"从消费者到原材料的追溯"

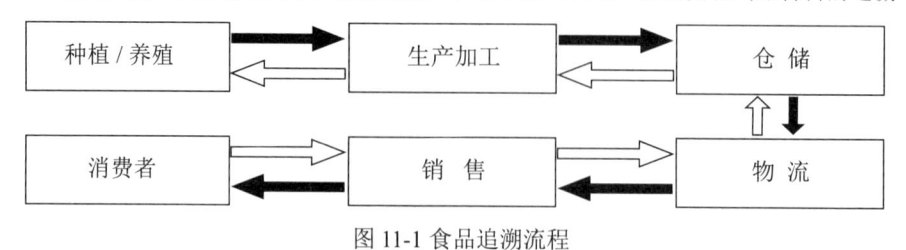

图 11-1 食品追溯流程

(一) 国外食品安全追溯现状

食品安全追溯最早起源于欧盟。自从英国出现全球首例疯牛病之后,欧盟就开始着手食品安全追溯了。欧盟为了建立和实施食品安全可追溯性制度,相继出台了一系列法律、法规。开始只是针对牛肉产品,后来扩展到果蔬、水产品、酒类和饮料等所有食品领域。2000 年,欧盟首先出台了 EC 1760/2000 号法规(新牛肉标签法规),规定了牛类动物和有关牛肉、牛肉产品标签识别和等级制度;2002 年,欧盟出台了 EC 178/2002(食品安全白皮书),涵盖了欧盟食品和饲料链条上的追溯体系等相关内容;2003 年,欧盟又出台了 EC 1830/2003,该法规对转基因产品的可追溯性和标记以及由转基因食品生产的食物和饲料的可追溯性进行了规定;2004 年,欧盟出台了 EC 852/2004,该法规对饲养动物或生产以动物为原料的初级产品的食品业从业人员的记录进行了规定等。

美国国会在 2002 年通过了《公共健康安全与生物恐怖应对法》,将食品安全提高到国家安全战略高度,提出"实行从农场到餐桌的风险管理"。国家对食品安全实行强制性管理,要求企业必须建立产品的可追溯制度。

此外,日本、韩国、澳大利亚和加拿大等国也相继出台了法律、法规,对食品安全追溯做了相应的规定。

食品可追溯管理是适应国际食品贸易与出口的重要措施,目前,欧盟、美国和日本等国已经出台政策,明确在本国销售的食品必须具备可追溯性,对于进口食品,不具备可追溯性的食品禁止进口。

(二) 国内食品安全追溯现状

"民以食为天,食以安为先"。食品安全,关系国计民生。我国自 2015 年 10 月 1 日起实施了《中华人民共和国食品安全法》(以下简称《食品安全法》),将食品安全问题提高到国家战略层面,通过法律的强制性保障食品安全。随后我国又颁布了《食品安全法实施条例》(2019 年 12 月 1 日起实施),在该条例中明确规定:食品生产经营者是食品安全的第一责任人。生产企业应如实记录食品生产过程的安全管理情况,记录的保存期限不少于 2 年;食品批发企业应如实记录批发食品的名称、购货者名称和联系方式等,记录、票据的保存期限不少于 2 年。条例的实施规定了食品生产流通需要具备可追溯性,强调了建立食品安全追溯的重要性。

此外,GB/T 22005-2009《饲料和食品链的可追溯性 体系设计与实施的通用原则和基本要求》(2009 年 10 月 1 日起实施)和 GB/Z 25008-2010《饲料和食品链的可追溯性 体系设计与实施指南》(2010 年 12 月 1 日起实施)对饲料和食品链的可追溯性体系设计的原则、目标、一般设计考虑事项及设计步骤和实施计划等做了总体要求。《食品安全法》第四十二条规定:食品生产经营者应当依照本法的规定,建立食品安全追溯体系,保证食品可追溯。国家鼓励食品生产经营者采用信息化手段采集、留存生产经营信息,建立食品安全追溯体系。

以前我国有许多行业和部门都在各自的部门和行业内建立了食品安全追溯系统。自 2019 年上半年国家成立市场监督管理(总)局后,我国食品安全追溯工作得到进一步完善,但仍存在许多问题。

首先,这些追溯系统未实现对食品的完整供应链的追溯。食品可追溯要求系统对供应链的每一个环节都进行标志,形成信息的无缝衔接,实现供应链上游至下游的追踪功能以及下游至上游的溯源作用。然而,目前的食品安全追溯系统仅获取了食品在供应链某点或某段的信息,并没有对其在供应链各点的信息进行标识和采集,尤其是原料加工前的田间信息,由于缺少食品在生产流通供应链某个环节的信息，因而不能及时定位问题环节，给问题食品的快速追溯召回带来了困难。

其次，这些追溯系统的追溯码均为系统内部编码，没有采用统一编码规则。在国内贸易中，这造成了在食品零售终端出现二套或多套食品追溯查询系统的现象，给消费者带来了不便；在国际贸易中，由于追溯系统没有采用国际通用编码规则，内部的追溯编码不被国际认可，造成了极大的人力、物力和财力的浪费。

最后，这些追溯系统彼此间互不兼容。这些追溯系统没有采用统一代码标志，存在不规范、不统一、不兼容等问题。

二、食品安全追溯体系

食品安全追溯技术主要采用自动识别技术将实物流与信息流结合起来，使得产品所有的生产和流通信息记录贯穿整个供应链，利用网络技术完成信息在供应链各环节之间的传输和发布，最终达到追踪和溯源实物的目的。食品追溯需要选择合适的信息载体对产品生产流通的各个环节进行有效标志。食品安全追溯应具有五方面特点如图 11-2 所示。

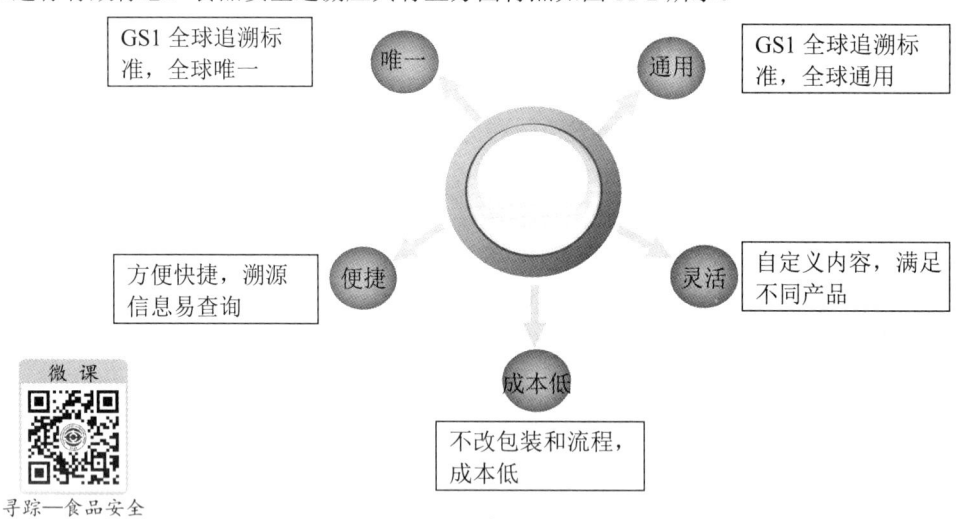

图 11-2 食品追溯的特点

根据研究，在农业和食品链溯源系统中，食品溯源主要包括产品溯源、过程溯源、基因溯源、投入溯源、疾病和虫害溯源以及测量溯源六个基本要素。

（一）食品追溯相关的基本术语

（1）追踪（Tracking）：沿着食品供应链条从开始到结尾跟踪食品向下游移动的轨迹。

（2）溯源（Tracing）：通过记录沿着整个供应链条向上游跟踪产品来源。

（3）信息编码：就是把信息用一种易于被电子计算机和人识别的符号体系表示出来的过程。

（4）条码：由一组规则排列的条、空及其对应字符组成的标志，用以表示一定的信息，以标志物品、资产、位置和服务关系等。

（5）产品溯源：通过溯源，确定食品在食品供应链中的位置，便于后续管理、实施食品召回以及向消费者或有关利益相关方告知信息。

（6）过程溯源：相对于产品溯源，过程溯源则侧重于食品在食品供应链中的流动过程。通过过程溯源，可以确定在食物生长和加工过程中影响食品质量安全的行为/活动，包括产品之间的相互作用、环境因子向食物或食品中的迁移以及食品中的污染情况等。

(7) 基因溯源：通过溯源确定食品产品的基因构成，包括转基因食品的基因源及类型，以及农作物的品种等，从而推动 DNA 鉴定技术和生物标签技术等识别技术在基因溯源管理体系中的应用和发展。

(8) 投入溯源：通过溯源，确定种植和养殖过程中投入物质的种类和来源，包括配料、化学品、喷洒剂、灌溉水源、家畜饲料、保存食物所使用的添加剂等。

(9) 疾病和虫害溯源：通过溯源，追溯病害的流行病学资料、生物危害以及摄取的其他来自农业生产资料的生物产品。

(10) 测量溯源：通过溯源，检测食品、环境因子以及食品生产经营者的健康情况，获取相关信息资料。

(二) 食品安全追溯体系的作用和特点

1. 食品安全追溯体系的作用

食品安全追溯体系的作用更多地表现为一种社会责任，是整个社会文明的综合保障体系。

(1) 消费者权益保障

食品安全追溯体系担负着保护消费者健康的重要使命，为消费者提供健康、安全的优质食品。借助食品安全追溯体系，消费者既可以查询食品质量安全信息，又能够根据自己的健康状况选择适宜的食品。

(2) 企业利益保障

食品安全追溯系统使食品的来源更加透明，每一个环节的信息能够充分证明食品的安全性，有助于保护企业的品牌形象，抵制假冒伪劣产品，有效地保护企业的利益。

(3) 政府公信力保障

政府的行政管理是保障食品安全的重要组成部分。食品安全追溯体系可以增强政府履行食品安全监管等行政管理职能的能力，有助于保护消费者对政府公信力的信心，保持社会的安全稳定。

(4) 市场信用保障

食品安全追溯体系的应用，增强了观察市场交易双方行为的能力，有助于提高交易双方诚信意识，规范生产经营行为，为维护市场信用、产品信誉和消费者信心培育环境。

2. 食品安全追溯体系的特点

(1) 不合格产品的控制：在食品加工生产过程中的可追溯形式有 GMP（良好操作规范）和 HACCP（危害分析和关键控制点）两种，通过实施可追溯体系有助于企业查找不合格产品的原因，并在需要时提高撤回产品的能力。

(2) 信息使用：通过实施可追溯体系有助于提高企业对信息的合理使用和信息的可靠性。

(3) 效率和生产力：通过实施可追溯体系有助于提高企业的效率、生产力和盈利能力。

(三) 食品安全可追溯体系的设计和实施

1. 食品安全可追溯体系的设计

食品可追溯体系的设计原则应该是"向前一步，向后一步"原则，即每个组织只需要向前溯源到产品的直接来源，向后追踪到产品的直接去向；根据追溯目标、实施成本和产品特征，适度界定追溯单元、追溯范围和追溯信息。具体包括以下步骤：

（1）确定追溯单元

追溯单元是指需要对其来源、用途和位置的相关信息进行记录和追溯的单个产品或同一批次产品。该单元应可以被追踪、回溯、召回或撤回。企业内部可追溯体系建立的基础与关键就是追溯单元的识别与控制。

当希望建立可追溯体系时，以下四方面基本内容是必不可少的：一是确定追溯单元，追溯单元的确定是建立可追溯体系的基础；二是信息收集和记录，要求企业在食品生产和加工过程中详细记录产品信息，建立产品信息数据库；三是环节的管理，对追溯单元在各个操作步骤的转化进行管理；四是供应链内沟通，追溯单元与其相对应的信息之间的联系。

各项基本内容是围绕着追溯单元展开的，因此追溯单元的确定非常重要。组织应该明确可追溯体系目标中的产品和（或）成分，对产品和批次进行定义，确定追溯单元并对追溯单元进行唯一标志。

（2）明确组织（如企业）在食品链中的位置

食品供应链涉及食品的种养殖、生产、加工、包装、储存、配送等环节。组织可通过识别上下游组织来确定其在食品链中的位置。通过分析食品供应链过程，各组织应对上一环节具有追溯功能，对下一环节具有追踪功能。各组织有责任对其输出的数据，以及其在食品供应链中上一环节和下一环节的位置信息进行维护和记录，同时确保追溯单元标志信息的真实唯一性。

（3）确定食品流向和追溯范围

组织应该明确可追溯体系所覆盖的食品流向，以确保能够充分表达组织与上下游组织之间以及本组织内部操作流程之间的关系。食品流向至少应该包括：针对食品的外部过程和分包工作；原料、辅料和中间产品投入点；组织内部操作中所有步骤的顺序和相互关系；最终产品、中间产品和副产品放行点。

组织依据追溯单元是否流向不同组织，可将追溯范围划分为内部追溯和外部追溯。一个组织在自身业务操作范围内对追溯单元进行追踪和（或）溯源的行为是内部追溯。内部追溯主要针对一个组织内部各环节间的联系，如图11-3所示。

图11-3 饲料和食品链各方追溯关系

当追溯单元由一个组织转移到另一个组织时，涉及的追溯是外部追溯。外部追溯是供应链上组织之间的协作行为。外部追溯按照"向前一步，向后一步"的设计原则实施，以实现组织之间和追溯单元之间的关联为目的，需要上下游组织协商共同完成。内部追溯与组织现有管理体系相结合，是组织管理体系的一部分，以实现内部管理目标，可根据追溯单元特性及组织内部特点自行决定，如图11-3所示。

（4）确定追溯信息

组织应确定不同追溯范围内需要记录的追溯信息，以确保饲料和食品链的可追溯性。需要记录的信息至少包括：来自供应方的信息；产品加工过程的信息；向顾客和（或）供应方提供信息。通常将追溯信息划分为基本追溯信息和扩展追溯信息。追溯信息划分和确定原则见表11-1。

表 11-1　　　　　　　　　　　　追溯信息划分和确定原则

追溯信息	追溯范围	
	外部追溯	内部追溯
基本追溯信息[a]	以明确组织间关系和追溯单元来源与去向为基本原则；是能够"向前一步，向后一步"连接上下游组织的必需信息	以实现追溯单元在组织内部的可追溯性、快速定位物料流向为目的；是能够实现组织内各环节间有效连接的必需信息
扩展追溯信息[b]	以辅助基本追溯信息进行追溯管理为目的，一般包括产品质量或商业信息	更多地为企业内部管理、食品安全和商业贸易服务的信息

[a] 基本追溯信息必须记录，以不涉及商业机密为宜
[b] 宜加强扩展追溯信息的交流与共享

食品追溯体系的组织及位置信息主要包括追溯单元提供者信息、追溯单元接收者信息、追溯单元交货地信息及地理位置信息。

食品贸易单元基本追溯信息：贸易项目编码；贸易项目系列号和（或）批次号；贸易项目生产日期/包装日期；贸易项目保存期/有效期。扩展追溯信息：贸易项目数量；贸易项目质量。

对于由同类食品贸易单元组成的物流单元，基本追溯信息：物流单元编码；物流单元内贸易项目编码；物流单元内贸易项目的数量；物流单元内贸易项目批/次号。扩展追溯信息：物流单元包装日期；物流单元质量信息；物流单元内贸易项目的质量信息。

对于由不同类食品贸易单元组成的物流单元，其基本追溯信息有物流单元编码。扩展追溯信息有物流单元包装日期和物流单元质量信息。

食品装运单元基本追溯信息包括装运代码和装运单元内物流单元编码。

（5）确定标志和载体

对追溯单元及其必需信息的编码，建议优先采用国际或国内通用或与其兼容的编码，如通用的国际物品编码体系（GS1），对追溯单元进行唯一标志，并将标志代码与其相关信息的记录一一对应。

食品追溯信息编码的对象包括：食品链的组织、食品追溯单元及位置。食品链的组织为食品追溯单元提供者、食品追溯单元接收者；食品追溯单元即食品追溯对象；位置指与追溯相关的地理位置，如食品追溯交货地。

根据技术条件、追溯单元特性和实施成本等因素选择标识载体。追溯单元提供方与接收方之间应至少交换和记录各自系统内追溯单元的一个共用的标识，以确保食品追溯时信息交换保持通畅。标识载体应保留在同一种追溯单元或其包装上的合适位置，直到其被消费或销毁为止。若标识载体无法直接附在追溯单元或其包装上，则至少应保持可以证明其标识信息的随附文件。应保证标识载体不对产品造成污染。

（6）确定记录信息和管理数据的要求

组织应规定数据格式，确保数据与标识的对应。在考虑技术条件、追溯单元特性和实施成本的前提下，确定记录信息的方式和频率，且确保记录信息清晰准确，易于识别和检索。数据的保存和管理内容包括但不限于以下方面：规定数据的管理人员及其职责；规定数据的保存方式和期限；规定标识之间的关联方式；规定数据传递的方式；归档数据的检索规则；规定数据的安全保障措施。

（7）明确追溯执行流程

当有追溯性要求时，应按如下顺序和途径进行。

发起追溯请求：任何组织均可发起追溯请求。提出追溯请求的追溯参与方应至少将追溯单元标识（或追溯单元的某些属性信息）、追溯参与方标识（或追溯参与方的某些属性信息）、位置标识（或位置的某些属性信息）、日期/时间/时段、流程或事件标识（或流程的某些属性信息）之一通知追溯数据提供方，以获得所需信息。

响应：当追溯发起时，涉及的组织应将追溯单元和组织信息提交给与其相关的组织，以帮助实现追溯的顺利进行。追溯可沿饲料和食品链逐环节进行。与追溯请求方有直接联系的上游和（或）下游组织响应追溯请求，查找追溯信息。若实现既定的追溯目标，追溯响应方将查找结果反馈给追溯请求方，并向下游组织发出通知；否则应继续向其上游和（或）下游组织发起追溯请求，直至查出结果为止。追溯也可在组织内各部门之间进行，追溯响应类似上述过程。

采取措施：若发现安全或质量问题，组织应依据追溯界定的责任，在法律和商业要求的最短时间内采取适宜的行动。可包括以下方面：快速召回或依照有关规定妥善处置；纠正或改进可追溯体系。

2. 食品安全追溯体系的实施

（1）制订可追溯计划

企业应该制订可追溯计划，并考虑计划与企业其他管理体系的兼容性。可追溯计划是根据追溯单元特性和追溯要素的要求制定的针对某一特定追溯单元的追溯方式、对策和工作程序的文件。可追溯计划应直接或通过文件程序，指导企业具体实施可追溯体系。可追溯计划文件一般是可追溯体系文件的一部分。可追溯计划只需引用和明确追溯计划如何应用于具体情况，以达到计划的追溯目标。

通常可追溯计划应至少包括以下内容：可追溯体系的目标；适用的产品；追溯的范围和程度；如何标识追溯单元；记录的信息及如何管理数据。

（2）明确人员职责

企业应成立追溯工作组，明确各成员责任，指定高层管理人员担任追溯工作管理者，确保追溯管理者的职责和权限。追溯管理者应具有以下权利和义务：向组织传达食品链可追溯性的重要性；保持上下游组织之间及组织内部的良好沟通和合作；确保可追溯体系的有效性。

（3）制订培训计划

企业应制订和实施培训计划，规定培训的频次和方式，提供充分的培训资源和其他有效措施以确保追溯工作人员能够胜任，并保留追溯工作组教育、培训、技能和经验的适当记录。培训的内容包括但不限于以下方面：相应的国家标准；可追溯体系与其他管理体系的兼容性；追溯工作组的职责；追溯相关技术；可追溯体系的设计与实施；可追溯体系的内部审核和改进。

（4）实施

依据可追溯体系的设计和可追溯计划执行，并充分进行沟通和协作，沟通包括：追溯目标；组织在食品链中的位置；物料的流向；追溯信息的划分与确定原则；追溯信息的编码原则和标识方法；追溯信息载体的选择；信息的记录和数据管理要求；追溯的执行流程；可追溯体系的更新和改进结果；其他协作方式。

（5）建立监管方案

企业应建立可追溯体系的监督方案，确定需要监管的内容，以及确定监管的时间间隔和条件。

监管方案应包括：追溯的有效性、运行成本的监测；对追溯目标的满足程度；是否符合追溯适用的法规要求；标识混乱、信息丢失及产生其他不良记录的历史证据；对纠正措施进行分析的数据记录和监测结果。

（6）设立关键指标评价体系的有效性

企业应设立关键指标，以测量可追溯体系的有效性。关键指标包括但不限于以下方面：追溯单元标识的唯一性；各环节标识的有效关联；追溯信息可实现上下游组织及组织内部的有效链接与沟通；信息有效期内可检索。

（7）内部审核

追溯应按照管理体系内部审核的流程和要求，建立内部审核的计划和程序，对可追溯体系的运行情况进行内部审核。以是否符合关键指标的要求作为体系符合性的标准。企业应记录内部审核相关的活动与形成文件。

内部审核计划和程序的内容包括但不限于以下方面的内容：审核的准则、范围、频次和方法；审核计划、实施审核、审核结果和保存记录的要求；审核结果的数据分析，体系改进或更新的需求。

可追溯体系不符合要求的主要表现有：违反法律、法规要求；体系文件不完整；体系运行不符合目标和程序的要求；设施、资源不足；产品或批次无法识别；信息记录无法传递。

（8）评审与改进

追溯工作组应系统评价内部审核的结果。当证实可追溯体系运行不符合或偏离设计的体系要求时，企业应采取适当的纠正措施和（或）预防措施，并对纠正措施（或）预防措施实施后的效果进行必要的验证，提供证据证明已采取措施的有效性，保证体系的持续改进。

纠正措施和（或）预防措施应该包括但不限于以下方面：立即停止不正确的工作方法；修改可追溯体系文件；重新梳理物料流向；增补或更改基本追溯信息以实现食品链的可追溯性；完善资源与设备；完善标识、载体，增加或完善信息传递的技术和渠道；重新学习相关文件，有效进行人力资源管理和培训活动；加强上下游组织之间的交流协作与信息共享；加强组织内部的互动交流。

任务实施

第一阶段

[教师]

1. 确定任务。由教师提出设想，然后与学生一起讨论，最终确定项目目标和任务。

食品追溯是保障食品安全的一项重要措施，我国《食品安全法》第四十二条规定：食品生产经营者应当建立食品安全追溯体系，保证食品可追溯。国家鼓励食品生产经营者采用信息化手段采集、留存生产经营信息，建立食品安全追溯体系。保证食品可追溯是食品生产经营者的法定责任，原食品药监监管总局发布《食品生产经营企业建立食品安全追溯体系若干规定》，指导食品生产企业通过建立食品安全追溯体系，客观、有效、真实地记录和保存食品质量安全信息，实现食品安全顺向可追踪，逆向可追溯。

2. 对班级学生进行分组，每个小组控制在 6 人以内，确定各小组研究对象。

通过讨论，每个小组选定自己熟悉的食品企业作为食品追溯的研究对象。

[学生]

1. 根据各自的分组情况，复习食品安全追溯体系设计和实施的流程与相应的内容；从互联网上搜索食品生产经营企业进行食品追溯的示例，熟悉《食品安全法》的相关内容；分别制订任务工作计划（表 11-2）。

表 11-2　　　　　　　　　　　　工作计划单

序号	工作任务	工作内容	完成时间
1	学习	《食品安全法》相关内容	
		食品安全追溯体系设计和实施的流程及各环节主要内容	
2	资料收集	《食品安全法》	
		某食品生产经营企业实施食品追溯的示例	
3	实施食品追溯	设计安全追溯体系计划书	
		实施安全追溯体系计划	

学习内容：《食品安全法》，食品安全追溯体系设计的流程包括确定追溯单元、明确组织在食品链中的位置、确定食品流向和追溯范围、确定追溯信息、确定标识和载体、确定记录信息和管理数据的要求、明确追溯执行的流程。食品安全追溯体系实施的流程包括：制订可追溯计划、明确人员职责、制订培训计划、建立监督方案、设立关键指标评价体系有效性、内部审核、评审与改进等。

2. 依据各自制订的工作计划竞聘负责人职位（1～2 人）。在竞聘过程中需考察计划的可行性、前瞻性、系统性与完整性及报告人的领导能力、沟通能力和团队协作能力。

3. 确定负责人后，实施小组内分工，明确每个人的职责、未来工作的细节和团队协作的机制。本步骤需制定本小组组织结构图、工作流程图、小组工作内容等。

第二阶段

[学生]

学生针对自己的任务分工，查找资料，进行生产现场调查，拟订具体工作方案，组织备用资源，最后完善体系细节，并进行现场验证。

在实施食品安全追溯工作中，各小组根据案例素材，按照食品安全追溯体系实施的程序，初步确定食品追溯计划和实施食品安全追溯计划等。接着小组讨论，修改后进行统稿完成食品安全追溯体系的实施工作。具体实施步骤如下：

步骤 1　制订可追溯计划

可追溯计划只需引用和明确追溯计划如何应用于具体情况，以达到计划的追溯目标。通常可追溯计划应至少包括以下内容：

可追溯体系的目标；

适用的产品；追溯的范围和程度；

如何标识追溯单元；

记录的信息及如何管理数据。

步骤 2　明确人员职责

企业应成立追溯工作组，明确各成员责任，指定高层管理人员担任追溯工作管理者，确保追溯管理者的职责和权限。

追溯管理者应具有以下权利和义务：

向组织传达食品链可追溯性的重要性；

保持上下游组织之间及组织内部的良好沟通和合作；

确保可追溯体系的有效性。

步骤 3　制订培训计划

企业应制订和实施培训计划，规定培训的频次和方式，提供充分的培训资源和其他有效措施以确保追溯工作人员能够胜任，并保留追溯工作组教育、培训、技能和经验的适当记录。培训的内容包括但不限于以下方面：

相应的国家标准；

可追溯体系与其他管理体系的兼容性；

追溯工作组的职责；

追溯相关技术；

可追溯体系的设计与实施；

可追溯体系的内部审核和改进。

步骤 4　建立监管方案

企业应建立可追溯体系的监督方案，确定需要监管的内容，以及确定监管的时间间隔和条件。监管方案应包括：

追溯的有效性、运行成本的监测；

对追溯目标的满足程度；

是否符合追溯适用的法规要求；

标识混乱、信息丢失及产生其他不良记录的历史证据；

对纠正措施进行分析的数据记录和监测结果。

步骤 5　设立关键指标评价体系的有效性

企业应设立关键指标，以测量可追溯体系的有效性。关键指标包括但不限于以下方面：追溯单元标识的唯一性；

各环节标识的有效关联；

追溯信息可实现上下游组织及组织内部的有效链接与沟通；

信息有效期内可检索。

步骤 6　内部审核

追溯应按照管理体系内部审核的流程和要求，建立内部审核的计划和程序，对可追溯体系的运行情况进行内部审核。以是否符合关键指标的要求作为体系符合性的标准。企业应记录内部审核相关的活动与形成文件。内部审核计划和程序的内容包括但不限于以下方面的内容：

审核的准则、范围、频次和方法；

审核计划、实施审核、审核结果和保存记录的要求；

审核结果的数据分析，体系改进或更新的需求。

步骤7　评审与改进

追溯工作组应系统评价内部审核的结果。当证实可追溯体系运行不符合或偏离设计的体系要求时，企业应采取适当的纠正措施和（或）预防措施，并对纠正措施和（或）预防措施实施后的效果进行必要的验证,提供证据证明已采取的有效性,保证体系的持续改进。纠正措施和（或）预防措施应该包括但不限于以下方面：

立即停止不正确的工作方法；
修改可追溯体系文件；
重新梳理物料流向；
增补或更改基本追溯信息以实现食品链的可追溯性；
完善资源与设备；
完善标识、载体，增加或完善信息传递的技术和渠道；
重新学习相关文件，有效进行人力资源管理和培训活动；
加强上下游组织之间的交流协作与信息共享；
加强组织内部的互动交流。

【第三阶段】

[教师和学生]
1. 学生课堂汇报，教师点评，共同讨论、调整、修改。
2. 由实践到理论的总结、提升，到再次认知，进行经验总结。
3. 各成员汇总、整理分工成果，进行系统协调，形成最后成熟可行的整体方案，并且能够展示出来。

[成果展示]
1. 食品安全追溯体系计划书。
2. 食品安全追溯体系实施方案。
3. 《食品安全法》阅读笔记。

【第四阶段】

1. 针对项目完成过程中存在的问题，提出解决方案。
2. 总结个人在执行过程中能力的强项与弱项，提出提高自身能力的应对措施。
3. 经个人评价、学生互评、教师评价，计算最后得分。
4. 对学生个人形成的书面材料进行汇总，将最后形成的系统材料归档。

任务二　不安全食品的召回

任务描述

根据《食品安全法》和《食品召回管理办法》提出的要求，对某一食品企业生产的不安全食品进行召回，熟悉《食品安全法》和《食品召回管理办法》的具体要求及食品召回的程序。加强企业食品召回体系的建立。

知识准备

一、食品召回概述

食品安全问题在全球范围内不断出现，促使国际组织和各国政府逐步建立和完善食品安全管理体系，以此来进一步加强食品监管工作。食品召回作为食品安全监管的重要举措和食品安全控制体系不可或缺的组成部分，既可以使食品安全管理体系更加完善，又可以使食品生产经营者能遵循经济活动中诚实守信的道德准则，可以更好地保护消费者的合法权益。

我国在实施《食品安全法》的基础上，2015年3月11日，原国家食品药品监督管理总局局务会议又审议通过了《食品召回管理办法》（以下简称《办法》）并于同年9月1日开始实施。《办法》将食品召回纳入了国家法律体系。食品召回是一种国际通行的有效的食品安全事后监管措施，所以召回的要求既可以针对国内食品生产基地和加工企业，也适用于进入中国市场的国外食品。

二、食品召回制度

（一）国内外食品召回制度的发展

1. 国外食品召回制度的发展

产品召回制度最早起源于20世纪60年代美国的汽车伤人事件，随后范围逐渐扩展到食品等与消费者生活密切相关的行业。作为世界上最早建立食品召回制度的国家，美国已经形成了完善的食品召回体系。美国的食品召回制度是在政府行政部门主导下进行的，主要由美国农业部食品安全检疫局（FSIS）与食品药品监督管理局（FDA）两个部门配合完成。加拿大于1997年启动了食品召回程序，负责食品召回的监管部门是加拿大食品检验局（CFIA）。

2. 中国食品召回制度的现状及存在问题

相对于欧美发达国家而言，中国食品召回制度起步较晚。直到2007年8月31日由原国家质量监督检验检疫总局正式颁布《食品召回管理规定》后，我国在国家层面才出台了食品召回的相关制度，使我国食品召回进入了法制的轨道。目前，我国通过借鉴欧美发达国家在食品召回方面的已有经验基础上，通过构建食品检验检测体系、食品安全风险评估体系、食品追溯体系和食品召回标准体系等作为基础和支撑的，已经建立较为完善的中国食品召回制度框架。

但是，由于我国在食品召回法律、法规和监管体系方面还不完善，尤其是食品安全标准、食品安全检测体系与风险评估技术等的不健全，因此我国的食品召回制度还存在诸多不足之处。例如，2011年在我国发生的含有"盐酸克伦特罗"（瘦肉精）猪肉的中毒事件的处置中，并没有召回有毒猪肉的相关报道。此外，在我国，许多小作坊式的食品企业规模小、数量多、分布广，导致在食品原料种植、养殖、收购和初加工环节中进行食品追溯和监管的难度很大，一旦出现食品安全问题，很难在第一时间对不安全食品启动召回。

（二）食品召回制度的特点和意义

食品召回制度具有以下四方面的特点：预防性，即让不安全食品带来的危害控制在最小甚至防止危害发生；安全性，即食品召回制度是保障食品安全重要法律制度；时限性，即一旦发现不安全食品，必须在有限的召回期限内将食品召回；无偿性，即食品一旦被确定为食品召回范围的不安全食品，必须无偿按照法定程序进行召回，并承担相应经济损失。

通过实施食品召回制度，首先可以规范食品市场，提高食品安全水平；其次，能保障消费者合法权益和身体健康；再次，食品召回制度也是食品安全责任社会发展的需求；最后，可以提高企业诚信和竞争力。

三、食品召回体系

（一）食品召回体系概况

1. 食品召回相关术语

（1）不安全食品：食品安全法律、法规规定禁止生产经营的食品以及其他有证据证明可能危害人体健康的食品。

（2）食品召回：食品生产者按照规定程序对生产原因造成的某一批次或类别的不安全食品，通过换货、退货、补充或修正消费说明的方式，以及时消除或减少食品安全危害的活动。

（3）主动召回：食品生产者通过自检自查、公众投诉举报、经营者和监督管理部门告知等方式知悉其生产经营的食品属于不安全食品而采取的召回方式。

（4）责令召回：食品生产者应当主动召回不安全食品而没有主动召回的，县级以上市场监督管理部门责令其召回的方式。

2. 食品召回的目的与范围

实施食品召回措施可以使食品生产经营者在生产经营活动中遵循诚实守信的原则，加强食品的生产经营管理；减少不安全食品的市场流通，提高食品的产品质量；最终保障消费者的身体健康和合法权益。

召回的食品既包括国内食品生产基地和加工企业所生产经营的不安全食品，也包括进入中国市场的国外企业生产的不安全食品。

根据《食品召回管理办法》规定，食品召回主要涉及以下四方面的环节：停止生产经营、召回、处置、监督管理和法律责任。

3. 食品召回的主体与监管机构

食品召回的主体有两种：一种是食品召回的实施主体；另一种是食品召回的监督主体。

根据《食品安全法》（2015年10月1日起施行）第六十三条规定，食品生产者发现其生产的食品不符合食品安全标准或者有证据证明可能危害人体健康的，应当立即停止生产，召回已经上市销售的食品，通知相关生产经营者和消费者，并记录召回和通知情况。食品经营者发现其经营的食品有前款规定情形的，应当立即停止经营，通知相关生产经营者和消费者，并记录停止经营和通知情况。食品生产者认为应当召回的，应当立即召回。由于食品经营者的原因造成其经营的食品有前款规定情形的，食品经营者应当召回。此外，根据《食品召回管理办法》（2015年9月1日起施行）第三条规定，食品生产经营者应当依法承担食品安全第一责任人的义务，建立健全相关管理制度，收集、分析食品安全信息，依法履行不安全食品的停止生产经营、召回和处置义务。

自我国市场监督管理部门组建以来,我国食品召回监督主体多元化的趋势已经得到根本改变,食品召回监督主体的责任更加清晰和明确。食品召回监督主体的主要职责在于审查食品召回计划、监督召回过程(图11-4),具体内容如下:

(1)确认食品召回的品种、质量,向食品生产经营者发布召回令;
(2)审查食品生产经营者的食品召回计划、食品召回记录和通知情况;
(3)监督食品召回过程,检查食品生产者对召回的食品采取补救、无害化处理、销毁等措施;
(4)责令未按规定召回不符合食品安全标准的食品的生产经营者召回食品;
(5)报告食品召回工作的进展和结果。

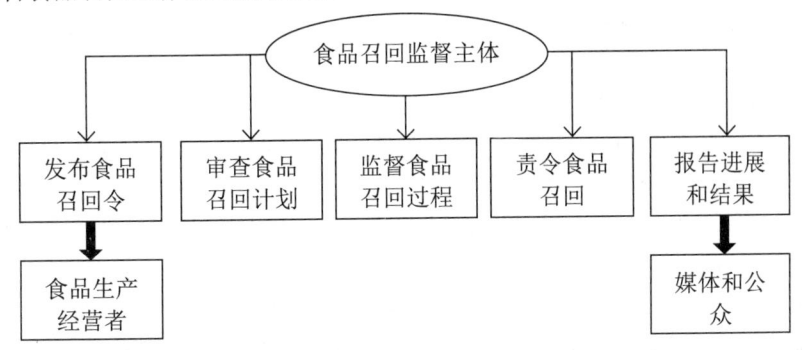

图11-4 食品召回监督主体的主要职责

(二)食品召回的程序

规范合理的食品召回程序是食品召回体系的重要组成部分,更是确保食品召回制度有效实施的重要基础。与欧美国家相比,我国的食品召回程序主要包括以下四个环节:制订食品召回计划、启动食品召回、实施食品召回和对食品召回进行总结评价。

1. 制订食品召回计划

任何食品生产者在发现其生产的食品属于应当召回的范畴时,都应该立即制订书面召回计划。在县级以上市场监督管理部门收到食品生产者的召回计划后,必要时可以组织专家对召回计划进行评估。评估结论认为召回计划应当修改的,食品生产者应当立即修改,并按照修改后的召回计划实施召回。按照《办法》第十五条规定,食品召回计划应当包括以下内容:

(1)食品生产者的名称、住所、法定代表人、具体负责人、联系方式等基本情况;
(2)食品名称、商标、规格、生产日期、批次、数量以及召回的区域范围;
(3)召回原因及危害后果;
(4)召回等级、流程及时限;
(5)召回通知或者公告的内容及发布方式;
(6)相关食品生产经营者的义务和责任;
(7)召回食品的处置措施、费用承担情况;
(8)召回的预期效果。

其中,按照《办法》第十六条规定,食品召回公告应当包括以下内容:食品生产者的名称、住所、法定代表人、具体负责人、联系电话、电子邮箱等;食品名称、商标、规格、生产日期、批次等;召回原因、等级、起止日期、区域范围;相关食品生产经营者的义务和消费者退货及赔偿的流程。根据食品安全风险评估，食品召回的范围和规模不同。按照《办法》第十七条规定，不安全食品在本省、自治区、直辖市销售的，食品召回公告应当在省级市场监督管理部门网站和省级主要媒体上发布。省级市场监督管理部门网站发布的召回公告应当与国家市场监督管理总局网站链接。不安全食品在两个以上省、自治区、直辖市销售的，食品召回公告应当在国家市场监督管理总局网站和中央主要媒体上发布。

2. 启动食品召回计划

《办法》第三条规定，食品生产经营者是食品召回的第一责任人，负责启动食品召回。在启动食品召回环节中需要做好以下方面的工作。

（1）企业负责人召开食品召回会议并审查有关资料；

（2）确认食品召回的必要性。首先进行食品安全风险评估，如需召回相关产品，则确定召回的具体方法；

（3）向当地食品召回协调组织报告。

《办法》第十三条规定，根据食品安全风险的严重和紧急程度，食品召回分为三级：一级召回，即食用后已经或者可能导致严重健康损害甚至死亡的，食品生产者应当在知悉食品安全风险后24小时内启动召回，并向县级以上地方食品安全监督管理部门报告召回计划；二级召回，即食用后已经或者可能导致一般健康损害，食品生产者应当在知悉食品安全风险后48小时内启动召回，并向县级以上地方食品安全监督管理部门报告召回计划。三级召回，即标签、标识存在虚假标注的食品，食品生产者应当在知悉食品安全风险后72小时内启动召回，并向县级以上地方食品安全监督管理部门报告召回计划。标签、标识存在瑕疵，食用后不会造成健康损害的食品，食品生产者应当改正，可以自愿召回。

3. 实施食品召回计划

要根据发现不符合食品安全标准的食品的环节来确定食品召回的层次。如果不符合食品安全标准的食品在批发、零售环节发现但尚未对消费者销售的，可在商业环节内部召回；当不符合食品安全标准的食品在消费者购买后发现，则应在消费者层召回。此外，根据《办法》第二十条规定，食品经营者召回不安全食品应当告知供货商。供货商应当及时告知生产者。食品经营者在召回通知或者公告中应当特别注明系因其自身的原因导致食品出现不安全问题。不符合食品安全标准的食品发现后，食品生产者一方面应立即停止不符合食品安全标准的食品的生产、销售，并通知经营者从货柜上撤下，单独保管，等待处置；另一方面应告知新闻媒体和在经营场所醒目位置张贴生产者发布的，经过食品安全监督管理部门审查的、详细的食品召回公告，配合食品生产者尽快从消费者手中召回不符合食品安全标准的食品，并采取补救措施或销毁或更换，同时对消费者进行补偿。

根据《办法》第十八条规定，实施一级召回的，食品生产者应当自公告发布之日起10个工作日内完成召回工作。实施二级召回的，食品生产者应当自公告发布之日起20个工作日内完成召回工作。实施三级召回的，食品生产者应当自公告发布之日起30个工作日内完成召回工作。情况复杂的，经县级以上地方食品安全监督管理部门同意，食品生产者可以适当延长召回时间并公布。

4. 食品召回总结评价

食品召回工作结束后，食品生产企业要做总结评价，主要包括以下内容：

（1）编写食品召回进展报告，说明召回工作进度；

（2）审查食品召回的执行程度，例如召回计划、召回体系、实施情况和效果分析等；

（3）向食品安全监督管理部门提交总结报告；

（4）提出保证食品质量安全，防止再次生产、经营不符合食品安全标准的食品的措施。

（三）食品召回体系实施的保障

食品召回体系是一个涉及诸多利益主体，且涵盖多个管理环节的复杂系统，科学合理的食品召回体系是实施食品召回制度的重要基础。如要形成一套科学完整的食品召回体系，不仅需要法律保障和检测技术支持，还需要信息技术的支持。所以，保障食品召回体系顺利实施的要素可以归纳为以下几方面（图11-5）。

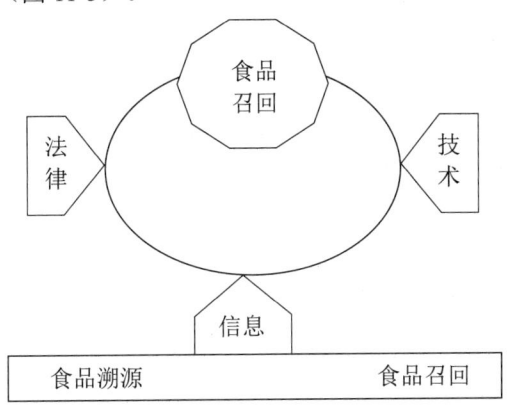

图11-5 食品召回体系实施的保障要素

1. 完善食品召回法律、法规

完善的法律、法规是食品召回体系顺利实施的重要保障。除要在国家层面制定食品召回的法律、法规外，各省或直辖市可以制定更加适合本地区的可操作性强的详细的地方法规。此外，根据食品召回的关键环节、关键领域以及某一类高风险食品（例如肉制品）的安全需要，制定专门的法律或细则。

2. 加强食品安全标准、食品安全检测与风险评估技术的研究

食品安全标准是辨别食品风险的基础，食品安全检测技术是确定食品危害程度以及是否需要召回的技术保障，而食品安全风险评估技术是对不安全食品进行分级的主要手段。所以，要建立完善的食品召回体系，必须加强食品安全标准、食品安全检测和食品安全风险评估方面的研究和应用。

3. 建立食品召回信息系统

通过建立食品召回信息系统，可以为消费者、政府职能部门、食品供应链成员等召回各方提供一个良好的信息沟通平台，从而让消费者更好地了解和掌握所选购食品的相关信息，也可以加强政府职能部门对所召回食品的监督管理，实现召回信息的及时传达、精确发送、公开透明，提升食品召回工作的效率。

4. 完善食品追溯系统

完善的食品追溯系统是实施食品召回的关键所在。通过"从农田到餐桌"的全过程监控，可以准确地缩小食品安全问题的查找范围，查出问题的出现环节，最终追溯到食品的源头。所以建立和完善食品追溯系统能极大地提高不安全食品召回的效率。

任务实施

第一阶段

[教师]

1. 确定任务。由教师提出设想,然后与学生一起讨论,最终确定项目目标和任务。

食品召回是食品生产经营者应对食品安全事件的重要举措,《中华人民共和国食品安全法》和《食品召回管理办法》对食品召回计划和召回公告的内容,食品召回方式、级别和相应的召回时限以及处置措施等提出了相应要求。国家要求食品生产经营者对不安全食品必须进行召回,保障食品质量安全,保护消费者的合法权益。

2. 对班级学生进行分组,每个小组控制在6人以内,确定各小组研究对象。

通过讨论,每个小组选定自己熟悉的食品企业作为食品召回的研究对象。

[学生]

1. 根据各自的分组情况,复习食品召回的程序、内容和相关政策;从互联网上搜索食品生产经营企业进行食品召回的示例,熟悉《食品召回管理办法》的相关内容;分别制订任务工作计划(表11-3)。

表11-3　　　　　　　　　　工作计划

序号	工作任务	工作内容	完成时间
1	学习	《食品召回管理办法》相关内容	
		食品召回的程序及各环节主要内容	
2	资料收集	《食品召回管理办法》	
		某食品生产经营企业实施食品召回的示例	
3	实施食品追溯	编制食品召回计划书	
		起草食品召回公告等	

学习内容:《食品召回管理办法》,食品召回的程序包括制订食品召回计划、启动食品召回、实施食品召回和食品召回总结评价;食品召回计划的内容和要求;食品召回公告的内容和要求;食品生产企业、食品经营者和国家食品监管机构在食品召回工作中的责任和义务;等等。

2. 依据各自制订的工作计划竞聘负责人职位(1~2人)。在竞聘过程中需考察计划的可行性、前瞻性、系统性与完整性及报告人的领导能力、沟通能力和团队协作能力。

3. 确定负责人后,实施小组内分工,明确每个人的职责、未来工作的细节和团队协作的机制。本步骤需制定本小组组织结构图、工作流程图、小组工作内容等。

第二阶段

[学生]

学生针对自己的任务分工,查找资料,进行生产现场调查,拟订具体工作方案,组织备用资源,最后完善体系细节,并进行现场验证。

在实施食品召回工作中,各小组根据案例素材,按照食品召回的程序,初步确定食品召回计划和召回公告的内容、召回方式和级别、召回食品的处置措施以及预期效果等。接着小组讨论，修改后进行统稿完成食品召回工作。具体实施步骤如下：

步骤1　编写食品召回计划

1. 确定食品召回的主体（或第一责任人）是生产企业还是食品经营者。如果食品召回的主体（或第一责任人）是生产企业，则食品生产企业在知悉其生产的食品存在现实或者潜在的危害时，应当通知食品经营者停止销售，告知消费者停止食用，主动召回食品，并向政府有关监督管理部门报告。

2. 食品召回计划的主要内容：
（1）确定食品生产者的名称、住所、法定代表人、具体负责人、联系方式等基本情况。
（2）确定食品名称、商标、规格、生产日期、批次、数量以及召回的区域范围。
（3）确定召回原因及危害后果。
（4）确定召回等级、流程及时限。
（5）确定召回通知或者公告的内容及发布方式。
（6）确定相关食品生产经营者的义务和责任。
（7）确定召回食品的处置措施、费用承担情况。
（8）确定召回的预期效果。

3. 食品召回公告的主要内容：
（1）确定食品生产者的名称、住所、法定代表人、具体负责人、联系电话、电子邮箱等。
（2）确定食品名称、商标、规格、生产日期、批次等。
（3）确定召回原因、等级、起止日期、区域范围。
（4）确定相关食品生产经营者的义务和消费者退货及赔偿的流程。

在县级以上市场监督管理部门收到食品生产者的召回计划后，必要时可以组织专家对召回计划进行评估。评估结论认为召回计划应当修改的，食品生产者应当立即修改，并按照修改后的召回计划实施召回。

步骤2　启动食品召回

1. 确定食品召回的级别。
2. 在启动食品召回工作中需要做好以下方面的工作：
（1）企业负责人召开食品召回会议并审查有关资料。
（2）确认食品召回的必要性。首先进行食品安全风险评估，如需召回相关产品，则确定召回的具体方法。
（3）向当地食品召回协调组织报告。

步骤3　实施食品召回

1. 告知新闻媒体和在经营场所醒目位置张贴生产者发布的，经过食品安全监督管理部门审查的、详细的食品召回公告。
2. 配合食品生产者尽快从消费者手中召回不符合食品安全标准的食品，并采取补救措施或销毁或更换，同时对消费者进行补偿。

步骤4　各小组对食品召回工作进行总结评价

食品召回工作结束后，食品生产企业要做总结评价，主要包括以下内容：
1. 编写食品召回进展报告，说明召回工作进度。

2. 审查食品召回的执行程度，例如召回计划、召回体系、实施情况和效果分析等。
3. 向食品安全监督管理部门提交总结报告。
4. 提出保证食品质量安全，防止再次生产、经营不符合食品安全标准的食品的措施。

第三阶段

[教师和学生]
1. 学生课堂汇报，教师点评，共同讨论、调整、修改。
2. 由实践到理论的总结、提升，到再次认知，进行经验总结。
3. 各成员汇总、整理分工成果，进行系统协调，形成最后成熟可行的整体方案，并且能够展示出来。

[成果展示]
1. 食品召回计划书。
2. 食品召回公告。
3.《食品召回管理办法》阅读笔记。

第四阶段

1. 针对项目完成过程中存在的问题，提出解决方案。
2. 总结个人在执行过程中能力的强项与弱项，提出提高自身能力的应对措施。
3. 经个人评价、学生互评、教师评价，计算最后得分。
4. 对学生个人形成的书面材料进行汇总，将最后形成的系统材料归档。

【关键知识点】

1. 食品召回计划的主要内容
（1）停止生产不符合食品安全标准的食品的情况。
（2）通知食品经营者停止经营不符合食品安全标准的食品的情况。
（3）通知消费者停止消费不符合食品安全标准的食品的情况。
（4）食品安全危害的种类、产生的原因、可能受影响的人群、严重和紧急程度。
（5）召回措施的内容，包括实施组织、联系方式以及召回的具体措施、范围和时限等。
（6）召回的预期效果。
（7）召回食品后的处置措施。

2. 食品召回公告的主要内容
（1）确定食品生产者的基本信息。
（2）确定被召回食品的基本信息。
（3）确定召回原因、等级、起止日期、区域范围。
（4）确定相关食品生产经营者的义务和消费者退货及赔偿的流程。

3. 食品召回的程序的内容
制订食品召回计划，启动食品召回计划，实施食品召回计划，食品召回总结评价。

【信息追踪】

推荐网站

国家市场监督管理总局、国家食品（产品）安全追溯平台、中国绿色食品追溯平台、中国食品安全信息追溯平台、中国物品编码中心。

【课业】

1. 食品安全追溯的功能和定义？
2. 我国关于食品追溯、食品召回方面的主要法律、法规有哪些？
3. 目前我国在食品安全追溯方面的主要技术手段有哪些及各自的特点是什么？
4. 食品召回的主要程序有哪些？
5. 请谈一谈食品安全追溯与食品召回二者的关系。

【学习过程考核】

学习过程考核见表11-4。

表 11-4　　　　　　　　　　学习过程考核

项目	任务一			任务二		
评分方式	学生自评	同组互评	教师评分	学生自评	同组互评	教师评分
得分						
任务总分						

项目十二 ISO 9000 质量管理体系在食品企业的建立和内审

【知识目标】
- 阐述 ISO 9000:2015 质量管理体系的相关知识；
- 理解质量管理体系文件编制及质量手册编制的内容及方法。

【能力目标】
- 能够结合 ISO 9000:2015 质量管理体系的要点为企业建立质量管理体系；
- 能够结合 ISO 9000:2015 质量管理体系为企业编制质量管理体系文件。

任务一 典型产品 ISO 9000 质量管理体系的建立

任务描述

目前，ISO 9000 族标准是食品企业质量管理应用最广的管理体系。通过学习 ISO 9000 族标准，文件编写，体系建立、实施、运行与认证申请等要素，在某食品企业中建立和实施有效的质量管理体系。

知识准备

一、ISO 9000 族标准的简介

1.ISO 9000：2015 标准的定义

规定了质量管理体系要求的 ISO 标准。它是组织为持续稳定地提供满足顾客要求以及符合法律、法规要求的产品和服务，建立必要的质量管理体系，并在此基础上对该体系实施的适宜性进行检查的标准。

2.ISO 9000 族标准的主要内容和目前发布情况

ISO 9000：2015《质量管理体系 基础和术语》，是表述质量管理体系基础知识并规定质量管理体系术语。

ISO 9001：2015《质量管理体系 要求》，用于证实组织有能力提供满足顾客要求和适用法规要求的产品，目的在于增进顾客满意。

ISO 9004：2009《可持续性管理——质量管理方法》。

ISO 19011：2016《质量和（或）环境管理体系审核指南》，提供质量和环境管理体系审核指南。

历年的质量体系标准版本和我国的等效或等同版本发布情况见表 12-1。

表 12-1　　　　质量体系标准的 ISO 与 GB 版本进展和发布情况

ISO		GB	
时间	版本	时间	版本
1987 年	ISO 9000: 1987	1988 年	等效版本 GB/T 10300—1988
		1992 年	等同版本 GB/T 19000—1992
1994 年	ISO 9000: 1994	1994 年	等同版本 GB/T 19000—1994
2000 年	ISO 9000: 2000	2000 年	等同版本 GB/T 19000—2000
2008 年	ISO 9001: 2008	2008 年	等同版本 GB/T 19001—2008
2015 年	ISO 9001: 2015	2016 年	等同版本 GB/T 19001—2016

二、ISO 9000 质量管理体系的特点

（1）ISO 9000 标准是系统性的标准，涉及的范围、内容广泛，且强调对各部门的职责权限进行明确划分、计划和协调，而使企业能有效地、有秩序地开展各项活动，保证工作顺利进行。

（2）ISO 9000 标准强调管理层的介入，明确制定质量方针及目标，并通过定期的管理评审了解公司的内部体系运作情况，及时采取措施，确保体系处于良好的运作状态。

（3）ISO 9000 标准强调纠正及预防措施，消除产生不合格的原因或潜在原因，防止不合格再发生，从而降低成本。

（4）ISO 9000 标准强调不断的审核及监督，达到对企业的管理及运作不断地修正及改良的目的。

（5）ISO 9000 标准强调全体员工的参与及培训，确保员工的素质满足工作的要求，并使每一个员工有较强的质量意识。

（6）ISO 9000 标准强调文化管理，以保证管理系统运行的正规性、连续性。

三、食品企业实施 ISO 9000 质量管理体系的作用

（1）ISO 9000 为企业提供了一种具有科学性的质量管理、质量保证的方法和手段，可用以提高内部管理水平。

（2）文件化的管理体系使全部质量工作有可知性、可见性和可查性。

（3）强调质量的重要性及对其工作的要求，使企业内部各类人员的职责明确，避免互相推诿，减少麻烦。

（4）可以使产品质量得到根本的保证。

（5）为客户和潜在的客户提供信心。

（6）提高企业的形象，增加竞争实力。

（7）满足市场准入的要求。

四、ISO 9000: 2015 质量管理体系的基本原则

1. 以顾客为关注焦点

体系依存于顾客，其目的是使顾客满意，以获得效益。组织应当理解顾客当前和未来的需求，满足顾客要求并争取超越顾客期望。

2. 领导作用

领导者应确保组织的目的与方向一致，质量管理是一把手工程，其宗旨和方向从上往下传

达和贯彻。例如：领导针对组织现状确定发展方向和远景规划，确定组织机构和职责权限，同时创造员工充分参与的工作环境。

3. 全员参与

质量是全员的事情，人人都是质量管理的主角。例如全员参与可以通过员工意识的建立（包括职业道德、质量意识、以顾客为关注焦点的意识、参与管理意识），以及奖惩制度调动积极性（包括目标激励、物质激励、精神激励、自我评价激励），降低成本，给组织带来收益。

4. 过程方法

将活动和相关的资源作为过程进行管理，可以更高效地得到期望的结果。利用资源和实施管理，将输入转化为输出的一组活动可以视为一个过程。系统地识别和管理组织所应用的过程，特别是这些过程之间的相互作用，称为过程方法。一个过程的输出往往直接成为下一个或几个过程的输入。

过程的四要素为输入、输出、资源、活动。

5. 持续改进

持续改进总体业绩应当是组织的一个永恒目标，充分理解和运用戴明环（PDCA 循环），保持改进。例如：在整个组织范围内使用一致的方法改进组织的业绩；为员工提供有关持续改进的方法和手段的培训；将产品、过程和体系的持续改进作为组织内每位成员的目标；建立目标以指导、测量和追踪持续改进，识别并通报持续改进的情况。

6. 基于数据的决策方法

数据和信息的分析是提供决策的基础，靠事实说话，靠数据说话。例如：确保数据和信息足够精确和可靠；采用正确的方法分析数据；根据事实分析并权衡经验与直觉，做出决策并采取措施。

7. 关系管理

强调与供应商的合作共赢。组织与供方是相互依存的，互利的关系可增强双方创造价值的能力。例如：在对短期收益和长期利益综合平衡的基础上，确立与供方的关系，与供方合作伙伴共享专门技术和资源，确定联合改进行动等活动。

五、ISO 9001：2015 标准

（一）概述

ISO 9001：2015 标准由三部分构成，包括引言、正文和附录。GB/T 19001—2016《质量管理体系 要求》等同 ISO 9001：2015 标准。

GB/T 19001—2016 标准规定的质量管理体系是通用的，因此要求组织根据各自的需求和特点制定和实施质量管理体系。

GB/T 19001—2016 标准可作为第一方审核、第二方审核、第三方审核的依据；也可作为对于组织满足顾客、法律、法规以及组织自身要求能力的内部和外部评价。

（二）正文

ISO 9001: 2015 质量管理体系的内涵可由图 12-1 来表示，将其展开，就是 ISO 9001: 2015《质量管理体系 要求》的内容。

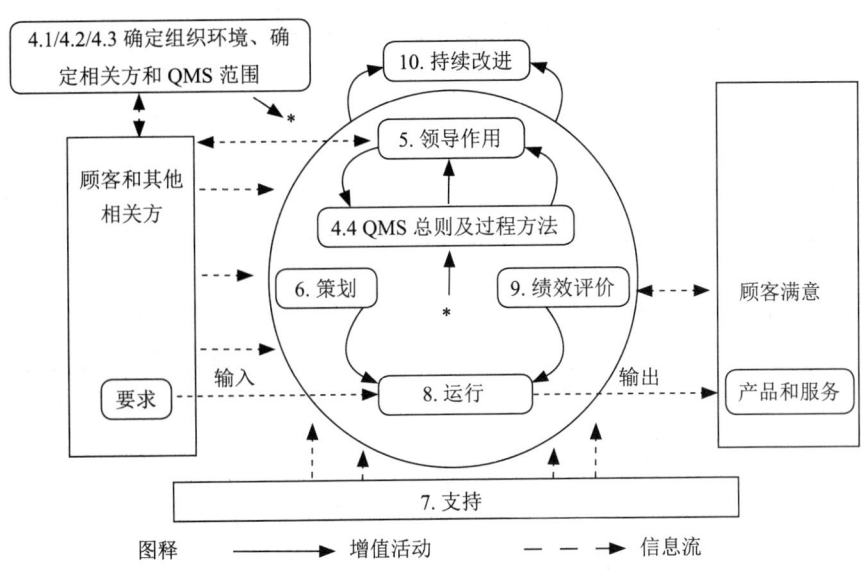

图 12-1 以过程为基础的质量管理体系模式

1. 范围
本标准为有下列需求的组织规定了质量管理体系要求：
（1）需要证实其有能力稳定地提供满足顾客和适用的法律、法规要求的产品和服务。
（2）通过体系的有效应用，包括体系持续改进的过程以及保证符合顾客与适用的法律、法规要求，旨在增强顾客满意。

注 1：在本标准中，术语"产品"仅适用于预期提供给顾客或顾客所要求的产品和服务，运行的过程所产生的任何预期输出。
注 2：法律、法规要求可称作法定要求。

2. 引用标准
GB/T 19000—2016《质量管理体系 基础和术语》（idt ISO 9000: 2015）。

3. 部分术语和定义
质量：客体的一组固有特性满足要求的程度。
要求：明示的，通常隐含的或必须履行的需求或期望。
产品：可在组织和顾客之间未发生任何交易（处理）的情况下，组织产生的输出。
过程：利用输入实现预期结果的相互关联或相互作用的一组活动。
组织环境：对组织建立和实现目标的方法有影响的内部和外部因素的组合。
顾客：能够或实际接受其预期（向其提供）或所要求的产品或服务的个人或组织。
服务：至少有一项活动需在组织和顾客之间进行的组织的输出。
相关方：可影响决策或活动，或被决策或活动所影响，或自认为被决策或活动影响的个人或组织。
质量控制：质量管理的一部分，致力于满足质量要求。
质量保证：质量管理的一部分，致力于提供质量要求会得到满足的信任。
输出：过程的结果。
质量管理：在质量方面指挥和控制组织的协调活动。

质量管理体系：在质量方面指挥和控制组织的管理体系。

风险：不确定性的影响。

绩效：可测量的结果。

4. 组织的背景

（1）理解组织的背景

组织应确定与其宗旨和战略方向相关并影响其实现质量管理体系预期结果的能力的各种外部和内部因素，组织应监视和评审与这些内部和外部问题有关的信息。

（2）理解相关方的需求和期望

组织应确定与质量管理体系有关的相关方及其要求。以保证相关方对组织持续提供满足顾客和适用法律、法规要求的产品和服务的能力。组织应监视评审与这些相关方及其要求有关的信息。

（3）确定质量管理体系的范围

组织应确定质量管理体系的边界和适用性，以确定其范围。

如果本标准的全部要求适用于组织所确定的质量管理体系范围，组织应遵循本标准的全部要求。

组织的质量管理体系范围应作为形成文件的信息，可获得并加以保持。该范围应描述所覆盖的产品和服务类型，如果组织认为本标准的某些要求不适用于其质量管理体系范围，应说明理由。

除非组织所确定的不适用于其质量管理体系的标准要求不会影响组织确保其产品和服务合格以及增强顾客满意的能力或责任，否则不能声称符合本标准。

（4）质量管理体系及其过程

组织应按照本标准的要求，建立、实施、保持和持续改进质量管理体系，包括所需过程及其相互作用。组织应确定质量管理体系所需的过程及其在整个组织内的应用。应该确定这些过程所需的输入和期望的输出；所需的顺序和相互作用；所需的准则和方法（包括监视、测量和相关绩效指标）；所需的资源并确保其可用性；分派与这些过程相关的职责和权限；实施所需的变更；确定的风险和机遇；改进过程和质量管理体系。

组织应根据支持过程运行的必要程度和根据对确信过程产生预期输出的必要程度保留"文件化的信息"。

5. 领导作用

最高管理者需要确定、理解并持续地满足顾客要求以及适用的法律、法规要求，确定和应对能够影响产品、服务的符合性以及增强顾客满意能力的风险和机遇，始终致力于增强顾客满意，以证实其以顾客为关注焦点的领导作用和承诺。

质量管理原则可以作为质量方针的基础。质量方针与组织宗旨相适应，由最高管理者制定。其包括对满足要求和持续改进质量管理体系有效性的承诺；提供制定和评审质量目标的框架；组织内得到沟通和理解；持续适宜性方面得到评审，并且适用时，可为相关方获取。如"产品质量无小事，食品安全大如天"。

6. 策划

（1）处理风险和机会的措施

组织在策划质量管理体系时，应考虑到 4.1 所描述的因素和 4.2 所提及的要求，应以确保质量管理体系能够实现其预期结果以及实现改进；能确保增强有利影响，避免或减少不利影响，来确定需要应对的风险和机遇。

组织应策划处理这些风险和机会的措施,包括如何于管理体系过程中整合和实现措施,如何评价这些措施的有效性。处理风险和机会所采取的任何措施都应与产品和服务的符合及顾客满意的潜在影响相适应。

注：处理风险的选择包括风险回避、风险减少或风险接受。

（2）质量目标和实现质量目标的策划

组织应在相关职能、层次和质量管理体系所需的过程设定质量目标。设定的质量目标应与质量方针保持一致；质量目标要可测量，还要考虑适用的要求。同时，质量目标要与提供合格产品和服务以及增强顾客满意相关，并且予以监视、沟通和适时更新。

组织应保留有关质量目标的形成文件的信息。

组织应通过确定需要做什么，需要什么资源，由谁负责、何时完成以及如何评价结果，来实现质量目标的策划。

（3）变更的策划

当组织确定需要对质量管理体系进行变更时，组织应确定变更的需求和机会，并且按照已策划的和系统的方法来识别风险和机会，评审变更目的及其潜在后果，保证系统的完整性。

7. 支持过程

（1）资源

组织应确定并提供为建立、实施、保持和持续改进质量管理体系所需的资源；组织应确定并提供保证有效实施质量管理体系并运行和控制其过程所需要的人员；组织应提供和维护其运行和确保产品和服务的符合及顾客满意所必要的基础设施。

基础设施包括：建筑物和相关设施；设备（包括硬件，软件）；运输，通信和信息系统。

组织应确定、提供并维护过程运行以及获得合格产品和服务所需的环境；组织应确定、提供和维护为验证产品符合要求所需的监视和测量装置，并确保这些装置符合目的；组织通过保持适当的文件化信息作为监视测量装置符合目的的证据。

监视测量装置可包括测量设备和评价方法，如调查表。

监视测量装置可对照能溯源到国际或国家标准的测量标准，按照规定的时间间隔或在使用前进行校准和（或）验证。

（2）能力

组织应当确定在其控制下影响质量绩效的工作人员所必要的能力；适当的教育、培训或经验，确保这些人员具备能力；适用时，采取措施获得必要的能力，并且要评价所采取措施的有效性，同时组织要保持适当的文件化信息作为能力的证据。

适用的措施包括：为现有员工提供培训，导师指导，重新分配，雇用或承包给有能力的人等。

（3）意识

在组织控制下的工作人员应知道质量方针、相关的质量目标，包括他们对质量管理体系有效性的贡献，以及改进质量绩效带来的好处和不符合质量管理体系要求带来的不利影响。

（4）沟通

组织应确定与质量管理体系有关的内部和外部沟通的需求，包括沟通的内容、沟通的时机、沟通的对象。

（5）文件化信息

组织的质量管理体系应包括本国际标准所要求的文件化信息，为了质量管理体系的有效性需要的而由组织确定的文件化信息。对于一个组织的质量管理体系的文件化信息的程度依据组织的规模和活动、过程、产品和服务的类型；其过程的复杂程度和它们之间的相互作用，以及人员的能力会有所不同。

组织在创建和更新形成文件的信息时，组织应确保适当的标志和说明（如标题、日期、作者、索引编号等）；格式（如语言、软件版本、图示）和载体（如纸质、电子格式）；评审和批准，以确保适宜性和充分性。

组织的文件化信息应当得到充分的保护，在需要的场合和时机，均可获得并适用。组织应控制形成文件的信息的分发、访问、检索和使用；存储和防护（包括保持可读性）；更改控制（如版本控制）；以及保留和处置。组织应对确定策划和运行质量管理体系所需的来自外部的形成文件的信息进行适当识别和控制。

8. 运行

（1）运行的策划和控制

组织应通过建立过程准则，并按照准则实施过程控制，保留必要的文件化信息以便使过程按照策划得到实施。组织应控制策划的变更，评审非预期变更的后果；必要时，采取措施来减轻任何不利的影响。

（2）确定产品和服务的要求

组织应通过提供有关产品和服务的信息；处理问询、合同或订单，包括变更；获取有关产品和服务的顾客反馈，包括顾客投诉；处置或控制顾客财产；以及关系重大时，制定有关应急措施的特定要求来与顾客沟通。

组织应规定适用的法律、法规和组织认为的必要要求，以及对其所提供的产品和服务，能够满足组织声称的要求。

组织应在承诺向顾客提供产品和服务之前，应对各项要求进行评审。包括顾客明确的要求（对交付及交付后活动的要求）；顾客虽然没有明示，但规定的用途或已知的预期用途所必需的要求；组织规定的要求；适用于产品和服务的法律、法规要求；以及与先前表述存在差异的合同或订单要求。以确保有能力满足向顾客提供的产品和服务的要求。若产品和服务要求发生更改，组织应确保相关的形成文件的信息得到修改，并确保相关人员知道已更改的要求。

（3）产品和服务的设计和开发

组织应建立、实施和保持适用于确保后续生产和服务提供的设计和开发过程。在确定设计和开发的各个阶段及其控制时，组织应考虑设计和开发活动的性质、持续时间和复杂程度；要求的过程阶段（适用的设计和开发评审）、设计、开发验证和确认活动；设计和开发过程涉及的职责和权限；产品和服务的设计和开发所需的内部和外部资源；设计和开发过程参与人员之间接口的控制需求；顾客和使用者参与设计和开发过程的需求；对后续产品和服务提供的要求；顾客和其他有关相关方期望的设计和开发过程的控制水平；证实已经满足设计和开发要求所需的形成文件的信息。

组织应针对具体类型的产品和服务，确定设计和开发的基本要求。组织应考虑功能和性能要求；来源于以前类似设计和开发活动的信息；法律、法规要求；组织承诺实施的标准或行业规范；由产品和服务性质所决定的、失效的潜在后果。组织应保留有关设计和开发输入的形成文件的信息。

组织确保规定拟获得的结果。通过实施评审活动、验证活动、确认活动，并针对评审、验证和确认过程中确定的问题采取必要措施来对设计和开发过程进行控制，并且要保留这些活动的形成文件的信息。

组织应满足输入的要求；对于后续的产品和服务的提供过程确保是充分、适宜的，并保留设计和开发输出的形成文件的信息。组织对产品和服务设计进行更改时，要进行适当的识别、评审和控制，并保留形成文件的信息。

（4）产品和服务的外部提供的控制

组织应确保外部提供的过程、产品和服务不会对组织稳定地向顾客交付合格产品和服务的能力产生不利影响。对外部提供方和外部提供的过程，产品和服务控制的类型和程度取决于识别的风险及其潜在的影响；组织和外部提供方之间对外部提供过程控制的分担程度；潜在控制的能力。

（5）产品和服务提供

组织应在受控条件下进行生产和服务提供。需要时，组织应采用适当的方法识别输出，以确保产品和服务合格。

组织应在生产和服务提供的整个过程中按照监测要求识别输出状态。当有可追溯要求时，组织应控制输出的唯一性标志，且应保留所需的形成文件的信息以实现可追溯。

组织在控制或使用顾客或外部供方的财产期间，应对其进行妥善管理。对组织使用的或构成产品和服务一部分的顾客和外部供方财产，组织应予以识别、验证、防护和保护。若顾客或外部供方的财产发生丢失、损坏或不适用情况，组织应向顾客或外部供方报告，并保留相关形成文件的信息。

组织应在生产和服务提供期间对输出进行必要防护。防护可包括标志、处置、污染控制、包装、储存、传输或运输以及保护。

组织应满足与产品和服务相关的交付后活动的要求。如法律、法规要求；与产品和服务相关的潜在不期望的后果；产品和服务的性质、用途和预期寿命；顾客要求及反馈。

组织应对生产和服务提供的更改进行必要的评审和控制，并保留形成文件的信息，包括有关更改评审结果、授权进行更改的人员以及根据评审所采取的必要措施。

（6）产品和服务放行

组织应在适当阶段实施策划的安排，以验证产品和服务的要求已得到满足。并保留有关产品和服务放行的形成文件的信息，包括符合接收准则的证据；授权放行人员的可追溯信息。

（7）不符合的过程输出产品和服务控制

组织应确保对不符合要求的输出进行识别和控制，以防止非预期的使用或交付。根据不合格的性质及其对产品和服务符合性的影响采取适当措施。如纠正、隔离，密封，暂停或者回收提供的产品和服务、通知顾客、经授权进行返修、降级、继续使用、放行，继续或者重新提供产品和服务和让步接收获得权限。

当不符合的过程输出、产品和服务得到纠正后，组织应保留对不符合的过程输出、产品和服务采取的活动，包括对获得让步采取的活动，决定就不符采取措施的人或者权限采取的活动的文件化信息，以证实其符合要求。

9. 绩效评价

组织应考虑已确定的风险和机会,并确定所需的监视和测量,以便证明产品和服务符合要求。确保质量管理体系的符合性和有效性,评价客户满意。

组织应确定需要监视和测量什么;用什么方法进行监视、测量、分析和评价,以确保结果有效;何时实施监视和测量;何时对监视和测量的结果进行分析和评价;评价质量管理体系的绩效和有效性;监视顾客对其需求和期望已得到满足的程度的感受;确定获取、监视和评审这些信息的方法。

组织应通过监视和测量获得适当的数据和信息。如:产品和服务的符合性;顾客满意程度;分析和评价;质量管理体系的绩效和有效性;策划是否得到有效实施;针对风险和机遇所采取措施的有效性;外部供方的绩效;质量管理体系改进的需求来分析和评价。

(1) 内部审核

组织应按策划的时间间隔进行内部审核。依据有关过程的重要性、对组织产生影响的变化和以往的审核结果,策划、制订、实施和保持审核方案,审核方案包括频次、方法、职责、策划要求和报告。

(2) 管理评审

最高管理者应按照策划的时间间隔对组织的质量管理体系进行评审,以确保其持续的适宜性、充分性和有效性,并与组织的战略方向一致。

管理评审的输出应包括:改进的机会;质量管理体系所需的变更;资源需求相关的决定和措施。并保留形成文件的信息,作为管理评审结果证据。

10. 改进

组织应确定并选择改进机会,采取必要措施,满足顾客要求和增强顾客满意。包括:改进产品和服务以满足要求并关注未来的需求和期望;纠正、预防或减少不利影响;改进质量管理体系的绩效和有效性。

当不符合发生后,组织应采取措施控制和纠正不符合,并处理不符合带来的后果。通过评审不符合,确定不符合产生的原因,确定是否存在类似的不符合或者潜在不符合,来评估消除不符合产生原因需要的措施以防止再发生或在别处发生。也可以采取必要的措施评估采取纠正措施的有效性,必要时对质量管理体系做出改变。

组织不合格的性质以及随后所采取的措施和纠正措施的结果,应保留形成文件的信息。

组织应持续改进质量管理体系的适宜性、充分性和有效性。组织应考虑分析、评价结果以及管理评审的输出,确定是否存在持续改进的需求,或应把握的机会。

六、食品企业 ISO 9000 质量管理体系的建立和实施

(一) 准备阶段

推动 ISO 9000 在企业的建立,获得最高管理层的支持是最重要的先决要素。因此需要领导决策,统一思想,达成共识并成立领导小组和精干的工作班子。

(二) 质量管理体系的策划和总体设计

1. 调查企业组织现状

如,组织目前的经营情况、现有质量管理体系的实施情况等方面。

2. 制订实施工作计划

计划内容包括主要阶段的划分，各项工作的要求和时间进度，每项工作的负责人和参加人员，各阶段及总的经费预算等。

3. 确定质量方针和质量目标

质量方针和质量目标是建立和推动 ISO 质量管理体系建立的重要基础。这些都应与组织的宗旨和发展方向相一致，体现了最高管理层承诺和顾客的需求和期望。例如"国际领先、科学管理、质量第一、最佳服务"的质量方针。

质量方针和目标的制定。标准要求这项活动应由最高管理者来完成。在实际工作中可以先由各部门组织全体员工，结合标准的要求和工厂及其产品的实际情况，提出质量方针和目标草案，然后再交由质量管理部门整理分析后，由最高管理层讨论决定。也可以先由质量管理部门提出草案，经最高管理层讨论通过后再下发至各个基层组织征求意见和建议，质量管理部门根据上报的意见和建议，形成几个方案供最高管理层讨论决定。

4. 确定实现质量目标必需的过程和职责

组织应系统识别并确定为实现食品安全目标所需的过程。如：一个过程应包括哪些子过程和活动，明确每一过程的输入和输出的要求及这些过程的责任部门和责任人，并规定其职责。

5. 确定和提供实现质量目标必需的资源

这些资源主要包括人力资源、基础设施、工作环境、信息、财务资源、自然资源和供方及合作者提供的资源等。

6. 确定质量管理体系组织结构

质量管理体系由组织结构、程序、过程和资源构成。不同的企业，应当有不同的组织结构。组织结构的设置应坚持精简、效率原则，职能完备且各部门之间无重叠、重复或抵触现象，如图 12-2 所示。

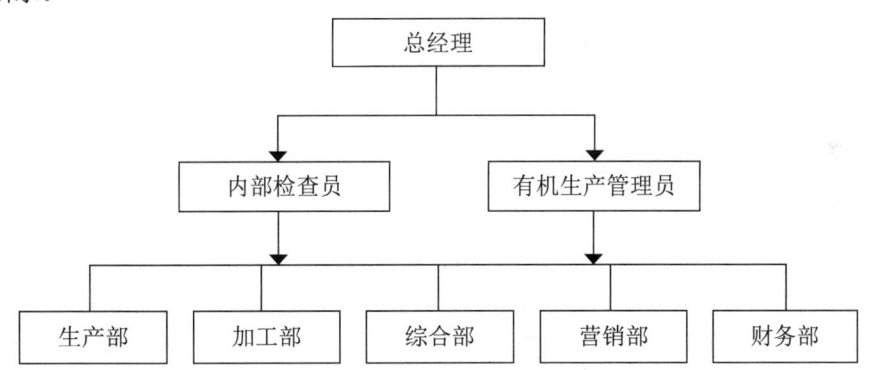

图 12-2 质量管理体系组织结构

7. 编制食品安全管理体系文件

质量手册是纲领性文件，表明意向及达到此目的的策略及方法。根据组织的规模和复杂程度，在内容的详略程度和编排格式方面可以不同。质量手册要覆盖 ISO 9001：2015 的要求，如有删减必须明确说明并陈述理由；对覆盖的产品范围和部门做出说明，如后勤部门、财会部门可以不在质量管理体系的范围内。

在建立质量管理体系文件时，根据 ISO 9001：2015 标准 7.5 文件化信息中的 7.5.1 通用要求，为了保障质量管理体系的有效性，需要由组织确定文件化信息。其内容取决于组织的规模和活动、过程、产品和服务的类型；过程的复杂程度和它们之间的相互作用，以及人员的能力。

标准要求形成的文件化信息见表 12-2。

表 12-2　　　　　　　　ISO 9001：2015 标准文件化信息一览表

对应条款	文件名称	对应条款	文件名称
4.3	质量管理体系范围	8.4.3	描述监视外部供方绩效的结果
5.2.2	质量方针	8.5.1	标识产品和服务特性
6.2.1	质量目标	8.5.2	过程输出的唯一性标识
7.1.5	校准或检定依据	8.5.6	变更的评审结果、授权人员和措施
7.2	能力证据	8.6	追溯产品和服务的放行人员
8.2.3	评审结果，产品和服务变更	8.7	对不合格的处理
8.3.2	设计和开发要求满足证据	9.1.1	绩效的监视和测量
8.3.5	设计和开发输出	9.2.2	审核方案和实施结果
8.3.6	设计和开发变更	10.2	不符合性质和措施，纠正措施的结果
8.4.1	对外部供方的绩效评价、选择、监视和重新评价		组织自行确定的文件

8. 质量管理体系试运行

完成上述各阶段工作后，进入质量管理体系试运行阶段。

（1）学习质量管理体系文件

在质量管理体系文件正式发布或即将发布而未正式实施之前，各部门、各级人员都要通过学习，清楚地了解质量管理体系文件对本部门、本岗位的要求以及与其他部门、岗位的相互关系的要求。

（2）质量管理体系文件的发布和实施

质量管理体系文件经授权人批准发布。质量手册必须经最高管理者签署发布，质量手册的正式发布代表着质量手册所规定的质量管理体系正式开始实施和运行。

（3）质量管理体系的运行

运行组织中的所有食品质量活动都应依据质量策划的安排以及质量管理体系文件的要求实施；运行中组织所有质量活动都能提供证实质量管理体系运行符合要求并得到有效实施和保持；运行中发现的有关质量管理体系文件存在的问题和不足，可以按程序的规定进行修改。

9. 内部审核

在质量管理体系运行一段时间后，企业为不断改进，应进行内部审核。其活动包括：制订内审计划、实施内审计划、依照质量标准条款填写内部审核检查表，形成评审报告，指出不合格项及整改意见。

10. 管理评审

管理评审和内部审核都是组织自我评价、自我完善机制的一种重要手段。管理评审是由企业最高管理者根据质量方针和质量目标，对质量管理体系的现状和适应性进行的正式评价，确保质量管理体系持续的适宜性、充分性和有效性。组织申请质量管理体系认证之前至少进行过一次管理评审。

（三）质量管理体系认证

（1）质量管理体系认证前的准备。

确认选择的认证机构是否已被国家认可、机构认可；该认证机构的注册专业范围是否覆盖本企业申请注册的专业范围；该认证机构的权威性和信誉；不可选择向本单位提供咨询的机构作为认证机构。

（2）对企业的质量管理体系文件（有关文件和记录）进行一次全面的整理。

（3）质量管理体系认证是由认证机构对企业进行的外部质量管理体系审核。

（4）认证过程。

认证机构申请和受理→审核的启动→确定审核组长→确定审核的目的、范围和准则→确定审核的可行性→选择审核组→文件评审→现场审核的准备→现场审核的实施→审核报告的编制、批准和分发→纠正措施的验证→颁发认证证书→监督审核和复评（对企业进行重新审核）。

一个认证周期是三年，为了验证企业质量管理体系持续的有效性，认证机构在一个认证周期内每年对企业进行一次监督审核。

任务实施

第一阶段

[教师]

1. 确定任务。由教师提出设想，然后与学生一起讨论，最终确定项目目标和任务。

ISO 9000: 2015 质量管理体系的建立和实施主要有准备阶段、质量管理体系的策划和总体设计、质量管理体系认证三大要素。而质量管理体系文件的编制是组织按 ISO 9000 族标准建立质量管理体系中的重要过程，是组织建立、实施、保持、改进质量管理体系具有规范性的依据。因此编制质量管理体系文件作为我们本次的任务。

2. 对班级学生进行分组，成员数量不少于 4 人，每个小组控制在 6 人以内，确定各小组研究对象。根据各小组的讨论选定自己熟悉的某类食品企业作为实施任务的对象。

[学生]

1. 根据各自的分组情况，查找 ISO 9001：2015 要求，学习讨论，分别制订任务工作计划。见表 12-3。

学习讨论 ISO 9000 族标准，掌握 ISO 9000 族标准的基本指导思想；过程方法的应用；实施质量管理体系及过程的策划；体系文件的内容、要求及编制方法；制订相应的任务计划。

表 12-3　　　　　　　　　　任务一工作计划

序号	工作任务	工作内容	完成时间
1	培训	组织学习 ISO 9000 标准知识	
2	收集资料	调查该企业的组织现状	

（续表）

序号	工作任务	工作内容	完成时间
3	查找资料	参照其他公司质量管理体系示例，知道要写哪些内容	
4	编写质量管理体系文件	把体系分类，分配相关人员编写对应的文件	
5	编写质量手册	编写 ISO 9001 质量管理手册	

2. 依据各自制订的任务工作计划竞聘负责人职位（1～2人），在竞聘过程中需考察：计划的可行性、前瞻性、系统性与完整性及报告人的领导能力、沟通能力和团队协作能力。

3. 确定负责人后，实施小组内分工，明确每个人的职责、未来工作的细节和团队协作的机制，制定小组组织结构图、工作流程图、小组工作内容。然后按计划进行分工，任务落实到各个小组成员。例如：小组工作内容包括成立质量管理体系工作小组，确定培训内容和人员，进行质量管理体系的策划和总体设计等。

第二阶段

[学生]

学生针对自己的任务内容，查找资料，拟订具体工作方案，组织备用资源，最后进行现场实施。

本步骤需制订一份质量管理体系文件总体安排计划，从成立编制小组、学习培训、进行体系过程策划、确定结构方案、制定文件目录和编制实施计划到体系文件的编制、修改，按上述程序制定进度安排和要求等。

在制作体系文件的过程中，应根据 ISO 9001：2015 标准要求进行调查研究，确定需要制定的文件和记录表，最后各小组成员按文件编制计划要求，结合 ISO/TR 10013：2001《质量管理体系文件指南》，先制作文件初稿，然后小组讨论、修改后进行统稿完成文件。具体实施步骤如下：

步骤1　文件编制前的准备工作

1. 质量管理体系组织结构设计（内容有质量方针、质量目标的制定，ISO 9001：2015 条款的确定，企业现状的诊断、质量责任分工及资源配备情况等）。

2. 确定文件编写的主管部门（ISO 9001 质量管理体系小组）。

3. 收集整理企业现有文件（列出文件清单）。

4. 编写指导性文件（对文件的要求、内容、体例和格式等做出规定）。

5. 对编写人员进行培训（编写的要求、方法、原则和注意事项）。

步骤2　制定体系文件编制的总体安排

1. 质量管理体系文件编制的原则

（1）指令性原则

体系文件应体现指令性原则，它属于组织必须强制执行的文件，体系文件要措辞严谨，概念准确，表达清楚，界定明确。

（2）系统性原则

体系文件应层次分明，分布合理，内容清楚，文字简练，职责明确，互相协调，按管理的系统方法和过程方法实施控制。

（3）协调性原则

体系文件内部系统要强调文件的协调一致性，对组织其他方面的管理工作如环境管理、人事管理、财务管理、安全管理等应加强文件的协调性，文件要体现协调性原则。

（4）有效性原则

体系文件必须符合企业的客观实际，具有可操作性。因此，应该做到编写人员深入实际进行调查研究，使用人员及时反馈使用中存在的问题，力求尽快改进和完善，确保文件可以操作且行之有效。

（5）适用性原则

体系文件要从本组织实际出发，文件的多少、详略、结构都需要与组织的实际需要相结合。

2. 质量管理体系文件编制的要求

（1）建立质量管理体系文件要以质量管理原则为指导思想。要以顾客为关注焦点，实施持续改进，加强领导作用，实施全员参与。

（2）体系文件的制定应积极采用过程方法。

（3）必须联系组织的实际。

（4）体系结构应体现以过程为基础的质量管理体系模式。

（5）要以制定最少量的文件对体系实施有效的控制。

（6）应体现文件具有增值效应，有利于促进评价质量管理体系有效性和持续改进。

（7）要确保文件本身的可控性。形成文件的本身并不是目的，它应是一项增值的活动。

（8）体系文件的编制从文字方面应做到简练准确，易于理解，方便使用。

3. 编制质量管理体系文件的步骤

（1）成立体系文件编制小组。

（2）要积极、认真地开展培训活动。

（3）做出体系文件编制的总体安排。

（4）进行质量管理体系过程的策划。

（5）制订体系文件编制的实施计划。

（6）体系文件的起草。

（7）体系文件的审核批准。

（8）体系文件的改进和完善。

步骤3　编写质量管理体系文件

1. 编写质量手册（参考备用资料）

质量手册是组织建立质量管理体系的指令性文件，它应反映组织对体系的全面要求。质量手册应以过程为基础，按ISO 9001：2015标准结合本组织进行过程识别、职责分配、提出程序和要求、评价过程的效果来进行编制。

(1)质量手册的编制内容

在公司质量负责人的主持下进行,由体系编写小组负责编写。质量手册应写明文件编号、版次、文件章节号、标题、页次和更改次数,分别列入"更改/日期""审核/日期""批准/日期"中,如:质量手册的封面格式"质量手册"四字用较大字体印在中间偏上位置作为手册标题;版本号可以直接编在文件编号内或印在封面中间,如"第一版";公司名称,公司名称为×××公司,排在封面的上部或下部;按组织关于文件标记、编目的规定,确定手册的文件编号,排在封面的右上角;受控状态放在中下部;按手册发放的数量编顺序号,将发放编号排在中下部;各手册的持有者有相应的编号,以便登记管理。

(2)质量手册的评审、审定和批准

在初稿编制结束后,由公司的领导和各部门的代表进行评审,协调统一认识,然后按评审意见进行修改。由公司的质量负责人对修改稿进行审定。对评审中分歧较大的意见,必要时请求公司最高管理者裁决。由公司最高管理者批准发布。

(3)质量手册的发放

规定发放范围及其数量,编号登记并办理签收手续,明确质量手册持有者或保管人。

(4)质量手册的更改

为了保证质量手册的适用性,根据需要对手册进行更改,并进行更改管制。制定修改程序,严格履行更改的审批手续,保证所有的持有者都使用统一的、现行有效的质量手册。手册更改必须发放书面修改通知。通知中除了写明修改内容之外,还应规定修改项生效的实施时间。质量手册采取活页装订的形式,在修改时采取换页的办法。

(5)手册换版

当公司的建制、经营环境和产品结构发生较大变化、必须遵循的法规有重大更改或原版发布已满一定的年限(不超过3年)时,应对手册进行换版。当环境因素变化大时,应重新设计质量管理体系。

2. 编写 ISO 9001：2015 程序文件

(1)ISO 9001：2015 程序文件编写内容

编写程序文件必须以质量手册为依据,使质量手册的要求进一步展开和落实。程序文件的编制按计划编制。其封面基本同质量手册。正文部分内容主要有:

①标题:标题由管理对象和业务特性两部分组成。

②目的:简要说明编制该程序的目的。

③适应范围:适用范围规定应用领域。

④职责:阐述与该程序相关部门的职责。

⑤程序:规定活动遵循的准则和应达到的期望目的;规定流程中各环节之间的输入和输出的内容,包括工器具、材料、文件、记录和报告、单据等物品或文件,并明确它们与其他要求的接口;规定开展各环节活动在资源方面应具备的条件;明确每个环节内转换过程中的各项因素,即由谁(部门、岗位),依据和采用什么文件和工器具,做什么,如何做,做到什么程度,

达到什么要求,如何控制,形成什么记录和报告及其相应的签署手续,记录,信息反馈和人员职责。对工作流程,可辅以文件的流程图表述,图内所用符号代号和线条的含义符合现行标准的规定,对不易理解的要在图中予以注明。

⑥相关文件　列出与该程序相关的程序和其他文件目录。

⑦质量记录　在程序文件正文后面,应附上质量记录样式或写明编号和名称,以便于贯彻。

（2）编制要求

程序文件编制的要求基本上与质量手册编制要求相同。程序的内容必须符合质量手册的各项规定并与其他的程序文件协调一致。在编制程序文件时,发现质量手册和其他程序文件的缺点,立即做相应的更改,以保证文件之间的统一。程序文件中所叙述的活动过程应就过程中的每一个环节做出细致、具体的规定,具有较强的可操作性,以便基层人员的理解、执行和检查。

（3）校审、审定和批准

程序文件的初步设计完成后,应经过校审和审定,合格后予以批准。

（4）程序文件的管理

程序文件的管理要求与质量手册的管理基本相同。其中关键是要抓好更改控制。由于程序文件项目多且复制的份数多,因而更要严格控制,确保不使用无效的或作废的程序文件。

第三阶段

[教师和学生]

1. 学生课堂汇报,教师点评,共同讨论、调整、修改。

2. 由实践到理论的总结、提升,到再次认知,进行经验总结。

3. 各成员汇总、整理分工成果,进行系统协调,形成最后成熟可行的整体方案,并且能够展示出来。

[成果展示]

本任务需要展示如下几个方面的书面材料:

1. 食品企业组织现状报告、培训记录。

2. 组织的行政机构结构图。

3. 体系文件总体安排计划、质量手册。

第四阶段

1. 针对任务完成过程中存在的问题以及对各小组任务的情况进行分析讨论,提出解决方案并进行改进和完善。

2. 总结个人在执行过程中的能力强项与弱项,提出提高自身能力的应对措施。

3. 经个人评价、学生互评、教师评价,计算最后得分。

4. 对学生个人形成的书面材料进行汇总,将最后形成系统材料归档。

任务二 典型产品 ISO 9000 质量管理体系的内审

📌 任务描述

内部审核是质量管理体系中的一个重要过程，它是一项系统的、独立的形成文件的过程。对典型产品进行内部审核流程（审核准备→现场审核→跟踪审核）的实施，明确审核的目的、范围、执行者的职责、审核频次及具体实施方法等，加深对典型产品 ISO 9000 质量管理体系内审的认识。

📖 知识准备

一、质量管理体系内部审核

1. 质量管理体系审核的定义与分类

质量管理体系审核：为获得审核证据并对其进行客观评价，以确定满足审核准则的程度所进行的系统的、独立的并形成文件的过程。

内部审核（内审）即第一方审核由组织或其他人员以组织的名义进行的审核。

外部审核即第二方审核由组织的相关方或其他人员以相关方的名义对组织进行的审核。

第三方审核由外部独立的机构对组织所进行的审核，并提供认证和注册。

2. 质量管理体系审核的范围

审核范围是某一给定审核的深度及广度。审核范围可以通过诸如场所、组织单元、过程和活动来表述。

3. 审核相关术语

（1）审核证据：与审核准则有关的并且能够证实的记录、事实陈述或其他信息。

（2）审核准则：用作依据的一组方针、程序或要求。

（3）审核范围：指审核的内容和界限。确定审核范围贯穿于质量管理体系内审的始终。

（4）审核计划：指对一次审核活动和安排的描述。每次内审前都要编制内审实施计划。

（5）审核方案：是针对特定时间段所策划，并具有特定目的的一组（一次或多次）审核。审核方案包括策划、组织和实施审核所必要的所有活动。内部审核方案一般为年度或季度。

4. 质量管理体系审核原则

审核员的原则：审核员应诚信、正直、保守秘密和谨慎；审核员有真实、准确地报告的义务；审核员在审核中勤奋并具有判断力；审核员珍视他们所执行任务的重要性以及审核委托方和其他相关方对他们的信任；审核员具有必要的能力。

审核具有独立性：审核的公正性是审核结论的客观性的基础，审核员独立于受审核的活动，并且不带偏见，没有利益上的冲突。审核员在审核过程中保持客观的心态，以保证审核的发现和结论仅建立在审核证据的基础上。

审核是基于证据的方法：审核证据是能够证实的。由于审核是在有限的时间内并在有限的资源条件下进行的，因此审核证据是建立在可获得信息样本的基础上的。

抽样是审核的基本方法；抽样的合理性与审核结论的可信性密切相关。抽样要保证一定数量，通常抽取的样本为 3～12 个；抽样要做到分层抽样，可以按产品、活动、设备、生产线、岗位或记录等分层。抽样要适度均衡，不可一个部门或过程抽样过多，而另一个部门或过程抽样过少；在抽样时，审核员应坚持亲自选取样本，而不应让受审核部门"随意"挑选样本供检查。

5. 质量管理体系审核的特点

系统性：正规、有序、经过授权、有策划、有规则程序。
独立性：审核机构和审核员与受审核方及受审核部门无利害关系，没有对受审核方进行过咨询。
文件化：审核计划、检查表、不合格报告、审核报告等均应形成文件。

二、内部审核的一般步骤

1. 审核准备：编制审核计划和通知→文件审核→纠正不符合。
2. 现场审核：首次会议→现场审核→不符合报告→末次会议。
3. 跟踪审核：纠正或纠正措施→跟踪验证。

三、内部审核策划

1. 按部门审核

一般以该部门所涉及的过程为主线，从策划、实施、检查、改进的角度展开审核。例如：审核采购部，采购部的目标→采购部职责→采购计划→采购控制和采购信息管理→采购产品验证→供应商数据分析→纠正和预防措施。

2. 按过程审核

一般以该过程所涉及的部门、场所以及活动展开审核。例如：审核文件控制过程，先审核主控部门对文件编制、批准、发放、修改、废止，以及外来文件的管理；再审核使用文件的相关部门（抽查 1～2 个部门）对文件的正确使用和保管；还可以审核现场（车间、仓库等地）的文件的正确使用和保管。

四、内部审核实施

组织应按策划的时间间隔进行内部审核，以确定质量管理体系是否符合策划的安排，是否符合本标准的要求以及组织所确定的质量管理体系的要求；是否符合得到有效实施与保持。

组织应策划审核方案，策划时应考虑拟审核的过程和区域的状况和重要性以及以往审核的结果。应规定审核的准则、范围、频次和方法。

审核员的选择和审核的实施应确保审核过程的客观性和公正性。审核员不应审核自己的工作。

应编制形成文件的程序，以规定审核的策划、实施、形成记录以及报告结果的职责和要求。应保持审核及其结果的记录。

负责受审核区域的管理者应确保及时采取必要的预防和纠正措施，以消除所发现的不合格及其原因；后续活动应包括对所采取措施的验证和验证结果的报告。

1. 内部审核的启动阶段

组织在进行每一次内部审核时都应根据管理体系所处的不同阶段、不同的具体情况来确定审核的目的。组织在每一次内部审核时，都应根据本次审核的目的和范围来确定本次审核的准则，包括组织现行有效的管理体系文件；组织建立、实施管理体系依据的标准（如 GB/T 19001：2016 标准等）；适用于组织的产品和过程有关的法律、法规；与相关方（如顾客）签订的合同中规定的对组织管理体系的要求。

内部审核组通常由内审组长和内审员组成，管理者代表任命内审组长，建立审核组织。

内审员的职责包括：

（1）遵守、传达和阐明审核要求。

（2）有效地策划并履行被赋予的职责，包括：编制检查表、收集审核证据、开具不合格报告、进行审核组内部交流、报告审核发现（结果）等。

（3）将观察结果形成文件并报告审核结果。

（4）验证所采取的纠正措施的有效性（当委托方要求时）。

（5）收存和保护与审核有关的文件，包括：按要求提交文件、确保文件的机密性、谨慎处理特殊信息。

（6）配合并支持内审组长和其他内审员的工作。

确定受审核部门是否能实施审核。了解受审核部门的质量管理体系的情况，以便制订审核计划。

审核前内部审核组的准备会议是审核准备与实施审核的重要接口。内审组长主持准备会议，按审核计划分配任务、明确审核要点，内部审核组成员熟悉受审核部门质量管理体系文件并按分工准备检查表。

内部审核组成员明确审核任务并编制检查表后，内审员在策划检查表的内容时，应识别审核分工范围内所涉及的关键过程和主要活动，明确每个过程的输入、输出和活动，明确每个过程的准则和要求以及抽样部位，明确负责这些过程的部门或人员，明确过程之间的相互关系和作用，遵循策划（P）、实施（D）、检查（C）、处置（A）来考虑审核的步骤和方法。

文件评审的主要内容包括质量方针和质量目标，文件审查的结论通常分为"合格""局部不合格"和"不合格"三种。如果文件审查的结论为"合格"，则可以进行下一步的审核工作。如果文件初查的结论为"局部不合格"，通常要求受审核部门根据文件审报告中提出的问题在规定期限内进行修改，文件审核人员对修改的内容进行验证后方可现场审核，如果文件评审的结论为"不合格"，应停止审核准备。

2. 现场审核活动阶段

（1）首次会议：审核组应与受审核方管理者和受审核职能部门的负责人召开首次会议。首次会议应由审核组长主持，向受审核方介绍审核组成员，确认审核目的、范围和依据文件。简要介绍审核的方法和程序如下：

信息源→通过适当抽样收集和验证信息→审核证据→对照审核准则进行评价→审核发现→评审→审核结论

（2）现场审核，获取审核证据：首次会议结束后，即进行现场审核。现场审核按照审核计划的安排进行，具体的审核内容按准备好的检查表进行。

审核员应对审核过程中收集的信息进行验证，必要时可利用其他信息源。信息可通过不同的方式从多种渠道获得并予以验证，如面谈；对活动和周围的工作环境与条件的观察；文件、记录、数据的汇总、分析、图表和业绩指标；来自其他方面的报告，如顾客反馈、外部报告和零售商的评价；相关抽样方案的水平和确保对抽样和测量过程实施有效质量控制的程序等。

（3）审核组会议/末次会议：审核组完成审核后，由审核组长主持，审核组与受审核方的管理者以及受审核的职能负责人员共同举行。对所收集的证据，应根据审核准则进行评价，以形成审核发现。对未满足规定要求的不符合项应以清晰和简明的方式加以识别和记录，并得到受审核方的理解和审核证据的支持。

由内审员编写不合格报告，不符合报告的内容包括：不符合的责任部门；不符合开具的时间；开具不符合的内审员签名；内审组长确认签名；受审部门认同不符合的签名，尤其是不符合事实的客观描述；不符合的判定依据（最为关键）。

审核发现及其他适当信息进行汇总、分析、评价和总结，最终形成审核结论，确保审核结论得到受审核方的清楚理解和确认，审核组和受审核方之间存在的任何尚未解决的意见分歧均应予以讨论，只要有可能均应予以解决，如未能解决，双方的意见应予以记录。

审核报告应当在商定的时间期限提交。第一方（内部）审核，内审组长应当按照内审管理程序的时限提交审核报告。如果不能按时提交，应当向审核委托方（最高管理者）通报延误的理由，并重新协调确定提交的日期。

3. 审核后续活动阶段（通常不被视为审核的一部分）

内部审核中出现的不合格都应采取相应的纠正措施或预防措施，如：纠正消除已存在的不符合状况；分析导致不符合发生的根本原因，针对分析出来的根本原因采取永久改善措施。

所有的纠正措施或预防措施都须得到验证，并作为实现内部审核目的的有效手段。如验证内容有已纠正的证据和已实施纠正措施的证据等。

任务实施

第一阶段

[教师]

1. 确定任务。由教师提出设想，然后与学生一起讨论，最终确定项目目标和任务。

质量管理体系进行内部审核由内部审核的启动、现场审核活动、审核后续活动三部分组成。内部审核方案的策划，确定审核准则、审核范围、审核频次、内部审核报告等是其核心要素。

2. 对班级学生进行分组，成员数量不少于 4 人，每个小组控制在 6 人以内，确定各小组研究对象。

根据各小组的讨论选定自己熟悉的某食品企业作为实施任务的对象。

[学生]

1. 根据各自的分组情况，查找相应的 GB/T 19001—2016 要求，学习讨论，分别制订任务工作计划（表 12-4）。

表 12-4　　　　　　　　　任务二工作计划

序号	工作任务	工作内容	完成时间
1	组建审核小组	确定审核组长资格	
2	培训	审核员的资格、要求等	
3	企业调查	企业质量现状	
4	资料查找	内部审核方案的策划示例等	
5	现场审核	填写内部审核报告等	

工作计划内容包括企业调查、培训考核内审员、内部审核方案的策划和内部审核报告、实施内部管理审核活动等。

2.依据各自制订的任务工作计划竞聘负责人职位（1～2人），在竞聘过程中需考察计划的可行性、前瞻性、系统性与完整性及报告人的领导能力、沟通能力和团队协作能力。

3.确定负责人后，实施小组内分工，明确每个人的职责、未来工作的细节和团队协作的机制。本步骤需制定本小组组织结构图、小组工作内容（确定审核组长并组成审核组、制订审核计划、准备审核工作文件等）。

第二阶段

学生针对自己的任务内容，进行企业调查，查找资料，小组内讨论并汇总每个组员的信息，拟定具体工作方案，组织备用资源，最后完善体系细节，并进行现场实施。

[ISO 9001: 2015 体系内部审核的实施]

1. 内部审核的启动阶段

（1）确定审核目的、范围和准则。

（2）指定审核组长和组成审核组。

（3）收集有关资料。

（4）编制审核计划。

了解受审核部门的质量管理体系的情况，以便制订审核计划。审核计划由内审组长负责编制，管理者代表批准。审核计划中确定了现场审核的人员、审核活动的时间安排和审核路线。在现场审核时审核计划应在实施前由受审核部门确认，如受审核部门提出异议，可进行适当调整，见表12-5。

表12-5 审核计划安排

计划类别	编制人	安排的审核方式	计划编制要点
日程计划	内审组长	按部门审核	（1）编制内容应涉及审核目的、范围、日期、受审核部门、审核的内容以及审核员的任务安排 （2）安排审核员任务时，应确保审核员不审核与自己有关的工作 （3）安排的审核内容应考虑其重要性，以及以往审核的结果 （4）至少提前一周通知受审部门及审核员

（5）现场审核前内部审核组准备会议。

（6）准备审核工作文件编制检查表。

审核员根据任务分配准备检查表。检查表须经审核组长批准；根据审核对象的规模及复杂程度决定检查表的多少；检查表的涵盖内容包括计划审核的项目、需寻找的证据、所依据的文件的要点、抽样的方法和数量、完成该项检查的时间。检查表的基本内容包括：列出审核项目和要点，即查什么？针对审核项目列出审核的区域，即在哪查？针对审核项目列出审核步骤和方法，即怎么查？

（7）文件评审阶段。

2. 现场审核活动阶段

（1）首次会议。

（2）现场审核。

(3)审核组会议。

(4)审核报告的编制、批准和分发。

(5)现场审核活动中需注意的事项。

明确总体要求、合理抽样;辨别关键过程;辨别主要因素;重视控制效果;注意相关影响;尊重受审核方,营造良好的审核气氛;审核组长控制审核的进展并纠正出现的不良现象。

3. 审核后续活动(通常不被视为审核的一部分)

提出纠正措施要求;评审不符合项,分析并确定不符合的原因;提出纠正措施建议;纠正措施建议的认可和批准;实施纠正措施,记录实施结果;评审所采取的纠正措施的有效性,提交实施结果的证据;对纠正措施完成情况及其有效性进行验证,报告验证结果。

第三阶段

[教师和学生]

1. 学生课堂汇报,教师点评,共同讨论、调整、修改。
2. 由实践到理论的总结、提升,到再次认知,进行经验总结。
3. 各成员汇总、整理分工成果,进行系统协调,形成最后成熟可行的整体方案,并且能够展示出来。

[成果展示]

1. 质量管理体系内部审核计划(示例)。
2. 内部部门审核检查表。
3. 审核报告。

第四阶段

1. 针对项目完成过程中存在的问题,提出解决方案。
2. 总结个人在执行过程中的能力强项与弱项,提出提高自身能力的应对措施。
3. 经个人评价、学生互评、教师评价,计算最后得分。
4. 对学生个人形成的书面材料进行汇总,将最后形成的系统材料归档。

【关键知识点】

1.ISO 的含义

ISO(International Organization for Standardization)简称国际标准化组织。"ISO"并不是首字母缩写,而是一个词,它来源于希腊语,意为"相等",现在有一系列用它作前缀的词,诸如"isometric"(意为"尺寸相等")、"isonomy"(意为"法律平等")。从"相等"到"标准",内涵上的联系使"ISO"成为组织的名称。

2.ISO 9000: 2015 质量管理体系的基本原则

以顾客为关注焦点;领导作用;全员参与;过程方法;持续改进;基于政策的决策方法;关系管理。

3.PDCA 的定义

PDCA 是过程改进的基本方法,由美国著名质量管理专家戴明博士创立,也称为戴明循环。其中 P:策划。是指根据顾客要求和组织的方针,建立提供结果所必要的目标和过程;D:实施。

是指实施过程；C：检查。是指根据方针、目标和产品要求，对过程和产品进行监视和测量，并报告结果；A：改进。是指采取措施，以持续改进过程业绩。

4. 质量管理体系审核的概念

为获得审核证据并对其进行客观评价，以确定满足审核准则的程度所进行的系统的、独立的并形成文件的过程。

5. 质量管理体系审核类型

第一方审核由组织或其他人员以组织的名义进行的审核；第二方审核由组织的相关方或其他人员以相关方的名义对组织进行的审核；第三方审核是由外部独立的机构对组织进行的审核，并提供认证和注册。

6. 审核方案与审核计划的不同点

审核方案是针对特定时间段所策划，并具有特定目的的一组（一次或多次）审核，包括策划、组织和实施审核所必要的所有活动。审核计划是指对一次审核活动和安排的描述。每次内审前都要编制内审实施计划，了解质量管理体系审核不同阶段及主要活动。

7. 质量管理体系内部审核的实施过程

质量管理体系内部审核的实施过程主要包括内部审核的启动→收集有关资料→审核检查表→文件评审→内部审核组准备会议→现场审核活动→审核报告的编制、批准和分发→审核后续活动。审核发现、审核结论和审核报告能真实和准确地反映审核活动。

【信息追踪】

推荐食品质量管理格言：

没有工作质量，就没有产品质量，提供优质的产品是回报客户最好的方法。

有品质才有市场，有改进才有提高。

企业第一位的不是创造利润，而是创造顾客。

花大量的时间让顾客满意。

以公平的价格提供高质量的产品和服务，不断提高顾客满意度。

【课业】

1. 简述质量管理的基本原则。
2. 质量管理体系审核有哪些类型？
3. 如何在食品企业中建立食品质量管理体系？
4. 如何实施食品质量管理体系的内部审核？

【学习过程考核】

学习过程考核见表 12-6。

表 12-6　　　　　　　　　　学习过程考核

项目	任务一			任务二		
评分方式	学生自评	同组互评	教师评分	学生自评	同组互评	教师评分
得分						
任务总分						

项目十三　ISO 22000 食品安全管理体系的建立和内审

【知识目标】
- 理解 ISO 22000：2018《食品安全管理体系 食品链中各类组织的要求》条款内容及要求；
- 认识 ISO 22000 食品安全管理体系与 ISO 9001 质量管理体系的区别与联系。

【能力目标】
- 能够熟悉 ISO 22000 食品安全管理体系建立的工作流程；
- 能够在企业建立完整 HACCP 体系基础上，建立、实施 ISO 22000：2018 食品安全管理体系；
- 能够在企业推行管理体系过程中辅助企业完成 ISO 22000：2018 的内审工作。

背景知识

国际标准化组织于 2005 年 9 月 1 日正式发布了 ISO 22000：2005《食品安全管理体系 食品链中各类组织的要求》，并于 2018 年 6 月发布了新版本 ISO 22000：2018。ISO 22000 覆盖了食品链的全过程以保证全球食品安全和消除各种技术壁垒。而 ISO 22000：2018 采用了所有 ISO 标准所通用的 ISO 高阶结构（HLS），与其他管理体系的整合更加容易。

ISO 22000 是建立在 HACCP、GMP、SSOP 基础上，包括了 HACCP、GMP、SSOP 的要求（其满足 HACCP 认证的要求），能使实施者合理的识别将要发生的危害，并制订出一套全面有效的计划，来防止和控制危害的发生，确保从农场到餐桌整个食品供应链的食品安全。

ISO 22000 的目标是协调全球食品安全管理的要求，帮助企业提高整体食品安全绩效。它整合了 ISO 9001 标准的部分要求。ISO 9001 研究的是产品质量，目的是增进顾客满意。而 ISO 22000 研究的是食品安全，关注包括食物安全和食物安全系统的建立。ISO 9001：2015 的原理同样适用于 ISO 22000：2018。

任务一　典型产品 ISO 22000 食品安全管理体系的建立

任务描述

ISO 22000 食品安全管理体系（FSMS）是针对整个食品链及与食品链相关各方全面系统的控制。建立体系前提方案、危害控制计划和控制措施的实施，确定食品企业建立和实施食品安全管理体系的流程。

知识准备

一、ISO 22000：2018 食品管理体系概述

（一）ISO 22000 食品安全管理体系标准的产生和发展

ISO（国际标准化组织）为了协调和统一国际食品安全管理体系，由 ISO/TC34 农产食品技术委员会在吸纳了 HACCP 体系在世界各国多年应用经验基础上，借鉴了 ISO 9001 国际质量管理体系的编写框架，制定了一套专用于食品链内的食品安全管理体系，于 2005 年 9 月 1 日向全世界首次颁布，并于 2018 年 6 月发布了新版本 ISO 22000：2018。食品安全管理体系（Food Safety Management System, FSMS）是一个组织的战略决策，满足了当今食品安全的挑战。

（二）认证范围

1. 直接介入食品链中一个或多个环节的组织。如饲料供应商、种植生产、零售等组织。
2. 间接介入食品链的组织。如设备供应商、清洁剂和包装材料及其他食品接触材料的供应商。

二、ISO 22000：2018 的构成

（一）引言

1. 食品安全的保证和控制

在食品链的任何阶段都有可能引入食品安全危害，食品安全是通过食品链中所有参与方的共同努力来保证的。因此，必须对整个食品链进行充分的控制。

2. 食品链中的组织

FSMS 适用于食品链中的所有组织，包括农作物种植者、饲料加工者、食品生产者、运输和仓储经营者、零售商，食品服务商和餐饮服务提供者，与其密切相关的其他组织（如设备、包装材料、清洁剂、添加剂和辅料的生产者）等。

3. 关键要素

为了确保整个食品链直至最终消费的食品安全，本标准规定了食品安全管理体系的要求。该体系的关键要素包括：相互沟通、体系管理、前提方案、HACCP 原理。

4. 过程方法

ISO 22000 标准采用过程方法（体系的 PDCA 和食品安全计划的 PDCA）和基于风险的思维。利用优势机会和预防不期望的结果，来提高安全产品和服务的生产。

（二）食品安全管理体系的术语与定义

ISO 22000：2018 共有 45 个术语。主要介绍以下几个：

1. 控制措施（Control Measure）：将一个明确的食品安全危害消除或减少到可接受水平的行动或活动。
2. 纠正（Correction）：为消除已发现的不合格所采取的措施。
3. 纠正措施（Corrective Action）：采取措施消除不合格的原因，并防止再次发生。
4. 关键控制点（Critical Control Point.CCP）：对步骤采取控制措施防止或消除明确的食品安全危害，或将其降低至可接受水平，并确定关键限值和监控措施及纠正措施。
5. 关键限值（Critical Limit，CL）：区分可接受和不可接受的判定值。

6. 终产品（End Product）：不再进一步加工或转化的产品。

7. 流程图（Flow Diagram）：以图解的方式系统地表达各环节之间的顺序及相互作用。

8. 可接受水平（Acceptable Level）：组织提供的最终产品不得超过食品安全危害程度。

9. 食品安全（Food Safety）：保证食品在按照预定用途准备和（或）食用时不会对消费者造成不良健康影响。

10. 食品安全危害（Food Safety Hazard）：食品中可能对健康造成不利影响的生物、化学或物理因素。

11. 明确的食品安全危害（Significant food safety hazard）：通过危害评估确定的食品安全危害，需要通过控制措施加以控制。

12. 行动准则（Action criterion）：OPRP 监测可衡量的或观察的规范。

13. 操作性前提方案（Operational Prerequisite Program，OPRP）：使用控制措施或控制措施组合，阻止显著的食品安全危害的发生或将危害降低至可接受水平，且行动准则和测量或观察能有效控制过程和（或）产品。

14. 前提方案（Prerequisite Program，PRP）：组织内和贯穿整个食品链内，保持食品安全的基本条件和活动。

15. 监控（Monitoring）：确定系统，过程或活动的状态。

16. 确认（Validation）：获取证据以证实由 HACCP 计划和操作性前提方案安排的控制措施有效的认定。

17. 更新（Updating）：为确保应用最新信息而进行的即时的和（或）有计划的活动。

（三）组织所处的环境

组织应确定 FSMS 的范围，包括可能对终产品的食品安全产生影响的活动，过程，产品或服务。按照本标准的要求建立，实施，维护，更新和持续改进 FSMS，并保持其文件信息。

组织要确定与 FSMS 有关的相关方及其要求，及时识别、审核及更新相关方及其要求的信息。以满足食品安全相关法律，法规和客户要求的产品和服务。

组织要确定与其目的相关并影响其实现 FSMS 的预期结果的外部及内部因素，并识别、审核及更新相关的外部问题及内部问题。

（四）领导力（领导的作用和承诺、方针、组织的岗位，职责和权限）

最高管理者建立与组织的战略方向保持一致的食品安全政策和 FSMS 目标，将 FSMS 要求融入组织的业务流程中。最高管理者确保提供 FSMS 所需的资源，指导和支持员工对 FSMS 做出贡献，支持其他相关管理者履行其领导职责。最高管理者要注重沟通、评估和维护食品安全管理体系，促进持续改进。

最高管理者制定、实施和维护适应组织宗旨及所处环境和满足食品安全需求的食品安全方针，要在组织各层次内得到沟通、理解和应用，食品安全方针的文信息要予以保持。

最高管理者应明确其负责分派的职责和权限，确保整个组织内相关岗位得到分派、沟通和理解。确保食品安全小组组长明确其职责。

（五）策划（应对风险或机遇的措施、FSMS 目标及其实现的策划、变更的策划）

在策划 FSMS 时，组织应决定需要解决的风险和机遇。策划应对这些风险和机遇的措施，将这些措施整合到 FSMS 中，并评估其有效性。策划采取的措施要与对食品安全要求的影响、食品与服务于客户的一致性以及食品链中相关方的要求相适应。

组织应在相关职能和层次上建立与食品安全方针保持一致 FSMS 目标，并以书面形式保存。建立 FSMS 目标时，要考虑到适用的食品安全要求，包括法规，监管方及客户要求；保证 FSMS 目标的可测量性和有效沟通；对建立的 FSMS 目标进行监督和核实、维护和更新。组织通过策划要做什么、需要什么资源、由谁负责、什么时候完成、如何评估等项目实现 FSMS 目标。组织对 FSMS 变更时（如人员的变更），应以计划的方式实施和沟通。

（六）支持（资源、权限、意识、沟通、文档信息）

组织应提供建立，实施，保持，更新和持续改进 FSMS 所需的充足资源、包括必需的基础设施、适合的工作环境和所需人员。确保使用的 FSMS 外部要素适用于组织的场所、过程和产品，并由食品安全小组对过程和产品进行特别调整；对于外部提供的过程，产品或服务的控制要制定标准，确保向外部供方充分传达要求，而不会对组织持续符合 FSMS 要求的能力产生不利影响。要保存记录信息。

与 FSMS 相关的人员要具有适当的技能和经验才能够胜任。组织可以通过对在职员工接受教育和培训、辅导或重新分配工作，或招聘具备能力的人员等措施，确定其人员有合适的教育、培训或经验来保证胜任的能力，并要保留能证明胜任的信息记录。

组织应提高全体人员的食品安全意识、顾客意识，通过多种形式宣传交流食品安全方针及 FSMS 目标。让全体人员知道对 FSMS 有效性做出贡献的益处（包括改进食品安全绩效的益处）和不符合 FSMS 要求的后果。

组织指派指定的人员，确定其职责和权限，使其与食品链相关方（外部供应商和承包商、与涉及的客户和（或）消费者、立法和执法机构、对 FSMS 有效性或更新有影响或将受其影响的其他组织）保持有效的外部沟通。组织还要建立，实施和维护一个有效的内部沟通系统来确保食品安全小组及时了解与食品安全有关的变化（如：产品或新产品；原料，辅料和服务；生产系统和设备；生产场所，设备位置及周边环境；清洁和消毒程序；包装，储存和物流系统；能力和（或）责任及权限的分配；立法/执法的要求；与食品安全危害和控制措施相关的知识；组织遵守的客户，行业的其他需求；来自外部相关方的相关查询；与终产品食品安全相关的投诉和抱怨；影响食品安全的其他条件），所获得的外部和内部沟通信息用于管理评审的输入和更新 FSMS。

FSMS 的信息文档包括本标准要求的文件化信息；确保 FSMS 有效性所必需的文档信息；立法、执法机构和客户要求的食品安全要求的文档信息。

组织在创建和更新文档信息时，要对文档进行标识和说明（如：标题，日期，作者，索引编号等）；信息形式可以是语言，软件版本，图表等，也可以是媒介如纸质的、电子的；所有信息都要经过审批和批准。对于信息的分发、访问、检索和使用；信息的储存和防护（包括保持可读性）以及对这些信息的变更（如版本控制）、保留和处置等活动进行控制。组织要妥善保护文档信息（防止失密，不当适用或不完整），无论何时何地需求这些信息时，都可获得并适用。对来自外部的文件信息也要识别和控制，并对作为符合性证据的文档信息和记录予以保护，防止非预期的更改。

（七）运行

1. 运行的策划和控制：组织应实施和运行所策划的活动及其变更并确保其有效。组织首先对满足食品安全要求所需的过程的活动建立标准流程；然后按标准流程进行控制；最后保存其文档信息。

2. 前提方案（PRPs）：组织应建立与组织的需求及组织的规模和类型、制造和（或）处置的产品性质相适宜的前提方案，并通过食品安全小组的批准在整个生产系统中实施。组织在建立、实施、维护和更新 PRPs 时还要识别与其相关的法律、法规要求，并在文件信息里规定 PRP（s）的选择、建立、监控和验证。

3. 可追溯系统：组织通过建立和实施可追溯系统以识别来自供应商的进厂物料和终产品分销线路，并确保其符合法规、监管方和客户的要求。可追溯系统证据的信息记录要予以保留（至少保留到产品保质期）。

4. 紧急响应和准备：最高管理者应制定紧急响应和准备预定程序，以应对可能影响食品安全产生的潜在的紧急情况和事故（如自然灾害，环境事故，生物恐怖，工作场所事故，突发公共卫生事件和中断水、电、冷气供应等其他事故）。在紧急响应和准备程序中所采取的措施要符合相应的法规和监管方的要求，并将其在组织内部和外部进行有效沟通（如与供应商，客户，有关当局，媒体等沟通）。组织对紧急响应和准备程序还要进行定期测试，特别是发生任何事故、紧急情况或进行测试后要更新记录信息。

5. 危害控制：危害控制计划包括操作性前提方案计划和 HACCP 计划。

首先，实施危害分析的预备步骤。食品安全小组负责收集，维护和更新初步的记录信息。确保所有的原料，辅料和与产品接触材料以及最终产品符合食品安全法规的要求。对终产品的预期用途、合理的预期处理、非预期但可能发生的错误处置和误用要加以考虑；识别每种产品的使用群体及特定食品安全危害易感的消费群体；绘制并现场确认 FSMS 所覆盖产品或过程类别的流程图；描述现有的控制措施、过程参数和（或）其实施的严格程度，或影响食品安全的程序，包括可能影响控制措施的选择及其严格程度的外部要求（如来自执法部门或顾客）。所有信息的详略程度应足以进行危害分析，并保存相应的记录信息。

其次，进行危害分析。食品安全小组应根据初步的信息确定需要控制的危害。识别每一个可能出现、引入、增加和残留的步骤（如原料接受、加工、分配和交付）的食品危害并对其进行危害评估，确定是否必要阻止危害或将危害降低至可接受水平。记录食品安全危害评估的结果，根据危害评估结果，选择适宜的控制措施或控制措施组合，使食品安全危害得到预防、消除或降低至规定的可接受水平。

最后，组织应建立，实施、维护和保持危害控制计划。危害控制计划还包括确定关键限值和行动标准；对于每个 CCP 和 OPRP 都要建立监控系统（监控措施或监控措施组合），监测其是否仍在关键限值内或是否符合行动标准，发现不符合关键限值或行动标准时应采取纠正和纠正措施。所有的记录信息予以保存。

6. 组织要对规定的 PRP 和危害控制计划的信息进行及时更新，确保危害控制计划和前提方案 PRPs 是最新的。

7. 监控和测量活动的控制：组织要确保其满足 PRPs 和危害控制计划的监控和测量活动的方法和设备是适宜的，并能提供相应证明的证据，其校验和验证的结果作为记录信息予以保存，以确保监视和测量程序的成效。

8. 与 PRP 和危害控制计划相关的验证：组织应建立，实施和维护 PRP 和危害控制计划相关的验证活动。规定验证活动的目的，方法，频次和职责。确保监测验证活动的人不负责验证活动。

验证结果应以记录信息的方式予以保存并得到沟通。验证活动应证实，如，PRPs 已实施且有效；危害控制计划已实施且有效；危害水平在确定的可接受水平内；更新危害分析的输入；其他由组织确定的行动已实施且有效。

9. 不合格产品或过程的控制：组织指定具备足够知识和权限的人员通过监控 OPRP 和 CCP 所获得的数据进行评价，以启动纠正和纠正措施。当 CCP 的关键限值或 OPRP 的行动标准不符合时，根据产品的用途和放行要求识别和控制受影响的产品。组织要对纠正措施的必要性进行评估，通过规定适宜的措施识别和消除检测到的不合格的原因，防止其再次发生。对潜在的不安全产品组织应采取措施防止其进入食品链，控制食品安全危害在进入食品链前降低到规定的可接受水平；对已离开组织控制的不安全产品要通知相关方，并启动退货或召回处理。

受不合格影响的产品组织要进行评估。未能保持在 CCP 关键限值内，受其影响的产品不能放行。不符合 OPRP 行动标准，受其影响的产品只有在满足规定的任何条件时，才能放行。放行条件如，监控系统以外的证据显示，监控措施是有效的；证据表明，针对特殊产品的控制措施组合的作用，符合预期性能（如：确定的可接受水平）；取样，分析和（或）其他验证活动的结果证明，受影响的产品符合相关食品安全危害规定的可接受水平。

不合格产品不能放行。对不能放行的产品可以采取重新加工或进一步加工（确保食品安全危害消除或降至可接受水平）、销毁或按废物处理。

组织应规定有权发起与执行撤回 / 召回的人员，及时撤回 / 召回被认定为可能不安全批次的终产品；对撤回 / 召回的产品以及仍在库存的终产品应封存或保存，按照不合格产品的处理办法进行处理。保存撤回 / 召回的原因、范围和结果的记录信息，并作为管理评审的输入，汇报给最高管理层。组织应通过模拟或实际撤回 / 召回等技术验证其实施和有效性。

（八）绩效评估（监控，测量，分析和评估、内部审核、管理评审）

组织通过分析和评估监控和测量的数据和信息（PRP 和危害控制计划相关的验证活动，内部和外部审计）来评估食品安全管理体系的绩效和有效性。组织应确定什么需要监控和测量；何时进行监控和测量；对监控和测量的结果何时、由谁分析和评估；有哪些监控，测量，分析和评估的方法。

组织应按照策划的时间间隔开展内部审核，以确定 FSMS 是否符合：①策划的安排、组织所建立的 FSMS 和本标准的要求；②是否得到有效实施和更新。

最高级管理层应按策划的时间间隔评审 FSMS，确保其具有持续的适应性、充分性和有效性。管理评审过程中要收集便于高层管理者评估的必要信息，要有相关的记录信息。管理评审的输入包括系统更新活动的结果、监控和测量的结果等。管理评审的输出包括与持续改进的机会的决定和行动、任何 FSMS 变更和更新的需求，食品安全方针以及 FSMS 目标的修订等。

（九）改进（不符合与纠正措施、持续改进、FSMS 的更新）

组织应对不符合的地方采取纠正和纠正措施。纠正措施应与不符合产生的影响相适应，防止不符合再次发生或在别处发生，并保存记录信息。

组织通过沟通，管理评审，内部审核，验证活动结果的分析，控制措施和控制措施组合的确认，纠正措施和 FSMS 的更新等活动，持续改进食品安全管理体系的有效性。

食品安全小组在计划的时间间隔内评估 FSMS，考虑危害分析及已确立的危害分析计划和 PRPs 更新的必要性。保存更新活动的记录信息，并作为管理评审输入报告。

三、食品企业建立和实施食品安全管理体系的步骤

ISO 22000 标准是目前国际上管理食品安全最好的手段，它采用系统方法（体系的 PDCA 和食品安全计划的 PDCA）和基于风险的思维。从食品安全危害分析到控制措施的确定，再到验证控制措施的有效性，思路清晰，逻辑严谨，整个食品安全管理体系的有效运行牵涉到企业内从最高管理层到基层的全体员工。

食品企业建立和实施食品安全管理体系包括策划准备阶段、策划和总体设计、编制 FSMS 文件、FSMS 试运行、FSMS 内部审核和管理评审、认证前的准备和认证七个阶段。

1.FSMS 的策划准备阶段

领导决策，统一思想，达成共识；组织落实。结合企业生产和管理的实际情况提出贯标工作计划，成立领导小组和精干的工作班子；进行食品安全意识和 ISO 22000 标准的贯标培训。

2.FSMS 的策划和总体设计

（1）调查企业现状

主要涉及以下内容：

①从事与食品安全工作有关的管理、执行和验证工作的人员，其职责、权限和相互关系是否明确，实施效果及存在问题。

②正在开发和已完成开发的项目，在开发过程中存在的影响食品安全的主要问题。

③部门之间、上下级领导之间以及与分包商之间的协调关系是否存在问题。

④食品行业中所采用的各类国际国内标准（规范）或企业内部标准/规范是否适宜，其执行情况及存在的问题。

⑤各类管理、技术文件、报表及食品安全记录的适用性、完整性。

对上述调查情况分析汇总，形成企业现状报告。

（2）制订实施工作计划

计划内容包括主要阶段的划分，各项工作的要求和时间进度，每项工作的负责人和参加人员，各阶段及总的经费预算等。

（3）确定食品安全方针和食品安全目标

食品安全方针应能体现一个组织在食品安全上的追求，对顾客在食品安全方面的承诺，也是规范全体员工食品安全行为的准则，但一个好的食品安全方针必须有好的食品安全目标的支持。食品安全目标应具有适应性、可测量、分层次、可实现、全方位五大特点。

（4）确定实现食品安全目标必需的过程和职责

组织应识别并确定为实现食品安全目标所需的过程（如一个过程应包括哪些子过程和活动）。在此基础上，明确每一过程的输入和输出的要求；用网络图、流程图或文字，描述这些过程或子过程的逻辑顺序、接口和相互关系；明确这些过程的责任部门和责任人，并规定其职责。

（5）确定和提供实现食品安全目标必需的资源

这些资源主要包括人力资源、基础设施、工作环境、信息、财务资源、自然资源和供方及合作者提供的资源等。

（6）确定 FSMS 结构

FSMS 由组织结构、程序、过程和资源等构成。组织结构是指组织的全体员工为了实现组织的目标而进行分工协作，在职务范围、权利方面形成必要的结构体系。不同的企业，应当有不同的组织结构。

在 FSMS 的设计过程中，组织结构的设计是本阶段工作的重点和难点。组织结构的设置应坚持精简、效率原则，职能完备且各部门之间无重叠、重复或抵触现象存在。

3. 编制 FSMS 文件

在编制食品安全管理体系文件前应确定前提方案并建立 HACCP 体系。FSMS 文件包括食品安全管理手册、程序文件、质量计划（前提方案和 HACCP 计划书）、作业指导书（操作规程、规章制度）、支持性材料、其他材料（资质性证明材料等）。

食品安全管理手册是阐明一个企业的食品安全方针、规定食品安全管理体系的文件。

手册至少应包括：

（1）食品安全方针目标。

（2）组织机构框架图及各部门的职责。

（3）为食品安全管理体系所编制的形成文件的程序或对这些程序的引用。

（4）关于食品安全管理手册评审、修改和控制的规定。

程序文件是描述为实施食品安全管理体系要素所涉及的各职能部门的活动。程序是为进行某项活动所规定的途径，程序可形成文件，也可不形成文件。当程序形成文件时称为程序文件，通常应包括：

（1）活动的目的和范围。

（2）做什么和由谁来做。

（3）何时、何地以及如何做。

（4）应采用什么材料、设备相文件。

（5）如何对活动进行控制和记录。

作业指导书是描述程序文件中某个具体过程、事物形成的技术性细节的文件。FSMS 文件层次中的作业指导书一般是管理性的作业指导书。技术性的作业指导书包括在 FSMS 文件中的各种表格、报告等，主要用于 FSMS 运行的证实。

4.FSMS 试运行

完成上述各阶段工作后，进入 FSMS 试运行。

（1）FSMS 文件的发布和实施。食品安全管理体系文件在正式发布前应认真听取多方面意见，并经授权人批准发布。

（2）学习 FSMS 文件。

（3）FSMS 的运行。

任务实施

第一阶段

[教师]

1.确定任务。由教师提出设想，然后与学生一起讨论，最终确定项目目标和任务。

ISO 22000：2018 食品安全控制体系的关键要素可归纳为相互沟通、体系管理、过程控制、HACCP 原理、必备方案。通过这些要素有机结合和有效运行，使食品安全控制得到持续的改进。

2. 对班级学生进行分组,每个小组控制在 6 人以内,确定各小组研究对象。

[学生]

根据各自的分组情况,查找相应的 ISO 22000：2018 要求,学习讨论,分别制订任务工作计划。

表 13-2　　　　　　　　　　　　　任务计划单

序号	工作任务	工作内容	完成时间
1	培训	组织学习 ISO 22000：2018 标准知识	
2	准备资料	原辅材料及与食品接触材料特性信息	
		工艺流程图	
3	危害分析	风险度评价法决定控制措施	
		确定控制措施属性	

2. 依据各自制订的任务工作计划竞聘负责人职位（1~2 人）,在竞聘过程中需考察计划的可行性、前瞻性、系统性与完整性及报告人的领导能力、沟通能力和团队协作能力。

3. 确定负责人后,实施小组内分工,明确每个人的职责、未来工作的细节和团队协作的机制。本步骤需制定本小组组织结构图、工作流程图、小组工作内容等。

第二阶段

学生针对自己的任务内容,查找资料,进行生产现状调查,拟订具体工作方案,组织备用资源,最后完善体系细节,并进行现场验证。

[ISO 22000：2018 体系危害控制建立的步骤]

步骤 1　ISO 22000：2018 体系前提方案建立前进行的准备工作

1. 建立食品安全小组（如管理者代表、生产副总、质量主管等）。

2. 食品安全相关法律、法规、标准的收集（确保企业的食品安全管理体系和安全标准符合这些强制性规定）。

步骤 2　前提方案的建立

前提方案是企业根据自身条件和所处的食品链的位置,以及产品所涉及食品安全卫生要求的国家法律、行政法规和国家技术标准制定的,适于本企业的基础设施的保障能力、卫生设施的保养与维护等方案。

前提方案决定于组织在食品链中的位置及类型,等同术语如：良好农业操作规范（GAP）、良好兽医操作规范（GVP）、良好操作规范（GMP）、良好卫生操作规范（GHP）、良好生产操作规范（GPP）、良好分销操作规范（GDP）、良好贸易操作规范（GTP）,前提方案包括 GMP,但不限于 GMP 内容,认清企业所处食品链的位置是建立前提方案的关键。

1. 建立前提方案一般包含的内容

（1）建筑物和相关设施的布局和建设；

（2）包括工作空间和员工设施在内的厂房布局；

（3）空气、水、能源和其他基础条件的提供；

（4）包括废弃物和污水处理的支持性服务；

（5）设备的适宜性,及其清洁、保养和预防性维护的可实现性；

（6）对采购材料（如原料、辅料、化学品和包装材料）、供给（如水、空气、蒸汽、冰等）、清理（如废弃物和污水处理）和产品处置（如储存和运输）的管理；

（7）交叉污染的预防措施；

（8）清洁和消毒；

（9）虫害控制；

（10）人员卫生；

（11）其他适用的方面。

2. 验证前提方案

对前提方案形成可操作的文件，发布前根据文件控制的要求要得到食品安全小组的确认和批准，必要时应对前提方案进行更改，保持验证和更改的记录。

步骤3 进行危害控制

1. 安全小组对原辅材料及与食品接触材料特性信息的收集

源头控制是食品安全管理的核心，组织应对每一种原辅材料和与食品接触材料的信息进行详细的调查和记录。调查表内容如下（不限于）（表13-3）。

表 13-3　　　　　　　　　　　　信息调查表

原料名称		临时采购
采购单位		
采购地点		
添加剂		
产品成分		
形状/特性		
包装与储藏		
产品安全标准		
使用情况		
采购情况		
验收准则		

2. 终产品特性及其预期用途的确定（参照HACCP项目）

终产品是企业组织加工的成品，进行危害分析前应对终产品特性进行确认。编写特性描述时，应识别与描述内容相关的法律、法规，确保这些信息满足危害分析的要求。产品的安全性是相对的，只有按预期用途食用才是安全的。

3. 工艺流程图的绘制及描述并现场验证工艺流程图参照

HACCP项目。

4. 危害分析

（1）食品安全小组应实施危害分析，以确定需要控制的危害，确保食品安全所需的控制程度，以及所要求的控制措施组合。

（2）食品安全小组对每个步骤的所有潜在危害进行识别时决定产品各项指标的可接受水平。

（3）进行危害评估，食品安全小组再根据风险评价的结果决定具体采用何种控制措施（OPRP计划或HAACP计划），见表13-4。

表 13-4　　　　　　　　　风险度评价法决定控制措施

工序风险	5	4	3	2	1
失控允许程度	决不允许	重大的	中度的	可允许的	可忽略的
控制措施	CCP 控制	CCP 控制或 OPRP 控制	OPRP 控制	OPRP 控制或不予关注	不予关注

确定控制措施属性，控制措施确定分析表（表 13-5）。

表 13-5　　　　　　　　　控制措施确定分析表

工艺步骤	潜在危害	工序风险	显著危害判定依据	预防显著危害发生的措施	控制措施属性

（4）制订危害控制计划（参照 HACCP 项目）。HACCP 计划管理 CCP 的控制措施；其余危害的控制措施由 OPRP 来管理。

第三阶段

[教师和学生]

1. 学生课堂汇报，教师点评，共同讨论、调整、修改。
2. 由实践到理论的总结、提升，到再次认知，进行经验总结。
3. 各成员汇总、整理分工成果，进行系统协调，形成最后成熟可行的整体方案，并且能够展示出来。

[成果展示]

1. 信息调查表；
2. 工艺流程图；
3. 控制措施确定分析表。

第四阶段

1. 针对项目完成过程中存在的问题，提出解决方案。
2. 总结个人在执行过程中的能力强项与弱项，提出提高自身能力的应对措施。
3. 经个人评价、学生互评、教师评价，计算最后得分。
4. 对学生个人形成的书面材料进行汇总，将最后形成的系统材料归档。

任务二　典型产品 ISO 22000 食品安全管理体系的内审

任务描述

当组织建立了食品安全管理体系，并按标准要求运行时，则必须同时建立定期的审核制度，以确定体系是否符合标准的要求，并且有效地运行。通过对典型产品进行年度审核的策划，审核实施的准备，现场审核，纠正措施跟踪等审核流程的任务实施，推进食品企业建立 ISO 22000 内审的工作。

知识准备

一、食品安全管理体系内部审核

审核是为获得审计证据并客观评估审计标准的符合程度，进行系统的，独立的和有文件记录的流程。内部审核（第一方审核）由组织内部或代表其的外部方进行。第二方审核由供方或顾客进行；第三方审核由认证机构进行，第二方审核和第三方审核统称为外部审核。

组织在 FSMS 运行一段时间后，应对 FSMS 进行内部审核，以确定 FSMS 是否符合食品安全管理手册和程序文件的规定，是否有效运行和保持等。组织申请 FSMS 认证之前至少要进行过一次内部 FSMS 审核。

（一）内部审核的特点

1. 内部审核是管理层的一种管理手段。
2. 内审主要动力来自管理者，必须得到管理者的全面支持。
3. 内审操作比外审灵活，但内容要求更加全面、细致和深入。

（二）内部审核的目的

1. 验证 FSMS 体系否符合 ISO 22000：2018 标准和相关的法律、法规，确定管理体系持续有效性，完善和保持管理体系。
2. 为迎接外部审核（第二方或第三方）做好自查工作，认真查找体系运行中的不符合项，及时加以纠正和预防，并向客户表明本企业产品的可靠性，不断改进管理体系。
3. 内部审核是维持、完善、改进管理体系的需要。

（三）内部审核的方式

审核通常分为部门审核和要素审核两种。

1. 按部门审核的方式

按部门审核的方式就是在某一部门针对其涉及的管理体系中各要素的要求进行审核。该方式审核时间较为集中，审核效率高，对受审核方正常的生产经营活动影响小，但缺点是审核内容比较分散，要素的覆盖可能不够全面。

2. 按要素审核的方式

按要素审核就是以要素为线索进行审核，即针对同一要素的不同环节到各个部门进行审核，以便做出对该要素的审核结论。这种方式的优点是目标集中，判断清晰，能较好地把握体系中各个要素的运行状况；缺点是审核效率低，对受审核方正常的生产经营活动影响较大，审核一个要素往往要涉及许多部门，因而各个部门要接受多次审核才能完成任务。

为了提高审核效率，可以采用部门审核的方式，而在追踪某一要素实施情况时，就采用要素审核的方式。

（四）组建审核组的注意点

1. 对审核组成员的资格要有一定要求，应满足所规定的教育与工作经历，个人素质与能力，职业戒律等要求，并经过正规培训和在岗培训。
2. 审核组成员应熟悉组织的产品、活动与服务。
3. 审核员与被审部门无直接责任关系。

（五）审核组长的职责要求

1. 审核组长全面负责审核各阶段的工作。
2. 协助选择审核组的成员，检查审核组的人员与受审方有无利害关系。
3. 制订审核计划，起草工作文件，给审核组成员布置工作。
4. 代表审核组与受审核方领导接触。
5. 及时向受审核方报告关键性的不符合情况，通报已确定的不符合的审核发现。
6. 报告审核过程中遇到的重大障碍。
7. 审核组长有权对审核工作的开展和审核观察结果做出最后的决定。
8. 清晰、明确的报告审核结果，不能无故拖延。
9. 追踪验证纠正措施的实施情况。

（六）审核员的职责要求

1. 听从审核组长的指示，配合和支持审核组长的工作。
2. 在确定的审核范围内按计划有效、高效、客观地进行工作。
3. 收集和分析与受审的管理体系有关的，并足以对其下结论的审核证据。
4. 按照审核组长的指示编写检查表，将观察结果整理成书面资料。
5. 验证由审核结果而提出的纠正措施的有效性。
6. 收存、保管和呈送与审核有关的文件。
7. 协助审核报告书的编写。
8. 保守审核文件的机密。
9. 谨慎处理特殊的信息。
10. 遵守职业道德，保守客观公正。

二、ISO 22000：2018 体系的内审

（一）年度审核的策划

1. 审核方案：审核方案一般由管理者代表（食品安全小组组长）编制，由总经理批准后实施。审核方案的安排应确保审核人员不审核自己的工作。一般一年策划一次审核方案，即"年度内部管理体系审核方案"。

2. 审核日程计划：年度审核日程计划有集中式和滚动式。集中式年度审核日程计划是在计划的某段限定的时间内进行，适用于中、小型企业、无专职机构及人员的情况，适用于第一、第二、第三方审核。滚动式年度审核日程计划只适用于内审，不适用于第二、第三方审核。

（二）审核实施的准备

在进行内审之前，需要做好审核人员、文件资料和其他资源的准备工作。

1. 成立审核组

成立审核组，确定审核组成员。

2. 文件收集与审查

审查与受审部门有关的程序文件、作业指导书等是对文件审查的重点。

3. 编制审核实施计划

审核实施计划是安排审核日程、审核人员分工等内容的文件。它不同于年度审核方案，是每次审核的具体计划，由审核组长编写，管理者代表批准。审核实施计划包括的内容有审核目的、审核范围、审核依据、审核组成员、审核报告发布日期及范围、审核日程安排。

3. 编制检查表

审核员应该依据 ISO 22000：2018 标准要素或组织部门来编制检查表。检查表应包含审核准则、审核方法、审核发现的记录。

4. 通知受审部门

审核组长在审核前 3~5 天与受审部门领导接触，商妥后即发出书面审核通知。

（三）现场审核准备

首先召开首次会议，会议由审核组长主持。

1. 召开首次会议的目的

（1）审核组成员与受审方的有关人员见面。

（2）阐明审核的目的和范围，确认审核计划。

（3）简要介绍审核的方法和程序。

（4）建立审核组与受审方的正式联系。

（5）落实审核组需要的资源和设施。

（6）确认审核组和受审核方领导之间末次会议和中间数次会议的日期和时间。

澄清审核实施计划中不明确的内容（如限制的区域和人员、保密申请等）。

2. 首次会议的要求

（1）首次会议准时、简短、明了。

（2）首次会议时间以不超过半小时为宜。

（3）应获得受审部门的理解与支持。

（4）与会人员都要签名。

3. 参加首次会议的人员

审核组全体成员、高层管理者、管理者代表、受审核部门领导及主要工作人员、陪同人员、来自其他部门的观察员（应征得受审核方的同意）。

4. 首次会议的内容和程序

（1）会议开始。由审核组长主持首次会议，参加会议的人员在签到单上签到，审核组长宣布会议开始。

（2）人员介绍。由审核组长介绍审核员组成及分工。各审核部门分别介绍将要参加陪同工作的人员。

（3）阐明审核目的和范围。由审核组长阐明审核目的、审核准则及审核将涉及的部门，并得到确认。

（4）说明审核的原则、方法和程序。着重说明审核是按部门或过程进行的，审核是抽样的过程，强调说明相互配合的重要性，客观公正的原则。提出不符合的报告形式（需受审部门确认，并提出纠正措施）。

（5）落实后勤安排。诸如作息时间、办公地点、就餐等的安排。

（6）其他事宜。确定审核过程中各次会议的时间、地点、出席人员等；明确审核实施计划中不明确的问题；保密原则的声明；安全措施；说明需要限制的区域及有关人员；审核时间的再确认。

（四）现场审核实施

由审核组长和审核员实施。

1. 审核证据的收集

审核证据定义：与审核准则有关的并且能够证实的记录、事实陈述或其他信息。审核证据可以是定性的或定量的。

2. 审核的控制

（1）审核实施计划的控制。首先要依照计划和检查表进行审核。如确实因为某些原因需要修改计划时，需要与受审方商量。在可能出现严重不符合时，经审核组长同意，可超出审核范围审查。

（2）审核进度的控制。审核的进度应按照规定的时间完成。如果出现不能按预定时间完成的情况，审核组长应及时做出调整。

（3）审核气氛的控制。审核气氛对审核的顺利进行十分重要。当审核中出现紧张气氛时必须做适当的调节，对于草率行事，应及时纠正。

（4）审核客观性的控制。审核组长应每天对审核组成员发现的审核证据进行审查，凡是不确定或不够明确的，不应作为审核证据予以记录。

（5）审核范围的控制。在内审时，常会发现扩大审核范围的情况，如果要改变审核范围时，应征得审核组长同意，并与受审核方沟通后才能进行。

（6）审核纪律的控制。审核组长应关注审核员的工作，及时纠正违反审核纪律的现象和不利于审核正常进行的言行。

（7）审核结论的控制。在做出审核结论以前，审核组长应组织全组进行讨论。确保审核结论公正、客观和适宜，应避免错误或不恰当的结论。

3. 审核中的注意事项

在内部审核中，首先要相信样本；随机抽样时，样本的选择要有代表性；要依靠检查表，调整检查表时要小心；要把重点放在显著危害及其所在的现场；要注意关键岗位的体系运行的主要问题；要注意收集体系运行有效性的证据。要关注体系的符合性和有效性，以便持续改进和不断地改善食品安全绩效。

审核员在现场审核时应从问题的各种表现形式去寻找问题，对发现的不符合项，要追溯到必要的深度，要与被审方负责人共同确认事实；审核员还应注意控制审核时间，始终保持客观、公正和有礼貌。

4. 审核发现

（1）审核发现的定义：将收集到的审核证据对照审核准则进行评价的结果。审核发现能表明是否符合审核标准，也能指出改进的机会。审核发现是编写审核报告的基础。

（2）审核发现是根据审核准则，对所收集的审核证据进行评价而形成的。审核发现常以审核员或审核小组的名义提出。

（3）审核发现的评审是在审核的适当阶段或现场审核结束时进行。由审核组对审核发现进行评审，审核组长在听取审核组意见，仔细核对审核证据的基础上，确定哪些项目作为不符合项。

（4）审核发现的内容包括符合项和不符合项。

5. 现场审核记录

审核员在审核过程中，应认真记录审核的进行情况。审核记录应清楚、全面、易懂、便于查阅；记录应准确，例如什么文件、陈述人职位和工作岗位等；记录的格式由内审员自定。

6. 不符合项

（1）凡依据不足的，判为不符合；有意见分歧的不符合项，可通过协商和重新审核来决定。

（2）体系文件规定不符合标准的（该说的没说到）；现状不符合体系文件规定的（说到的没做到）；效果不符合体系文件规定的要求（做到的没有效果）的任何一种情况都构成不符合项。

（3）不符合项按严重程度分为严重不符合、一般不符合、观察项三类。

判为严重不符合项的情况如下：

①当体系出现系统性失效时，如某个要素、某个关键过程在多个部门重复出现失效现象，又如在多个部门或多个活动现场均发现有不同版本的文件同时使用时，这说明整个系统文件管理失控；②当体系运行区域性失效（可能由多个轻微不符合组成）时，如某一部门或场所的全面失效现象；当造成严重的食品安全危害，潜在食品安全危害后果严重时；③影响产品或体系运行后果严重的不合格现象（如组织违反法律、法规或其他要求的食品安全行为较严重时）；④当一般不符合项没有按期纠正时；⑤当目标未实现，且没有通过评审采取必要的措施时。

判为一般不符合的情况如下：

①对满足食品安全管理体系要素或体系文件的要求而言，是个别的、偶然的、孤立的性质不符合时；②对所审核范围的体系而言，是次要的问题时。

判为观察项的情况如下：

①虽未构成不符合，但有变成不符合的趋势或可以做的更好，或是证据暂时不足时；②需向受审方提出，引起注意时。观察项不纳入任何审核报告发给受审方，但是审核组保留观察项纪录。

7. 审核组总结会议

在现场审核结束后,末次会议召开前进行。

审核组召开的总结会议时间大约 1 小时,其目的是确定所有不符合报告。审核员先汇报自己所审核区域的工作总结,然后对审核结果进行汇总分析,以便在末次会议上对审核结果发表结论性意见。

最后召开末次会议,会议由审核组长主持。

末次会议的目的是向受审核方介绍审核情况,宣布审核结果和审核结论,提出纠正措施的跟踪验证要求,宣布结束现场审核。时间控制在 1 小时。

(五)纠正措施的跟踪

受审核方确定和实施纠正、预防或改进措施,报告实施措施的状态。审核组对纠正措施的完成情况及其有效性进行验证、判断和记录。

任务实施

第一阶段

[教师]

1. 确定任务。由教师提出设想,然后与学生一起讨论,最终确定项目目标和任务。

FSMS 的内部审核通常从审核的策划开始,然后进行内部审核实施前的准备,现场审核、提交审核报告,对不符合项提出纠正措施并跟踪。

2. 对班级学生进行分组,每个小组控制在 6 人以内,确定各小组研究对象。

[学生]

1. 根据各自的分组情况,查找相应的 ISO 22000:2018 要求,学习讨论,分别制订任务工作计划。

表 13-6　　　　　　任务工作计划

序号	工作任务	工作内容	完成时间
1	组建审核小组	确定审核组组长资格	
2	培训	审核员的资格、要求等	
3	资料查找	内部审核方案的策划示例等	
4	现场审核	填写内部审核报告等	

2. 依据各自制订的任务工作计划竞聘负责人职位(1~2 人),在竞聘过程中需考察计划的可行性、前瞻性、系统性与完整性及报告人的领导能力、沟通能力和团队协作能力。

3. 确定负责人后,实施小组内分工,明确每个人的职责、未来工作的细节和团队协作的机制。本步骤需制定本小组组织结构图、工作流程图、小组工作内容等。

第二阶段

学生针对自己的任务内容,查找资料,进行生产现场调查,拟订具体工作方案,组织备用资源,最后完善体系细节,并进行现场验证。

[ISO 22000: 2018 体系现场审核的步骤]

步骤 1　ISO 22000: 2018 体系现场审核前需要准备好的工作

1. 审核方案和日程的策划。

2. 审核实施前的准备。

在进行内审核之前，需要做好审核人员、文件资料和其他资源的准备工作。编制审核实施计划编写检查表。

3. 内审员的能力要求和资格。

步骤 2　现场审核

现场审核是内部审核重要的过程，是通过审核证据，并与审核准则进行对照，以此来评价体系的符合性和有效性，得出审核发现和审核结果的过程。

1. 首次会议

现场审核前，审核组长组织审核组成员进行沟通，分配具体的工作任务，各审核组依据审核计划的安排，对其承担的审核任务编制检查表，确保其适用性和完整性。

2. 审核证据的收集

（1）审核证据的获得

审核证据可以通过在审核范围内所进行的面谈，查阅文件和记录（包括数据的汇总、分析、图表和业绩指标等），对现场的观察，对实际活动和结果的验证，测量与试验结果、来自其他方面的报告（如顾客反馈、外部报告），职能部门之间的接口信息等渠道获得。

（2）审核证据的形式

审核证据通常以存在的客观事实、被访问人员的口述、现存文件记录等形式存在。

3. 审核发现

（1）审核发现常以审核员或审核小组的名义提出。它是根据审核准则，对所收集的审核证据进行评价而形成的。

（2）由审核组在审核的适当阶段或现场审核结束时进行审核发现的评审。审核组长在听取审核组意见，并仔细核对审核证据的基础上，确定哪些项目作为不符合项。

4. 现场审核记录

审核员在审核过程中，应认真记录审核的进行情况。确保审核记录要准确、清楚、全面、易懂，例如什么文件、陈述人职位和工作岗位等。

5. 每日审核组内部会议

每天审核结束时，审核组内部要召开会议，交流一天审核中的情况，整理审核结果，完成当天的不符合报告，审核组长总结一天的工作情况，必要时对下一审核日的工作及人员进行调整。

6. 末次会议

现场审核结束时，审核组长应组织审核组成员进行沟通，确定不符合项，填写"不符合报告"，做出管理体系符合性和有效性的评价，并得出审核结论。

不符合报告的内容可包括受审核方名称、受审核方的部门或人员；审核员、陪同人员；日期；对不符合事实描述的内容要具体，如事情发生的地点、时间、当事人、涉及的文件号、记录号等；文字要简明扼要；不符合结论不符合原因分析；拟采取的纠正措施及完成的日期；纠正措施完成情况及验证。

表 13-7　　　　　　　　　　　不符合报表（示例）

编号：2020-001-02

受审核部门		技术部		部门负责人	
审核员				审核日期	
不符合事件描述： 车间有 40 人，仅有一个消毒池和一个洗手池					
不符合：■ ISO 22000：2018　　　　条款编号：8.2 前提方案					
不符合判定：□严重不符合　　　■一般不符合实					
审核员（签字）				审核组长（签字）	
确认不符合事实，受审核部门负责人意见： 同意 　　　　　　　　　　签字：　　　日期：					

7. 编写审批报告并报审批

末次会议结束后的 10 个工作日之内，审核组长应编写审核报告，报管理者代表审批后，发放至有关部门。

第三阶段

[教师和学生]

1. 学生课堂汇报，教师点评，共同讨论、调整、修改。

2. 由实践到理论的总结、提升，到再次认知，进行经验总结。

3. 各成员汇总、整理分工成果，进行系统协调，形成最后成熟可行的整体方案，并且能够展示出来。

[成果展示]

1. 审核日程计划；

2. 检查表；

3. 不符合项报告。

第四阶段

1. 针对项目完成过程中存在的问题，提出解决方案。

2. 总结个人在执行过程中的能力强项与弱项，提出提高自身能力的应对措施。

3. 经个人评价、学生互评、教师评价，计算最后得分。

4. 对学生个人形成的书面材料进行汇总，将最后形成的系统材料归档。

【关键知识点】

1. OPRP、PRP、CCP 的区别

OPRP（操作性前提方案）是使用控制措施或控制措施组合，防止显著的食品安全危害的发生或将危害降低至可接受水平，且行动准则和测量或观察能有效控制过程和（或）产品。PRP（前提方案）是组织内和贯穿整个食品链内，保持食品安全的基本条件和活动。CCP（关键控制点）是对步骤采取控制措施防止或消除明确的食品安全危害，或将其降低至可接受水平，并确定关

键限值和监控措施及纠正措施。

OPRP、PRP 都是针对加工环境的,而 CCP 是针对产品加工工序本身的,与危害的可接受水平有关,是定量的,必须制定 CL,为了减少超出 CL,也可以制定 OL;OPRP 可以影响危害的可接受水平,既可以定性也可以定量,可以制定 OL。

2. 食品企业建立和实施食品安全管理体系的步骤

策划准备阶段→策划和总体设计→编制 FSMS 文件→ FSMS 试运行→ FSMS 内部审核和管理评审→认证前的准备→认证。

3. 食品安全管理体系程序文件

食品安全管理体系文件包括食品安全管理手册、程序文件、作业指导书。

4. 首次会议程序和内容

(1) 会议开始→人员介绍→阐明审核的目的和范围、审核准则以及审核将涉及的部门,并得到确认→说明审核的原则、方法和程序→落实后勤安排→其他事宜

(2) 由审核组长主持首次会议。审核组长宣布会议开始;由审核组长介绍审核员组成及分工。各审核部门分别介绍将要参加陪同工作的人员。着重说明审核是按部门或过程进行的,审核是抽样的过程,提出不符合的报告形式。安排作息时间、办公地点、就餐等。确定审核过程中各次会议的时间、地点、出席人员等;明确审核实施计划中不明确的问题;保密原则的声明;安全措施;说明需要限制的区域及有关人员;审核时间的再确认。

【信息追踪】

1. 推荐食品质量管理格言

食品质量是生产出来的,而不是检验出来的。

没有工作质量,就没有产品质量,提供优质的产品是回报客户最好的方法。

2. 推荐网站

中国国家认证认可监督管理委员会官网、食品伙伴网。

【课业】

1. 操作性前提方案和前提方案的区别有哪些?
2. 食品安全管理体系程序文件有哪些?
3. 以某一食品的安全管理体系文件为例制订审核方案,确定审核报告。

【学习过程考核】

学习过程考核见表 13-8。

表 13-8　　　　　　学习过程考核

项目	任务一			任务二		
评分方式	学生自评	同组互评	教师评分	学生自评	同组互评	教师评分
得分						
任务总分						

本书使用说明及评分标准

本教材在编写体系的设置上力求适应当前项目化教学，可作为高等职业教育项目化教学改革的参考教材；在理论知识的广度上力求使学生具有开阔的视野，为学生的可持续发展提供知识储备，也可作为本学科领域的理论教学教材。

依项目内容和目标设计不同的任务，紧扣在实际中可能存在的问题。围绕培养学生系统的逻辑分析能力、信息搜索和处理能力、团队合作精神和科学的工作方法四个教学目标，这些任务在教师实际教学过程中可以依照教学需要进行修改。

在学生学业的评价方法上要配合本课程考试模式的改革，摒弃传统考试模式，实行创新型考试模式，即考试过程体现以工作任务来引领理论，使理论从属于实践的理念；考试内容从注重知识的储备，转向知识建构能力考核；考试方式以单一笔试转向多样性、进行性评价模式；考试成绩构成由集中评价转向多元、多层次评价；重新定位考试功能，实现多元化教学评价机制。只有在新型考试模式的引导下，学生完成学习任务的积极性和教师教学的有效性才能得到较大的提升。

对任务完成过程的考核可参考如下评分标准：

每项 10 分，共计 100 分。

- 分析解决问题的逻辑性、系统性与科学性；
- 信息搜索的全面性、有效性和针对性；
- 学生参与及个人行动的主动性；
- 与他人合作的协调性及团队精神；
- 就个人任务工作思路的清晰度；
- 工作方法的科学性和有效性；
- 在任务完成过程中学习能力提高的速度；
- 由具体任务解决到理论认识的构建和提升能力；
- 完成任务所需资源的经济性；
- 项目完成后对相关新项目的拓展能力。

评价构成包括：学生自评、学生互评和教师评价，其分值比例为 2：3：5。

参考文献

[1] 国家食品（产品）安全追溯平台.

[2] 国家市场监督管理总局.

[3] 张成海. 食品安全追溯技术与应用 [M]. 北京：中国质检出版社，2012.

[4] 朱利莎. 食品安全全程追溯制度探析 [J]. 中国调味品，2019, 44(7)，191-194.

[5] 赵林度, 钱娟. 食品溯源与召回 [M]. 北京：科学出版社，2017.

[6] 杨明亮. 食品溯源 [J]. 中国卫生法制，2006, 14(6)，4-5.

[7] 王超, 陈锋, 陆颖, 等. 食品追溯研究进展 [J]. 食品与发酵科技，2018, 54(5)，86-92.

[8] 杨林. 采用全球统一标识系统实施食品安全追溯 [J]. 轻工标准与质量，2008, 25(1)，38-40.

[9] 吴丘林. 我国食品召回制度探析 [D]. 上海交通大学硕士学位论文，2007.

[10] 郑金颖. 论我国食品召回制度 [D]. 东北财经大学硕士学位论文，2018.

[11] 高洁. 食品召回中的政府责任研究 [D]. 山西财经大学硕士学位论文，2018.

[12] 中国农药信息网.

[13] 杭州万泰认证有限公司官网.

[14] 海盐县人民政府网. 关于印发《2018年餐饮服务食品安全监管工作要点》的通知.

[15] 中国质量新闻网.